中国轻工业"十四五"规划教材

高等学校食品科学与工程类专业教材

分子营养与健康

梁 盈 主编

中国轻工业出版社

图书在版编目（CIP）数据

分子营养与健康 / 梁盈主编. -- 北京: 中国轻工业出版社，2025. 6. -- ISBN 978-7-5184-5265-1

Ⅰ. Q7

中国国家版本馆 CIP 数据核字第 20250KT852 号

责任编辑：马　妍　　责任终审：许春英
文字编辑：黄小艳　　责任校对：吴大朋　　封面设计：锋尚设计
策划编辑：马　妍　　版式设计：砚祥志远　　责任监印：张　可

出版发行：中国轻工业出版社（北京鲁谷东街 5 号，邮编：100040）
印　　刷：三河市万龙印装有限公司
经　　销：各地新华书店
版　　次：2025 年 6 月第 1 版第 1 次印刷
开　　本：787×1092　1/16　印张：16. 75
字　　数：390 千字
书　　号：ISBN 978-7-5184-5265-1　定价：48. 00 元
邮购电话：010-85119873
发行电话：010-85119832　010-85119912
网　　址：http://www. chlip. com. cn
Email: club@ chlip. com. cn

221458J7X101ZBW

本书编写人员

主　　编　梁　盈（中南林业科技大学）

副 主 编　娄文勇（华南理工大学）
沈清武（湖南农业大学）
尤　娟（华中农业大学）
张　琳（中南林业科技大学）
陈婷婷（南昌大学）

参编人员（按姓氏拼音排序）
党美琪（华中农业大学）
何恩祺（湖南农业大学）
侯雅琴（南昌大学）
刘　俊（中南林业科技大学）
母健菲（中南林业科技大学）
全　威（湖南农业大学）
舒一梅（湖南农业大学）
王建强（中南林业科技大学）
吴艳阳（湖南农业大学）
张　聪（华南理工大学）
张辉斌（南昌大学）
张　欣（华南理工大学）
张雅丹（中南林业科技大学）
张亚瑾（华中农业大学）

PREFACE | 序

当我们在餐盘与细胞之间架起科学的桥梁，分子营养学便展现出其独特魅力——这门学科如同精密的光学棱镜，将日常饮食分解为具有生物活性的分子光谱，揭示出食物成分与生命活动的深层对话。这本《分子营养与健康》，正是要为这场对话建立全新的解码体系——它不仅是营养科学的认知革命，更是对生命本质的哲学重构。现代营养学正在经历从“经验配方”到“分子营养”的跃迁。

当我们将人体视为精密的生化反应器，会发现营养素具有惊人的“双重编程”能力：既能作为能量货币驱动代谢引擎，又能通过信号分子调节基因表达。肠道微生物群这个被忽视的“代谢指挥部”，能够将膳食成分转化为调控免疫应答的“化学信使”。这种跨界的代谢协作机制，为个性化营养干预提供了全新思路——通过精准调控营养素的分子表达，我们有可能在疾病发生前修复细胞损伤。

本书以系统化、结构化的方式呈现了分子营养学的基本理论与前沿研究。全书内容围绕食物营养成分、活性物质如何通过分子机制影响健康展开，从基础的营养学原理，到分子营养与免疫功能、代谢性疾病、慢性退行性疾病的关系，再到肠道健康、微生态及饮食结构对健康的影响，深入浅出地揭示了分子层面的复杂关系与规律。

本书的独特价值在于搭建了学术研究与产业应用的双向通道。在理论层面，它系统探讨了营养干预、免疫调节、代谢性疾病干预等领域的最新研究成果。在实践维度，则通过不同营养素干预对机体健康的影响、包含生物信息学等方法在分子营养研究中的应用，将科研成果转化为可操作的营养方案与健康管理策略。这种双向渗透的架构，使本书既可作为食品科学、营养学、医学等专业的教学范本，也为功能食品研发、膳食指南制定提供了实证依据。

本书既呈现了科学发现的锋刃，也保留知识探索的温度。从营养感应机制的分子开关到代谢重编程的时空逻辑，从表观遗传的“营养记忆”到微生物代谢界面的对话规则，每个章节都在回答一个根本命题：如何将食物的化学语言转化为健康的生物学叙事？这种探索不仅关乎实验室的突破，更指向人们餐桌上的选择——毕竟，当我们理解白藜芦醇如何像一位线粒体工程师来优化细胞能量工厂的运行效率时，饮食行为本身便有了新的科学诗意。

2025.3.21

分子营养学是现代分子生物学理论与技术在食品营养学及健康领域广泛应用而产生的一门新型交叉学科，也是食品科学、营养学和医学领域中的一门科学。“分子营养与健康”课程正是在食品科学的快速发展中应运而生的，本课程入选湖南省研究生优质课程立项项目。在此基础上我们组织编写了课程配套教材，主要介绍分子营养学的研究范畴、适用领域；各大类营养物质在分子水平对生命活动的调节控制机制；着重介绍重要营养物质在机体及免疫系统中的分子作用机制，对慢性、代谢性疾病及肠道健康的影响与调控。结合近十年来分子营养学研究领域的最新和最重要的研究成果，归纳比较，以利于学生解决食品营养与健康专业领域的实际问题；最后介绍分子营养学的研究方法及常用技术手段。

教材中的重点内容部分实践应用性强，将分子生物学理论和食品科学、营养学、医学知识有机结合，培养学生今后在学习和工作中分析和解决实际问题的能力。这也是本教材的特色与教学价值之所在。

全书共七章，分别对分子营养学的概念与研究内容、分子营养与免疫功能、常见代谢性疾病、其他慢性及退行性疾病、肠道健康等人类大健康相关疾病的预防和调控关系做了全面系统的分析，从膳食干预角度为各种常见疾病提供营养素摄入参考，积极响应国家提出的健康领域中长期战略规划——《“健康中国 2030”规划纲要》。具体编写分工如下：梁盈统筹全书框架，撰写两章，主要阐述了分子营养学的研究内容、发展历程及趋势，由王建强辅助（第一章），并由母健菲辅助共同探讨了分子营养与其他慢性、退行性疾病（第四章），完成全书统稿和修改工作；张琳和刘俊共同叙述了营养与免疫功能调节关系（第二章），并由张雅丹辅助完成多糖对免疫功能的影响；娄文勇、张聪、张欣在第三章分子营养与常见代谢性疾病中做了重要的介绍和分析；陈婷婷、侯雅琴、张辉斌主要以肠道菌群为靶点，进行个性化饮食干预，探索不同食物来源的膳食纤维及抗氧化活性物质对人体肠道菌群及健康的影响，完成第五章分子营养与肠道健康的撰写工作；尤娟、张亚瑾、党美琪对饮食结构与健康进行探讨（第六章）；沈清武、全威、何恩祺、吴艳阳、舒一梅阐述了基本的分子营养学关键实验的技术和原理（第七章）。

本书可用作全国高等学校食品营养与健康、食品科学与工程、食品卫生与营养学、医学营养学等相关专业本科生及研究生使用，也可供相关专业和科研人员参考。

本书编写过程中许多研究生也参与资料搜集和图表处理等工作，在此表示感谢。期望本书能为广大青年学子的成长贡献绵薄之力，同时敬请同行批评指正。

编　者

2024 年 12 月

CONTENTS | 目录

第一章

01

分子营养学概述

本章学习目标

1. 理解分子营养学概念；
2. 了解分子营养学的发展历程；
3. 了解分子营养学的发展趋势及应用；
4. 了解国内外分子营养学研究现状，培养国际科研视野。

第一节　分子营养学概念

20多年来，由过高热量饮食以及缺乏运动的生活方式带来的饮食依赖性疾病引起的公共卫生负担，是促进营养学研究的主要驱动力。生命科学，特别是分子生物学的快速发展，为营养学的发展创造了大量的机会。尽管在营养学发展上取得了许多重大的进步，但大众对于营养和健康的认知并不清晰，也存在很多误解，这就使得某些功能性食品和某些营养补充剂未经证实的健康功效进一步被人们所误解。在这样复杂且快速发展但科学基础仍不成熟的背景下，营养学家感到无法为促进公众健康提供符合他们期望的、证据确凿的膳食指导。

同时，关于营养在疾病预防中作用的研究，让人们越来越关注其在人类生命各个阶段对健康的优化作用。为了证实膳食改变能为健康带来有益的影响，需要相关工具来量化健康状况。营养状况为机体带来的细微变化比药物治疗带来的变化更难判断，长期来看，这些微小的变化可能对慢性病风险起决定性作用。于是，研究人员在为找寻开发用以描述饮食与健康相互关系的功能标志物上做出了巨大的努力。为了捕捉到饮食给人体带来的微妙生物学效应，研究人员扩大阵列规模，并试图通过一系列健康人表型的筛选来控制受试者的同质性。这使结果存在一定偏差，干预对照研究结果并不能完全反映由种群内部和种群之间存在的饮食与基因相互作用引起的表型变异。当与个体营养相关的健康状况由于个人的基因组和终身饮食的交互作用，变成了一个复杂的功能过程，想要认识营养学的本质就要从研究基因与环境以及基因与营养的相互作用入手。

一、分子营养学的定义

分子营养学（Molecular Nutrition）是从研究营养素与基因之间的相互作用入手，一方面研究营养素对基因表达的调控作用，另一方面研究遗传因素对营养素消化、吸收、分布、代谢和排泄的影响。在此基础上，探讨营养素与基因相互作用对生物体表型特征影响的规律，针对不同基因型及其变异型，制定出膳食指南，为促进人类健康，预防和控制营养缺乏病、营养相关疾病或先天性代谢缺陷提供真实、准确、可靠的科学依据。

二、分子营养学的主要研究内容

分子营养学主要研究内容概括为以下几方面：

①认识营养素对基因表达的调控作用及调控机制，从而对营养素的生理功能进行更全面、更深入的认识。

②利用基因表达的营养调控改变机体代谢，通过营养素促进对健康有益的基因的表达，抑制对健康有害基因的表达。

③遗传变异或基因多态性对营养素消化、吸收、分布、代谢和排泄的影响。

④营养素需要量存在个体差异的遗传学基础。

⑤代谢性和营养缺乏病的分子遗传学基础，营养素与基因相互作用导致营养缺乏病、营养相关疾病和先天性代谢缺陷的机制及膳食干预研究。

⑥现代分子生物学技术在营养学研究中的应用。

第二节　分子营养学研究内容

一、营养素对基因表达的调控

基因是遗传变异的主要物质，它支持着生命的基本构造和性能，储存着生命的种族、血型、孕育、生长、凋亡的全部信息。环境和遗传的互相依赖，演绎着生命繁衍、细胞分裂和蛋白质合成等重要生理过程。生物体的生、长、病、老、死等一切生命现象都与基因有关，都是基因表达调控的结果。环境因素，尤其是营养或营养素对基因表达会产生直接或间接的作用，从而对上述生命现象产生重要的影响。营养或营养素在短时间内虽不能改变个体的遗传学命运，但从长期来看，营养素会修饰某些基因的表达，改变个体遗传学命运出现的时间和进程。

在过去相当长的一段时间内，营养素功能的认识一直停留在生物化学、酶学、内分泌学、生理学、中医学和细胞生物学水平，尽管已经认识到营养素具有调控细胞的功能，但一直认为营养素主要通过调节激素的分泌和激素信号的传递而实现细胞功能的调节。直到 20 世纪 80 年代，营养素才被认为可以直接并独立地调节基因的表达，对营养素功能的认识深入到了基因水平。因此，深入研究营养素对基因表达的调控有助于更全面、深入地认识营养素的功能，对预防疾病、促进健康、提高生活质量甚至延长寿命有十分重要的意义。

（一）基因表达和基因表达调控概念

1. 基因表达

基因表达是指生物基因组中结构基因所携带的遗传信息经过转录和翻译等一系列过程，合成特定的蛋白质，进而发挥其特定的生物学功能和生物学效应的全过程。即，将来自基因的遗传信息合成功能性基因产物的过程，基因表达产物通常是蛋白质，非蛋白质编码基因如转运RNA（tRNA）或核小RNA（snRNA）的基因表达产物是功能性RNA。所有已知的生命，无论是真核生物、原核生物还是病毒，都利用基因表达来合成生物大分子。在个体生长发育过程中，生物遗传信息的表达按一定的时序发生变化（时序调节），并随着内外环境的变化而不断加以修正（环境调控）。人体有约7万亿个细胞，除少数细胞外，所有细胞，无论属于什么类型，都含有完全相同的一套遗传密码。人类的基因组里包括20000~25000个蛋白质编码基因，几乎人体的每一个细胞中都含有整套人类基因组，但并不是每个基因都能在一个细胞中得到表达，而是根据机体不同的发育阶段、不同的组织细胞类型、不同的功能状态，在特定细胞中选择性、程序性地表达特定数量的特定基因。不同发育阶段和不同组织细胞存在着基因表达的不同调控机制，决定何种基因表达或不表达，从而决定了在不同发育阶段同一组织细胞具有相同的功能，不同组织细胞具有不同的结构和功能，即基因表达存在发育阶段特异性和组织细胞特异性。基因表达调控在生命过程中的重要性不言而喻。

2. 基因表达调控

基因表达调控主要发生在转录水平或翻译水平上。原核生物的基因组和染色体结构都较真核生物简单，转录和翻译在同一时间和空间内发生，基因表达的调控主要发生在转录水平。真核生物有细胞核结构，转录和翻译过程在时间和空间上都被分隔开，且在转录和翻译后都有复杂的信息加工过程，其基因表达调控可以发生在各个不同的水平上。真核生物和原核生物在基因表达调控上的巨大差别是由两者不同的基本生活方式决定的。

原核生物一般为自由生活的单细胞，只要环境条件合适，养料供应充足，它们就能无限生长、分裂，因此，它们的调控系统就是要在一个特定的环境中为细胞创造高速生长的基础，或使细胞在受到损伤时，尽快得到修复。它们主要是通过转录调控，以开启或关闭某些基因的表达来适应环境条件（主要是营养水平的变化）。环境因子往往是调控的诱导物，群体中每个细胞对环境变化的反应都是基本一致的。

真核生物（除酵母、藻类和原生动物等单细胞生物之外）主要由多细胞组成，每个真核细胞携带的基因数量及总基因组中蕴藏的遗传信息量都远高于原核生物，如人类细胞单倍体基因组包含总DNA 3×10^9bp，约为大肠杆菌总DNA的800倍，是噬菌体总DNA的10万倍左右。真核生物基因组DNA中有许多重复序列，基因内部还插入了许多不翻译成蛋白质的序列，这些都影响了真核生物基因的表达。真核生物的DNA常与蛋白质（包括组蛋白和非组蛋白）结合，形成十分复杂的染色质结构。染色质构象的变化、染色质中蛋白质的变化及染色质对DNA酶敏感程度的变化等，都会对基因表达产生重要影响。此外，真核生物染色质被包裹在细胞核内，基因的转录（核内）和翻译（细胞质内）被核膜分隔，核内RNA的合成与转运，细胞质中RNA的剪接与加工等在各个程度上都扩大了真核生物基因调控的范围，使真核生物的基因调控达到了原核生物不可能拥有的深度和广度。对于大多数真核生物，基因表达调控最显著的特征是能在特定时间和特定细胞中激活特定的基因，从而实现预定的、有序的、不可逆转的分化和发育过程，使生物的组织和器官保持正常功能。

真核生物基因调控的分类。第一类是顺势调控或可逆调控，它相当于原核细胞对环境条件变化做出的反应，包括某种底物或激素水平升降或细胞周期不同阶段酶活性的调节；第二类是发育调控或不可逆调控，是真核基因调控的精髓部分，它决定了真核细胞生长、分化、发育的全部进程。根据基因调控在同一事件中发生的先后次序，又可将其分为转录前水平调控（Pretranscriptional Regulation）、转录水平调控（Transcriptional Regulation）和转录后水平调控（Post-transcriptional Regulation），转录后水平调控又可进一步分为RNA加工成熟过程的调控（RNA Processing）、翻译水平的调控（Translational Regulation）和蛋白质加工水平的调控（Protein Maturation and Processing）等。

基因表达调控主要表现在信号转导研究、转录因子研究及RNA剪接3个方面。信号转导是指外部信号通过细胞膜上的受体蛋白传到细胞内部，并激发诸如离子通透性、细胞形状或其他细胞功能的应答过程。当信号分子（配体）与相应受体作用后，可以激活受体分子的构型变化，使之形成专一性的离子通道，也可以激活受体分子的蛋白激酶或磷酸酯酶，还可以通过受体分子指导合成环磷酸鸟苷（cGMP）、环腺苷（cAMP）、肌醇三磷酸等第二信使分子。研究认为，信号转导之所以能引起细胞功能的改变，主要是由于信号转导活化了某些蛋白质分子，使之发生构型变化，从而直接作用于靶点，打开或关闭某些基因。了解基因表达的一些基本理论，对于理解营养素对基因表达的调节至关重要。

（二）营养素对基因表达的调控机制

1. 营养素对基因表达的作用特点

大多数营养素对基因的表达都有调节作用。其作用特点是：一种营养素可以调节多种基因的表达；一种基因表达受多种营养素的调节；一种营养素不仅对其本身代谢途径涉及的基因表达进行调节，还影响其他营养素代谢途径涉及的基因表达；营养素不仅影响细胞增殖、分化及机体生长发育相关基因表达，而且还对致病基因的表达产生重要的调节作用。

2. 营养素对基因表达的调控水平

营养素在基因表达的所有水平上对其进行调节，虽然不同营养素各有其重点或专一调节水平，但绝大多数营养素对基因表达的调节发生在转录水平上。

3. 营养素对基因表达的调控途径

营养素本身或其代谢产物可作为信号分子，作用于细胞表面受体或直接作用于细胞内受体，激活细胞信号转导系统，并与转录因子相互作用激活基因表达，或直接激活基因表达。主要途径有：① cAMP或cGMP蛋白激酶途径；②酪氨酸激酶系统；以上两个途径主要是通过对一些转录因子或辅助因子的磷酸化和去磷酸化，影响这些因子激活基因转录的活性；③离子通道；④磷酸肌苷酸介导的途径；⑤细胞内受体途径，细胞内受体可以是催化反应的酶，也可以是基因表达的调控蛋白。大多数营养素对基因表达的调控是通过细胞内受体途径实现的。

（三）营养素与基因组的稳定性

营养素在维护基因组稳定性方面的研究是营养基因组学的一个重要研究领域。基因组稳定性（Genomic Stability）影响着生命周期的每一个阶段，其在生殖细胞的产生、受精卵的形成、胚胎发育、生长发育、衰老、死亡等各个过程中发挥着作用。基因组损伤可能导致生殖母细胞的死亡、凋亡而使成熟生殖细胞量减少或产生异常生殖细胞，对人类的生育性和胚胎形成负面影响。发育早期受到遗传毒性物质暴露或受到DNA合成损伤修复、DNA正常甲基化等过程所需营养素（如叶酸、维生素B_{12}、维生素B_2等）供给不足的胁迫，均可产生基因组损伤，为肿瘤和其他疾病留下隐患。染色体损伤作为基因组损伤的一个部分，与衰老、神经退行性疾病、肿瘤倾向性综合征如早衰症、阿尔茨海默（Alzheimer，AD）病、帕金森（Parkinson，PD）病有着密切联系，这些疾病通常表现为染色体不稳定性提高、DNA 修复缺陷、端粒缩短，使个体对遗传毒性胁迫敏感性提高。

食物中除了含有人体必需的营养素外，还含有各种不同的活性成分，具有调控基因的作用，通过不同的途径达到预防疾病、促进健康的目的。

1. 抗氧化、清除自由基作用

代谢过程中会产生超氧自由基，过多的超氧自由基攻击机体会使 21 号染色体异常，诱发阿尔茨海默病，基因变异诱发癌症等严重疾病。

食物中含有的维生素 C、维生素 E、β-胡萝卜素、番茄红素等活性成分具有抗氧化、清除超氧自由基的作用，防止机体的损伤和基因变异。微量元素硒可以阻止细胞膜被氧化。

2. 改变代谢平衡

人体内同型半胱氨酸量增多、甲硫氨酸减少，易罹患阿尔茨海默病和心血管疾病。对带有不稳定变异基因的低叶酸者，补充食物中的活性成分叶酸可改变代谢平衡，使积累的同型半胱氨酸迅速代谢，恢复甲硫氨酸的正常水平，从而降低带有变异基因的人患病风险。

3. 抑制特定酶活性

人体中的环氧化酶-2（Cyclooxygenase 2，COX-2）会产生致炎的前列腺素类物质，引起炎症并诱发癌症。食物中的活性成分姜黄素（Curcumin），从体外实验到动物实验均表明，能从转录水平上抑制 COX-2 的活性阻遏炎性前列腺素类物质的产生，具有抗炎作用。

4. 抗癌作用

食物中的活性成分，如姜黄素，可以诱导细胞凋亡和通过磷脂酰肌醇激酶途径（PI3K 途径）下调人双微体基因 2（Human Double Minute 2，HDM2）的 RNA 和蛋白质的表达，促进癌调节基因 *p21* 的表达，抑制肿瘤的发生。花椰菜、西蓝花、芥蓝、甘蓝、卷心菜等十字花科蔬菜中含有活性成分异硫氰酸酯，多食用这类蔬菜可以避免不正常遗传信息的细胞继续分裂，避免肿瘤的发生。异硫氰酸酯可以促进抗癌基因 *p53* 表达 P53 蛋白，P53 蛋白可以抑制细胞周期蛋白依赖激酶的活性并抑制增殖细胞核抗原功能从而抑制 DNA 的合成。P53 蛋白可以调节细胞周期，阻遏细胞进入 S 期，阻断肿瘤细胞 DNA 的复制。食用富含异硫氰酸酯的蔬菜有助于降低患肿瘤风险的原因还在于增加由 *p53* 基因诱发的肿瘤细胞凋亡的几率。抑癌基因 *p53* 和 *p21* 突变则失去抗癌功能。

5. 激活特定基因调节机体代谢、抗衰老促进健康

在哺乳动物基因组中有 7 个 *sirt* 基因（*sirt1*~*sirt7*），其中 *sirt1* 是一种调节基因，激活 *sirt1* 对内源性或外源性 DNA 损伤双链断裂有修复和染色体重建作用，在多种器官中具有调节代谢的活性和功能。食物中的活性成分，如白藜芦醇，激活 *sirt1* 基因从而产生调节代谢的功能，调节具有代谢作用的临界转录调节剂的活性，包括 Forkhead 转录因子（FOXO1）、过氧化物酶体增殖物激活受体 α（PPARα）、过氧化物酶体增殖物激活受体 γ（PPARγ）及过氧化物酶体增殖物激活受体 γ 辅激活因子 1α（PGC-1α）。在肝脏中，*sirt1* 激活 PGC-1α 且与 FOXO1 相互作用，引导糖异生作用和降低糖酵解；在骨骼肌中增加脂肪酸氧化作用；在白色脂肪组织中通过核受体阻遏物（Nuclear Receptor CoRepresor，NCoR）和类维生素 A 和甲状腺激素受体沉默介质（Silencing Mediator for Retinoid and thyroid Hormone Receptor，SMRT），*sirt*1 抑制 PPARγ 的转录活性，导致脂肪酸的代谢作用增加和白色脂肪的生成降低；在胰脏中，*sirt*1 下调解偶联蛋白 2（UCP2）表达，促进胰岛素分泌。食物中活性成分白藜芦醇伴随热量限制和禁食在多种组织中

激活 *sirt*1 产生调节代谢的作用。

二、营养素对机体代谢的影响

（一）营养素的供应和摄取

人类通过摄取食物维持生存和健康，保证生长发育和各项生命活动。这些来自外界、以食物形式摄入的物质就是营养素。中国营养学会《中国居民膳食营养素参考摄入量（2023 版）》对营养素分类如下。

宏量营养素：包括碳水化合物（糖类）、蛋白质和脂类，它们在消化时分别产生葡萄糖及其他单糖、肽和氨基酸、脂肪酸和甘油。宏量营养素是可以互相转换的能源，脂肪产热 37. 7kJ/g（9kcal/g），碳水化合物和蛋白质产热 16. 7kJ/g（4kcal/g）。

微量营养素：指矿物质，包括常量元素和微量元素，是维持人体健康所必需的，消耗甚微，许多微量元素有催化作用。

维生素：分为脂溶性维生素和水溶性维生素。

其他膳食成分：膳食纤维、水等。

人体所需要的营养素如表 1-1 所示，一部分必须由外界供给，主要来自食物，另一部分可在体内合成。食物的营养价值指食物中所含营养素和热能是否能满足人体需要。营养价值高低取决于其所含营养素的种类是否齐全、数量是否足够、各种营养素之间比例是否合适、是否容易被人体消化吸收等。同一种食物的营养价值还因贮存、加工和烹调方式不同而不同。必需营养素需要量指正常情况下维持机体正常组织结构与生理功能，防止因缺乏而出现相应生理、生化或病理变化所需的营养素最少量。为维持体重稳定，能量的供给和消耗必须平衡。每日所需能量为基础能量消耗、特殊功能活动和体力活动等消耗能量的总和。基础能量消耗因性别、年龄、身高和体重而异。特殊功能活动所需能量指消化、吸收消耗的能量，因生长、发育、妊娠、哺乳等特殊生理需要而增加。体力活动所需能量因活动强度而异，轻、中、重体力活动所需能量分别为基础能量的 30%、50%、100%或更高。生物效价为 80 以上的蛋白质，成人每日每千克理想体重约需 1g。蛋白质生物效价由高到低依次为：动物制品、豆类、谷类、根类等。牛奶与鸡蛋蛋白质的生物效价为 93，牛肉为 76，麦片和米为 65，玉米为 50。若供应的食物中蛋白质的生物效价较低，则每日蛋白质的需求量增加。脂肪供应的能量不宜超过总能量的 30%。在供应的脂肪中，饱和脂肪酸、多不饱和脂肪酸与单不饱和脂肪酸的比例应为 1∶1∶1，每日胆固醇摄入量宜在 300mg 以下。每日所需总能量除由蛋白质和脂肪供应外，剩余由碳水化合物供应。

表 1-1　人体所需要的营养素

碳水化合物	可在体内合成，但实际上大部分由体外供给
蛋白质	必需氨基酸：Ile、Leu、Lys、Met、Phe、Thr、Trp、Val 半必需氨基酸：His（婴幼儿必需）、Arg 非必需氨基酸：可在体内合成
脂类	必需脂肪酸：亚油酸、亚麻酸、花生四烯酸 非必需脂肪酸：可在体内合成

续表

碳水化合物	可在体内合成，但实际上大部分由体外供给
矿物质	常量元素：S、Na、K、Ca、Cl、Mg、P 微量元素：Fe、Zn、Cu、Mn、Co、I、Cr、Se、Mo、F
维生素	水溶性：维生素 B_1、维生素 B_2、维生素 B_6、维生素 B_{12}、维生素 C、烟酸、叶酸、泛酸 脂溶性：维生素 A、维生素 D、维生素 E、维生素 K
水	
膳食纤维	

（二）主要营养素的消化、吸收及代谢

1. 碳水化合物

食物淀粉经过胰淀粉酶水解成双糖，在小肠上皮细胞刷状缘的双糖酶的作用下被消化为单糖，被小肠吸收入血，一部分为机体供能，另一部分以糖原的形式贮存于肌肉和肝脏中。肌糖原主要供肌肉收缩之急需；肝糖原则是稳定血糖的一个重要来源，对大脑及红细胞尤为重要。当血糖浓度下降时，肝糖原分解成葡萄糖，释放入血以补充血糖。当禁食>10h，大部分储备的肝糖原被消耗，肝脏可将体内的部分蛋白质和脂肪通过糖异生作用合成肝糖原和葡萄糖。小肠对营养素吸收障碍会引起营养不良，反之对糖吸收过度会导致肥胖。当肝脏受损后，肝糖原的合成、分解及糖异生功能受损，难以维持血糖正常浓度，故慢性肝病易合并糖尿病。

2. 脂肪

脂类在小肠经胆汁酸盐乳化后，被胰脂肪酶消化为甘油一酯、脂肪酸及胆固醇，在空肠上段吸收入门静脉。在小肠上皮细胞的光面内质网内，长链脂肪酸及2-甘油一酯可被合成为甘油三酯，后者与载脂蛋白、磷脂及胆固醇结合成乳糜微粒，经淋巴管进入血液循环。除小肠外，肝及脂肪组织也是合成甘油三酯的场所，其中肝脏尤为重要。进入肝脏的甘油一酯、脂肪酸及胆固醇可通过氧化分解，产生热量以供能，也可通过糖异生作用，将肝脏多余的脂肪转化为糖原和葡萄糖。各种原因所致的脂类吸收异常、肝细胞甘油三酯合成增加及甘油三酯运出肝细胞减少均是导致脂肪肝发生的重要病理生理环节。

3. 蛋白质

蛋白质在胃液和胰液蛋白酶的水解下，1/3水解成氨基酸，2/3水解成寡肽，小肠上皮细胞刷状缘的寡肽酶可将寡肽最后水解为氨基酸，通过小肠上皮细胞的氨基酸载脂蛋白的主动运输将其随 Na^+ 转运入细胞，γ-谷氨酰基循环促进了氨基酸进入小肠细胞的转运过程。经消化被吸收的氨基酸（外源性）与体内组织蛋白质降解产生的氨基酸（内源性）混在一起，分布于体内各处，成为氨基酸代谢库，其主要功能是合成蛋白质与多肽。肝脏除了合成本身所需要的蛋白质外，还合成清蛋白、部分球蛋白、纤维蛋白原、凝血酶原及凝血因子等。氨基酸分解代谢主要通过：①脱氨基作用，可在体内大多数组织中进行，肝脏具有丰富的转氨酶；②α-酮酸代谢，使脱氨基后的 α-酮酸生成非必需氨基酸，转变为糖及脂类氧化供能；③多数氨在肝中被合成尿素而解毒。未被充分消化的某些蛋白质具有抗原性，是过敏反应或加重肠黏膜免疫疾病的原因之一。

（三）肠黏膜及肠道微生态

肠道在接触大量的食物和肠腔内微生物共生的过程中，其屏障防御体系起重大作用，可有效阻挡肠道内500多种、含量高达约10^{11}个/mL的肠道内寄生菌及其毒素向肠腔外组织、器官移位，防止机体受内源性微生物及其毒素的侵害。肠黏膜屏障是将肠腔内物质与机体内环境相隔离，维持机体内外环境稳定的结构与功能的统一体。

肠道是人体重要的外周免疫器官，在天然免疫及获得性免疫中发挥着重要的作用。肠黏膜的天然免疫是机体先天所具备的，其作用迅速，防御机制多样，但缺乏免疫记忆性，对同一病原的多次刺激反应雷同。参与的效应细胞包括：肠黏膜上皮细胞、巨噬细胞、树突状细胞、B淋巴细胞（简称B细胞）、嗜酸细胞、肥大细胞、自然杀伤细胞等，这些细胞上的结构识别受体识别病原后，迅速启动天然免疫应答，核因子-κB（NF-κB）是重要的炎症反应枢纽分子。肠道的获得性免疫由特异性淋巴细胞识别外源性抗原后开启，经淋巴细胞增生和分化成效用细胞发挥功能。虽然起效慢，但具有免疫记忆性和特异性，因而它具有扩大天然免疫和增强天然免疫功能的作用。防御素是富含半胱氨酸（Cys）的阳离子短肽，通过其电子吸引力穿透微生物细胞膜，使胞浆外溢，具有很强的抗细菌、真菌和病毒的作用。

肠道微生态由细菌、真菌、病毒等共同构成，其数目和基因数远远高于人体自身细胞数目和基因数目，被称为人体第二基因组。肠道菌群大致可分为三类。①益生菌：主要是各种双歧杆菌、乳酸杆菌等厌氧菌，常紧贴黏液层，是人体健康不可缺少的要素，可以合成各种维生素，参与食物的消化，促进肠道蠕动，阻止致病菌与肠上皮细胞的接触，分解有害、有毒物质等；②条件致病菌：如大肠杆菌、肠球菌等具有双重作用的细菌，在正常情况下对健康有益，一旦增殖失控，或从肠道转移到身体其他部位，就可能引发疾病；③有害菌：如痢疾杆菌、沙门氏菌等，一旦大量生长，就会引发多种疾病，或者影响免疫系统的功能。

微生物与人类共同进化，形成了相互依赖、相互依存的共生关系。肠黏膜屏障与肠道微生态之间具有相互影响、双向调节的作用。肠道微生态影响机体的营养、代谢、免疫、发育及衰老等，与代谢性疾病、神经精神疾病、免疫相关疾病、肿瘤等许多慢性疾病有关。目前，已知肠道微生物具备以下功能：

（1）代谢功能　肠道微生物可分泌复杂的蛋白酶，具有氧化还原作用，促进分解食物中的成分，并对其他内源性及外源性物质进行分解、代谢或转化。

（2）营养功能　肠道微生物合成多种维生素、氨基酸、多肽、短链脂肪酸（SCFAs），微生物的代谢产物促进矿物质等营养素的吸收，从而影响宿主的营养代谢。

（3）宿主免疫功能　肠道微生物调节宿主免疫器官的发育成熟，并作为广谱抗原刺激宿主产生免疫应答，包括体液免疫和细胞免疫。

（4）肠道防御功能　肠道微生物是肠黏膜屏障的重要组成部分，能阻止潜在致病菌的入侵或定植，维护肠黏膜屏障功能和结构完整性。

三、营养疾病与代谢性疾病

（一）营养疾病

机体对各种营养素均有一定的需要量、允许量和耐受量，因此营养疾病可由一种或多种营养素不足、过多或比例不当而引发，按发病机制可分为以下两类。①原发性营养失调：由摄取营养素不足、过多或比例不当引发。例如，摄取蛋白质不足引起蛋白质缺乏症，能量摄取超过消耗引起肥胖症。②继发性营养失调：器质性或功能性疾病所致。如口、咽、食管疾病导致的进食障碍，消化道疾病导致的消化、吸收障碍，物质合成障碍，或因不同生理条件下对营养素需求的改变以及排泄失常导致的营养堆积或流失。

营养疾病一般按某一营养素的不足或过量分类。①蛋白质营养障碍，蛋白质和氨基酸不足，如蛋白质-能量营养不良症、蛋白质缺乏症、赖氨酸缺乏症；蛋白质摄入过量会加速铁及骨骼钙流失，过多的蛋白质会脱氨分解，氨由尿排出体外，带走大量的水分，加重肾脏负担。②糖类营养障碍，糖类摄取过多易引起肥胖症，摄取不足伴有能量不足时导致消瘦。③脂类营养障碍，脂类摄取过多引起肥胖症或血脂异常。④维生素营养障碍，各种维生素缺乏症或过量症。⑤水、盐营养障碍，水、盐不足或过量。⑥无机元素营养障碍，微量元素不足或过量。⑦复合营养障碍，多种营养素障碍的不同组合。

（二）代谢性疾病

新陈代谢是指在生命机体中进行的众多化学变化的总和，是人体生命活动的基础。通过新陈代谢，机体与环境进行不断的物质交换和转换，同时体内物质又不断进行分解、利用与更新，为个体的生存、生长、发育、生殖和维持内环境稳定提供物质和能量。机体的代谢包括合成代谢和分解代谢两个过程，前者是营养素进入人体后参与众多化学反应，合成较大的分子并转化为自身物质，是耗能的反应过程，其中，三大营养素以糖原、蛋白质和脂肪的形式在体内合成和储存；后者是体内的糖、蛋白质和脂肪等大分子物质分解成小分子物质，为机体提供所需要的能量，是产能的变化过程。由于遗传和环境因素影响，当体内生物化学过程发生障碍时，某些代谢物质如碳水化合物、脂肪、蛋白质、嘌呤、钙、铜等堆积或缺乏以及代谢途径异常而引起的疾病称为代谢性疾病或代谢相关疾病。代谢性疾病影响广泛，全身各组织器官均参与代谢，代谢性疾病也影响全身各器官组织。

1. 遗传性代谢病（先天代谢缺陷）

基因突变引起蛋白质结构和功能紊乱，特异酶催化反应消失、降低或（偶然性）升高，导致细胞和器官功能异常。

此外，有些遗传性代谢病以环境因素为其发病诱因，例如，苯丙酮尿症是由于苯丙氨酸羟化酶缺乏引起。

2. 获得性代谢病

由环境引起，或由遗传因素和环境因素相互作用导致的细胞和器官功能异常。不合适的食物、药物、理化因素、创伤、感染、器官疾病、精神疾病等是造成代谢障碍的常见原因，例如，常见的水、电解质和酸碱平衡紊乱，慢性肾衰竭时的钙磷代谢障碍等。血脂异常常见于甲状腺功能减退症、肾病综合征等。

代谢性疾病按中间代谢主要途径可分为以下几类。

（1）蛋白质代谢障碍　①先天性代谢缺陷：如血红蛋白病、白化病等分子病，先天性氨基酸代谢异常等。②获得性器官疾病：如淀粉样变性的免疫球蛋白代谢障碍，严重肝病时的低白蛋白血症。

（2）糖代谢障碍　①先天性代谢缺陷：如半乳糖血症、果糖不耐受症、糖原贮积症等。

②各种原因导致的糖尿病、葡萄糖耐量减低、低血糖症等。

（3）脂类代谢障碍　主要表现为血脂或脂蛋白异常，可为原发性代谢紊乱或获得性糖尿病、甲状腺功能减退症等。

（4）水、电解质代谢障碍　多为获得性，也有先天性肾上腺皮质增生症等。

（5）无机元素代谢障碍　如铜代谢异常导致肝豆状核变性，铁代谢异常导致的含铁血黄素沉着症等。

（6）其他代谢障碍　如嘌呤代谢障碍导致的痛风，卟啉代谢障碍导致的血卟啉病等。

3. 代谢综合征

多种代谢成分异常聚集形成的病理状态，即代谢综合征（Metabolic Syndrome，MS），以高血糖、肥胖、血脂异常及高血压等聚集发病，严重影响人体健康的临床症候群。代谢综合征的中心环节是肥胖和胰岛素抵抗。代谢综合征是糖尿病、心脑血管疾病的危险因素，心血管疾病的发生率和死亡率是正常人群的2~3倍，无糖尿病的代谢综合征病人发生2型糖尿病（Type 2 Diabetes Mellitus，T2DM）的风险是正常人群的5倍。2023年《代谢综合征病证结合诊疗指南》报告，中国20岁及以上人群代谢综合征患病率为31.1%。

代谢综合征是遗传与环境因素相互作用的结果。胰岛素抵抗是代谢综合征的中心环节，胰岛素抵抗的发生与肥胖及代谢综合征的病理变化密切相关，互为因果，关系错综复杂。胰岛素抵抗指胰岛素作用的靶器官（肝脏、肌肉、脂肪组织、血管内皮细胞等）对胰岛素敏感性降低。在代谢综合征发生早期，机体为了克服胰岛素抵抗，代偿性分泌过多胰岛素，引起高胰岛素血症。胰岛素抵抗和高胰岛素血症是代谢综合征的重要致病机制。但胰岛素抵抗并非代谢综合征发生的唯一机制。代谢综合征人群并不一定都有胰岛素抵抗，而有胰岛素抵抗的人群也不一定都发生代谢综合征，提示这类多种代谢危险因素集结在个体的现象可能具有更为复杂或多元的病理基础。

（三）疾病和健康中营养素与基因的相互作用

越来越多人认为膳食营养素和基因两种因素交互作用影响着人类的健康。大量研究，尤其是孪生研究和家族研究，已证实遗传因素、环境因素以及生活方式等共同影响着机体对某种疾病的易患性，或者可间接地通过影响机体对其他环境因素的反应来作用于疾病发生过程。其中，膳食营养素是影响人体健康的最重要环境因素之一。基因的多态性对膳食因素与疾病关系的影响也倍受营养学界的关注。

营养素与基因的相互作用及其健康效应研究是“营养基因组学”的重要研究内容。越来越多的证据提示，营养素的摄取、代谢及其相关酶的多态性对维护基因组健康具有重要的作用。营养素与基因之间相互作用的阐明一方面使营养学研究趋于个体化，通过对个体基因的结构和代谢型的描述，使个体的营养状况通过调整饮食结构达到最佳状态；另一方面加深人们对营养素功能的认识，结合基因表达与蛋白质产物和代谢组学的联系，研究对人类有益且高效的营养食品，预防疾病和增进人类的健康。

（四）营养学研究中的现代分子生物学方法

1. DNA、RNA与蛋白质的研究方法

基因组研究领域取得的巨大进展推动了人类健康与疾病的分子机制探究和精确测定，为增进健康、降低发病率和死亡率及预防疾病提供了巨大潜力。因此，掌握基因组研究的基本知识和必要技术相当重要。现代分子生物学的研究方法，特别是基因操作和基因工程的运用也成为营养学研究中必不可少的技术手段。基因操作主要包括 DNA 分子的切割与连接、核酸分子杂交、凝胶电泳、细胞转化、核酸序列分析以及基因的人工合成、定点突变和聚合酶链式反应（PCR）扩增等，这些都是分子生物学研究的核心技术。基因工程是指在体外将核酸分子插入病毒、质粒或其他载体分子，构成遗传物质的新组合，使之进入新的宿主细胞内并获得持续稳定增殖能力和表达。

2. 基因功能的研究手段

随着各种模式生物、水稻、人类等基因组序列相继测定完成，人们对生物体的认识更进了一步，但是大量的序列信息也给人们提出了新的挑战。如何利用这些序列信息，通过生物化学、分子生物学等方法研究基因的功能，从而进一步了解生物体内的各种生理过程，研究生物体生长发育的调节机制，以及各种疾病的发生、发展过程是现代分子营养学亟待解决的主要问题。基因表达系列分析技术、原位杂交技术、基因芯片技术为研究单个或多个基因在生物体的某些特定发育阶段或不同环境条件下的表达模式提供了强有力的手段。用基因定点突变技术、基因敲除技术、RNA 干扰技术可以全部或部分抑制基因的表达，通过观察靶基因缺失后生物体的表型变化研究基因功能。酵母单双杂交技术，免疫共沉淀技术等也是研究蛋白质相互作用、蛋白质-DNA 相互作用等的重要手段。现代分子生物学各种研究手段的发展与创新，使得分子营养学的研究逐渐可以延伸至活细胞内和细胞外研究蛋白质之间的相互作用，为认识信号传导通路、蛋白质翻译后修饰加工等提供强有力的技术支持。

第三节 分子营养学发展历程

一、从传统营养学到分子营养学

营养学的发展已经经历了很长的时间，早在公元前 400 年到 18 世纪中期，营养学开始兴起进入萌芽阶段，那个时候人们对食物以及营养的认知十分有限，对食物的营养价值也没有清楚的认知，对营养的理解大多出于生活经验积累的有限的营养学知识。一直到 19 世纪，现代营养学率先在西方发展，化学研究的成果尤其是碳、氢、氧、氮等元素的定量测定以及基于此建立的食物成分和代谢等概念的发现都为现代营养学的发展奠定了有利的基础。19 世纪到 20 世纪中期是现代营养学发展的黄金阶段，期间多种营养素相继被科学家发现。

20 世纪 40 年代后，现代分子生物学的技术发展也极大地推动了营养学的发展。1943 年，美国首次对人群提出了饮食营养素供给量的建议，1968 年瑞典提出的“斯堪的纳维亚国家人民膳食的医学观点”是世界上最早发布的膳食指导方针。1997 年，美国首次提出了“膳食参考摄入量”的概念，随着这一概念的发表，其他国家也根据自己国家人民的营养状况制定了不同的营养素供给量参考，作为本国居民膳食营养平衡的根据。在我国的历史发展中虽然对营养学的具体起源时间没有明确记录，但先秦时期的医学典籍是我国最早记录营养学的专著之一，时至今日已有 2000 多年的历史，在书中包含大量的“上古之人”的语句，据此不难推测这本 2000 多年前的书中记录的内容可能更为久远，但其具体时间无法追溯。在几千年的发展中，我国一直都是一个农业大国，期间无数的历史名家对养生规律进行了总结，历朝历代的记载都有此倾向，因此我国古代的营养学发展史从本质上讲就是人类与自然共同发展的规律总结及升华。我国现代营养学的发展在20世纪左右，从1913年开始就有营养学家对我国的食品营养素进行了分析，并做了一系列的调查与评估。发展较快的时期在1925—1936年，这10多年的营养学研究工作包括对众多食物成分、营养价值、膳食结构以及营养状况的较为系统的分析。1939年和1941年，分别提出了第一个营养素供给量建议和召开了第一次全国营养学大会。新中国成立后，我国拥有了中国营养学会并正式出版了《食物成分表》，为日后的营养学研究打下了基础。经过1982—2002年的3次全国营养调查，2001年国务院办公厅发布了《中国食物与营养发展纲要（2001—2010年）》，经过几代人的努力我国的营养学事业终于走上了健康高速发展的道路。随着营养学的不断发展，分子营养学的概念也逐渐走进大众视野。1975年，美国生物学家做了“营养与遗传因素相互作用”专题讨论会，预示着分子营养学时代的开始。而分子营养学这一名词是在1985年西雅图举办的“海洋食物与健康”会议中首次提出，是指应用分子生物学技术和方法从分子水平研究营养素与基因之间的相互作用（不仅包括营养素与营养素之间、营养素与基因之间，还包括基因与基因之间的相互作用）以及影响机体健康的规律和机制，并能够依此提出促进健康和营养防治疾病的学科。之后，分子营养学作为营养学中的一个分支学科，进入了黄金发展阶段。随着21世纪人类基因组计划完成，环境基因组和食物基因组计划被提上了日程，膳食对基因的影响开始被广泛研究，基因组学、转录组学、蛋白质组学以及代谢组学的方法也在分子营养学的研究中广泛使用。

在高等教育的发展中，营养学也在不断发展。在医学专业下通常设定二级学科——营养与食品卫生学，负责教授营养学专业知识，之后，食品专业也将营养学列为专业重点课程。在不断的发展中，营养学的研究也在不断深入，营养摄入与疾病防治逐渐占据主要地位。营养素的摄入在人体的代谢以及对机体的各种正向或负向作用开始被关注，饮食与代谢和疾病的关系成为营养学研究的主要内容。在这些研究中，代谢和疾病的分子机制研究必不可少。最终分子营养学应运而生，在分子营养学的研究中，营养素对基因表达的调控及机制，营养素对基因表达调控改变机体代谢，利用营养素促进有益基因的表达、抑制有害基因的表达，基因对营养素消化代谢的影响，营养需求在不同个体间的差异以及营养素与基因互作对相关疾病的调控等是分子营养学研究的主要内容。目前，分子营养学的研究成果主要集中在营养对基因表达的调控，即启动或终止一些基因的表达水平；转录水平的调控，即对mRNA的加工、mRNA的稳定性和mRNA翻译成蛋白质等过程的调节；转录后的调节，即对细胞中蛋白质的合成过程进行调节，改变蛋白质的合成。

二、分子营养学发展

近年来，随着动物代谢基因被鉴定和克隆，关于日粮对动物代谢调控的影响机制方面的研究逐渐深入到分子水平，研究人员对营养与基因的调控关系越来越感兴趣，随之而来的是营养代谢机制研究正在向分子水平不断深入，分子营养学的发展也进入了全新阶段。

（一）基因组学与营养基因组学

1. 基因组学

基因组研究领域获得的成功对分子营养学的发展起到了极大的推动作用，其中，人类健康与疾病的分子机制的精准测定为降低发病率和死亡率以及促进健康预防疾病提供了巨大潜能。对健康人体摄入不同营养分子后不同反应的分子机制研究在分子营养学的发展中具有重要意义。因此，在分子营养学研究中必须要掌握基因组的必要研究技术。最初，基因组学只针对基因组，即一整套基因和染色体进行作图、测序和分析的简单科学规则，目前，基因组学的研究重点已经由基因组的结构分析（结构基因组学）向基因组的功能分析（功能基因组学）转变，以测定生物体的高分辨遗传、物理和转录图谱，确定其全部 DNA 序列。结构基因组学的发展从基因组、遗传绘图开始，这在当时是一项艰巨的任务，人类基因组中含有将近 30 亿个碱基对，携带了 30000~100000 个基因的遗传密码。构建遗传图谱采用的原理是根据减数分裂重组频率测定两个基因座之间的距离，DNA 分子中两个基因座的距离越近，这两个基因就越有可能在一起遗传。构建遗传图谱分为遗传绘图法（Genetic Mapping）和物理绘图法（Physical Mapping），基因组绘图的实现使疾病基因的分离成为可实现的目标，结合遗传绘图法和物理绘图法可以绘制出任何孟德尔表型特征的图谱，当遗传绘图法确定了疾病的基因座就可以结合物理绘图法来鉴别疾病基因及其主要的缺陷，结构基因组学的发展极大地丰富了分子营养学的研究内容。功能基因组学的发展极大地促进了分子营养学的发展。

2. 营养基因组学

营养基因组学是基于基因组学发展而来的技术，主要研究营养素如何影响基因的稳定和表达，以及遗传学和表征遗传学对营养素综合利用的影响。在食物中有上千种营养素和具有活性的化学物质，这些物质能够进入人体内的数量以及进入人体后的吸收率及清除率差异很大，加上这些物质触发的激素因子改变、活动能力改变，以及肠道菌群代谢物的改变等都会直接或间接影响到人体健康。当某一营养素的存在或缺乏造成对某些特定表型的选择性压力的正向或负向表现，或者激发某一发育进程的终止时，就会产生长期影响发育的影响，而且膳食中也有可能含有损害或保持基因组稳定性的因子。

营养素通过对上游因子或最终调控基因表达的信号传播进行调控，影响基因组的稳定性，但基因表型与宏量营养素的相互作用情况尚未清晰。某些营养素缺乏会诱发 DNA 损伤，导致衰老、癌症以及退行性疾病，例如，叶酸、锌、维生素 B_{12}、维生素 B_6 摄入机制受损会引发单链或双链 DNA 损伤，缺乏铁会诱发 DNA 断裂，而过量的铁会引起 DNA 氧化，烟酰胺缺乏能够抑制 DNA 修复。上述情况下，补充某种已知缺乏的单一营养素或具有增强或协同作用的一组营养素之后，有可能出现逆转。如大量摄入维生素 E、视黄醇、叶酸、烟酸、钙、锌、硒可以明显增强基因组的稳定性，而大量摄入核黄素、泛酸和生物素可能会导致基因组的不稳定性增加。还有一些营养素并不是按照剂量的多少来发挥作用的，如摄入适宜的 β-胡萝卜素会增加基因组稳定性，但摄入量过低或过高都会起相反作用。由此可见，微量营养素无论是缺乏还是摄入过多都是有害的，而且营养素除了可以直接或间接地调整基因的稳定性，还调控 DNA 的合成、维持、代谢和修复。

基因与营养素利用之间存在着双向调控作用，遗传意义上的突变会影响营养素的利用，乳糖酶-根皮苷水解酶（Lactase-Phlorizin Hydrolase，LPH）基因的多态性变换着 LPH 的调控方式，并决定着整个人类成年期的乳糖耐受情况。甲酰四氢叶酸还原酶基因的多态性导致酶活性下降，以及血浆同型半胱氨酸的倍增，这些变化被认为与心脏病、卒中、神经管缺陷及淋巴细胞性淋巴瘤有关。酶活性的降低可以使甲酰四氢叶酸池耗竭，减少 DNA 断裂，降低患结肠癌的风险。但叶酸水平低下时，多态性可能会以危险因素的形式出现，这时需要摄入较高水平的叶酸。锰过氧化物歧化酶的常见多态性增加对氧化性应激的敏感性，会增加维生素 C 和维生素 E 的需要量。营养素对基因表达也存在调控作用，目前，已经有众多学者对此进行了研究，如营养素直接作用于基因、或营养素直接或间接作用于细胞信号机制，这些数据需要进行储存、管理、分析后建立相关的数据库。最近的一些研究表明，营养素可能对基因转录具有调控作用，因此营养基因组学需要与营养转录组学相互补充。

（二）蛋白质组学与营养蛋白质组学

1. 蛋白质组学

蛋白质组学主要描述各种蛋白质具有的特征，包括翻译后修饰、蛋白质-蛋白质互动以及某些定义，对某种感兴趣的机体描述的亚细胞方位。长期以来对蛋白质的研究以生物化学法和免疫化学法为主，目前，已经对多种研究方法进行了详细的综述，质谱法（Mass Spectrometry，MS）因其对结构的高度特异性与敏感性成为一种特别有效的蛋白质分析方法，可以在适当的条件下分析混合物中的化合物。目前，常用的质谱法包括电喷雾质谱法（Electron Ionization Mass Spectrometry，EI-MS）、基质辅助激光解析电离（Matrix Assisted Laser Desorption Ionization，MALDI）、表面增强激光解析电离（Surface Enhanced Laser Desorption Ionization，SELDI）以及硅板直接离子化（Desorption Ionization on Silicon，DIOS）等方法。在蛋白质或多肽分析中，经过离子化的样品可以用于不同类型的质量分析仪器进行分离。四极杆质谱仪可以改变辐照频率（射频）及直流电电压的变化，选择特定质荷比（m/z）的离子通过设备，再进入下一设备进行分析。飞行时间设备（Time of Flight，TOF）中带电粒子被脉冲式送入质量分析仪中，依据其 m/z 到达下一站或测定仪中。离子陷阱是研究者用于存放离子的场，可按需开启。傅立叶转化离子螺管共振质谱仪（Fourier Transform Mass Spectroscopy，FTMS）将被困在超导磁场之中的粒子用离子螺管辐照激发，具有很高的敏感性和质量准确性。这些仪器中有一些可以提供完整的蛋白质信息，但蛋白质分子质量较大或存在于混合物之中时可能会难以甄别。在大多数情况下，蛋白质被酶水解成多肽，通过将观测到的 m/z 与微机中已知多肽数据库具有相同特性的片段进行比对就可以对多肽进行试探性甄别，随后使用序贯 MS 进行测序进一步甄别。在序贯 MS 过程中，离子首先在最初的质量分析仪中被选中（四相仪或 TOF），被选中的“前体”离子进入一个次级场域，在其中被诱导成片段与氮气等气体进行对撞，再用另一质量分析仪对片段进行分析。经过这一流程，三次四相质谱利用其中第一个四相仪将第一个四相仪分离前体粒子生成第二个片段，第三个分离产品离子。离子阱利用一个四相仪或螺旋磁场将目标离子困在其中，在粒子被困或释放时可以被一次或多次诱导成片段，以增强敏感性并允许多回合的分析以及较高次数的分析。序贯 MS 在鉴别化合物方面具有很高的精准度，因为很少有化合物具备相同的前体和产品离子，但对复杂的混合物一定要排除上述可能性。就蛋白测序而言，这些前体（产品对应已知特殊氨基酸序列具有的 m/z）可以利用免费或具有知识产权的软件对肽样式相关的所有蛋白质进行快速甄别。当特定蛋白质产生的肽片段达到统计学显著水平的数量时，软件对这些肽片段进行多次匹配甄别，同时对一些可能的修饰如 N 端乙酰化、甲酰化、氨基酸残基磷酸化等方式的修饰进行甄别。

2. 营养蛋白质组学

经过 100 多年的发展，营养学研究工作取得了不菲的成果，很多国家国民平均寿命显著增加，营养学为人类生活水平质量提高做出了很大贡献。近年来，各种分子水平和系统性技术的方法学飞速发展，研究水平从宏观向微观、小样本向大数据发展，这些都为分子营养学的发展提供了强有力的支持。分子营养学的新要求也随之而来，主要包括发展更加先进有效的研究方法、加强国际合作、分享数据及制定相关标准等，最终能够明确营养素如何作用于机体而维护健康、治疗饮食相关的疾病，实现预防如肥胖、2 型糖尿病、心血管疾病、癌症以及感染性疾病等多种疾病的发生，实现个体化的精准营养干预。

分子营养学的主要目标是探索营养与人类疾病之间的分子机制。随着研究的不断深入以及分子机制研究的手段不断增加，分子营养学未来的发展会更加迅速，人类疾病的分子机制也会更加明了。如今的分子营养学研究中，基因组学发挥了重要的作用，营养素经过吸收后其营养过程依赖细胞中由 mRNA 编码的蛋白质之间的相互作用。虽然 mRNA 与蛋白质之间的变化不一定平行，但在大多数情况下 mRNA 的变化与蛋白质表达之间是相对应的。食品的营养成分、饮食习惯以及生活方式都会影响到遗传信息传递中的每个步骤，基因的表达、蛋白质合成和降解都在改变着人体的代谢功能。随着对遗传信息不断地探索，对病理和正常条件下的人体代谢分子基础也在被进一步研究，并结合表型组学，实现与基因功能和基因组学的互补。基因组数据仅含有限的关于细胞过程中动态变化的信息，而现代技术已经能通过测定单个 RNA 分子或大量 mRNA 分子的表达水平而分析出细胞或生物体遗传反应的变异性和动态变化。基因组学提供了基础的遗传信息以及基因编码区和调节元件（启动子）的序列多样性（单核苷酸多态性）。转录组学（表达谱）可通过 DNA 杂交和定量 PCR 技术同时检测生物样品中几个甚至几千个可读框的 mRNA 水平。蛋白质组学可使蛋白质作为在细胞中表达的基因组的蛋白质补体被鉴别，并可以测定蛋白质表达水平和表达方式的变化，还能对单个蛋白质关键功能作用的翻译后修饰，甚至氨基酸的替换进行检测。基因组、转录组和蛋白组分析技术的发展对未来分子营养学的发展都非常关键。

（三）代谢组学与营养代谢组学

1. 代谢组学

对代谢的研究一直都是分子营养学研究的重点，蛋白质的生物合成和降解速率可以用来测定人类代谢的稳定水平，这些蛋白质可以作为酶、受体、转运蛋白、通道、激素等信号分子而发挥代谢功能，或者作为构成细胞、器官、骨架等的成分。目前，已经能够对从 DNA 到 mRNA 再到蛋白质及其功能这一复杂的生物流程的每一步进行测定，代谢的主要决定因素还是在蛋白质-蛋白质的相互作用及其代谢中间产物在动力学效应和功能的变构调节上对蛋白质活性的影响。因此，在 mRNA 和蛋白质表达上获得的信息仍然达不到预测代谢的结果，但代谢组学可以分析所有可检测的低、中分子质量化合物组成的代谢池，而不仅仅是分析单个代谢中间产物。代谢组学作为一种显示基因功能的新工具，不仅能够更深入地研究复杂的调节过程，还能直接测定其表型。代谢组学面临的挑战之一是需要分析的化合物数量巨大，而且其理化性质差别远超过基因组学和蛋白质组学，还要面临数量上的巨大变异，对技术提出了记录大范围动态变化的要求。目前，仍然没有单一的技术可以胜任对所有低分子质量代谢物的分析工作，为解决这一难题，一些研究人员更侧重于化合物亚类的分析方法，如针对碳水化合物和糖的组学以及针对脂质的脂质组学的分析方法。虽然这些方法在某种程度上是针对一些特定代谢疾病小分子指标进行临床分析的，是传统方法的扩展，但是代谢组学的目标不局限于已知的生物学标志物，而是去寻找存在于分子之间新的或更加微妙的关系。直到今日，用于代谢组学的技术主要有两种，即质谱分析和核磁共振谱。采用自动气相色谱/质谱（Gas Chromatography/Mass Spectrometry，GC-MS）技术能够对大量代谢物进行定量分析，但仍需要结合化学法对代谢物的具体成分进行分析。代谢过程中产生大量的代谢物，为了同时监控成千上万的代谢物，高通量的分析方法可以检测化合物的相对变化，目前常用的分析方法是与质谱联用的高效液相色谱（High Performance Liquid Chromatograph，HPLC）和气相色谱（Gas Chromatograph，GC），使用GC-MS和HPLC-MS技术高通量筛选，产生大量的分析数据，采用先进信息学技术来获取大量的信息。代谢物模式技术（Metabolite Profiling Technology，MPT）可以实现搜集代谢物流通途径以及这些途径调控代谢方面的信息，尤其是^{1}H-NMR光谱（可以检测任何含质子的代谢物）的分辨率在代谢物模式研究中变得越来越重要。先前核磁共振（NMR）技术主要用于分析哺乳动物体液或组织中的代谢物变化情况，目前已经可以用于检测其他核素（如^{31}P）或天然同位素（如^{13}C）等。当代谢组学应用于富含同位素的底物的研究时，代谢物分析就可以通过流通量的定量分析而达到动态水平，这种技术将成为分子营养学中代谢和功能基因组学研究的重要组成部分。除了这两种常用的代谢组学技术，仍然有一些新兴的技术也正被用于代谢组学分析中。正如抗体可以俘获蛋白质一样，许多小分子的抗体也正在被开发，这些技术可以用于制备不同种类的化合物，在气相或液相中静态或流动状态的芯片。虽然这些方法还仅限于蛋白质，流通方式在小分子物质分析中最有可能找到应用点，因为其对结合亲和度要求低于传统芯片。利用适当的生物工程方法，采用某一化合物代谢酶的底物或其产物的结合位点，从理论上可以产生和每一种天然生物分子结合的多肽。

2. 营养代谢组学

虽然营养代谢组学这一技术仍然处于开发阶段，但与营养学的代谢物组学概念方面的讨论已有不少。例如，碳水化合物被分解成能量、贮存为糖原、代谢成脂肪或其他产物的过程，代谢疾病中氨基酸的摄取与周转，脂质的吸收、转运、代谢等，这些代谢学家和营养学家数十年来的研究也相当于代谢组学的研究，但一直都缺乏全局视角。在全局视角下，化合物的流向和布局均与一切基因、酶、运载体、内分泌因子等的调控相连接。

科学家和临床医生一直督促营养学家采用新方法建立个体化的营养学建议，因为人类基因和表型差异巨大，对某个个体适合的饮食却有可能会导致另外一个个体生病。因此，分子营养学的目标是根据基因组学、蛋白质组学、代谢组学、功能性和行为因素进行界定和整合，经过量化后形成评估人类健康状况的基础。但人体是由自身组织和相关的肠道微生物群组成的复杂生态系统，面对复杂的食物和营养素在人体中的生物利用率差异，单一组学很难对这些信息进行准确分析。系统生物学方法是一种将组学技术与生物信息学工具相结合，对特定生物系统进行分析和诠释并做出结论的方法。由于人的个体差异，对营养素的需求量不固定，受到遗传学、表征遗传学、年龄、体力活动以及其他因素的综合影响，因此在系统生物学概念出现前，营养学家就意识到普遍性方法的必要性。生物信息学能够将组学技术和系统生物学应用于分子营养学，实验设计之初要先确定数据的搜集、储存、分析等方式，组学技术，如MS，在每一次分析后产生成千上万的信号，如此庞大的数据靠手工采集分析是不现实的，通常需要采用某些方法来提高数据处理的效率。

第四节　分子营养学发展趋势

分子营养学在未来的食品科学领域发展中能够更好地发挥其优势，体现其实际应用价值，包括制定个体化的营养素需求量和供给量，通过营养素对基因表达和基因结构产生影响。在定制营养素需求量和供给量时，可以依据分子营养学基础制定有利于健康基因表达和稳定，并抑制有害基因表达的方案。还可以通过研究基因多态性对营养素消化、吸收、代谢和排泄以及生理功能的影响，在制定营养素需求量和供给量时，考虑不同基因型的影响，针对不同的基因型制定不同的方案，更方便了解不同个体的营养需求。

分子营养学未来的发展更加注重对疾病的调控，包括制定个体化的疾病预测及预防方案。未来，每个人都会拥有自己的基因谱图，根据基因型特点可以确定膳食中特定疾病的危险因素，从而指导人们尽可能避免这一类食物的摄入。对临床病人也会有对应的饮食指导，除了常规的治疗处方，还会根据病人的基因型和营养素对基因表达和结构稳定性的影响制定膳食处方。

慢性病是现代社会降低人类生活质量的主要因素之一，分子营养学的发展也会更偏向开发治疗慢性病的药物或膳食结构。根据一些转录因子或受体靶点开发安全有效的治疗药物，例如，不饱和脂肪酸是过氧化物酶体增殖剂激活受体的天然配体，可以激活脂肪和糖代谢相关的基因表达，从而有效降脂和降糖，依据上述功能可以将不饱和脂肪酸结构进行修饰，开发一系列的降糖和降脂药物。根据同样的原理，维生素 D 的衍生物可以用于治疗银屑病和某些肿瘤。

重组 DNA 技术是基因工程的核心，和可能的基因操作广泛应用于医学、工业和农业领域。由于科学和经济的结合，人类直接消费采用重组 DNA 技术食品的例子不多，重组 DNA 技术的安全问题一直是一个被广泛关注的问题。

尽管重组 DNA 技术的安全问题仍然没有解决，但并不影响重组 DNA 改良作物的种植。虽然消费者没有直接摄取这些作物，但作物的副产品已经进入家畜的饲料链，因此，需要发展理性科学的方法，确保科技发展促进高质量、安全、营养的食物持续发展，以满足世界人口增长的需求。应用重组 DNA 技术的食物，应考虑到宏量营养素和微量营养素两方面的内容，摄入的食物不能存在有害效应，还要考虑重组 DNA 食物的潜在致敏性。现代生物学和食品供应之间关系的分析表明，现代生物工程可能比传统的食物改良方法更加有利，但对抗病毒、抗真菌、抗虫植物食品的安全分析需要更加仔细。

食品安全关注的问题包括如下几类：致敏性、抗营养因子、毒素和食源性致病因子，必须强调的是食品基因的安全性并不取决于修饰表达的方法，传统育种技术也会导致不可预见的过多表达，如致敏原、抗营养因子。虽然由传统育种和选择技术生产的作物给人类健康带来副作用的报道很少，但确实存在。利用重组 DNA 技术进行精确基因转移已被认定具有以下优势：特异性、改良能力和效率。基因操作可以增加食物中导入改变的范畴、程度和速度。但进行基因改良获得的人类食物，必须对其致敏性、抗营养因子、抗生素抗性的转移进行验证。在今后的研究中，降低利用重组 DNA 技术改造作物的致敏性和提高营养特性将是主要研究方向。

第五节 分子营养学在营养学研究中的应用

分子营养学是营养学与现代分子生物学原理和技术有机结合而产生的一门新兴交叉学科，它在阐述营养素与基因如何相互作用，导致营养相关疾病发生发展方面取得了许多重要进展，已被广泛用于营养素与基因转录、蛋白表达、营养素吸收利用以及营养素与基因疾病的研究中。

一、营养素与基因转录、蛋白质表达的关联

大多数营养素对基因的表达都具有调节作用，它们直接或间接作为辅助因子催化体内的各种反应，并构成大分子的底物，还可以作为信号分子或者改变大分子的结构，导致转录和翻译水平上的变化。在基因转录和蛋白质表达中，转录因子与DNA识别序列的交互作用是由该转录因子数量及其对DNA序列的亲和力决定的。此外，营养素可以调节转录因子的数量，例如，固醇蛋白的合成会受到胆固醇和多不饱和脂肪酸的调控。通过配体激活营养素可以增强转录因子对DNA序列的亲和性，过氧化物酶体增殖物激活受体（PPARs）家族的α、β、γ1、γ2四个亚型通过$n-3$和$n-6$多不饱和脂肪酸、共轭型亚麻酸、前列腺素、白细胞三烯类、脂肪酸的氧化物等配体的激活作用，增强转录子对DNA序列的亲和性，使其在细胞分化、脂类和能量代谢、炎症反应、动脉粥样硬化斑块形成和癌症发生的基因调控中起到决定性的作用。此外，膳食营养素还会影响细胞内的氧化还原平衡，进一步改变核内因子与DNA的结合活性。

二、营养素与多基因病

随着医学技术的提高及流行病学和分子生物学的不断研究，各种膳食营养素与多基因病如肥胖、动脉粥样硬化性心血管病、糖尿病、骨质疏松症及癌症的关系进一步被阐明，为疾病的预防和治疗提供了新的思路。

1. 动脉粥样硬化性疾病

目前，公认的受膳食因素影响的动脉粥样硬化性疾病（Atherosclerotic Cardiovascular Disease，CVD）危险因素包括高胆固醇血症、血浆高密度脂蛋白（High Density Lipoprotein，HDL）浓度降低、血浆甘油三酯浓度升高、肥胖及糖尿病。这些危险因素大多通过流行病学、病理学等传统医学研究方法获得。通过分子营养学的研究，很多与CVD有关的新危险因素被发现。同型半胱氨酸对血管内皮有毒性作用，可增加血小板黏附性并促进凝血因子的改变，导致CVD。膳食中叶酸和维生素B_{12}缺乏导致同型半胱氨酸无法重新甲基化为甲硫氨酸，维生素B_6摄入不足影响胱硫醚β-合成酶将同型半胱氨酸转化为半胱氨酸，5,10-次甲基四氢叶酸还原酶（MTFR）突变也会导致高同型半胱氨酸血症。分子营养学研究还表明，膳食中的抗氧化剂（包括维生素C、维生素E、β-胡萝卜素等）通过抑制脂蛋白氧化和血管细胞氧化损伤的作用，干扰动脉粥样硬化和血栓的形成。

2. 骨质疏松症

骨质疏松症是一种常见的代谢性骨病，其中遗传因素是引发这类疾病的一个主要原因。母亲患骨质疏松症，女儿的发病率也会增加。年龄在65岁以上的妇女更容易发生骨质疏松和骨

折，发生骨折的危险性主要由成人期峰骨量和日后的骨流失决定，其中峰骨量是最主要的决定因素。随年龄增长，骨流失的速度也会逐渐增加。营养状况、遗传等因素均会影响到骨质，但部分遗传因素在骨质流失中起重要作用，维生素 D 受体（VDR）会影响机体对钙的吸收，VDR 中存在一种酶敏感的基元，命名为 b，它与骨密度的关系十分密切，在纯合子 *BB* 基因中缺乏这种基元，所以 *BB* 基因型个体更易患骨质疏松症，并在机体补充钙时影响钙的吸收。

思政要素解读

能力拓展

1. 了解分子营养学的概念、主要研究内容，通过对分子营养学概念及研究内容的学习，为解决分子营养学研究过程中的问题提供理论基础

掌握分子营养学的基本概念，能够充分了解分子营养学的研究内容，掌握基因对营养素消化、吸收、分布、代谢和排泄的影响，以及营养素对基因表达调控、代谢调控的机制，为营养相关疾病膳食指南制定提供理论支持。

2. 了解分子营养学未来的发展趋势，提高发现问题、解决问题的能力

随着食品科学研究领域的不断发展，分子营养学在食品科学领域的应用将更具优势，通过对营养素和基因之间的相互调控作用研究，提高对个性化营养方案定制、个体化疾病预测及预防等问题的解决能力。

素养提升

1. 了解我国营养学之父——郑集教授在营养学领域的贡献，提升民族自豪感以及刻苦钻研的精神

从公元前 400 年到 18 世纪中期，营养学从兴起阶段进入了萌芽期，期间，无数的科学家付出了不懈的努力。郑集教授是我国营养学之父以及生物化学的开拓者之一，为我国的营养学发展做出了巨大贡献，郑教授 40 岁时开始注意到养生，至 70 岁开始专注衰老研究，到了百岁时仍然保持着矍铄的精神，甚至可以健步如飞。郑老先生于 1924 年考入国立东南大学（原南京高等师范学校，1928 年更名中央大学，1949 年更名南京大学）的生物系，1930 年赴美留学先后在芝加哥大学、耶鲁大学、印第安纳大学学习并获得博士学位，留学期间学习的现代营养学知识改变了他对传统营养学的看法。之后郑老先生选择了回国，并在中国科学社生物研究所完成筹建了我国第一个生物化学专业机构——生物化学研究室，之后又在中央大学医学院创办中央大学医学院生化研究所，培养了大批生化人才，是中国历史上第一个培养生物化学研究生的正式机构。由于当时的国家物资匮乏，人们普遍存在蛋白质摄入不足，郑老先生根据我们的国情提出用大豆制品补充蛋白质的倡议。他还是最早驳斥食物相克理论的学者，在 20 世纪 30 年代即通过实验证明民间广为流传的食物相克为谬论。

2. 了解分子营养学在相关学科研究中的应用及重要性，认识专业使命，提高社会责任感

人类对生命现象与本质的认识，经历了由整个机体水平向器官、组织、细胞、亚细胞结构及分子水平这样一个逐渐深入的过程。近几十年，随着分子生物学理论与实验技术在生命科学领域的各个学科的渗透及应用，产生了许多新兴学科。分子营养学就是营养学与现代分子生物

学原理和技术有机结合而产生的一门新兴交叉学科，它在阐述营养素与基因如何相互作用，导致营养相关疾病发生发展方面取得了许多重要进展。目前该学科刚具雏形，正处于不断完善和发展阶段，相信不久的将来，它必将成为一门在理论和实践方面均具有重要意义的学科。安身之本，必资于食。自从有了人类，就有了饮食活动，并因此有了人类对饮食活动的探索和研究。由于长期繁衍在东亚的黄河长江流域，中华民族形成了以农耕为主的生产方式、以谷麦为主食的膳食类型，这也使得我们在营养结构、疾病等方面突显出了许多因适应与进化所形成的特殊性。依托“功能食品研发实务”“营养学”“营养与健康”课程，在不同学生群体中，通过中国饮食溯源，从进化论的角度解析生理变化、食物选择、环境因素对人类机体的影响，深刻理解食物、营养和健康三者之间的关系，建立适合中国人群的东方健康膳食模式，推动消费向健康化升级。

思考题

1. 什么是分子营养学？它研究哪些内容？与营养学之间有何联系与区别？
2. 营养素与基因表达的相互调控如何实现？它们怎样影响人体健康？
3. 主要营养素的消化、吸收、代谢的过程以及其如何引起营养疾病和代谢疾病？
4. 营养学研究中主要应用的现代分子生物学手段有哪些？分别有何作用？
5. 分子营养学未来的主要发展趋势是什么？如何才能充分发挥分子营养学的优势？
6. 分子营养学在营养学研究领域有哪些应用？

第二章

02

营养与免疫功能

本章学习目标

1. 掌握免疫系统构成；
2. 了解营养物质（营养素）与免疫功能的相互作用；
3. 熟悉食品营养与免疫调节规律；
4. 了解营养与免疫知识，树立健康饮食观。

第一节　免疫系统

人体免疫系统，作为生命体防御机制的核心，其复杂性和精妙性远超想象。这个庞大的系统由三大支柱构成：免疫器官、免疫细胞以及免疫活性物质，它们协同工作，共同抵御外界病原体的入侵，维护机体内环境的稳定与平衡。

一、免疫系统的构成

1. 免疫器官

免疫器官是免疫细胞生成、成熟、储存和发挥作用的场所，主要包括骨髓、胸腺、脾脏、淋巴结、扁桃体以及黏膜相关淋巴组织等。骨髓作为"免疫细胞工厂"，源源不断地生产出各类免疫细胞的前体——造血干细胞，这些干细胞进一步分化为T细胞、B细胞、自然杀伤细胞（NK细胞）等关键免疫细胞。胸腺则是T细胞发育和成熟的关键场所，经过胸腺的严格筛选和训练，T细胞获得了识别并清除被病原体感染的细胞或癌细胞的能力。脾脏、淋巴结等则是免疫细胞聚集和进行免疫应答的重要场所，它们通过滤除血液中的病原体，启动和调节免疫反应，确保机体的安全。

2. 免疫细胞

免疫细胞是免疫系统的基本作用单元，包括多种类型，每种细胞都有其独特的职责和作战方式。T细胞作为"指挥官"，能够识别并激活其他免疫细胞，启动适应性免疫反应；B细胞则通过产生抗体，标记并中和病原体，同时还能分化为浆细胞，长期分泌抗体保护机体。NK细胞和巨噬细胞则直接参与对感染细胞和癌细胞的杀伤与清除。近年来，随着对免疫细胞研究的深入，科学家们还发现了如调节性T细胞（Tregs）、树突状细胞（DCs）等新的免疫细胞亚群，它们在调节免疫反应、维持免疫稳态方面发挥着重要作用。

3. 免疫活性物质

免疫活性物质是免疫细胞在执行任务时释放的具有生物活性的小分子物质，它们包括抗体、溶菌酶、免疫球蛋白、干扰素、白细胞介素、肿瘤坏死因子等细胞因子。这些物质在免疫应答过程中起着至关重要的作用，如抗体能够特异性地结合并中和病原体，溶菌酶则能破坏细菌细胞壁，导致细菌裂解死亡。细胞因子则通过复杂的信号网络，调节免疫细胞的增殖、分化和功能，确保免疫应答的及时、准确和适度。

二、先天性免疫

食品分子营养在先天性免疫系统干预方面的作用是一个复杂而多维的课题，它涉及到食品中各种营养素如何与机体的先天性免疫细胞及其分子机制相互作用，从而调节免疫应答、预防疾病并促进健康。

（一）食品分子营养与先天性免疫系统的基本关系

先天性免疫系统是人体抵御病原体入侵的第一道防线，具有快速、非特异性的特点。它主要由物理屏障（如皮肤、黏膜）、固有免疫细胞（如巨噬细胞、自然杀伤细胞、树突状细胞等）以及固有免疫分子（如补体、细胞因子、抗菌肽等）组成。食品分子营养作为机体获取能量和必需营养素的来源，对先天性免疫系统的发育、功能和稳态维持具有重要影响。

1. 营养素对先天性免疫细胞的直接作用

多种营养素如蛋白质、脂肪酸、维生素及矿物质等，均能直接作用于先天性免疫细胞，影响其增殖、分化、活化和功能。例如，必需氨基酸是合成免疫细胞蛋白质的基本单位，对维持免疫细胞的正常结构和功能至关重要。多不饱和脂肪酸（如 n-3 多不饱和脂肪酸）则能通过调节细胞膜磷脂组成，影响免疫细胞的信号转导和炎症介质的产生。此外，维生素 A、维生素 D、维生素 E 等脂溶性维生素在调节免疫细胞分化、促进免疫应答方面也发挥着重要作用。

2. 食品中的生物活性物质与免疫调节

除了基本的营养素外，食品中还含有丰富的生物活性物质，如多酚、黄酮类化合物、硫化物等，这些物质具有抗氧化、抗炎、抗菌等多种生物活性，能够直接或间接地调节先天性免疫系统的功能。例如，绿茶中的茶多酚能够抑制巨噬细胞的过度活化，减少炎症因子的释放，从而缓解炎症反应。

（二）食品分子营养在先天性免疫系统干预中的最新研究成果

近年来，随着分子生物学、营养学及免疫学等学科的交叉融合，科学家们对食品分子营养在先天性免疫系统干预中的作用机制有了更深入的认识，并取得了一系列重要成果。

1. 肠道菌群与先天性免疫的互作

肠道菌群作为人体内最大的微生态系统，对宿主的营养吸收、代谢及免疫功能具有重要影响。食品中的某些成分（如膳食纤维、益生元等）能够促进有益菌的生长，抑制有害菌的繁殖，从而改善肠道微生态环境，增强肠道屏障功能，减少病原体入侵。同时，肠道菌群还能通过产生短链脂肪酸（如乙酸、丙酸、丁酸等）等代谢产物，直接调节免疫细胞的活性和功能。例如，丁酸能够抑制巨噬细胞的过度活化，减少炎症因子的产生，从而缓解肠道炎症。

2. 特定营养素与免疫细胞信号通路的调控

随着对免疫细胞信号通路研究的深入，科学家们发现特定营养素能够通过调控免疫细胞信号通路，影响其免疫应答的强度和方向。例如，维生素D能够通过激活维生素D受体（VDR）介导的信号通路，促进巨噬细胞向抗炎表型分化，减少炎症因子的释放。此外，n-3多不饱和脂肪酸也被发现能够通过抑制NF-κB等炎症相关信号通路的活化，减少炎症介质的产生，从而发挥抗炎作用。

3. 精准营养与个性化免疫干预

随着精准医学的发展，精准营养逐渐成为研究热点。通过基因测序、代谢组学等技术手段，科学家们能够了解个体对营养素的吸收、代谢及利用能力的差异，从而制定个性化的营养干预方案。在先天性免疫系统干预方面，精准营养能够根据个体的遗传背景、健康状况及营养需求，提供针对性的营养素补充或调整方案，以达到最佳的免疫调节效果。例如，对于易患自身免疫性疾病的个体，可以通过补充特定营养素（如维生素D、n-3多不饱和脂肪酸等）来降低自身免疫反应的风险；对于感染高风险人群，则可以通过增加抗氧化剂、益生菌等营养素的摄入来增强机体的抗感染能力。

（三）食品分子营养在先天性免疫系统干预中的应用前景

基于上述研究成果，食品分子营养在先天性免疫系统干预中的应用前景广阔。未来，可以从以下几个方面进行探索和应用：

1. 开发功能性食品

利用食品中的生物活性物质和特定营养素，开发具有免疫调节功能的功能性食品。这些食品不仅能够满足人体对营养素的基本需求，还能够通过调节免疫系统的功能，预防疾病并促进健康。例如，可以开发富含益生菌、益生元的酸奶和发酵食品等，以增强肠道屏障功能和免疫功能；也可以开发富含抗氧化剂、多不饱和脂肪酸的植物油、坚果等食品，以减少氧化应激和炎症反应。

2. 实施个性化营养干预

结合精准医学的理念和技术手段，实施个性化营养干预方案。通过基因测序、代谢组学等方法评估个体的营养需求和免疫状态，制定针对性的营养干预方案。例如，对于免疫系统功能低下的个体，可以设计富含锌、硒等微量元素和维生素C、维生素D的膳食计划，以增强免疫细胞的活性和功能；而对于存在过度炎症反应的人群，则可能推荐富含抗炎成分（如n-3多不饱和脂肪酸、姜黄素等）的饮食方案，以减轻炎症负担。

3. 探索营养与药物的联合治疗

在先天性免疫系统疾病的治疗中，营养与药物的联合治疗策略正逐渐受到重视。通过合理的营养干预，可以增强药物的疗效，减少副作用，提高患者的治疗依从性和生活质量。例如，在自身免疫性疾病（如类风湿性关节炎、系统性红斑狼疮）的治疗中，补充维生素D和n-3多不饱和脂肪酸被发现能够增强免疫抑制剂的疗效，同时减轻患者的关节疼痛和炎症症状。此外，一些天然植物提取物（如姜黄素、雷公藤提取物）也被发现具有免疫调节作用，可与传统药物联合使用，以达到更好的治疗效果。

三、获得性免疫

食品分子营养作为人体获取能量和必需营养素的主要途径，对维持人体正常生理功能，特别是免疫系统的健康运作，具有至关重要的作用。获得性免疫系统，也称为特异性免疫系统，是人体抵抗病原体感染、产生免疫记忆的重要防线。

（一）食品分子营养与获得性免疫系统的基础关系

获得性免疫系统主要由 T 细胞和 B 细胞介导，通过识别、记忆和清除外来病原体来保护人体健康。这一系统的正常运作依赖于充足的营养支持，包括蛋白质、脂肪、维生素、矿物质等多种营养素。例如，T 细胞和 B 细胞的活化、增殖和分化都需要蛋白质作为物质基础。此外，免疫球蛋白（抗体）也是由蛋白质构成，能够特异性地识别并结合病原体，从而将其清除。维生素 A 有助于维持免疫细胞的正常功能，维生素 C 可以增强免疫细胞的活性，而锌和硒等矿物质则对免疫细胞的增殖和分化具有关键作用。缺乏这些营养素可能导致免疫系统功能下降，增加感染的风险。

（二）食品分子营养在获得性免疫系统干预方面的最新研究成果

近年来，随着科学技术的进步和研究的深入，科学家们逐渐揭示了食品分子营养在获得性免疫系统干预方面的新机制和新方法。以下是一些具有代表性的最新研究成果：

1. 益生菌与免疫调节

益生菌作为一类对人体有益的微生物，在调节肠道菌群平衡、促进免疫细胞活性方面具有显著作用。近年来的研究表明，某些益生菌菌株能够特异性地调节 T 细胞和 B 细胞的免疫功能，从而增强获得性免疫应答。例如，乳酸菌和双歧杆菌等益生菌可以通过促进肠道黏膜屏障的完整性、增强免疫细胞的吞噬能力等方式，提高机体对病原体的抵抗力。

2. 抗氧化物质与免疫保护

抗氧化物质是一类能够清除体内自由基、减轻氧化应激对细胞和组织损伤的物质。近年来的研究表明，抗氧化物质在保护获得性免疫系统免受氧化应激损伤方面发挥着重要作用。例如，维生素 E、维生素 C 和β-胡萝卜素等抗氧化物质可以通过抑制氧化酶的活性、清除自由基等方式，减轻氧化应激对免疫细胞的损伤，从而保持免疫细胞的正常功能。

3. 营养素组合与免疫协同作用

营养素之间的相互作用对于维持免疫系统的健康至关重要。近年来的研究表明，多种营养素组合使用可以产生协同作用，从而增强免疫系统的功能。例如，维生素 D 与钙的联合补充可以显著提高 T 细胞和 B 细胞的活性，增强免疫应答的强度和速度。此外，锌与硒的联合补充也可以显著提高免疫细胞的增殖和分化能力，从而增强免疫系统的整体功能。

四、 T 细胞和 B 细胞

免疫细胞（Immune Cell）俗称白细胞，包括淋巴细胞和各种吞噬细胞等，也特指能识别抗原、产生特异性免疫应答的淋巴细胞等。淋巴细胞（Lymphocyte）是免疫系统的基本成分，在体内分布很广泛，主要是 T 淋巴细胞、B 淋巴细胞、K 淋巴细胞和 NK 淋巴细胞四种类型。不同类型的淋巴细胞很难从形态学上分辨，只能通过其不同的表面标志和不同的反应性进行区分。除淋巴细胞外，参与免疫应答的还有浆细胞、粒细胞、肥大细胞、抗原呈递细胞及单核吞噬细胞系统的细胞。

（一）T细胞

T细胞又称T淋巴细胞，是在胸腺中成熟的淋巴细胞，由胸腺内的淋巴干细胞分化而成，是淋巴细胞中数量最多、功能最复杂的一类细胞，故称胸腺依赖性淋巴细胞（Thymus-Dependent Lymphocyte），简称T淋巴细胞或T细胞。

T细胞的细胞膜上有许多不同的标志，主要是表面抗原和表面受体，这些表面标志都是结合在细胞膜上的巨蛋白分子。在T细胞发育的不同阶段，细胞表面可表达不同种类的分子，这些分子与细胞功能有关，也可作为鉴别T细胞活化状态的表面标志。

（二）B细胞

B细胞又称B淋巴细胞，来源于骨髓的多能干细胞，是由骨髓中的淋巴干细胞分化而来。

B细胞的主要功能在于能够参与免疫过程中的免疫活动。对于免疫活动，常规情况是当病毒和病菌穿过人体的第一道防线和第二道防线后，会引起第三道防线的免疫活动，T细胞比B细胞产生效果慢一些。解除抗原物质的B细胞会迅速增殖，增殖的B细胞能够产生大量的浆细胞，浆细胞参与到抗体的合成以及分泌中，产生的抗体参与人体的免疫活动。

B细胞的细胞膜上有许多不同的标志，主要是表面抗原及表面受体。这些表面标志都是结合在细胞膜上的巨蛋白分子。B1细胞为T细胞非依赖性细胞，B2细胞为T细胞依赖性细胞。B细胞在体内存活的时间较短，仅数天至数周，但其记忆细胞在体内可长期存在。

（三）细胞免疫和体液免疫

T细胞是淋巴细胞的主要组分，它具有多种生物学功能，如直接杀伤靶细胞、辅助或抑制B细胞产生抗体、对特异性抗原和促有丝分裂原的应答反应以及产生细胞因子等。T细胞不产生抗体，而是直接起作用，抵御疾病感染、肿瘤形成，所以T细胞的免疫作用称为“细胞免疫”。细胞免疫的效应形式主要有两种：一是与靶细胞特异性结合，破坏靶细胞膜，直接杀伤靶细胞；二是释放淋巴因子，使免疫效应扩大和增强。B细胞通过产生抗体发挥作用。抗体存在于体液中，所以B细胞的免疫作用称为“体液免疫”。

大多数抗原物质在刺激B细胞形成抗体过程中需T细胞的协助，在某些情况下，T细胞也有抑制B细胞的作用。如果抑制性T细胞因感染、辐射、胸腺功能紊乱等因素的影响而功能降低时，B细胞因失去T细胞的控制而功能亢进，就可能产生大量自身抗体，并引起各种自身免疫病，例如，系统性红斑狼疮、慢性活动性肝炎、类风湿性关节炎等。同样，在某些情况下，B细胞也可控制或增强T细胞的功能。由此可见，身体中各类免疫反应，不论是细胞免疫还是体液免液，共同构成了一个极为精细、复杂而完善的防卫体系。

T细胞介导的免疫应答是一个连续的过程，可分为三个阶段：①T细胞特异性识别抗原，即初始或记忆T细胞膜表面的受体与抗原呈递细胞（APC）表面的抗原肽-主要组织相容性复合体（MHC）特异性结合的过程；②T细胞活化、增殖和分化；③效应T细胞发挥效应。效应B细胞介导的体液免疫过程也可分为抗原识别，B细胞活化、增殖与分化，合成分泌抗体并发挥效应三个阶段。

体液免疫和细胞免疫的区别：从作用对象上看，体液免疫清除游离在寄主细胞外的抗原及其产生的有毒物质；细胞免疫则摧毁侵入到寄主细胞内的病毒、寄生菌或外来的组织团块、癌变细胞等。从作用方式上看，体液免疫通过效应 B 细胞（浆细胞）分泌抗体，并与抗原发生特异性结合来清除抗原；细胞免疫则是通过效应 T 细胞（杀伤 T 细胞）分泌穿孔素使靶细胞溶解死亡。

五、免疫系统间的通信——细胞因子

（一）细胞因子的定义与分类

生物体作为一个有机整体，组成细胞之间有着密切的联系。细胞之间的相互作用，除了直接接触外，还通过许多可溶性的因子建立彼此联系，这些可溶性的因子统称为细胞因子。按结构和功能分为以下六类：

1. 白细胞介素（Interleukin， IL）

IL 由白细胞产生，是一组能介导白细胞和其他细胞相互作用的细胞因子。IL 除了能调节细胞生长外，还在激活与调节免疫细胞，介导 T 细胞和 B 细胞活化、增殖与分化，参与造血、免疫应答、传递信息，以及炎症反应中起重要作用。例如，IL-1α 是控制无菌视网膜炎症的治疗靶点；IL-8 能够促进黏附分子表达，在新生血管形成中有重要作用。

2. 干扰素（Interferon， IFN）

IFN 是内源性细胞因子，因其能干扰病毒感染和复制而得名，表现为有效的免疫调节、抗病毒和抗增殖特性。IFN-α 和 IFN-γ 有促炎作用，而 IFN-β 主要作用是免疫调节，对小胶质细胞也有免疫调节作用，可对抗中枢神经系统的自身免疫。

3. 肿瘤坏死因子（Tumor Necrosis Factor， TNF）

TNF 是一种多效性促炎细胞因子，主要由单核细胞、巨噬细胞和淋巴细胞分泌。已观察到可溶性肿瘤坏死因子受体Ⅱ（sTNFRⅡ）和 TNF-α 间存在很强的相关性。

4. 集落刺激因子（Colony Stimulating Factor， CSF）

促红细胞生成素（EPO）是一种糖蛋白激素，传统上认为它只在体内产生红细胞。研究发现，集落刺激因子-1（CSF-1）诱导人单核细胞产生血管内皮生长因子（Vascular Endothelia Growth Factor，VEGF）和血管生成活性，抑制集落刺激因子-1 受体（CSF-1R），降低 VEGF 水平。

5. 趋化性细胞因子（Chemotactic Cytokines， CK）

趋化因子由组织细胞和白细胞产生，结合到与其连接的 G 蛋白偶联受体上可引起细胞反应，如迁移、黏附或趋化。趋化因子根据其氨基端（N 端）半胱氨酸的排列方式，可分为 CXC、CC、XC 和 CX3C 四个亚族。研究表明，趋化因子信号在年龄相关视网膜疾病中起作用。

6. 生长因子（Grouth Factor， GF）

在动物模型中，局部或全身使用低分子质量 VEGF 受体（sVEGFR-2）/Src 激酶抑制剂可防止 VEGF 诱导的血管通透性增加，阻断血管生成，并减少视网膜水肿。转化生长因子（TGF）家族成员具有多效性，在调节血管内皮细胞和平滑肌细胞方面可能具有不同的作用，它们的促血管生成和抗血管生成作用依赖于环境。

（二）细胞因子及受体

细胞因子是由免疫系统、造血系统或炎症反应中活化细胞产生的，能调节细胞活化、分化和增殖，诱导细胞发挥功能的高活性多功能多肽、蛋白质或糖蛋白，常被糖基化，不包括免疫球蛋白、补体以及激素、神经肽、酶等生理性细胞产物。天然细胞因子大多由活化细胞产生，经过适当刺激后迅速合成和分泌，刺激停止后很快停止合成并被迅速降解。一种细胞可分泌多种细胞因子，一种细胞因子可由多种不同类型的细胞产生并作用于多种不同类型的靶细胞。

细胞因子主要由活化性 T 细胞和巨噬细胞分泌并诱导多种细胞功能反应，有时这些细胞因子的作用靶细胞距离细胞因子产生的部位十分遥远。因此，细胞因子充当了许多生物反应的分子媒体，它们通过其靶细胞表面的特异性细胞因子受体介导而发挥其生物学调节功能。

细胞因子的受体是一些细胞表面糖蛋白，它们对其同源配体表现出高度特异性和高结合亲和力。细胞因子与靶细胞上的相应受体特异结合，受体介导细胞因子的作用——通过信号转导，增强或抑制相关基因表达，发挥生物学效应。细胞因子与受体的亲和力极高（微量高效），可共用受体或受体共用信号转导链（作用相似）。近年来，已经克隆出多种细胞因子受体，并阐明了它们的分子特性。许多细胞因子受体在细胞外区共享一些分子结构，因而被称为细胞因子受体超家族（Eytokinereceptor Superfamily）。

通过生物学活性的拮抗、相加或协同，细胞间能够相互调节细胞因子的合成和分泌，相互调控受体表达，在生物整体中显示不同的生物学效应，构成细胞因子网络。

（三）食品分子营养在细胞因子调控方面的研究成果

一些特定的营养素也能影响细胞因子的表达，如 n-3 多不饱和脂肪酸（n-3 PUFAs），这类营养素被广泛认为具有抗炎作用。研究发现，n-3 PUFAs 能够抑制促炎细胞因子如 TNF-α、IL-1β 和 IL-6 的产生。这种调控作用有助于减轻炎症反应，改善多种自身免疫性疾病如类风湿性关节炎、银屑病等的症状。如维生素 D，不仅参与钙磷代谢，还具有广泛的免疫调节作用。研究表明，维生素 D 能够抑制单核细胞和树突状细胞产生促炎细胞因子，如 IL-12 和 IFN-γ，同时促进抗炎细胞因子如 IL-10 的表达。这种调控机制有助于维持免疫系统的平衡，预防和治疗自身免疫性疾病。

第二节　蛋白质与免疫功能

一、蛋白质概述

蛋白质是一类复杂的大分子有机物质，由碳、氢、氧、氮、硫、磷以及某些金属元素（如锌、铁）等组成，相对分子质量常为 $10^4 \sim 10^5$，有时可达到 10^6。蛋白质是细胞的主要成分，占细胞干重的 50%以上，是生命生长或维持必需的营养物质。某些蛋白质还可以作为生物催化剂（酶和激素），控制机体的生长、消化、代谢、分泌及其能量转移等过程，如胰岛素、血红蛋白、生长激素。蛋白质还是机体内生物免疫作用所必需的物质（如免疫球蛋白）。不过，一些蛋白质也具有抗营养性质，如胰蛋白酶抑制剂。

蛋白质的基本组成单元是氨基酸。常见的氨基酸有 20 种（或 18 种），以不同的连接顺序、通过酰胺键构成蛋白质分子。根据蛋白质的化学特点，可以将其分为 3 大类：①单纯蛋白，仅由氨基酸组成的蛋白质；②结合蛋白，由氨基酸和非蛋白部分所组成的蛋白质；③衍生蛋白，用酶或化学方法处理蛋白质后得到的相应产物。也可根据蛋白质的功能，而将其分为 3 类：结构蛋白、生物活性蛋白和食品蛋白。

除脯氨酸外各个氨基酸都含有：1 个羧基，1 个氨基，1 个不同的侧链（R 基），连接到 α 碳原子上的独特的侧链（R 基）（图 2-1）。根据氨基酸侧链 R 基团的不同，可以将常见的 20 种氨基酸分为 4 类。

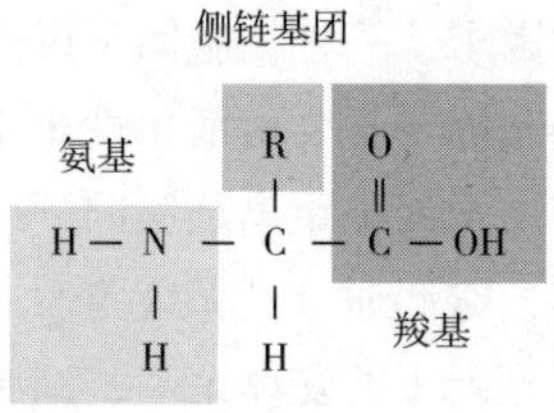

图 2-1　氨基酸分子结构通式

1. 非极性氨基酸

该类氨基酸包含丙氨酸、亮氨酸、异亮氨酸、缬氨酸、脯氨酸、色氨酸、苯丙氨酸和甲硫氨酸。蛋白质在水溶性即极性环境下，非极性氨基酸的侧链趋于集聚在蛋白质的内部，该现象称为疏水效应，是非极性 R 基的疏水性所致。非极性 R 基集聚于折叠的蛋白质内部，有助于其形成三维的形态。

2. 无电荷氨基酸

该类氨基酸包含丝氨酸、苏氨酸、酪氨酸、半胱氨酸、天冬氨酸、谷氨酰胺和甘氨酸。它们的侧链含极性基团，可以同其他极性基团形成氢键。碱性条件下，半胱氨酸和酪氨酸的侧链能够失去 1 个质子，但这些氨基酸在 pH = 7 时，电荷为 0。丝氨酸、苏氨酸和酪氨酸都含有 1 个极性的羟基，该羟基能参与氢键的形成。天冬酰胺和谷氨酰胺的侧链含有 1 个羰基和 1 个氨基，它们也能够参与氢键的形成。

3. 酸性氨基酸

该类氨基酸包含天冬氨酸和谷氨酸。天冬氨酸和谷氨酸是质子的供体。在生理 pH 下，这些氨基酸的侧链完全解离为含有 1 个负电荷的羧基（$—COO^-$），称为天冬氨酸盐或谷氨酸盐，以强调这些氨基酸在生理 pH 时带负电荷。

4. 碱性氨基酸

该类氨基酸包含赖氨酸、精氨酸和组氨酸。碱性氨基酸的侧链接受质子。在生理 pH 下，赖氨酸和精氨酸的侧链完全解离，带正电荷。组氨酸为弱碱性。在生理 pH 下，游离的氨基酸大多不带电荷，然而当组氨酸掺入到蛋白质时，它的侧链既可以带正电荷也可为中性，取决于蛋白质多肽链提供的离子环境。这是组氨酸的一个重要性质，有利于某些蛋白质（如血红蛋白）发挥其功能。

构成人体蛋白质的氨基酸有 20 种。必需氨基酸（Essential Amino Acid）是指人体（或其他脊椎动物）不能合成或合成速度远不适应机体的需要，必须由食物蛋白供给，这些氨基酸称为必需氨基酸。成人必需氨基酸的需要量为蛋白质需要量的 20%～37%，共有 8 种，分别是：赖氨酸、色氨酸、苯丙氨酸、甲硫氨酸、苏氨酸、异亮氨酸、亮氨酸、缬氨酸。婴儿必须氨基酸有 9 种，除以上还包括组氨酸。

二、蛋白质结构

蛋白质结构是指蛋白质分子的空间结构。蛋白质主要由碳、氢、氧、氮等化学元素组成，是一类重要的生物大分子，所有蛋白质都是由 20 种不同氨基酸连接形成的多聚体，在形成蛋白质后，这些氨基酸又被称为残基。

（一）蛋白质的一级结构

蛋白质的一级结构是指蛋白质多肽链中由肽键结合在一起的氨基酸残基的排列顺序，也是蛋白质最基本的结构。其中，肽键是一个氨基酸的α-羧基与另一个氨基酸的α-氨基形成的酰胺键。肽键具有部分双键的特征，即其键长比单键短，呈刚性和二维性。这就使得形成肽键的羧基碳原子和氮原子之间的键不能自由旋转。然而α-碳原子与α-氨基或α-羧基间的键能自由旋转（虽然它们受到R基的大小和特性的限制），使多肽链呈现各种可能的构象。

（二）蛋白质的二级结构

蛋白质的二级结构是指肽链借助氢键作用排列成为沿一个方向、具有周期性结构的构象，多肽主链不会随机形成一个三维结构，通常是线性序列中彼此位置相接近的氨基酸形成有规律的排列，蛋白质中常见的二级结构有α-螺旋、β-折叠和β-转角。

（三）蛋白质的三级结构

多肽链的二级结构决定了它的三级结构。三级结构是指结构域的折叠和结构域在多肽中的最终排列。球蛋白的结构在水溶液中是致密的，在分子的核心有高密度（紧密集聚）的原子。疏水的侧链掩蔽于分子的内部，而亲水基团通常存在于分子的表面。

1. 结构域

结构域是多肽基本功能和三级结构单元。长达100~200个氨基酸的多肽链通常可构成2个或更多的结构域。结构域的核心由超二级结构单元构成，1个结构域内多肽链的折叠一般不依赖于其他结构域的折叠。因此，每个结构域具有小而致密的球蛋白的特性，在结构上独立于多肽链的其他结构域。

2. 稳定三级结构的相互作用

每个多肽的独特三级结构取决于它的氨基酸序列。氨基酸侧链间的相互作用引导多肽链折叠形成致密的结构。下列四种类型的相互作用可共同稳定球蛋白的三级结构。

（1）二硫键　二硫键是一种共价键，由2个半胱氨酸残基的各1个巯基（—SH）形成二硫键，并产生1个半胱氨酸残基。2个半胱氨酸可位于1条或2条多肽链上。多肽链的折叠使半胱氨酸残基靠近它们的侧链形成共价键。二硫键是比较稳定的共价键，在蛋白质分子中起着稳定肽链空间结构的作用，其数目越多，蛋白质分子对抗外界因素影响的稳定性就越大，如细胞分泌的免疫球蛋白含许多二硫键。

（2）疏水相互作用　疏水相互作用是蛋白质折叠的主要驱动力。非极性侧链氨基酸趋于定位在多肽分子的内部，并与其他疏水性氨基酸产生联系。相反，极性或带电荷侧链氨基酸趋于定位在与极性溶剂接触的分子表面。

（3）氢键　氢键是键合于一个分子或分子碎片X—H上的氢原子与另外一个原子或原子团之间形成的吸引力，有分子间氢键和分子内氢键之分。含有氧结合氢原子或氮结合氢原子（—OH、—NH，如丝氨酸和苏氨酸的醇基）的氨基酸能与富含电子云的原子形成氢键蛋白质表面的极性基团，其与水溶性溶剂之间形成氢键增强蛋白质的溶解性。

（4）离子相互作用　负电荷基团能够与带正电荷的基团相互作用。如含有羧基（$—COO^-$）的天冬氨酸盐或谷氨酸盐能与含有氨基（$—NH_3^+$）的赖氨酸产生离子相互作用。

3. 蛋白质折叠

蛋白质折叠（Protein Folding）是蛋白质获得其功能性结构和构象的过程。氨基酸侧链间的相互作用将无规则卷曲的多肽链折叠成具有特定功能的三级结构，即功能蛋白。这一物理过程因氨基酸侧链的化学性质发生氢键相互作用、疏水相互作用、二硫键相互作用和离子相互作用等，对折叠过程产生影响。这个过程，不断尝试许多可能的但并非所有的构象，以寻求一种吸引超过排斥的折中结果，最终产生一种低能量状态的、正确折叠的蛋白质（图 2-2）。

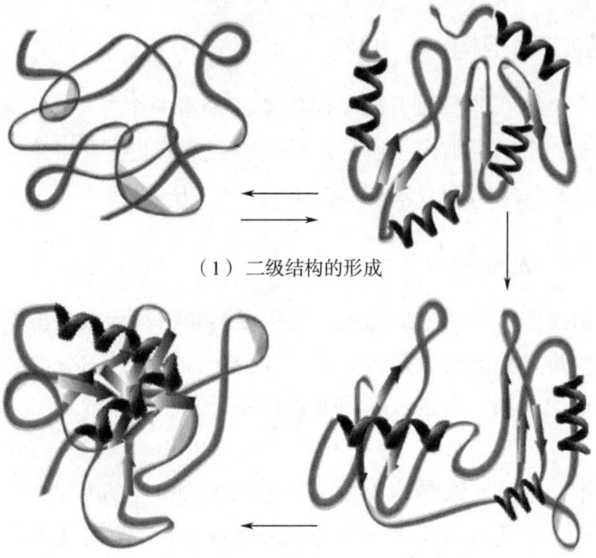

（1）二级结构的形成

（3）最终蛋白质单体的形成　　（2）结构域的形成

图 2-2　蛋白质折叠的步骤

4. 分子伴侣在蛋白质折叠中的作用

分子伴侣（Chaperone），又称侣伴蛋白（Molecular Chaperone），是一类协助细胞内分子组装和协助蛋白质折叠的蛋白质。包括热休克蛋白 Hsp60 和 Hsp70 两个家族。它们能使用 ATP 协助蛋白质折叠，也能在细胞分裂过程中提升 DNA 解螺旋酶的活性并将母链的组蛋白传递到子链，或作为催化物加快折叠过程最后阶段的速率。

（四）蛋白质的四级结构

由一条多肽链构成的蛋白质，称为单体蛋白质。生物体内有许多蛋白质是由两条或多条多肽链组成，每条多肽链具有完整的三级结构，称为亚基（Subunit）。亚基与亚基之间以非共价键连接（如氢键、离子键和疏水作用），呈特定三维空间分布，这种蛋白质分子中各亚基的空间排布及亚基接触部位的布局和相互作用，称为蛋白质的四级结构。

三、蛋白质性质

1. 两性电离性质

在酸性溶液中，蛋白质解离成阳离子，在碱性溶液中，蛋白质解离成阴离子。

2. 胶体性质

蛋白质胶体颗粒具有表面电荷和水化膜两个稳定因素，能阻断蛋白质颗粒的相互聚集，防止溶液中蛋白质沉淀析出。

3. 变性与复性

在某些物理和化学因素作用下，其特定的空间构象被破坏，即有序的空间结构变成无序的空间结构，从而导致其理化性质的改变和生物学活性的丧失，称为蛋白质变性。一般认为蛋白质的变性主要发生二硫键和非共价键的破坏，不涉及一级结构中氨基酸序列的改变。蛋白质变性后，其理化性质及生物学性质发生改变，如溶解度降低、黏度增加、结晶能力消失、生物学活性丧失、易被蛋白酶水解等。造成蛋白质变性的因素有多种，常见的有加热、乙醇等有机溶剂、强酸、强碱、重金属离子及生物碱试剂等。蛋白质变性后，疏水侧链暴露在外，肽链相互缠绕继而聚集，从溶液中析出，这一现象称为蛋白质沉淀。变性的蛋白质易于沉淀，有时蛋白质发生沉淀，但并不变性。实际上凝固是蛋白质变性后进一步发展的不可逆的结果。

4. 特征吸收

由于蛋白质分子的酪氨酸和色氨酸含有共轭双键，因此在280nm波长处有特征性吸收峰。蛋白质的A_{280}与其浓度成正比关系，因此可进行蛋白质定量测定。

5. 呈色反应

（1）茚三酮反应　蛋白质经水解后产生的氨基酸可发生茚三酮反应，即与茚三酮水合物共热时，会发生反应，生成蓝紫色化合物。

（2）双缩脲反应　蛋白质和多肽分子中的肽键在稀碱溶液中与硫酸铜共热，生成紫红色或蓝紫色复合物的反应称为双缩脲反应。该反应是肽和蛋白质特有的反应，氨基酸不出现此反应。反应颜色的深浅与肽或蛋白质的含量成正比，因此可利用该反应测定蛋白质的含量和检测蛋白质的水解程度。

四、食用蛋白质的分类、来源及推荐膳食摄入量

（一）食用蛋白质的分类

1. 完全蛋白质（即优质蛋白质）

完全蛋白质所含必需氨基酸种类齐全、数量充足，相互间的比例适合人体的需要，能维持成人的健康，也能促进儿童的生长发育。一般认为，动物性蛋白质和植物性蛋白质中的大豆蛋白为完全蛋白质。

2. 半完全蛋白质

半完全蛋白质所含各种必需氨基酸种类尚全，但由于含量多少不均，相互之间的比例不适合人体的需要，若在膳食中作为唯一的蛋白质来源，可以维持生命，但不能促进生长发育。植物性食物大多属于此类蛋白质，如米、面、马铃薯等所含的蛋白质。

3. 不完全蛋白质

不完全蛋白质所含必需氨基酸种类不全，用作蛋白质唯一来源，不能维持正常健康，更不能促进生长发育。玉米、豌豆中的蛋白质，动物结缔组织、肉皮、蹄筋中的胶质蛋白等均属此类。

（二）食物蛋白质的来源

蛋白质的食物来源可以分为两类：一类是动物性蛋白质，另一类是植物性蛋白质。

1. 动物性蛋白质

畜肉、禽肉、鱼、虾、贝类等蛋白质含量较高，其蛋白质含量一般为10%~20%，属于优质蛋白质，氨基酸含量和比例接近人体所需氨基酸模式。鲜奶蛋白质含量为1.5%~3.8%，蛋类蛋白质含量为11%~14%，其氨基酸模式与人体必需氨基酸需要量模式接近，营养价值很高。

2. 植物性蛋白质

植物性食物中蛋白质含量较高的是干豆类，其蛋白质含量为20%~40%；谷类蛋白质含量为7%~14%；坚果类（如花生、核桃等）蛋白质含量为15%~30%；薯类蛋白质含量为2%~3%。虽然谷类的蛋白质含量不高，质量也较低，但是它作为主食，摄入量较大，每天通过谷类获得的蛋白质占所需蛋白质总量的1/2。

（三）推荐膳食摄入量

公认的优质蛋白质是肉类、乳类、鱼类和大豆蛋白质，按照《中国居民膳食指南（2022）》推荐的摄入量，在1600~2400kcal能量需要量水平下，推荐每天鱼、禽、畜、蛋摄入量共计120~200g，即每天畜禽肉的摄入量为40~75g，鱼、虾、蟹和贝类，推荐每天摄入量为40~75g，每天1个鸡蛋（50g左右）；每天应摄入至少相当于鲜奶300g的乳制品，大豆和坚果摄入量共为25~35g，保证身体所需的优质蛋白质的数量。体重较重或处于生长发育期的青少年，应适当增加优质蛋白质的摄入量。

五、蛋白质与免疫功能

（一）蛋白质营养不良对免疫功能的影响

氨基酸是蛋白质的基本组成单位，因此，蛋白质对免疫的影响实际是氨基酸对免疫功能的影响。蛋白质消化率、氨基酸平衡对机体免疫机能的影响，是摄入蛋白质和氨基酸时需考虑的关键性因素。目前，关于氨基酸与免疫的研究主要集中在赖氨酸、甲硫氨酸和苏氨酸等必需氨基酸。赖氨酸是能够显著增强人体免疫力的必备氨基酸，缺乏赖氨酸会使免疫力显著降低，导致流行性感冒、病毒性感冒等病症发生。甲硫氨酸能够降低外周血淋巴细胞的吞噬活性。苏氨酸是免疫球蛋白G（IgG）的第一限制性氨基酸，当其缺乏时，会导致免疫球蛋白水平降低，抑制T细胞和B细胞产生。谷氨酰胺是组织和血液中含量最丰富的游离氨基酸，是肠道上皮细胞和淋巴细胞的主要能量来源，可以促进淋巴细胞增殖和修复受损的肠道黏膜，对维持肠道屏障功能和保护肠道不受细菌侵害具有重要作用。精氨酸对免疫器官的发育具有重要作用，能够促进胸腺的增大和T细胞的生成。缬氨酸是免疫球蛋白中含量最高的氨基酸，对免疫功能也具有重要作用。

蛋白质营养不良是指因机体严重缺乏蛋白质引起的营养不良综合征，常有皮肤黏膜苍白、皮下脂肪减少、毛发脱落等症状，还可能伴随低蛋白性水肿、腹部膨胀等。该情况多见于婴幼儿及学龄前儿童，老年人也可发生。

由于老年人咀嚼功能不良、味觉减退、食欲下降等原因，经常出现进食量明显减少等现象，引起膳食蛋白质摄入不足；而长期慢性疾病、代谢状况改变等因素又使得老年人对蛋白质的生理需求增加，因而蛋白质营养不良常发生在老年人群中。蛋白质营养不良会加剧与年龄相关的肌肉损失，是导致老年人肌肉衰减症及衰弱综合征发生、发展的重要因素。

（二）优质蛋白质与人体免疫力

优质蛋白质是指各种氨基酸种类和比值更接近于人体蛋白质氨基酸组成，容易被人体消化吸收的蛋白质。人体摄入蛋白质，先在胃中由蛋白酶分解为氨基酸，然后在肠道吸收，作为生产和修补免疫细胞和分子的原料。不同食物的蛋白质氨基酸组成不同，除了优质蛋白质之外，其他蛋白质的消化吸收以及利用率都较低。

实践发现，富含优质蛋白质的食物经适当烹饪（如蒸、煮、炖）能提升消化吸收率，同时杀灭其可能含有的微生物，确保食品安全。煎、烤、炸等烹饪方式尽管美味，但其中的蛋白质或脂肪等易变性产生有害物质，不宜经常食用。此外，应常更换摄入蛋白质食物种类，避免单一。对于我国大多数居民来讲，有些肉类食用过量，特别是猪肉摄入量较高，应该经常调换食用一些牛羊肉、鸡鸭肉等，适当增加水产品，如鱼类的摄入量。同时，即使是优质蛋白质食物也不宜摄入过多，因为其往往含有较多的脂肪，能量密度高，容易造成能量摄入过剩，导致超重肥胖。优质蛋白质是提高人体免疫力的重要物质，食物应具有多样性，选择合适的烹调方式，按照《中国居民膳食指南（2022）》推荐量摄入。

（三）活性蛋白质改善免疫功能的分子机制

活性蛋白质通过多种分子机制改善免疫功能，这些机制因蛋白质的来源（动物、植物）而异。

1. 动物来源的活性蛋白质

如免疫调节肽，具有多种生物活性，可以通过以下机制改善免疫功能。

①促进淋巴细胞分化：成熟动物来源的免疫调节肽可以促进 T 细胞和 B 细胞的分化和成熟，增强细胞免疫反应。

②调节巨噬细胞功能：免疫调节肽可以增强巨噬细胞的吞噬能力和抗原呈递能力，促进巨噬细胞分泌细胞因子，如 TNF-α、IL-6 等。

③激活自然杀伤细胞（NK 细胞）：免疫调节肽可以增强 NK 细胞的活性，提高其对病毒感染细胞和肿瘤细胞的杀伤能力。

④调节细胞因子分泌：通过调节细胞因子的分泌，免疫调节肽可以平衡促炎和抗炎反应，防止过度的免疫反应。

2. 植物来源的活性蛋白质

植物来源的活性蛋白质，如植物源功能肽，具有多种生物活性，可以通过以下机制改善免疫功能。

①抗氧化作用：植物源功能肽可以清除自由基，减少氧化应激，从而保护免疫细胞。

②促进细胞因子分泌：植物源功能肽可以促进巨噬细胞和 T 细胞分泌细胞因子，如 IL-2、TNF-α 等，增强免疫反应。

③调节免疫细胞信号通路：植物源功能肽可以通过激活 NF-κB 和 MAPK 信号通路，增强

免疫细胞的活性。

④增强肠道免疫：植物源功能肽可以通过调节肠道微生物群，增强肠道相关淋巴组织（GALT）的免疫功能。

⑤特定功能蛋白的作用：某些植物中富含具有特定免疫调节功能的蛋白，如大豆中的植物血凝素、麦胚中的谷胱甘肽转移酶等。这些蛋白能够通过多种途径调节人体的免疫功能，如增强免疫细胞的活性、促进细胞因子的产生等。

第三节 多糖与免疫功能

一、多糖概述

多糖（Polysaccharide）和人类健康不可分割。多糖在缓解伤痛、护理伤口、维持生理方面极为重要。它是由超过 10 个单糖组成的聚合高分子碳水化合物。由相同单糖组成的多糖称为同多糖，如淀粉、纤维素和糖原；以不同的单糖组成的多糖称为杂多糖，如阿拉伯胶是由戊糖和半乳糖等组成。多糖一般不溶于水，无甜味，不能形成结晶，无还原性和变旋现象。多糖由糖苷键结合，所以可以水解，最终完全水解得到单糖。

多糖可分为均一性多糖和不均一性多糖。均一性多糖是由一种单糖分子缩合而成的多糖。自然界中最丰富的均一性多糖是淀粉、糖原和纤维素。淀粉是植物营养物质的一种贮存形式，也是植物性食物中重要的营养成分，分为直链淀粉和支链淀粉。糖原与支链淀粉类似，但分支程度更高，更适应其贮藏功能。纤维素是植物细胞壁的主要结构成分，占植物体总质量的 1/3 左右。虽然大多数的动物（包括人）不能消化纤维素，但其对健康有益。不均一性多糖是由不同的单糖分子缩合而成，常见的有透明质酸、硫酸软骨素等。有些不均一性多糖由含糖胺的重复双糖系列组成，称为糖胺聚糖、氨基多糖等。

多糖来源于植物、海藻和微生物。植物源多以半乳糖、葡甘露聚糖以及淀粉和甲基纤维素为主，海藻源多以卡拉胶和海藻酸盐为主，微生物源有普鲁兰、葡聚糖等。细菌荚膜多糖用于疫苗；酵母和食用菌多糖在医药研究中广泛应用。植物多糖提取自植物的根、茎、叶、皮、种子和花。中草药多糖被广泛研究，具有降血糖、抗肿瘤、抗衰老、抗病毒等活性。动物多糖如酸性黏多糖、壳聚糖和肝素具有抗癌、抗凝血等作用。微生物多糖包括细菌和真菌多糖，研究较为深入，产量和质量稳定。真菌多糖如香菇多糖和云芝蛋白多糖用于临床免疫治疗。藻类多糖含有丰富的黏质多糖和硫酸多糖，具有抗血栓、抗肿瘤和抗病毒等作用。《中国居民膳食指南（2022 版）》建议成年人每天添加糖摄入量不超过 25g，过量摄入糖会增加心脏病、糖尿病和多种癌症的风险，并导致肥胖和皮肤问题。戒糖计划建议逐步减少精制糖摄入，并适量补充水果，以控制糖的摄入。

多糖具有多种生物活性，如抗病毒、抗肿瘤、增强免疫和抗氧化等，且其生物活性与结构密切相关。因此，对多糖结构进行修饰成为研究重点。常见的修饰方法包括硫酸化、羧甲基化、乙酰化、磷酸化和硒修饰。硫酸化，通过在多糖的糖基基团中加入硫酸盐基团，提高其生物活性，如增强巨噬细胞的吞噬作用和免疫调节能力。羧甲基化，在碱性条件下用氯乙酸对多糖进行羧甲基化，增加其水溶性，并显著增强其诱导树突状细胞成熟的能力，有助于免疫调节。乙酰化增加多糖的溶解度，提升其生物活性，如抗氧化和免疫调节。黑灵芝多糖的乙酰化修饰显著增强了其抗氧化和免疫调节活性。磷酸化，多糖的羟基被磷酸基取代，但由于强酸性条件下多糖易降解，因此应用受限。常用的磷酸化剂包括五氧化二磷。硒修饰，硒在预防癌症和免疫调节方面重要。人工合成硒多糖的方法包括使用简单硒或硒酸钠以及化学活性二氯氧化硒（$SeOCl_2$）。硒多糖的生物活性通常高于单独的多糖或硒。

活性多糖可以通过多种分子机制改善免疫功能，具体机制因其来源（动物、植物、微生物）而异。

1. 动物来源的多糖

动物多糖如酸性黏多糖、壳聚糖和肝素能够通过以下机制改善免疫功能。

①酸性黏多糖：通过与免疫细胞表面的受体结合，激活巨噬细胞和 T 细胞，提高免疫反应。

②壳聚糖（Chitosan）：通过增强细胞吞噬作用，促进白细胞生成，调节细胞因子释放，提升免疫功能。主要分为免疫细胞激活、细胞因子分泌及 T 细胞和 B 细胞活化。免疫细胞激活，壳聚糖可以激活巨噬细胞、自然杀伤细胞（NK 细胞）和树突状细胞（DCs），增强其吞噬能力和细胞毒性作用。细胞因子分泌，促进巨噬细胞分泌细胞因子如 TNF-α、IL-1β 和 IL-6，增强免疫反应。T 细胞和 B 细胞活化，壳聚糖可通过影响 T 细胞和 B 细胞的增殖和分化，增强适应性免疫反应。

③肝素：具有抗凝血和抗炎作用，通过抑制炎症介质的释放和调节免疫细胞功能来改善免疫反应。

2. 植物来源的多糖

植物多糖改善免疫功能的机制包括：诱导细胞因子分泌，如 IL-2、IL-6 和 TNF-α，激活免疫细胞；促进 NK 细胞的增殖和活性，提高抗肿瘤和抗病毒能力；调节 DCs 的成熟和功能；提高抗原呈递能力，增强适应性免疫反应。

①香菇多糖（Lentinan）：Lentinan 可以通过 Toll 样受体（TLRs）信号通路的 TLR2 和 TLR4 激活巨噬细胞，启动下游的 NF-κB 和 MAPK 信号通路，促进细胞因子的产生；Lentinan 促进 DCs 的成熟和抗原呈递能力，提高适应性免疫反应；通过激活 NK 细胞和 T 细胞，增强对肿瘤细胞的杀伤作用，增强抗肿瘤免疫。

②人参多糖（Ginsan）：Ginsan 通过激活巨噬细胞和 NK 细胞，增强先天免疫；减少氧化应激，保护免疫细胞发挥抗氧化作用；调节 IL-1、IL-6、TNF-α 等细胞因子的分泌，增强免疫功能。

3. 微生物来源的多糖

微生物多糖改善免疫功能的机制包括：通过经典途径或旁路途径激活补体系统，增强免疫防御；促进巨噬细胞活化，提高巨噬细胞的吞噬功能和抗原呈递能力；通过改善肠道微生态环境，调节肠道微生物群，增强肠道免疫屏障功能。

①酵母多糖（β-葡聚糖）：β-葡聚糖通过树凝素-1（Dectin-1）受体与巨噬细胞和 DCs 结合，激活 Syk-CARD9-NF-κB 信号通路，促进细胞因子的产生；促进巨噬细胞的吞噬作用和抗原呈递能力，增强巨噬细胞功能；增强 NK 细胞和 T 细胞的活性，促进抗肿瘤和抗感染免疫。

②放线菌多糖（如链霉菌）：TLR 和 NOD 样受体（NLRs）信号通路，激活巨噬细胞和

DCs，增强先天免疫反应；通过增强免疫细胞的活性和细胞因子的分泌，抑制肿瘤生长。

综上所述，活性多糖通过多种分子机制，如激活免疫细胞、调节细胞因子分泌和增强抗原呈递等，改善免疫功能。不同来源的多糖在具体机制上有所差异，但总体上都对免疫系统有显著的调节作用。

二、多糖的免疫调节功能

（一）多糖对巨噬细胞的影响

巨噬细胞是一种免疫细胞，它可以杀死许多病原微生物、吞噬凋亡损伤的细胞和肿瘤细胞并激活其他免疫细胞对病原体作出反应。自20世纪30年代，通过对多糖的大量研究发现，多糖对巨噬细胞的调节作用包括其数量、形态、吞噬能力和细胞分泌能力。

1. 多糖对巨噬细胞数量和形态的影响

巨噬细胞的数量和形态可以在一定程度上反映巨噬细胞的功能。有研究发现黄芪多糖具有增加巨噬细胞数量、增强吞噬功能、调节巨噬细胞分泌IL-2等功能，增强巨噬细胞的免疫能力。

2. 多糖对巨噬细胞吞噬作用的影响

吞噬作用是巨噬细胞最重要的功能，包括吞噬作用和非特异性吞噬作用。吞噬作用是维持体内环境稳定的重要手段。有研究表明，山药多糖干预的巨噬细胞的吞噬能力较对照组明显增加；灵芝黑多糖可增强小鼠单核巨噬细胞系RAW246.7的吞噬能力；不同浓度的松针多糖均能促进小鼠腹腔巨噬细胞分泌NO，当质量浓度为25μg/mL时，可增强巨噬细胞的吞噬作用。

3. 多糖对巨噬细胞分泌作用的影响

巨噬细胞可分泌多种物质，如IL-1、NO、TNF-α等。当巨噬细胞受到病原体和微生物的刺激时，它们会诱导产生诱导型一氧化氮合酶（iNOS）。NO增加巨噬细胞的吞噬作用。有研究发现，松针多糖可诱导产生NO，增加促炎细胞因子TNF-α和IL-1β的分泌，提高机体免疫力；研究不同浓度多糖对小鼠巨噬细胞的影响，发现多糖（200μg/mL）能显著促进巨噬细胞TNF-α和IL-12的分泌；黄芪多糖（APS）可抑制脂多糖（LPS）诱导的巨噬细胞产生TNF-α、IL-1β和NO，改善机体的抗炎反应。

（二）多糖对淋巴细胞的影响

淋巴细胞是人体免疫反应功能的重要细胞组成部分。多糖对淋巴细胞的影响主要表现在细胞因子的增殖、分泌等方面。

1. 多糖对T细胞、B细胞数量的影响

T细胞主要参与细胞免疫。在抗原刺激下，T细胞被激活并发生克隆增殖，最终分化为具有特定免疫功能的效应T细胞，通过直接杀伤靶细胞或分泌细胞因子等方式介导细胞免疫应答。B细胞主要参与机体的体液免疫，由B细胞产生的特异性免疫球蛋白，在免疫过程中与抗原结合发挥免疫作用。

2. 多糖对淋巴细胞抗体分泌的影响

抗体是由B细胞产生的免疫球蛋白，抗原刺激后增殖分化成浆细胞。抗体可以与抗原特异性结合以发挥其免疫效应。研究表明，多糖可以增加机体的抗体水平，起免疫调节作用。多糖

可以促进淋巴细胞分泌抗体。例如，棘多糖（PFP）可以促进小鼠血清溶血素的形成，表现为小鼠的抗体明显高于对照组；甘薯多糖能显著提高小鼠血清抗体水平。

3. 多糖对淋巴细胞细胞因子分泌的影响

淋巴细胞通过相应受体的细胞表面释放淋巴因子，在免疫系统中发挥作用，是重要的信息分子。研究发现，多糖具有促进淋巴细胞细胞因子分泌的作用。研究发现，12.5μg/mL、25.0μg/mL、50.0μg/mL、100.0μg/mL 和 200.0μg/mL 的铁皮石斛多糖对小鼠脾淋巴细胞 IFN-γ 和 IL-2 的释放均有促进作用。

4. 多糖对 NK 细胞的影响

NK 细胞是体内重要的免疫细胞。它们来源于髓系淋巴干细胞，是大颗粒淋巴细胞。它们不仅具有抗肿瘤、抗病毒和免疫调节作用，而且可以分泌多种细胞因子和趋化因子来调节其他免疫细胞的功能。研究发现，多糖具有提高 NK 细胞对靶细胞的细胞毒活性，抑制肿瘤的增长并且可以提高细胞因子 IFN-γ 等的分泌，从而起到增强免疫力和抗肿瘤的效果。

三、多糖的免疫增强与抑制作用

多糖具有双向免疫调节功能。一方面，它们通过模式识别受体（PRRs）激活免疫细胞，触发 MAPK 和 NF-κB 信号通路，促进 NO、TNF-α 等分泌，增强宿主防御。另一方面，它们能抑制 Th2 反应和 lgE 生成，或促进抗炎因子释放，从而缓解过度炎症和过敏反应。这种独特的免疫增强与抑制双重作用，使多糖在免疫相关疾病的防治中具有重要潜力。

（一）多糖的免疫增强作用

多糖激活免疫细胞需要特异性受体，即模式识别受体（PRRs），如清道夫受体（SRs）和 Toll 样受体（TLRs）。PRRs 对多糖的特异性识别可能触发信号通路，促进相关基因表达和蛋白质合成的上调。

在巨噬细胞中，MAPK 和 NF-κB 是控制免疫反应的主要信号通路。在细胞水平上，许多多糖可以激活巨噬细胞以增加免疫分子，包括 NO 和其他促炎细胞因子。在遗传水平上，一些多糖能够增加 iNOS 和其他细胞因子的 mRNA 表达。在蛋白质水平，蛋白质印迹分析表明，几种天然多糖可以诱导信号蛋白的激活，如 p38、ERK、JNK、p65 和 p50；水溶性多糖（LMP-1）可以通过上调 TLR2 和 TLR4 显著增加 IL-1β 的 mRNA 水平。在巨噬细胞中，LMP-1 还可以增加转录因子 p65 的水平，这些结果表明，LMP-1 通过 TLRs/NF-κB 信号通路表现出免疫增强的活性。从麦麸（WBP）中分离的多糖具有免疫增强的作用，即 WBP 可以通过上调 iNOS、环氧合酶-2（COX-2）和 TNF-α 的 mRNA 表达，显著增加 NO、前列腺素 E_2（PGE_2）和 TNF-α 的产生。此外，WBP 可以通过激活 TLR4、激活蛋白-1（AP-1）和 NF-κB 的 p38，进一步激活 MAPK 和 NF-κB 信号通路。除 TLRs 外，竹多糖通过特异性识别 MAPK-1 受体激活巨噬细胞中 MAPK 和 NF-κB 通路，具有免疫增强作用。

天然多糖不仅可以激活巨噬细胞，还可以调节其他类型的免疫细胞，如 T 细胞和 DCs。研究发现，姬松茸多糖（ABP）可以通过增加 CD86、CD40 和 MHC Ⅱ的表达来调节 DCs 的表型成熟。ABP 还能诱导 DCs 分泌 IL-12。同样，从海洋真菌 YS4108 中提取的多糖可以有效增强 DCs 上 IL-12 的分泌和 CD80、CD86 和 MHC Ⅱ的表达。此外，天然多糖能够增强 T 细胞的增殖，并增加 $CD4^+$ T 细胞和 $CD8^+$ T 细胞的水平。多糖的免疫增强活性已被体内实验证实：研究发现，猴头菌（HEP）衍生的多糖可通过增强吞噬细胞吞噬、NK 细胞活性、提升 IgA 水平，激活 MAPK 和 AKT 信号通路，改善小鼠的细胞和体液免疫；人参多糖已被证实可以通过诱导母猪在血清和乳汁中产生 IgG、IL-2、IL-6、IFN-γ 和 TNF-α 来提高母猪的免疫力；从刺槐和大麦叶片中分离的多糖可提高白细胞、IgA 相关细胞因子、TGF-β 和 IL-10 的水平。

（二）多糖的免疫抑制作用

中等程度的免疫反应可以保护宿主免受病原体的侵袭，可以消除抗原，而过度的免疫反应可能使宿主更易受到损伤。过敏和炎症是免疫系统的两种常见的过度反应。许多营养物质，包括多糖、脂肪酸、维生素、多肽和多酚已经被认为具有抗过敏或抗炎的特性。

过敏是一种与免疫系统相关的疾病，这些抗原刺激 Th2 细胞分泌 IL-4、IL-5 和 IL-13。随后，IL-4 作用于 B 细胞产生 IgE，IL-5 增强嗜酸性反应。IgE 将进一步附着在肥大细胞表面表达的 Fc 受体上，启动下游信号通路，释放多种化学介质，这些介质和嗜酸性反应最终会导致过敏，Th2 反应和 IgE 在过敏的发病机制中起着重要作用，抑制过表达的 Th2 细胞因子和 IgE 是减少过敏的关键。褐藻多糖是一种天然的多糖，据报道可以抑制 Th2 反应，抑制 IgE 的产生。

天然多糖通过其免疫调节和抑制炎症因子产生的作用，能够促进抗炎细胞因子 IL-10 的分泌，进而改善严重的炎症反应。这种作用可能涉及巨噬细胞的极化过程，特别是从经典激活 M1 表型向替代激活 M2 表型的转变，因此 IL-10 是 M2 巨噬细胞的标志性分子之一。

第四节 脂质与免疫功能

一、脂质概述

（一）脂质定义

脂质是生物体内不溶于水而易溶于非极性有机溶剂的有机化合物。脂质具有许多重要的生物功能：脂肪是生物体贮存能量的主要形式；不仅提供能量储备，还作为脂肪酸这一重要代谢燃料。生物体表面的脂质具有防止机械损伤和减少热量散失的作用。此外，磷脂、糖脂、固醇等脂质还是构成生物膜的关键成分，与细胞识别、物种特异性及组织免疫性等密切相关。脂质还能为人体提供必需脂肪酸、脂溶性维生素及参与代谢调控的类固醇激素。

脂质可分为单纯脂质（如甘油三酯和蜡）、复合脂质（如甘油磷脂、鞘磷脂等）以及衍生脂质（如高级脂肪酸、甘油、固醇等）。

（二）脂质分类

1. 按物理状态

脂肪（常温下为固态）和油（常温下为液态）。

2. 按化学结构

单纯脂质、复合脂质、衍生脂质。

3. 按来源

乳脂类、植物脂、动物脂、海产品动物油、微生物油脂。

4. 按不饱和程度

干性油：碘值>130，如桐油、亚麻籽油、红花油等。半干性油：碘值 100～130，如棉籽油、大豆油等。不干性油：碘值<100，如花生油、菜籽油、蓖麻油等。

5. 按构成的脂肪酸

单纯酰基油、混合酰基油。

（三）脂肪组成成分

脂肪的主要成分是脂肪酸和甘油，动植物油脂的化学本质是脂酰甘油，特别是甘油三酯。甘油三酯由三分子脂肪酸与一分子甘油的醇羟基脱水形成。脂肪酸分子由一条长的烃链（尾）和一个末端羧基（头）组成，根据烃链是否饱和，可分为饱和脂肪酸和不饱和脂肪酸。不同脂肪酸的区别在于烃链长度、双键数目和位置。

（四）脂肪化学性质

1. 氧化反应

脂肪的氧化包括自动氧化、光敏氧化和酶促氧化三种类型。自动氧化由自由基引发，经历启动、延伸、终止三阶段，受金属离子、光、热等因素影响，产生不良气味物质及自由基。光敏氧化由光敏化剂如叶绿素、血红蛋白在光照下促进，反应速度快，主要形成氢过氧化物。酶促氧化则由脂肪酶及微生物酶驱动，逐步水解脂肪后，在水解产物基础上进一步氧化。三种氧化过程共同作用于脂肪，影响其品质与风味。

2. 水解、高温反应

油脂在酸或碱催化下可以水解，在酸性条件下水解为甘油（丙三醇）、高级脂肪酸，在碱性条件下水解为甘油、高级脂肪酸盐，在碱性条件下的水解也称为皂化反应，其产物高级脂肪酸钠为肥皂的主要成分。

高温下脂肪会发生热分解、热聚合、缩合等反应，产生二聚体、三聚体、丙烯酰胺和氢过氧化物。

（五）脂肪的生理功能

1. 供给能量

一般食物膳食总能量的 20%～30%由脂肪提供。储存脂肪常处于分解（供能）与合成（储能）的动态平衡。哺乳类动物一般含有两种脂肪组织，一种是储存脂肪较多的白色脂肪组织，另一种是含线粒体、细胞色素较多的棕色脂肪组织，后者较前者更容易分解供能。

2. 构成身体成分

人体脂肪占体重的 14%～19%，肥胖者可达 32%，极端肥胖者甚至高达 60%。这些脂肪多以甘油三酯形式储存于脂肪组织，如腹腔、皮下、肌纤维间，称为储存脂肪或可变脂，其含量受营养和活动水平影响。皮下脂肪富含不饱和脂肪酸，熔点低，流动性好，有助于维持体表温度下的代谢活动。深部脂肪熔点高，呈半固态，保护内脏并维持体温。此外，类脂（包括磷脂和固醇）约占总脂 5%，是组织结构的稳定成分，较少受营养和活动影响，称为定脂，其组成因组织类型而异。

3. 供给必需脂肪酸

必需脂肪酸是磷脂的重要成分，而磷脂又是细胞膜的主要结构成分，故必需脂肪酸与细胞的结构和功能密切相关。亚油酸是合成前列腺素的前体，前列腺素在体内有多种生理功能，必需脂肪酸还与胆固醇代谢有密切关系。必需脂肪酸缺乏，可引起生长缓慢、生殖障碍、皮肤受损（出现皮疹）等；还可引起肝脏、肾脏、神经和视觉等多种疾病。

此外，脂肪还可提供脂溶性维生素并促进脂溶性维生素的吸收，保护脏器和维持体温，节约蛋白质，增加膳食的美味和增加饱腹感，促进内分泌作用，参与构成某些内分泌激素。

（六）脂肪的来源

脂肪广泛存在于动物性和植物性食物中。

1. 动物性脂肪

主要包括猪油、牛油、羊油等。这些脂肪通常含有较高的饱和脂肪和微量反式脂肪，过量摄入可能对健康不利。

2. 植物性脂肪

主要来源于坚果和植物中的果实、种子，如芝麻、葵花籽、花生、核桃、松子、黄豆等。这些脂肪通常含有较多的不饱和脂肪，适量摄入对健康有益。

（七）脂肪的推荐摄入量

每日饮食中脂肪摄取量应占总能量的20%~30%，应根据当天碳水化合物摄入量的状况来调整脂肪摄入量。如果是热量消耗较多或在寒冷环境下，可适当增加脂肪的摄取，但不宜超过30%。不常运动或肥胖者，应减少脂肪的摄取。有关脂肪的摄取有一个黄金比例，即饱和脂肪酸、单不饱和脂肪酸以及多不饱和脂肪酸每日摄取量的比例应该为1∶1∶1。

二、活性脂质及其对免疫功能的分子调节机制

活性脂质，作为脂质家族中的一类特殊成员，不仅具有传统脂质的基本性质，如能量储存、细胞结构组成等，还表现出独特的生物活性和信号转导功能。这类脂质在生物体内起着调节细胞代谢、信号转导、炎症反应及免疫功能等多种重要生理作用。常见的活性脂质包括磷脂、糖脂、固醇类衍生物（如维生素D及其代谢产物）、前列腺素、白三烯以及某些脂肪酸（如 n-3 和 n-6 多不饱和脂肪酸）等。

（一）动物活性脂质及其对免疫功能的调节

动物脂质主要包括乳脂类、动物脂和海产品动物油等。这些脂质中富含多种活性脂质成分，如磷脂、固醇及其衍生物。动物脂质中的某些成分（如 n-3 多不饱和脂肪酸）在调节炎症反应、促进免疫细胞功能恢复等方面具有显著作用。此外，某些动物脂质（如鱼肝油中的维生素D）还参与免疫细胞的分化和功能调节，对维持免疫系统的稳态至关重要。如花生四烯酸（Arachidonic Acid，AA）及其代谢产物，前列腺素（Prostaglandins），其中 PGE_2，通过与雌激素受体（EP）结合，调节炎症反应，抑制T细胞和巨噬细胞活性。白三烯（Leukotrienes），如白三烯B4（LTB4），通过白三烯B4受体（BLT）促进中性粒细胞趋化和活化。血栓素

(Thromboxanes)，如血栓素 A2（TXA2），通过血栓素受体（TP）促进血小板聚集和血管收缩，参与炎症反应。

（二）植物活性脂质及其对免疫功能的调节

植物脂质主要包括植物油和植物蜡等。与动物脂质相比，植物脂质在脂肪酸组成上更为丰富多样，尤其是富含不饱和脂肪酸（如亚油酸、亚麻酸等）。这些不饱和脂肪酸不仅是必需脂肪酸的重要来源，还通过转化为具有生物活性的脂质介质（如前列腺素样物质），参与免疫功能的调节。例如，亚油酸（Linoleic Acid，LA）及其代谢产物转化为花生四烯酸，参与前列腺素和白三烯的合成。植物甾醇（Phytosterols）如β-谷甾醇，具有抗炎和免疫调节作用，能通过调节细胞膜的流动性和受体功能，影响细胞信号转导。

（三）微生物活性脂质及其对免疫功能的调节

微生物脂质是微生物细胞壁或细胞膜的主要成分之一，包括磷脂、糖脂和固醇等。这些脂质成分在微生物与宿主细胞的相互作用中发挥着重要作用。一方面，微生物脂质可以作为抗原被宿主免疫系统识别，引发免疫应答；另一方面，某些微生物脂质还具有免疫调节活性，能够抑制炎症反应、促进免疫细胞功能恢复等。例如，脂多糖（Lipopolysaccharides，LPS）可以激活先天免疫。LPS 作为病原相关分子模式（PAMP），通过 Toll 样受体 4（TLR4）被宿主免疫细胞识别，激活 NF-κB 信号通路，诱导促炎细胞因子（如 TNF-α、IL-1β 和 IL-6）的释放。LPS 可以引发强烈的炎症反应，促进中性粒细胞和巨噬细胞的活化和趋化，帮助清除感染病原体。LPS 还可以诱导免疫耐受，在低剂量或反复暴露下，减少炎症反应的强度，有助于预防过度的炎症损伤。

三、脂肪与免疫功能

（一）脂肪的免疫功能

1. 调节免疫功能

脂肪组织能够分泌多种激素和因子，这些物质在调节免疫功能方面发挥着重要作用。例如，脂肪组织能够通过分泌瘦素（Leptin）来参与免疫调节。瘦素可以扩大免疫信号：瘦素不仅能够影响脂肪代谢，还参与一系列免疫细胞（如单核细胞、巨噬细胞、T 细胞等）的工作，通过扩大免疫信号来增强免疫系统的反应。最新的研究表明，瘦素能够激励某些免疫细胞（如辅助 T 细胞）产生增殖反应，并分泌出如 IL-2 和 IFN-γ 等重要的免疫分子。这些分子在指导免疫细胞的功能、召集免疫细胞消灭或防御病原体方面起着关键作用。瘦素通过与其在免疫细胞表面的受体结合，启动一系列细胞内的信号转导过程，从而调节免疫细胞的活性和功能。脂肪细胞还能分泌脂联素，这是一种胰岛素增敏激素，能够增加胰岛素的敏感性，加强胰岛素的“抑制糖原异生”作用。同时，脂联素的结构特征与某些防御性胶原蛋白相似，能够在天然免疫效应中发挥作用，识别并清除入侵的微生物。

2. 促进脂溶性维生素的吸收

脂肪是人体吸收脂溶性维生素（如维生素 A、维生素 D、维生素 E、维生素 K）不可或缺的物质。这些维生素在维持人体正常生理功能和免疫系统健康方面起着至关重要的作用。例如，维生素 A 有助于维持皮肤和黏膜的健康，增强免疫细胞的活性。

3. 提供能量和营养支持

脂肪是身体的重要能量储备库，在需要时能够迅速提供能量，支持身体的各种生理活动，包括免疫应答。此外，脂肪组织还能为免疫细胞提供必要的营养环境，使它们能够更有效地发挥免疫功能。例如，淋巴结在受到免疫刺激后会增殖，而这一过程所需的能量就来自于临近的脂肪组织。

4. 增强免疫细胞的活性和功能

一些研究表明，健康的脂肪摄入，特别是富含不饱和脂肪酸的脂肪（如 $n-3$ 多不饱和脂肪酸），能够增强免疫细胞的活性和功能。这些脂肪酸可以帮助调节免疫细胞的活动，促进免疫细胞的增殖和分化，从而提高机体的免疫力和抗病力。

5. 保护身体免受外界侵害

脂肪在身体表面形成了一层保护层，有助于防止外界有害物质对身体的侵害。例如，皮下脂肪可以帮助维持正常体温，防止身体过热或过冷，从而保护身体免受温度变化的伤害。此外，脂肪还能对皮肤上皮细胞起到保护作用，促进皮肤损伤的愈合。

综上所述，脂肪的免疫功能是多方面的，它不仅有助于促进脂溶性维生素的吸收和调节免疫功能，还能为免疫细胞提供能量和营养支持，增强免疫细胞的活性和功能，并保护身体免受外界侵害。因此，在日常生活中，我们应该保持合理的脂肪摄入量，并选择富含健康脂肪的食物，以维护免疫系统的健康。

（二）脂肪的缺乏和过量

1. 脂肪的缺乏对免疫功能的影响

脂肪的缺乏对免疫功能的影响是多方面的，脂肪是人体重要的能量储备库，当体内脂肪含量低时，无法给身体的各个器官提供所需要的能量，从而影响免疫细胞的正常功能和活性，导致免疫力下降。脂肪是脂溶性维生素（如维生素 A、维生素 D、维生素 E、维生素 K）的重要来源，这些维生素在维持人体正常生理功能和免疫系统健康方面起着至关重要的作用。缺乏脂肪会导致这些维生素的吸收不良，进而影响免疫系统的正常运作。脂肪的缺乏会使免疫细胞增殖受阻，免疫细胞的增殖需要充足的营养物质支持，而脂肪是这些营养物质的重要来源之一。缺乏脂肪会导致免疫细胞增殖受阻，进而影响免疫系统的整体功能。脂肪的缺乏会使炎症反应调节失衡，脂肪参与机体免疫应答过程，调节炎症反应和细胞因子分泌。缺乏脂肪可能导致这些过程失衡，使机体更容易受到病原体的侵袭和感染。脂肪对皮肤健康也至关重要。它有助于维持皮肤的弹性和光泽，并作为皮肤屏障的一部分防止病原体入侵。缺乏脂肪会导致皮肤屏障功能减弱，增加皮肤感染的风险。脂肪组织还能分泌多种激素和因子（如瘦素、脂联素等），这些物质在调节内分泌系统平衡方面发挥着重要作用。缺乏脂肪可能导致内分泌系统失调，进而影响免疫系统的正常运作。

2. 脂肪的过量对免疫功能的影响

即脂肪的过量积累，会导致机体产生炎症反应。这种炎症反应会使血液和组织内部的免疫细胞族群和数量发生显著变化，原本抗炎的免疫环境可能转变为促炎环境。这种变化不仅会影响免疫细胞的正常功能，还可能加重胰岛素抵抗等代谢问题，从而进一步削弱免疫功能。肥胖也会抑制 T 细胞受体的多样性，导致抗原呈递过程异常，进而影响免疫系统对感染的有效应答。高脂肪饮食会减少肿瘤内抗癌免疫细胞的数量和活性，这可能与脂肪分子被癌细胞消耗有关，导致免疫细胞因缺乏营养而活性降低。此外，脂肪摄入过多还可能影响免疫细胞的流动性和游走性，降低其趋化作用，即免疫细胞靠改变膜形状来寻找抗原。

（三）必需脂肪酸

必需脂肪酸（Essential Fatty Acids，EFAs）是指人体无法自行合成，必须从食物中摄取的脂肪酸。主要包括两种类型：*n*-3 多不饱和脂肪酸（如 α-亚麻酸、EPA、DHA 等）和 *n*-6 多不饱和脂肪酸（如亚油酸、花生四烯酸等）。必需脂肪酸是免疫细胞的重要能量来源，能够支持免疫细胞的正常运作和增殖。必需脂肪酸是细胞膜磷脂的组成成分，能够影响免疫细胞膜的结构和功能。细胞膜的稳定性和流动性对于免疫细胞的信号转导、物质交换等过程至关重要。必需脂肪酸通过调控免疫细胞表面的受体和信号分子，影响免疫细胞的活性和功能。例如，DHA 等 *n*-3 多不饱和脂肪酸可以促进巨噬细胞的分化和功能，增强其对病原体的吞噬和杀伤能力。必需脂肪酸在调节免疫反应中发挥着重要作用。适量的 *n*-3 多不饱和脂肪酸可以抑制过度的免疫反应，减少炎症介质的产生，有助于缓解慢性炎症性疾病如风湿性关节炎等。而 *n*-6 多不饱和脂肪酸则既可以促进炎症反应，也可以产生抗炎症反应，具体作用取决于其摄入量和与其他脂肪酸的比例。

必需脂肪酸的缺乏或过量都可能影响免疫相关疾病的发生和发展。例如，*n*-3 多不饱和脂肪酸摄入不足可能导致哮喘恶化和肺功能下降，而适量摄入则有助于降低哮喘患病率。此外，*n*-3 和 *n*-6 多不饱和脂肪酸在调节自身免疫性疾病如多发性硬化、糖尿病等方面也发挥着重要作用。

（四）类二十烷酸与免疫功能

类二十烷酸（Eicosanoids）又称类花生酸，是一大类由二十碳多不饱和脂肪酸（AA、EPA、DGLA 等）氧化产生的具有生物活性的物质。Astarita 等将类二十烷酸的概念进一步扩大，将十八碳的不饱和脂肪酸（LA、ALA）和二十二碳的不饱和脂肪酸（EPA、DHA）等经氧化产生的具有生物活性的物质一并归入类二十烷酸。大部分类二十烷酸由游离的 AA 生成。

类二十烷酸以游离形式广泛存在于体液和组织中，在凝血、伤口愈合等人体生理活动中发挥着重要作用。类二十烷酸也是重要的炎症因子，PGE_2 可诱发炎症，$PGF_{2\alpha}$ 可抑制炎症反应，PGEs 和 PGFs 的平衡影响炎症过程的发展。大量的流行病学、临床和动物实验研究发现，许多疾病的发生、发展（如慢性炎症性疾病、肾脏疾病、高血压等）都与类二十烷酸的代谢异常存在着密切关系。

研究发现，类二十烷酸与癌症也存在密切关系，可以通过调节肿瘤细胞的增殖、影响肿瘤炎性微环境和肿瘤免疫抑制等机制影响肿瘤的发生、发展。12-羟基二十碳四烯酸（12-HETE）是蛋白酶 C 和细胞色素所必需的细胞内信号分子，它可以刺激癌细胞的增生，经 COX-2 酶氧化生成的 PGE_2 可促进小鼠结肠癌细胞的增殖和转移。但类二十烷酸对癌症的具体作用机制还不明确，因此，针对癌症中类二十烷酸变化的研究也成为了目前医学和药学的研究热点之一。

第五节　微量成分与免疫功能

微量成分以其广泛的生物学作用、生理功能等成为现代生命科学的重要课题，各种成分是构成机体并决定生命活动的基本要素，在许多疾病的病因学、防治学等方面具有重要的意义。

一、维生素 A 与免疫功能

（一）维生素 A 概述

维生素 A 是一种极其重要且极易缺乏的化合物，是维持人体正常代谢和机能必需的脂溶性维生素。

维生素 A 并不是一种单一的化合物，根据侧链官能团的不同可以分为视黄醇、视黄醛、视黄酸和视黄醇乙酸酯等。广义的维生素包括有维生素 A 和维生素 A 原。维生素 A 只存在于动物体内，在鱼类特别是鱼肝油中含量很多。植物中不含有维生素 A，但许多的蔬菜和水果中含有维生素 A 原，即胡萝卜素。胡萝卜素在体内可以转化为维生素 A，深色蔬菜和水果是食物中维生素 A 原的良好来源，如胡萝卜、柿子、芒果等。食物中维生素 A 进入人体之后，被肠黏膜吸收后与乳糜微粒结合，运送到肝脏，酯化后被细胞摄取并转入类脂细胞储存，也有一部分储存在细胞的高尔基体中。当机体组织需要维生素 A 时，可以从肝脏释放并与相应的结合蛋白结合，通过血液运送到靶细胞，作用于细胞核内的 DNA 受体，对相关基因的表达起到调控作用。

（二）维生素 A 的免疫功能

1. 维生素 A 参与形成抵御病原体入侵的第一道屏障

维生素 A 可参与糖蛋白的合成，对上皮组织的正常形成、发育以及维持十分重要，也是呼吸道、黏膜等上皮组织的重要组成成分，构成了机体抵御病原体的第一道免疫屏障。当维生素 A 不足或者缺乏时，会引发糖蛋白中间合成体的异常，低分子质量的多糖-脂的堆积，引起上皮基底层增生变厚，细胞分裂加快、张力原纤维合成增多，表面层发生细胞变扁、不规则、干燥等变化。鼻、咽、喉及呼吸道和胃肠内膜角质化，破坏了黏膜的完整性，病原体容易穿过受损的黏膜屏障到达淋巴结等相关组织，削弱了防止细菌侵袭的天然屏障，易受到感染。免疫球蛋白是一种糖蛋白，维生素 A 能促进该蛋白的合成，对于机体免疫功能有重要影响，免疫球蛋白缺乏时，细胞免疫呈现下降趋势。维生素 A 及其代谢产物（如视黄醇和视黄酸）通过核受体，如视黄酸受体（RAR）和视黄 X 受体（RXR），调控基因表达。这些核受体与视黄酸结合后，形成异二聚体，调控参与上皮细胞分化和免疫球蛋白合成的基因表达。

2. 维生素 A 抑制肿瘤的生长

维生素 A 具有防癌抗癌的作用，与其对上皮细胞控制能力有关。维生素 A 作为细胞分化剂，能使上皮细胞正常生长分化，缺乏维生素 A 会使上皮细胞发育异常甚至癌变。同时，维生素 A 还可以阻止致癌物同 DNA 紧密结合，且有利于自身修复 DNA 损伤，进而阻止肿瘤的生长。维生素 A 及其代谢产物通过多种途径抑制肿瘤的生长。首先，维生素 A 通过 RAR 和 RXR

调控基因表达，影响细胞周期相关基因（如 *p21*、*p27*）的表达，抑制细胞增殖。视黄酸与 RAR 和 RXR 结合后，形成异二聚体，这些二聚体可以调控多个与细胞分化和凋亡相关的基因，从而抑制肿瘤细胞的增殖，促进其分化和凋亡。

3. 维生素 A 增强免疫机能

维生素 A 能增加抗体水平，增强动物体免疫机能。大量研究表明，维生素 A 可以作为免疫辅剂提高机体对特异性抗原的抗体免疫反应，缺乏维生素 A 会导致机体对抗原的抗体反应水平降低。对多种抗原（破伤风类毒素、细菌多糖抗原、病毒感染、寄生虫感染等）的研究发现，缺乏维生素 A 会使相应的抗体水平降低，而补充维生素 A 后破伤风类毒素、细菌多糖抗原的抗体水平恢复正常，病毒感染的抗体水平部分恢复。维生素 A 通过调节基因表达、细胞增殖和分化等机制，增强免疫细胞（如 T 细胞、B 细胞、巨噬细胞和树突状细胞）的功能，从而全面提高机体的免疫能力。维生素 A 通过 RAR 和 RXR 调控免疫细胞的基因表达，影响细胞因子（如 IL-2、IFN-γ）的分泌，促进 T 细胞和 B 细胞的增殖和分化。此外，维生素 A 还能调节树突状细胞和巨噬细胞的功能，增强抗原呈递和吞噬能力。

二、 B 族维生素与免疫功能

（一） B 族维生素概述

B 族维生素包括维生素 B_1（硫胺素）、维生素 B_2（核黄素）、烟酸、泛酸、维生素 B_6（吡哆醇）、生物素、叶酸、维生素 B_{12}（氰钴胺）等。由于其具有很多共同特性（如水溶性、辅酶成分等）以及协同作用，被归类为一族。它们常常来自于相同的食物，如酵母菌等。B 族维生素是身体新陈代谢必需的化合物，都参与了关键的代谢反应，通常以辅酶的形式存在。

（二） B 族维生素的免疫功能

维生素 B_1 是糖代谢中辅羧酶的重要组成成分，主要维持碳水化合物的正常代谢，能够增加食欲、维持神经系统正常活动。当缺乏维生素 B_1 时，会产生肌肉乏力和食欲减退，严重时会累及神经系统、心血管系统产生水肿以及浆液渗出。维生素 B_1 在体内通过其活性形式——硫胺素焦磷酸（TPP）参与糖酵解和三羧酸循环中的多种酶反应，如丙酮酸脱氢酶和 α-酮戊二酸脱氢酶复合体，这些酶反应对于产生 ATP 至关重要，确保免疫细胞（如巨噬细胞和淋巴细胞）的能量需求得以满足。此外，维生素 B_1 通过调节神经递质（如乙酰胆碱）的合成，维持神经系统的正常功能，进而影响神经-免疫调节。

维生素 B_2 参与体内生物氧化与能量生成；它在体内转化为两种活性形式——黄素单核苷酸（FMN）和黄素腺嘌呤二核苷酸（FAD），这两种辅酶参与多种氧化还原反应，支持细胞的能量代谢和抗氧化防御系统。维生素 B_2 通过 FMN 和 FAD 作为电子载体，在呼吸链中起关键作用，促进线粒体中的 ATP 生成，维持免疫细胞的活性和功能。此外，维生素 B_2 还通过参与谷胱甘肽还原酶的功能，帮助再生抗氧化剂谷胱甘肽，减少氧化应激对免疫细胞的损伤，从而提高机体对环境应激的适应能力。缺乏维生素 B_2 可导致物质代谢紊乱，表现为唇炎、口角炎、舌炎、阴囊皮炎、脂溢性皮炎等症状。

生物素是体内羧化酸和脱羧酶的辅酶，与酶结合参与体内二氧化碳的固定和羧化过程。尤其在脂肪酸合成、葡萄糖生成和支链氨基酸代谢中发挥重要作用。分子机制上，生物素作为羧化酶的辅酶，直接参与了乙酰辅酶A羧化酶、丙酮酸羧化酶、丙酮酸辅酶A羧化酶和丙氨酸辅酶A羧化酶的反应，这些酶对于脂肪酸代谢、糖异生和氨基酸代谢至关重要，确保免疫细胞的能量供应和代谢需求。此外，生物素通过调节基因表达，影响免疫反应和炎症反应，例如，调节细胞因子和趋化因子的表达，维持免疫系统的正常功能。缺乏生物素会导致食欲不振。

三、维生素C与免疫功能

（一）维生素C概述

维生素C又名L-抗坏血酸，是结构最简单，也是理化性质最不稳定，在外界环境中容易受到破坏损失的一种维生素。它极易溶于水，具有很强的还原性；参与人体组织的正常代谢，是细胞内外化学反应的还原剂，具有抗氧化性。其主要食物来源为蔬菜和水果，如青菜、韭菜、菠菜、柿子椒等深色蔬菜以及柑橘、山楂、柚子等水果，野生的苋菜、苜蓿、刺梨、沙棘、猕猴桃和酸枣等含量尤其丰富。

（二）维生素C的免疫功能

T细胞是免疫介导性疾病的主要介质，在疾病的发展过程中起重要作用。大剂量的维生素C可以增强T细胞功能状态，提高机体免疫功能。同时，维生素C能够促进功能性T细胞的体外发育，激活T细胞，增强T细胞的细胞毒性作用，提高干扰素的产量。

维生素C还能通过自身抗氧化作用来调节B细胞产生抗体，它对体液免疫的促进机制包括：促进T细胞的增殖，进而作用于B细胞；调节B细胞内活性氧的水平而影响B细胞；作用于其他免疫细胞（如树突状细胞等）而影响B细胞；抑制NF-κB活性而影响B细胞（NF-κB的一个主要生理学功能是诱导炎症反应，NF-κB易位进入细胞核后，活化趋化因子、抗凋亡因子以及促炎因子的转录；抑制NF-κB信号可以改善疾病症状）。

巨噬细胞是机体重要的免疫细胞，不仅在非特异性免疫中起重要作用，还是重要的抗原提呈细胞、吞噬细胞，分泌多种细胞因子，如IL-12、TNF-α和IFN-γ等。巨噬细胞通过分泌IL-12，调节Th1/Th2细胞因子平衡向Th1转化，分泌的细胞因子引起自由基的产生。维生素C对巨噬细胞的影响机制可能包括通过调节Th1细胞因子而保护巨噬细胞和抑制巨噬细胞脂质过氧化作用。肺泡巨噬细胞中含有iNOS，在内毒素、细胞因子和毒物的诱导下可使iNOS激活，催化L-精氨酸合成NO，通过抑制巨噬细胞脂质过氧化作用，使机体免受损伤。

四、维生素E与免疫功能

（一）维生素E概述

维生素E是生育酚类物质的总称，包括α-、β-、γ-生育酚等。它们能够促进性激素的分泌，提高生育能力。维生素E广泛存在于动植物食品中，是一种金黄色或者淡黄色的油状物，带有温和的特殊气味。维生素E在光照下遇空气易被氧化而呈现暗红色，可与有机溶剂或者植物油混溶，几乎不溶于水。维生素E是一种人体必需的脂溶性维生素，作为优良的抗氧化剂和营养剂被广泛应用于临床、医药、食品、饲料和化妆品等行业。

（二）维生素 E 的免疫功能

1. 维生素 E 对免疫细胞的调节作用

维生素 E 可以激活 B 细胞抗原增殖，参与抗体合成转化，直接影响机体抗体合成而作用于体液免疫。许多研究还发现，维生素 E 能够通过降低 B 细胞内氧化产物含量，提高机体抗氧化能力。T 细胞活性的提高能有效刺激 B 细胞反应，维生素 E 能有效的提高辅助 T 细胞的活性，从而促进产生 B 细胞抗体。在对巨噬细胞的调节方面，维生素 C 与维生素 E 具有协同作用，能增加肺泡巨噬细胞的吞噬功能。除此之外，维生素 C 与维生素 E 的联合还能对抗免疫抑制剂的作用，使自然杀伤细胞活性增强，提高机体免疫功能。

2. 维生素 E 对免疫器官的影响

一定剂量的维生素 E 能促进免疫器官的发育和免疫细胞的分化，但剂量过高有抑制作用。有研究表明，维生素 E 能显著提高小鼠的脾脏系数（脾脏重/体重），同时增加胸腺和脾脏中 T 细胞、辅助 T 细胞（又称 $CD4^+$ T 细胞或 Th 细胞）的数量或活性，降低 T 抑制细胞（又称 $CD8^+$ T 细胞或 Ts 细胞）的数量，进而使辅助 T 细胞与 T 抑制细胞的比率升高。维生素 E 促进免疫器官的脏器系数升高，可能与其在淋巴器官中大量聚集后所产生的刺激增生效应有关。维生素 E 可能通过增强胸腺上皮细胞的功能促进 T 细胞的分化和增殖，从而使 T 细胞、辅助 T 细胞亚群增加。脾脏 T 细胞、辅助 T 细胞亚群的增加，可能与维生素 E 促进胸腺 T 细胞增生、分化和发育成熟，经血流入脾脏有关，也可能是维生素 E 直接刺激脾脏 T 细胞增生、分化产生的结果。

五、锌与免疫功能

（一）锌元素概述

微量元素是指生物体内含量不足万分之一的元素。微量元素是动物机体的生命元素，不能在体内自行合成。锌是动物生长和生命活动必需的微量元素，在机体的结构、调节、催化活性方面发挥重要作用，至少 300 种酶以锌为辅助因子参与脂质、糖类、蛋白质和核酸代谢。含锌金属酶中锌主要表现出 3 种特性，结构性、催化性和辅助催化性。从细胞内稳态调节到生物分子的新陈代谢，从核酸合成与分解代谢到基因表达与调控，从细胞的增殖到凋亡，锌几乎伴随着整个生命过程。锌的摄入来源为：海产品，如生蚝、扇贝、蛤蜊、鱿鱼等；红肉，如牛肉、羊肉等；动物内脏；蔬菜与豆类，如大白菜、白萝卜、茄子、青菜、豆荚、黄豆等。

（二）锌元素的免疫功能

锌元素对免疫细胞具有调节作用。锌参与 DNA、RNA 聚合酶的合成，和胸腺嘧啶核苷酸激酶的活性有关，是多种金属酶的组成部分。淋巴细胞特别是 T 细胞对缺锌特别敏感，缺锌除引起动物生长发育迟缓外，最受影响的器官是胸腺和脾脏。高锌则可通过干扰其他营养素尤其是铜、铁的吸收而影响免疫细胞的发育。锌通过调节信号转导途径影响免疫细胞的功能。锌可以调控蛋白激酶 C（PKC）和酪氨酸激酶（Src 家族）的活性，进而影响 T 细胞受体（TCR）信号转导。锌还可以调控转录因子 NF-κB 和 AP-1 的活性，这些因子在 T 细胞的激活和增殖中起关键作用。缺锌会导致这些信号途径的紊乱，影响 T 细胞的正常功能。锌参与巨噬细胞的形成过程，尤其是吞噬过程和原炎症细胞因子的产生过程，通过影响巨噬细胞的数量、功能及灭菌活性影响机体的免疫功能。锌通过调控细胞内活性氧（ROS）的水平，影响巨噬细胞的杀菌功能。锌可以通过调节 NADPH 氧化酶和超氧化物歧化酶（SOD）的活性，控制 ROS 的生成和清除，从而维持巨噬细胞的正常功能。此外，锌还可以通过调控 NF-κB 信号途径，影响巨噬细胞分泌的细胞因子如 IL-1、TNF-α 和 IL-6，调节炎症反应。B 细胞形成过程中前 B 细胞会因锌缺乏而凋亡，导致原始 B 细胞的数目减少。上述情况也出现在轻度缺锌老年人群里，随着年龄增长，B 细胞数量下降。成熟的 B 细胞对凋亡的抵抗能力更强，这可能因为抗凋亡因子表达量更高。缺锌小鼠在用 T 细胞依赖的抗原免疫后，浆细胞数量下降，而单位浆细胞的抗体产量并未改变。锌通过调节 B 细胞受体（BCR）信号途径影响 B 细胞的生存和功能。锌可以调控 PKC 和布鲁顿酪氨酸激酶（BTK）的活性，这些激酶在 BCR 信号转导中起关键作用。锌还可以通过调节转录因子 NF-κB 和 STAT3 的活性，影响 B 细胞的增殖和分化。此外，锌通过调控细胞内 Ca^{2+} 水平，影响 B 细胞的信号转导和功能。

锌元素不足会影响动物的免疫功能，过量也会导致免疫功能出现异常。当动物体内的锌元素过量时，导致胸腺、骨髓及脾脏下淋巴内 DNA、RNA 及蛋白质含量下降，影响细胞的增殖能力，如外周血粒细胞、腹腔吞噬细胞的吞噬细菌能力会下降，导致机体的免疫功能降低。

六、铜与免疫功能

（一）铜元素概述

铜是生物体必不可少的微量元素，是仅次于铁和锌的第三微量元素，成人体内含有 100~200mg 铜。铜的价态通常是+1 价和+2 价，在细胞中铜不会以自由离子形式存在。细胞内的铜处于一个相对稳定的状态，当铜缺少或过量时，会导致疾病的发生甚至威胁生命。利用关键蛋白对铜的依赖性，可以调控体内铜的水平进行癌症等疾病的治疗。人体中重要的铜蛋白包括血浆铜蓝蛋白、细胞色素氧化酶和铜锌超氧化物歧化酶。铜元素的摄入来源为：海产品，如牡蛎、扇贝、鲍鱼；坚果类，如腰果、核桃、榛子、开心果；动物肝脏，如猪肝、鸡肝、羊肝、鸭肝、鹅肝；豆类，如黄豆、绿豆、黑豆、红豆。

（二）铜元素的免疫功能

铜是体内不可缺少的元素。铜在体内酶促链中作用最为明显，铜能够保证对能量的充分利用，还是赖氨酰氧化酶的构成成分，体内结缔组织与器官成熟都受到铜元素的影响。铜对免疫力的影响十分巨大，具有调节动物体免疫能力的功能，在不同程度上影响细胞免疫、体液免疫及抗肿瘤等。铜元素缺乏时容易损伤机体的免疫功能，主要表现为：胸腺、脾脏等免疫器官呈现不同程度的萎缩，影响并降低免疫细胞的活性，抗体合成过程受损，抗体效价降低。

分子机制上，铜缺乏会导致免疫器官如胸腺、脾脏的萎缩，主要通过影响这些器官内的细胞增殖和凋亡过程。铜是细胞色素 C 氧化酶（COX）的辅助因子，这种酶在细胞呼吸链中起重要作用，缺乏铜会导致能量代谢紊乱，进而影响免疫器官的发育和功能。此外，铜缺乏还会影响超氧化物歧化酶（SOD）的活性，这种酶在抗氧化防御中起重要作用，缺乏铜会导致细胞氧化应激增加，损害免疫器官的结构和功能。铜通过调控多种信号转导途径影响免疫细胞的功能，调控 Janus 激酶（JAK）/信号转导和转录激活因子（STAT）途径，这些途径在 T 细胞和 B

细胞的激活和增殖中起关键作用。缺乏铜会导致JAK/STAT信号途径的紊乱，进而影响T细胞和B细胞的正常功能。铜还可以调控NF-κB和AP-1的活性，这些转录因子在免疫反应中起重要作用，缺乏铜会导致这些信号途径的异常，影响免疫细胞的活性和功能。此外，铜是铜锌超氧化物歧化酶（SOD）的辅助因子，这种酶在抗氧化防御中起关键作用。缺乏铜会导致细胞内氧化应激增加，影响B细胞的增殖和分化，进而影响抗体的合成和分泌。铜还可以通过调控细胞内Ca^{2+}水平，影响B细胞受体（BCR）信号途径，从而影响抗体的生成。铜缺乏会导致这些信号途径的紊乱，进而影响抗体合成过程。缺乏铜时，单核细胞的活性会受到影响降低，白细胞介素水平会下降，铜通过调控细胞内活性氧（ROS）的水平，影响单核细胞的功能。铜可以通过调节NADPH氧化酶和超氧化物歧化酶（SOD）的活性，控制ROS的生成和清除，从而维持单核细胞的正常功能。此外，铜还可以通过调控NF-κB信号途径，影响白细胞介素的生成和分泌，缺乏铜会导致这些信号途径的异常，进而影响单核细胞和白细胞介素的正常功能。

七、铁与免疫功能

（一）铁元素概述

铁是动物维持生命和生长发育必需的微量元素之一。铁元素可以维持正常的造血功能，参与氧的运输。缺乏铁元素会出现疲乏无力、心慌气短、头晕眼花、面色苍白，儿童铁缺乏会影响生长发育和智力发育、易烦躁，婴儿铁缺乏会损害其认知能力导致不可逆的神经发育损害，长期缺乏铁使肌肉氧化代谢受损，降低身体耐力及运动能力，还会影响细胞介导的免疫功能，降低机体的抗感染能力。血红素铁存在于动物性食品的血红蛋白和肌红蛋白中，占膳食总铁10%以下，吸收率为10%~40%，吸收受膳食因素影响很小，但膳食中过多的钙可降低血红素铁的吸收。非血红素铁主要存在于植物性食品和乳制品中，占膳食总铁90%以上，非血红素铁需要先与有机物分离、被还原成血红素铁才能被吸收，吸收率不足10%，吸收受膳食因素影响较大。膳食中促进非血红素铁吸收的因素有维生素C、有机酸、维生素B_2、维生素A、肉类因子、机体需求量。膳食中抑制非血红素铁吸收的因素有植酸、草酸、鞣酸、多酚类物质、膳食纤维、钙、锌、大豆蛋白、卵黄高磷蛋白。

（二）铁元素的免疫功能

铁广泛参与特异性免疫系统功能调控，如对免疫细胞及其细胞因子的调控，参与非特异性免疫系统功能调控，如吞噬细胞补体系统等的调控。在整个三羧酸循环中，铁缺乏会直接导致铁依赖酶活性降低，含铁酶无法合成，从而导致细胞色素含量及核糖核酸酶活性降低，DNA和蛋白质等生物大分子合成受阻，进而影响机体细胞能量代谢及细胞免疫功能。在单核巨噬细胞系统中，可以通过调节铁代谢相关基因和蛋白的表达来控制铁的摄取、储存和释放等过程。细胞内铁稳态水平可以调节巨噬细胞向M1（促炎性）和M2（抗炎、促组织愈合）巨噬细胞的分化，而低铁状态则促进M1巨噬细胞和Th1免疫应答的发展。

铁稳态对维持机体免疫系统功能正常具有重要作用。缺铁导致淋巴细胞功能受损，淋巴细胞数量和增殖应答能力显著下降，影响单核细胞和巨噬细胞的增殖分化以及细胞因子的活性。此外，缺铁改变了肠道菌群的定植模式以及改变宿主对感染的敏感性，削弱了肠道黏膜屏障功能，可能对肠道免疫造成一定的影响。铁可能作为一类“抑生元”，促进致病菌的生长，竞争性抑制有益菌的增殖。

铁通过调节多种铁依赖性酶的活性和表达来维持免疫功能。例如，铁是催化三羧酸循环中许多关键步骤的酶的必要成分，包括琥珀酸脱氢酶和丙酮酸脱氢酶。这些酶的活性直接影响细胞的能量代谢和 ATP 的产生，从而影响免疫细胞的功能。此外，铁通过调节含铁酶如核糖核酸酶的活性，影响 DNA 和 RNA 的合成，从而调控免疫细胞的增殖和分化。

铁还在巨噬细胞的功能中发挥重要作用。巨噬细胞可以通过表达铁调控蛋白，如铁蛋白和转铁蛋白受体，来调节铁的摄取和储存。这些蛋白的表达受到细胞内铁水平的严格调控，从而影响巨噬细胞的极化状态。低铁水平促进巨噬细胞向 M1（促炎性）表型分化，增强促炎反应，而高铁水平则促进巨噬细胞向 M2（抗炎，促组织愈合）表型分化，有助于组织修复和抗炎反应。

铁稳态还通过调控细胞内 ROS 水平来影响免疫反应。铁是芬顿（Fenton）反应的重要催化剂，能够产生 ROS。适量的 ROS 可以作为信号分子调控免疫细胞的活化和功能，而过量的 ROS 则会导致细胞损伤和炎症反应。通过调节铁水平，可以控制 ROS 的产生，从而影响免疫反应的强度和持续时间。

总体而言，铁通过多种分子机制影响免疫细胞的代谢、增殖、分化和功能，维持机体的免疫稳态。

第六节　增强免疫力的饮食方案

一、增强免疫力的食物

（一）食品营养和免疫

免疫力是人体重要的生理功能，人体免疫力的高低受多种因素影响，其中营养因素起着十分重要的作用，它是维持人体正常免疫功能和健康的物质基础。众所周知，人体的免疫系统总在与人体内部、外部的致病因素作马拉松式的斗争，以阻止其对人体的危害。在与致病因素进行的斗争中，免疫系统从何处获得生产抗体的基本活性物质？德国科学家经研究得出结论：物质来源是食物。德国卡尔斯鲁厄联邦饮食研究所的瓦茨尔在对食物与人体免疫系统的关系进行了多年研究后，报道称：“饮食可以对免疫系统产生显著影响。”纽芬兰大学的免疫学家钱德拉：“一种营养物质的缺乏首先在免疫细胞的数量以及活跃程度上体现出来。”

目前，人类尚无法利用化学物质增强自身的免疫能力。化学物质的使用会刺激免疫系统中的某个元件，但永远无法代替免疫系统的元件和功能，而且还具有副作用，扰乱免疫系统的平衡。只有通过摄入营养来滋养免疫系统，才能加强它的防御功能。不同食品中的天然物质和免疫系统可产生相互作用。

营养状况影响机体的免疫功能和对疾病的抵抗力，机体的健康水平也影响营养需求模式。营养物质经肠道消化吸收产生机体所需的能量，同时消化代谢过程也产生一些活性物质（免疫功能调节物），影响神经内分泌细胞、免疫细胞的功能；经肠上皮细胞吸收进入血液的物质直接或经代谢到达靶器官发挥生物学作用，对神经内分泌免疫进行更为广泛的调节。免疫系统作为特殊的感受器官，能感受神经系统不能觉察的物质（病毒、细菌、异体蛋白和毒素等），从而对外界因素变化及时做出反应。免疫功能作为一项判断机体营养状况的功能性指标，已逐渐引起了许多营养学工作者的兴趣。

随着学科间的互相渗透，营养与免疫功能间的关系日益受到重视。研究结果显示，良好的营养状况可以使机体抵抗逆境的能力增强，非特异性地加强机体免疫功能。特别对于幼龄动物，自身免疫系统尚未发育完善，加强营养可促进其免疫功能的改善。

（二）免疫食品

食品免疫这一免疫新概念，就是让人们从日常普通食品中，长期、稳定地获得人体防病抗病所必需的天然免疫球蛋白和各种活性因子。食品免疫是通过免疫食品的摄入来实现的。免疫食品是指食品中含有某种适宜的营养物质，它能够调节人体固有的（先天性）免疫功能和获得性免疫功能，增强机体对疾病的抵抗力，增强机体抗感染能力、抗肿瘤能力以及维持自身生理平衡的能力。

食品免疫通常有两种方法。一方面是通过基因工程让食品含有抗原，人们食用后相当于接种了某种疫苗，以激发人体免疫系统，如免疫香蕉、免疫番茄等，就是所谓的“疫苗食品”。基因工程界针对传统疫苗的种种局限，通过细胞嫁接、基因改良等生物工程技术开发出来的食品，对增进人类健康和寿命具有积极的意义。另一方面是经常直接服用含有人体防病抗病所必需的免疫球蛋白食品，提高人体免疫功能，达到强身健体、抵御疾病的目的。例如，普通牛奶无免疫因子或含量极低，应用先进的生物技术对奶牛进行免疫学处理后，产出的牛奶不仅完全保留了天然牛奶的全部营养成分，而且富含多种人体必需的天然免疫球蛋白和一些活性因子，特别是含有抗乙型肝炎、甲型肝炎的免疫球蛋白和抗幽门螺杆菌（HP）的抗体。

严格意义上讲，还有另外一种方法进行食品免疫，即将具有免疫调节功能的食物或者含有免疫调节的营养物质，添加到食品或者经过加工的食品中，经免疫调节作用评价和检验，证明其具有免疫调节效应，该食品属于免疫食品范畴，其所含活性成分，能够对人体免疫起调节作用，具有促进免疫系统的功能。

免疫食品的加工中，应该充分运用科学的加工手段，尤其是一些现代食品技术，如超滤、反渗透浓缩、真空冷冻干燥、无菌灌装、超高温瞬时杀菌等技术。目前，世界各国都在努力实现由医药保健向食品保健的转化。因此，开发免疫食品，是世界公认的食品工业发展方向，也是生物技术实际应用的一个重要方面。

目前，免疫食品分为以下几类。

1. 天然免疫调节食品

卫生健康管理部门已经批准的有助于增强免疫力的食品有：蜂胶、番茄红素、番茄红素油树脂（番茄红素、红花籽油）、葡萄籽提取物、橄榄油、灵芝或灵芝提取物、灵芝孢子粉、黄芪提取物、猴头菇提取物、香菇提取物、溪黄草、茯苓、余甘子、糊精、铁皮石斛、西洋参提取物、葛根提取物、玉米油、蛹虫草子实体、橄榄提取物、五味子提取物、姜黄提取物、红景天提取物、枸杞子、黄精、菊花、枳椇子、决明子、绞股蓝提取物、低聚果糖、蜂王浆、牛磺酸、壳寡糖、当归、大枣、鳖甲、金针菇、大蒜油、天然胡萝卜素、茶多酚、茶叶籽油、蜂蜡、麦门冬、白芍、枸杞子提取物、薏苡仁提取物、盐生杜氏藻粉、维生素 E、蝙蝠蛾被毛孢菌粉、姬松茸提取物、南瓜籽油、水飞蓟提取物、双孢蘑菇提取物、桑椹提取物、绿茶、绞股蓝、蒲公英、罗汉果、苦荬菜、北沙参、川贝母、沙棘籽油、金钗石斛、杜仲叶提取物、海洋鱼皮胶原低聚肽粉、怀山药提取物、酵母多糖、L-抗坏血酸、鱼腥草、熟地黄、山药、制山茱萸、西洋参、泽泻等。此外，还批准了双歧杆菌、乳酸杆菌等益生菌的免疫调节功能。还包括以上述食品为原料，经科学加工或直接添加的食品，并经免疫调节功能评价实验证实具有免疫调节功能的保健食品。

2. 疫苗食品

疫苗食品，即基因工程界针对传统疫苗的种种局限，通过细胞嫁接、基因改良等生物工程技术开发出来的食品，对增进人类健康和延长寿命具有积极的意义。疫苗食品生产技术是将微生物有关蛋白质抗原基因，通过转基因技术导入某些植物或动物受体细胞中，并使其在受体细胞中表达，从而使受体直接成为抵抗相关疾病的疫苗。

所有疫苗的最终目标都是一致的，即激发免疫系统快速消灭致病因子或病原菌的能力，遏制病原菌的繁殖。大多数病原菌的传播通过污染食物、水或性接触，是从皮肤或黏膜表面（消化道、呼吸道和泌尿生殖道）开始感染，病原菌在感染部位遇到人体的第一个抵抗，也是最有效的抵抗。胃肠道、呼吸道、泌尿生殖道及其他外分泌腺的黏膜中存在大量的淋巴组织和淋巴细胞，受黏膜部位复杂且特殊的抗原环境影响，形成了独特的免疫机制，使得黏膜淋巴系统成为一个相对独立的免疫体系，即黏膜免疫系统（Mucosal Immune System，MIS）。食品疫苗的成功作用需要黏膜免疫系统的感应。黏膜免疫应答启动通过特殊的 M 细胞抗原确认，这些细胞存在于淋巴组织的黏膜内。M 细胞使抗原移动到接续组织，进一步产生抗原。抗原决定簇在 APC 表面出现，在 T 细胞的帮助下激活 B 细胞，B 细胞移动到肠系膜淋巴腺节点，转变为血浆细胞并移动到黏膜形成 IgA，IgA 通过黏膜上皮移至内腔，与膜的分泌物结合形成分泌型免疫球蛋白 A（sIgA）。sIgA 是黏膜免疫系统中最主要的抗体，它与特殊的抗原决定簇相互作用抑制病原菌入侵。在接种初期，免疫系统发现疫苗中带入的外来生物会立即启动应答，动员所有力量消灭外来入侵者。这种响应会很快平息，留下所谓的“记忆细胞”。这些细胞会保持警觉，如果发现病原体侵入人体，就会即时释放出整个“防御部队”。

动物食品疫苗是迅速发展起来的新领域。其主要技术是将制造疫苗、医药品和激素等抗原的目的基因转移到动物体内，动物生长发育后获得的母乳食品、肉类食品中带有疫苗成分。将抗原注射到动物体内是产生抗体的最简单的方法。研究人员通过注射或口服把某种抗原输入奶牛体内，刺激其免疫系统，使其分泌的乳汁特异性抗体含量提高。为保持牛奶中这些特异性抗体和活性物质的生理活性，需采用低温喷雾干燥技术，生产各种免疫奶粉，如抗感染免疫奶粉、抗炎免疫奶粉和防龋齿免疫奶粉。美国科学家还培育出乳汁中富含人体蛋白的母山羊，其乳汁中含有的抗蛋白酶可以防治肺气肿。

3. 抗体食品

由于抗体成分耐受热加工的性能差，研究人员正在研究将人类容易感染的微生物作为抗原制成含有特殊抗体的食品，以使耐热性差的抗体成分在热处理过程中不失活，这种食品被称为抗体食品。抗体食品能对消化器官内的抗原微生物进行特异反应、抑制增殖并将其排出体外。抗体食品是将免疫系统中心成分的抗体直接经口摄入，其功能是减少病毒和有害细菌，防止其感染消化器官和侵入人体，减少有害细菌和病毒对人体和免疫系统的伤害。

目前，主要报道的抗体食品有免疫牛奶、免疫鸡蛋、小牛球蛋白、初乳以及以此为原料经过科学加工或直接加到其他食品中的含有免疫球蛋白活性成分的食品。如免疫牛奶，通过将多种人体易感病原菌的死菌（多种抗原）作为疫苗反复接种（即超免疫处理）乳牛，使其乳汁含有对人体有效的抗体。现主要有脱脂奶粉型和精制浓缩有效成分型两种产品形式。免疫鸡蛋是让产生高抗体应答的鸡摄入抗原（使用单一抗原），使其产的蛋蛋黄内含有对应的活性抗体。用经过处理的沙门氏菌、大肠杆菌、志贺氏菌等对牛进行接种免疫，一段时间后，牛奶中含有上述细菌的抗体，食用含有抗体的牛奶的人们对以上几种细菌引起的疾病具有防御作用。这类实验在国外和国内已获得初步成功，研究人员报道了转基因母鸡产出蛋清内含有功能蛋白的鸡蛋。

近年来，鉴于免疫球蛋白特殊的免疫生理功能，将免疫球蛋白用作功能性食品添加剂的研究已经成为国际热点，并且成功地开发出许多产品，如含免疫球蛋白的婴幼儿配方奶粉、口服免疫球蛋白等。随着人们保健意识的增强，免疫球蛋白功能食品必将进一步拓宽市场，产生更大的经济和社会效益，应用前景十分光明。

二、均衡饮食方案

各种营养素在维持机体最佳免疫状态中发挥着举足轻重的作用，在胃肠道、胸腺、脾脏、淋巴结和循环免疫细胞等水平上，以多种方式对免疫功能进行调节。营养素不但是维持正常的生长发育所必需，而且是维持免疫系统的功能并充分表达免疫活性的决定性因素。营养不良对机体抗原特异性免疫反应和非特异性免疫反应都产生不利影响。免疫系统，又称网状淋巴系统，淋巴细胞中的 B 细胞负责抗体的形成，与抗原产生作用引发体液反应；T 细胞直接与异物或抗原起作用，产生细胞诱导反应。

与营养不良有关的免疫功能障碍称为营养获得性免疫缺陷综合征。营养不良包括营养缺乏和营养过剩两种情况。

（一）营养障碍与免疫

1. 营养缺乏对免疫功能的影响

（1）对淋巴器官的影响　主要为淋巴细胞数量减少。营养不良主要损害淋巴结的副皮质胸腺依赖区，生发中心变小，淋巴细胞数量减少，浆细胞和吞噬细胞数量相对增加。由于营养不良患者常有慢性反复的胃肠道感染，肠系膜淋巴结常增大。有观点认为上述病症与营养缺乏时某些激素变化相关，包括肾上腺皮质激素、肾上腺素、胰岛素和甲状腺素对白细胞的影响。营养不良时，血浆皮质醇的水平增加，血清白蛋白减少，大部分结合型的皮质醇释放，作用于组织。游离的皮质醇使淋巴细胞溶解和抑制免疫。切除肾上腺的动物，蛋白质缺乏对胸腺的退行性变化影响较小。

（2）对免疫功能的影响　在营养不良时，白细胞数量轻度增加，但很难排除感染的影响；败血症常导致白细胞增多，暴发性败血症抑制骨髓而导致白细胞减少。蛋白质营养不良患者的淋巴细胞总数及其占白细胞总数的百分比正常或减少，T 细胞数量减少；改善营养后，在其他临床表现及生化指标恢复前，T 细胞数可显著增加。周围血液中的 B 细胞数在营养缺乏时呈正常或升高。

（3）对抗体的影响　恶性营养不良病人的血清白蛋白含量低，消瘦型营养不良者相对正常或稍低，但不论总蛋白的含量如何，γ-球蛋白的含量相对正常或增加，主要由于营养不良经常合并感染。用标记的蛋白质进行研究，营养不良者的 γ-球蛋白的合成不受影响，而

合并感染时 γ-球蛋白的合成增加而分解减少。随着膳食中蛋白质的进一步减少，体重、血红蛋白和血清白蛋白降低，血清免疫球蛋白的合成减少，但抗体的应答受影响相对较小，表明蛋白质在体内被合理地利用。在营养不良时，免疫球蛋白受影响较少，对抗体的防御机制有其重要意义。营养不良者对大多数适量抗原的抗体应答是正常的，表明 B 细胞的功能相对正常。

（4）对补体系统的影响 补体有放大免疫应答的作用，包括对调理作用、免疫附着、吞噬作用、白细胞的化学趋化作用和中和病毒作用的影响。营养不良时，总补体及补体 C3 可能处于临界水平，这是由于补体的合成速率降低。当感染引起抗原抗体结合时，补体的消耗增加。

（5）对吞噬细胞的影响 吞噬细胞在免疫应答的传入侧翼中的作用早已为人熟知，某些先天性或获得性多形核白细胞的功能缺乏者都会产生致死性感染，如中性粒白细胞减少症、慢性肉芽肿病、髓过氧化物酶缺乏症和葡萄糖-6-磷酸脱氢酶缺乏症等。

（6）对溶菌酶的影响 溶菌酶可以溶解许多革兰氏阴性细菌的细胞壁的黏多糖。在多形核白细胞和单核细胞中溶菌酶的浓度很高，各种体液（包括血清、泪腺和唾液腺的分泌物）中也含有溶菌酶。营养不良时，血浆和白细胞中溶菌酶的活性降低。有感染时，白细胞中的溶菌酶渗入血浆量增多。血浆中溶菌酶的降低意味着黏膜表面的防御能力降低。

（7）对铁结合蛋白的影响 血清中的运铁蛋白有抑制细菌的作用。铁结合力高度不饱和的血清可以抑制霉菌的繁殖，珠蛋白生成障碍性贫血者的铁饱和血清可以促进霉菌生长。母乳的抑菌作用与其含有大量的乳铁蛋白有关；乳铁蛋白和运铁蛋白能与铁结合，如同时有抗体协同作用可以抑制细菌的生长。如果使乳铁蛋白或运铁蛋白饱和，就可以消除其抑菌作用。蛋白质-能量营养不良的患者，其血清运铁蛋白的浓度降低，与营养不良的程度相关。若在恶性蛋白质-能量营养不良患者的一般情况未改善之前补充铁，有可能使他们发生败血症而死亡。有慢性肾盂肾炎的病人注射柠檬酸山梨醇铁，可伴随尿中白细胞排出增加。

2. 营养过剩对免疫功能的影响

（1）肥胖症 特别是单纯性肥胖症患者食用大量脂肪和碳水化合物，对免疫活性细胞具有抑制作用。体内、体外的研究均表明，肥胖者细胞介导的免疫应答受损，中性粒细胞杀菌作用减弱。动物实验结果表明，高脂饮食会加重红斑狼疮小鼠的自身免疫反应，使其胸腺、脾脏变小，单核细胞、T 细胞数都减少，不同亚型的免疫活性细胞比例异常。

（2）胆固醇过剩 胆固醇过剩会损害淋巴细胞和网状内皮细胞的功能，影响组织细胞膜胆固醇的合成，从而抑制淋巴细胞对抗原刺激产生免疫应答，抑制巨噬细胞吞噬功能和清除抗原能力。

（3）脂肪酸过剩 多不饱和脂肪酸过多导致免疫抑制。体外实验显示，饱和脂肪酸过多可抑制淋巴细胞对某些抗原和促分裂原的应答。

（4）碳水化合物过剩 高血糖对淋巴细胞和吞噬细胞功能具有显著影响，对吞噬细胞的影响尤为显著，所以糖尿病人极易患感染性疾病。

（二）平衡膳食与免疫

保持良好的膳食习惯和摄入全面均衡的营养是维持机体生理功能和免疫功能的重要保障。只有摄入的食物多样，才能保证体内的营养均衡。根据《中国居民膳食指南（2022）》

推荐，我国居民应每天摄入12种以上、每周摄入25种以上食物，并且每天的膳食应尽量包括谷薯类、蔬菜水果、畜禽鱼蛋奶和豆类食物。

要适量食用鱼、禽、牛羊肉、蛋、奶、豆类食物，以保证体内摄入充足的优质蛋白质。蛋白质是人体的重要组成部分，人体细胞中的70%固体成分是蛋白质。优质蛋白质所含的各种氨基酸种类和比值更接近人体的蛋白质氨基酸组成，易于被人体消化吸收。鱼虾、禽肉、猪牛羊瘦肉、蛋类、大豆及豆制品、奶类都是优质蛋白质的良好来源。因此，要按照年龄、性别和健康状况等，适当增加优质蛋白质的摄入。

要保证每天对新鲜蔬菜和水果的摄入量。新鲜蔬菜、水果是维生素、矿物质、膳食纤维和多种植物化合物的重要来源，具有较强的调节人体免疫的作用。根据《中国居民膳食指南（2022）》推荐，我国居民应每天摄入300~500g新鲜蔬菜，深色蔬菜应占1/2，摄入200~350g的新鲜水果。

正常情况下，应当尽可能通过均衡膳食获取人体所需的营养素。但对于营养素缺乏的个体，可采取相应膳食改善措施，科学选用营养素补充剂、强化食品等作为营养素补充来源，以弥补和改善营养素缺乏状况。

思政要素解读

能力拓展

1. 加深理解膳食与健康之间的关系，以及如何通过合理的饮食习惯来维持身体的正常功能和免疫力

掌握膳食与免疫功能的基础知识，学会运用科学方法进行问题的探究与分析。培养信息获取、分析和判断能力，使其能够理解营养学知识，并将其运用到日常生活中，助力国家“实施健康中国战略”。

2. 探究式学习，提高分析食品营养与免疫功能之间关系的能力

基于营养与免疫功能的相关原理，通过案例分析、实践操作指南等方式，学会如何制定健康的膳食计划，并掌握相关技能。

素养提升

1. 培养自我认知与自我管理能力

通过营养与免疫系统的学习，认识到健康饮食对身体健康的重要性。培养自我认知与自我管理能力，自觉地改善生活方式，提升自身的健康素养。

2. 认识专业使命，提高社会责任感

了解营养与免疫系统与社会、文化和环境等方面的关系，思考个人饮食行为对社会的影响以及自己在社会中的责任。通过探讨个人与社会的关系，培养社会责任感和公民素养，能够在实践中践行健康生活理念，为社会的健康发展做出贡献。

思考题

1. 简述免疫系统的概念与构成。

2. 请简要探讨蛋白质对免疫功能的影响，并说明优质蛋白质在提高人体免疫力方面的重要性。

3. 多糖在免疫调节中的双重作用表明了其在人体免疫系统中的复杂性。结合多糖的免疫增强和免疫抑制作用，探讨多糖的免疫抑制作用是如何调节过度免疫反应，以及对抗过敏和炎症的发展。

4. 脂肪中的瘦素、脂联素和必需脂肪酸如何影响免疫功能?

5. 为什么保持良好的膳食习惯和摄入均衡全面的营养对机体的生理功能和免疫功能至关重要?

第三章

03

分子营养与常见代谢性疾病

本章学习目标

1. 了解常见代谢性疾病的发生与发展；
2. 熟悉分子营养对代谢性疾病的调节作用；
3. 了解营养膳食对代谢性疾病的防治效果。

第一节　营养物质与糖尿病

糖尿病是一种较为常见的代谢性内分泌疾病，基本病理生理变化为胰岛素分泌不足而引起糖（碳水化合物）、脂肪和蛋白质等代谢紊乱。胰岛素是由胰腺内的 β 细胞分泌的一种内分泌激素，它是体内合成代谢与储存能量的重要激素，具有加速血糖氧化、促进糖原合成、使糖转变成脂肪等生理功能，因此胰岛素可以降低血糖。当胰岛素分泌不足或缺乏时，血糖的代谢受阻导致血糖升高。血糖过高，超过一定限度，可以通过血液循环至肾而随尿排出体外，这时病人就会出现尿糖症状。因此，由于胰岛素分泌不足或缺乏引起的疾病称为糖尿病。

一、糖尿病酮症酸中毒

糖尿病酮症酸中毒（Diabetic Ketoacidosis，DKA）是糖尿病最常见的严重急性并发症之一，以高血糖、酮症、酸中毒为主要表现，是高血糖危害的一种，是胰岛素不足和拮抗胰岛素激素过多所致的严重代谢紊乱综合征。临床表现为糖尿病病症加重，恶心呕吐、食欲不振、呼吸深快、呼气有酮味（烂苹果味）、尿量减少、皮肤干燥发凉、心率加快、脉搏细弱、血压下降，甚至嗜睡、昏迷等。如果未能及时诊断、及时治疗，死亡率很高。此症多见于 1 型糖尿病患者（因为此类患者有自发性糖尿病酮症酸中毒倾向），2 型糖尿病患者在上述诱因作用下发病。根据酸中毒的程度可分为轻度、中度和重度（表 3-1）。

这类疾病的病因包括胰岛素严重缺乏或抵抗升糖激素（如胰高血糖素等）异常升高导致糖、脂肪和蛋白质代谢严重紊乱。当缺乏胰岛素时，人体组织和细胞无法有效摄取和利用血液中的葡萄糖，促使脂肪分解产生大量酸性的酮体在体内蓄积，最终引起糖尿病酮症酸中毒。其诱发因素包括急性感染、胰岛素使用不规范、高糖高脂饮食、精神刺激、妊娠分娩等。糖尿病酮症酸中毒通过早期诊断和积极正确的治疗可以逆转病情，因此一经确诊需立即治疗，主要有药物、补液、补充胰岛素和纠正电解质等治疗。

表3-1 不同酸中毒情况下的理论数值

分类	pH	HCO_3^-/（mmol/L）	阴离子间隙/（mmol/L）	意识障碍
轻度	7.25~7.3	15~18	>10	无
中度	7.0~7.25	10~15	>12	无
重度	<7.0	<10	>12	有

①药物治疗：由于个体差异大，用药并非最好、最快、最有效的。除常用非处方药外，应在医生指导下，充分结合个人情况选择最合适的药物。

②补液：通过补液治疗可以纠正水、电解质平衡，降低血糖，清除酮体，是预防休克的重要措施。同时，只有在有效组织灌注改善、恢复后，胰岛素的生物效应才能充分发挥，基本原则是“先快后慢，先盐后糖”。心肾功能不全的病人，应避免补液过度。

③补充胰岛素：胰岛素是治疗糖尿病酮症酸中毒的关键，合理地补充胰岛素可以促进机体利用葡萄糖，减少脂肪的分解，从根源上减少酸性酮体的产生，改善症状。

④补钾：经胰岛素和补液治疗后可能出现低钾血症。在开始胰岛素和补液治疗后，若患者血钾低于5.5mmol/L即可进行静脉补钾，避免低钾血症的发生。定时检查血钾，决定补钾量和速度。

⑤补碱：当血pH低至6.9~7.0时，应使用碳酸氢钠来纠正酸中毒。需要注意的是，补碱不可过多过快。

⑥补充磷酸盐：血磷过低（<0.3mmol/L）但血钙正常时可补充磷酸盐，补磷时须检测血钙浓度，以免发生低钙血症。

⑦葡萄糖补充治疗：当血糖降低到一定程度，血尿酮体仍然增高时，可适当补充5%葡萄糖和胰岛素，以快速降低酮体的产生。

二、营养物质与高渗高血糖综合征

高渗高血糖综合征（Hyperglycemic Hyperosmolar Syndrome，HHS）是指患者存在严重的高血糖、脱水、高血钠、高血浆渗透压，但无明显的酮症酸中毒，患者常有意识障碍或昏迷。血糖多高于33.3mmol/L（600mg/dL），甚至可达111.1mmol/L（2000mg/dL），同时血钠、血钾异常。血钠常升高，多高于145.0mmol/L，血钾多正常或降低，少数可升高。血尿素氮（BUN）与肌酐（Cr）也常显著升高，反应有严重的脱水和肾功能不全。

（一）发病机制

HHS的发病机制为循环中有效胰岛素不足及胰岛素拮抗激素（儿茶酚胺、皮质醇、生长激素、胰高血糖素）增高，使肝肾糖异生增加，同时外周组织的糖利用减少，导致细胞外液的血糖水平及渗透压均增高。例如，高皮质醇血症增加蛋白水解，使糖异生的底物氨基酸前体增多；胰高血糖素诱导糖原分解为葡萄糖；肾小球滤过率增加，导致糖尿和渗透性利尿。最初的糖尿可以起到预防重度高血糖的作用；血清葡萄糖浓度超过10mmol/L时，超过肾脏重吸收葡萄糖的能力，尿液中的葡萄糖会损害肾脏的浓缩能力，加剧水的损失；持续的渗透性利尿，导致血容量不足，肾小球滤过率下降，加重 HHS。HHS 的葡萄糖水平比糖尿病酮症酸中毒高许多，导致严重的高渗，细胞内脱水。意识的改变是因为与大脑相关的细胞内脱水、神经递质水平变化，进而导致缺血。

（二）临床表现

HHS 在老年人中多见，30%~40%的患者就诊前未诊断糖尿病。临床表现为高血糖引起的症状（如多尿、烦渴、疲劳、视力障碍）、体征（肥胖、黑棘皮病、糖尿病性皮肤病）以及高渗脱水（虚弱、厌食、体重减轻、腿抽筋、眩晕、嗜睡、皮肤黏膜干燥、皮肤弹性差、四肢发凉、低血压和心动过速、休克等），症状平均持续时间 12d。通常存在胃肠道症状，可能不存在恶心呕吐，所以当腹痛为突出症状时，应该查找诱发因素或并发症（如肠系膜缺血的 HHS）。

HHS 可有不同程度的神经精神系统异常变化，如单侧或双侧局灶性运动或感觉缺失、失语、肌阵挛、舞蹈病、震颤和巴宾斯基（Babinski）征阳性。15%患者发生癫痫，大多数是局灶性癫痫，为间歇或连续的（部分性癫痫连续）；10%患者发生昏迷。相关并发症有脑水肿、血栓形成、血管栓塞等。

（三）微量元素与高渗高血糖综合征

当 HHS 患者血糖浓度升高，钠随尿丢失，患者大量的糖尿及渗透性利尿会使体内大量的微量元素随尿排出，直到水的丢失超过一价阳离子（Na^+、K^+）丢失，最终发生高渗。体内血糖浓度过高时，细胞外液渗透压增加，通过肾脏的反馈调节系统，抑制肾小管对 Na^+的重吸收功能，使体内钠盐排出增加。另外，当细胞外液的溶质葡萄糖增加时，细胞内的水分会向细胞外转移，减少细胞内外渗透压的差异；当水从细胞内转移到细胞外，细胞外的容量相对增加，导致排钠因子增多，进一步抑制肾小管对 Na^+的重吸收，促进 Na^+的排出。

血浆渗透压由溶解于血浆中的全部渗透活性物质组成，可以使悬浮在其中的细胞体积改变或维持不变，细胞膜内外的渗透压差异可以引起膜内外的液体移动，进入或离开细胞。机体通过对渗透压的调节维持细胞结构和功能的稳定，当血糖升高时，机体通过肾脏排钠降低渗透压来维持内环境稳态。钠是主要的细胞外液阳离子，血清钠浓度常作为血清渗透压代替值的主要指标。渗透压的异常表现为血清钠浓度的紊乱，机体渗透压的失调表现为低钠血症和高钠血症。HHS 患者细胞外液血糖明显增加，此时伴有渗透性利尿，丢失水、钠、钾等，细胞外液溶质增多和体内液体损失共同存在，最终血钠浓度的变化取决于占主导地位的是细胞内液向细胞外的转移还是体内低渗液的损失，可能发展成低钠、正常血钠或是高钠血症。

三、营养物质与糖尿病的关系

（一）蛋白质

食物蛋白质在胃肠道的各种蛋白酶作用下逐步水解成氨基酸，最终被小肠吸收。人体对蛋白质的需要量，根据年龄、性别、生理情况及劳动强度而定。通常，成人每日蛋白质供给量应占总热量的 10%~15%，为每天每千克体重 0. 8~1. 2g，并应保证一定比例的必需氨基酸的摄入。糖尿病患者由于体内分解代谢增强，蛋白质消耗量大，应适当提高膳食中蛋白质的含量，且至少有 1/3 的优质蛋白质。对于有糖尿病肾病等并发症的患者，高蛋白质饮食可加重肾小球病变，应适当减少蛋白质摄入量，并以动物性蛋白质代替植物性蛋白质。

（二）脂肪酸

脂肪酸在糖尿病发生发展中的作用迄今尚无定论，大部分流行病学和膳食干预研究提示饱和脂肪酸（Saturated Fatty Acids，SFA）、反式脂肪酸是糖尿病的危险因素，而多不饱和脂肪酸特别是长链 n-3 多不饱和脂肪酸（Polyunsaturated Fatty Acid，PUFA）却能改善糖代谢和胰岛素敏感性。中国营养学会推荐居民膳食脂肪酸 SFA/MUFA/PUFA 之比为 1∶1∶1。现有研究大多数支持膳食脂肪酸构成是影响糖尿病危险性的重要因素。

（三）维生素

维生素虽然不能直接为机体提供能量，却是维持生命活动的必需物质。人体对维生素需要量虽然不多，但不能缺乏，否则可能引起维生素缺乏病。维生素对于提高糖尿病患者免疫力以及预防并发症非常重要，每一种维生素发挥的作用不尽相同，糖尿病患者在日常生活方面应特别注意，控制血糖的同时也要有意识地补充营养，以维持机体营养均衡。

四、营养物质调节糖尿病的分子机制

1. 蛋白质调节糖尿病的分子机制

蛋白质通过多种途径影响糖尿病的进程。优质蛋白质能够提高机体的免疫功能，促进伤口愈合，增加肌肉量，从而有助于控制血糖水平。蛋白质的分解代谢产物可以作为糖异生的底物，为机体提供稳定的能量来源。此外，某些特定的氨基酸（如亮氨酸和谷氨酰胺）在糖代谢中扮演着重要角色，它们可以通过影响胰岛素信号通路来调节血糖水平。研究表明，亮氨酸能够通过激活哺乳动物雷帕霉素靶蛋白（mTOR）信号通路，促进胰岛素的分泌和 β 细胞的存活。此外，谷氨酰胺被发现能够通过刺激胰高血糖素样肽-1（GLP-1）分泌，增强胰岛素敏感性并改善糖代谢。

2. 脂肪酸调节糖尿病的分子机制

脂肪酸通过影响胰岛素敏感性和糖代谢来调节糖尿病的进程。饱和脂肪酸和反式脂肪酸被认为是胰岛素抵抗的诱因，而多不饱和脂肪酸（尤其是 n-3 多不饱和脂肪酸）则有助于改善胰岛素敏感性。脂肪酸能够调节胰岛素受体的功能，影响脂肪细胞和肌肉细胞的胰岛素信号转导，从而调控血糖水平。

3. 维生素调节糖尿病的分子机制

维生素在糖尿病的调节中起着重要作用。维生素 D 通过调节 VDR 和胰岛素受体基因的表达，减少胰岛素抵抗和炎症反应，从而改善糖尿病。维生素 C 和维生素 E 等抗氧化剂可以减少氧化应激对胰岛细胞的损伤，保护心血管系统，从而有助于预防糖尿病并发症的发生。此外，部分 B 族维生素，如维生素 B_{12} 和维生素 B_6 能够通过减少同型半胱氨酸水平，降低糖尿病患者心血管疾病的风险。维生素 E 被发现能够通过减少氧化应激和炎症，保护胰岛 β 细胞并提高胰岛素敏感性。

第二节　营养物质与冠状动脉粥样硬化性心脏病

一、冠状动脉粥样硬化性心脏病概述

随着现代居民生活水平的提高，受不良的生活方式、不合理的膳食等因素影响，高血压、高血脂等患者数量激增。随着年龄的增长，由于胆固醇沉淀在动脉内膜，致使动脉内膜表面像粥状，最终造成血脂异常以及血管壁成分改变，形成动脉粥样硬化。动脉粥样硬化主要累及大动脉（弹力型——主动脉及其一级分支）、中动脉（弹力肌型——冠状动脉、脑动脉等），病变的主要特征是血中脂质在动脉内膜沉积、平滑肌细胞和结缔组织增生，引起内膜灶性纤维性增厚及形成粥样斑块，斑块部位的动脉壁增厚、变硬，斑块内部组织坏死后与沉积的脂质结合，形成粥样物质，称为粥样硬化。发生粥样硬化的动脉壁变硬，管腔狭窄导致血流减少，继发血栓，可阻断血流，导致严重后果。

（一）冠状动脉粥样硬化性心脏病临床症状与影响因素

冠状动脉粥样硬化性心脏病又称“冠心病”（Coronary Heart Disease，CHD），冠心病是冠状动脉血管发生动脉粥样硬化病变而引起血管腔狭窄或阻塞，造成心肌缺血、缺氧或坏死而导致的心脏病。如果把心脏比作良田，冠状动脉就好比灌溉水渠，当水渠被污泥堵住，两天就会缺水，会造成心肌缺血形成心绞痛；一旦水渠完全堵塞，良田就会干旱而死，关联心肌缺血会坏死，当缺血面积超过40%，会发生大面积的心肌梗死、心衰甚至死亡等危险情况。

冠心病的临床症状主要为：胸痛、气促、乏力、气短（常显示心跳减慢、增快或不规则）、头晕、晕厥、出汗等，甚至有消化道症状，如恶心、呕吐等。除上述症状以外，有时候冠心病症状很特殊，心绞痛基本可以确诊为冠心病。但不是所有的冠心病都有疼痛，也不是所有的疼痛都由冠心病导致，而且不同年龄、性别的患者，对疼痛和不适的感知有很大的差别。当多种症状一起出现时，基本能够确诊，所以当出现胸闷、气短等症状应及时求助专业医生，切勿病急乱投医延误了最佳诊断治疗时间。

影响冠心病的危险因素有高血脂、高血压、吸烟、饮酒、肥胖、糖尿病、疾病家族史等，其中高血脂与冠心病密切相关，血脂异常，特别是胆固醇过高是公认的冠心病致病性危险因素。高血压对冠心病的影响也尤为显著，一般定义收缩压≥140mmHg或舒张压≥90mmHg或在服用降压药的情况下血压才正常的称为高血压，冠心病患者中约60%都患有高血压，血压过高，血液冲击血管壁，容易造成动脉粥样硬化。

（二）冠状动脉粥样硬化性心脏病的类型

世界卫生组织（WHO）将冠心病分为5种临床类型：无症状心肌缺血（隐匿性冠心病）、心绞痛、心肌梗死、缺血性心力衰竭（缺血性心脏病）和猝死。临床常将冠心病分为慢性冠心病和急性冠状动脉综合征（ACS）。慢性冠心病发作时，大多数患者的心电图异常但心肌酶正常。慢性冠心病中最主要的是稳定性冠心病，稳定性冠心病一般会造成血管内严重狭窄，胸痛或憋闷数分钟，很少超过30min，休息或含服硝酸甘油可缓解。

1. 慢性心肌缺血综合征

慢性心肌缺血综合征是包括稳定型心绞痛、无症状心肌缺血和X综合征（即微血管性心绞痛）的一组冠心病。相对于急性心肌梗死等急性冠状动脉综合征而言，冠状动脉粥样硬化斑块稳定无破溃，病情相对平稳，发病相对缓慢，故而得名。慢性心肌缺血综合征可以分为如下几类：①稳定型心绞痛，也是最常见的心绞痛，是指由于心肌缺血缺氧而引起典型心绞痛发作，且发作的频率和程度具有一定规律性。②隐匿型冠心病，又称为无症状心肌缺血，无临床症状，但有心肌缺血客观证据的冠心病。③缺血性心肌病，属于冠心病的一种特殊类型，指由于长期心肌缺血导致心肌出现纤维化，心脏收缩和舒张功能受损，引起心脏扩大，充血性心力衰竭，心律失常等一系列临床表现的综合征。

2. 急性冠状动脉综合征

急性冠状动脉综合征（ACS）是指由冠状动脉阻塞引起的任何类型的症状。最常见的症状是胸部有挤压般的疼痛，常放射至左臂或下颌角点（Gonion），并伴有恶心和出汗。根据胸痛时的心电图表现，将ACS分为ST段抬高型心肌梗塞（STEMI-ACS）和非ST段抬高型心肌梗塞（NSTE-ACS）。

ACS病理基础是冠状动脉粥样硬化斑块的破裂、溃疡和局部血栓形成，导致血管的不全或完全闭塞，引起血流的间断或持续中断，进而造成不同的心脏急性缺血事件。众多研究表明，决定是否发生ACS的主要因素是斑块的稳定性。纤维帽薄、内含大而柔软脂核的斑块为不稳定斑块。在外在因素作用下，由于血流应切力的改变，薄纤维帽破裂、脂核溢出、基质暴露，血小板与内皮下黏附因子发生黏附和聚集，形成富含血小板的白色血栓，使管腔内径急剧减小甚至次全闭塞，血流突然减少或间断性中断；血小板进一步激活并释放血管活性物质，使血管收缩，加剧病理过程。若血栓内富含红细胞和纤维蛋白，则形成红色血栓使血管腔完全闭塞，血流持续性中断。

冠状动脉造影、血管内超声和尸检等众多研究提示，ACS时出现的闭塞性血栓，多发生在狭窄相对较轻的基础上，引起ACS的斑块中有2/3在破裂前病变狭窄程度小于50%。随着狭窄程度增加，纤维帽增厚，斑块逐渐趋于稳定而不易破裂。

（三）冠状动脉粥样硬化性心脏病的预防

当前，预防冠心病的关键是要早，在没有形成动脉粥样硬化以及相关疾病之前，采用积极的预防措施可以延缓、阻止甚至逆转动脉粥样硬化的进程，避免动脉供血区域的形态和功能改变。

目前，在冠心病的预防措施中较为基础的是践行健康的生活方式。

1. 合理膳食

首要的是合理安排日常饮食，忌重油重盐重荤腥，多吃富含维生素的水果蔬菜和富含蛋白质的食物，一般每天的摄入以蛋白质占总热量的10%~20%，脂肪占30%，碳水化合物占50%~60%为宜。

2. 体育运动

适当进行体育运动，保持良好的心态。国内外大量的随机对照研究表明，运动锻炼可以促进冠状动脉侧支循环的形成，改善冠心病患者的心血管功能，减少或消除心绞痛症状，降低心血管危险因素，稳定、减缓或逆转冠状动脉粥样硬化病变的进展，降低心肌梗死的再发率和病死率，提高生活质量。美国运动医学会和心脏学会在大量既往研究的基础上发布了运动指南，建议每天 30min 的中等强度有氧运动，每周 5d，或者每天 20min 的高强度有氧运动，每周 3d，联合中-高强度也推荐。此外，还可加入 2d 的力量训练。中国专家针对冠心病患者的运动指南：建议冠心病患者进行有氧运动的频率为每周 3~5d，最好是每天进行。运动强度的确定应基于个体化的心肺运动负荷试验，通常采用中等强度（40%~60%V_{O_2max}）或无氧阈强度作为靶强度。此外，还可以通过心率储备法、无氧阈法、峰值摄氧量百分数等方法来确定运动强度。心脏病患者的最佳运动时间为 30~60min/d。对于刚发生心血管事件的患者，可以从每天 10min 开始，逐渐增加运动时间。运动形式主要包括有氧运动（如行走、慢跑、游泳和骑自行车等）和抗阻运动（如静力训练和负重等）。有氧运动是心脏康复的主要运动形式，但抗阻运动也是必不可少的组成部分。一般刚睡醒时，冠心病发病概率最高，对于心脏病患者来讲，最适合的运动时间是下午。

3. 戒烟限酒

吸烟有害身体健康是常识，吸烟不仅会导致血管内皮功能破坏，而且会改变血脂的构成，引发动脉粥样硬化并促进其进一步恶化，例如，香烟中的尼古丁会促进肾上腺素、去甲肾上腺素和儿茶酚胺的分泌释放，使血管收缩，动脉痉挛，心率加快，长时间接触尼古丁，血管内皮损伤由功能性转为器质性，导致动脉硬化。烟草中的尼古丁还会使血小板聚集性增强、黏度增加，刺激脱氧核糖核酸的合成，血管内皮增生，导致动脉的弹性急性退变，促使动脉硬化和血栓形成。当然，吸烟是影响人体健康最大的可逆危害因素，戒烟一段时间后，血管内皮的功能会得到改善，烟草对血脂构成的影响也会逐渐减弱。酒精对健康的影响取决于饮酒量和饮酒模式，对于饮酒者，酒精摄入量男性不超过 20g/d，女性不超过 10g/d（酒精摄入量的计算：饮酒量（mL）×酒精度×0.8）。

二、营养物质与冠状动脉粥样硬化性心脏病的关系

机体在各种内外因素作用下发生炎症、氧化应激及高同型半胱氨酸血症等反应，诱导炎性因子及活性氧物质的产生和释放，引起血管内皮功能障碍，一系列调节血管活性物质表达失调，造成冠状动脉血管收缩、血小板聚集、凝血因子激活及血栓形成。另外，脂质代谢异常时脂质沉积在血管壁造成血管内膜增厚，最终导致冠状动脉管腔狭窄、阻塞，CHD 发生、发展。流行病学研究表明，合理膳食对改善 CHD 进程至关重要。食物对 CHD 的影响来源于其中的化学成分，即膳食营养素的作用。膳食营养素在体内吸收、代谢，发挥各种生理作用，参与 CHD 发生、发展的病理过程，影响 CHD 进展，故明确各类膳食营养素对 CHD 的影响，对延缓疾病进程、提高病人生活质量至关重要。

（一）脂肪酸

膳食 SFAs 主要来源于肉类、乳制品及棕榈油。研究表明，SFAs 摄入量增多可抑制 LDL-C 受体活性、促进载脂蛋白产生，使血浆 LDL-C 和总胆固醇（Total Cholesterol，TC）水平升高；同时可致凝血因子纤维蛋白原水平升高，激活凝血系统，最终导致 CHD 等心血管疾病发生。荟萃（Meta）分析显示，将由 SFAs 提供的能量从 17%降到 9%，心血管疾病发生风险降低 17%。基于此，WHO 在 2023 年发布了关于总脂肪、饱和脂肪酸、反式脂肪酸摄入的建议，其中强烈建议将饱和脂肪酸的供能比降至 10%以下，以预防不健康的体重增加和降低心血管疾病

的风险。膳食 MUFAs 主要来源于橄榄油和菜籽油，其对心血管健康有益。摄入 MUFAs 可诱导肝脏酰基辅酶 A（胆固醇酰基转移酶）产生以及 LDL-C 受体高表达，同时可抑制 TC 合成，进而降低血浆 TC 和 LDL-C 水平。此外，还可改善胰岛素抵抗和葡萄糖代谢，维持机体血糖水平。作为全球公认的防治 CHD 的最佳饮食模式地中海饮食中，脂肪酸提供人体 33%~40%的能量，其中 MUFAs 供能高达 16%~29%，而 SFAs 仅为 8%，提示 MUFAs 对维护心血管健康的重要作用。

（二）糖类

糖类主要来源于精制淀粉和谷物，不同食物来源的糖类对 CHD 的影响不同。研究表明，与摄入谷物的优质糖类相比，摄入精制淀粉的糖类可致血浆 TC、TG 水平升高，HDL-C 水平降低，对脂质代谢产生不利影响；刺激平滑肌细胞增殖，诱导炎症及氧化应激反应，进而导致 CHD 的发生。

（三）膳食纤维

膳食纤维在 CHD 防治中发挥重要作用，其具有改善脂质代谢及抗感染作用，可显著降低血浆 TC、LDL-C 及 C 反应蛋白水平。剂量-反应关系显示，每天多摄入 7g 膳食纤维可将 CHD 等心血管疾病发生风险降低 9%；每天多摄入 10g 膳食纤维可将其死亡风险降低 11%。因此，建议公众多食用富含膳食纤维的谷物、豆类、蔬菜、水果等。

（四）维生素

维生素 A、维生素 C、维生素 E 具有抗氧化应激作用，可有效抑制脂质过氧化及自由基损伤，防止氧化 LDL 刺激单核细胞募集、巨噬细胞分化及泡沫细胞形成，进而避免冠状动脉血管壁增厚，也可使血浆 HDL-C 水平升高，TC 及 C 反应蛋白水平降低，改善脂质代谢及抑制炎症反应，最终延缓 CHD 进程。研究显示，膳食增加维生素 A、维生素 C、维生素 E 摄入量可降低 CHD 发生风险，揭示了抗氧化维生素对 CHD 的一级预防作用，与 CHD 预后密切相关。经过 22 年随访研究发现，膳食摄入维生素 A、维生素 C、维生素 E 可降低心血管不良结局（包括心血管疾病死亡、非致命性心肌梗死及冠状动脉血运重建）发生风险。还有研究表明，抗氧化维生素只在某一摄入范围内发挥作用，若超过此范围额外摄入将达到血浆浓度饱和，不产生任何生理效应；而观察性数据显示膳食抗氧化维生素摄入量与心血管不良结局发生风险呈负相关。目前证据表明，增加抗氧化维生素摄入不会对人体产生不良作用，甚至有益于心血管健康。因此，建议公众多食用富含抗氧化维生素的水果、蔬菜，尤其是浆果、柑橘类水果及浅色蔬菜，以有效防治 CHD。

维生素 D 是一种类固醇激素的前体，其摄入量增加可致血浆 HDL-C 水平升高，TG 水平降低；同时可调节组织基质金属蛋白酶等炎性细胞因子表达，产生抗炎效应，保护冠状动脉。曾有研究对约 10000 名成年人进行 6.5 年随访后发现，维生素 D 缺乏可致 CHD 等心血管疾病发生风险升高 27%。此外，维生素 D 与心血管疾病传统危险因素高血压、糖尿病的发生、发展密切相关，摄入充足的维生素 D 可有效改善机体血压、血糖水平。因此，公众应多摄入奶、蛋类食品以补充维生素 D，但由于其在食物中的含量较低，膳食补充维生素 D 的同时需增加日光照射，以满足机体对其的需要，有效预防 CHD 等心血管疾病。

（五）无机盐

1. 钙

前瞻性队列研究表明，增加膳食钙摄入量可降低 CHD 发生及死亡风险，揭示了其对 CHD 的保护作用，调节机体血压、血糖水平，并降低血浆 TC 水平，改善脂质代谢。但摄入量过多会造成血清钙浓度升高，进而导致血液凝固和血管钙化，对 CHD 进展产生不利影响。研究发现，摄入钙过量将致心肌梗死发生风险增加 24%，可见膳食钙对 CHD 的保护作用存在适宜摄入范围。一项前瞻性队列研究显示，钙摄入量为 600～1400mg/d 时，心血管疾病死亡风险最低。由此可见，膳食钙摄入充足但不过量才可有效防治 CHD，对已摄入充足钙的个体来讲，继续增加其摄入量反而会对心血管健康产生不利影响。但目前关于膳食钙适宜摄入量无一致结论，未来需要更多研究证实。

2. 镁

膳食镁可改善脂质及葡萄糖代谢、抑制血栓形成，并拮抗钙摄入过量造成的血管钙化，延缓 CHD 进程。日本一项前瞻性队列研究表明，膳食镁摄入量增加可降低男性 CHD 发生风险。因此，公众应合理饮食，避免镁摄入不足及过量。

3. 铁

膳食铁分为血红素铁和非血红素铁。血红素铁主要来源于红肉、内脏和血制品，具有促氧化特性，且生物利用度高，一经人体吸收即可通过促进 LDL-C 氧化、加速机体炎症反应造成血管内皮功能障碍，进而导致 CHD 发生、发展。

三、营养物质调节冠状动脉粥样硬化性心脏病的分子机制

（一）脂肪酸对冠状动脉粥样硬化性心脏病的分子调节机制

动脉粥样硬化是一种缓慢进行性疾病，其特征之一是脂质在大中型动脉中异常蓄积。SFAs 在改善脂质代谢中起着重要作用。研究表明，果胶在小肠发酵产生的丁酸盐通过调节 mRNA 相关转运蛋白的表达，来阻止肠道胆固醇的吸收并促进肠细胞中胆固醇的排泄，显著改善 ApoE-/-小鼠饮食诱发的动脉粥样硬化。之前的一项研究表明，丁酸盐预处理使小鼠主动脉弓处动脉粥样硬化性斑块面积减少 50%，丁酸盐减少了氧化低密度脂蛋白的吸收，且减少了斑块内泡沫细胞的形成及沉积。

动脉粥样硬化与慢性血管炎症密切相关，炎性细胞因子的过度产生和黏附分子的表达是动脉粥样硬化发展的两个重要步骤。并且动脉壁炎症的加剧可导致动脉粥样硬化斑块的不稳定性和闭塞性血栓的形成，从而导致动脉粥样硬化性心血管疾病事件。SFAs 通过调节全身炎症反应以减缓动脉粥样硬化的有益作用已得到充分证实。炎性递质，如 IL-6、IL-8，在动脉粥样硬化发生的病理生理中有着至关重要的作用，IL-6 是重要的上游炎性细胞因子，可促进动脉粥样硬化的下游炎症反应。IL-8 可触发单核细胞和巨噬细胞黏附。因此，降低炎性递质是预防动脉粥样硬化发展的重要步骤。研究表明，SFAs 通过激活 GPR41 和 GPR43，抑制促炎细胞因子的产生。该研究还表明，丁酸酯和丙酸酯可以降低血管细胞黏附分子 1 表达，从而抑制免疫细胞黏附并阻止动脉粥样硬化的发展。炎症会降低载脂蛋白 A-I（ApoA-I）的浓度，导致功能障碍的 ApoA-I 缺乏的高密度脂蛋白颗粒失灵，增加动脉粥样硬化的风险。SFAs（己酸除

外）可以通过过氧化物酶体增殖物激活受体 α（PPARα）反式激活介导的 NF-κB 抑制来挽救炎症条件下的人类肝脏细胞中 ApoA-I 转录。白洪波等的研究也得到了相似的结论，他们认为丁酸盐通过抑制内皮细胞中 p65 亚基的核转运而抑制了动脉粥样硬化病变部位的 NF-κB 活化和氧化应激。在超重和肥胖的孕妇中，产生丁酸盐的细菌和丁酸盐的产生因低度炎症而减少，而通过增加丁酸酯产生的能力可以减少炎症标记物纤溶酶原激活物抑制剂 1 来显著抑制炎症。SFAs 还能通过干扰包括丝裂原活化蛋白激酶（MAPK）蛋白 ERK 在内的关键信号蛋白的激活来发挥其抗炎作用，通过抑制全身炎症来发挥抗动脉粥样硬化作用。另外，SFAs 对内皮细胞核苷酸结合寡聚结构域，富含亮氨酸重复序列和 Pyrin 结构域的蛋白 3（NLRP3）炎性小体的激活和相关的动脉壁新内膜的形成有不同的作用。丁酸酯可能通过抑制超氧阴离子的产生以及随之而来的 NLRP3 炎性小体的形成和活化对血管炎症或动脉粥样硬化产生有益作用。

综上，SFAs 可通过减少脂质蓄积、抑制炎症反应、促进内皮细胞功能等来发挥抗动脉粥样硬化作用，SFAs 已发展成为具有良好的抗动脉粥样硬化作用的有益微生物产品，是治疗动脉粥样硬化的潜在治疗靶点。

（二）膳食纤维对冠状动脉粥样硬化性心脏病的分子调节机制

膳食纤维是植物性食物中不能被人体消化酶完全分解的部分。膳食纤维通常可根据其溶解性、黏度和发酵性进行分类，这些因素会影响膳食纤维在体内的处理方式。膳食纤维有两种主要成分：可溶性膳食纤维和不溶性膳食纤维，它们是植物性食物的成分，如豆类、谷类、蔬菜、水果和坚果或种子。食用谷类、蔬菜和水果可能会降低患冠心病的风险。冠心病是由于心脏动脉上积聚斑块导致心肌血流量减少。膳食纤维有三个主要作用：膨胀、黏度和发酵。一些膳食纤维的膨胀作用可以减少便秘和结肠疾病的风险，因为它们吸收水分，从而增加膨胀并促进规律性。膳食纤维的黏度效应会减少胆固醇和其他营养素的吸收，因为它们会形成凝胶，从而减轻餐后血糖和脂质升高。凝胶的形成还会减缓胃排空，保持饱腹感并有助于减少体重增加。在发酵过程中，胃肠道（GIT）细菌通过微生物发酵过程帮助消化膳食纤维，从而产生短链脂肪酸，如乙酸盐、丙酸盐和丁酸盐。丁酸盐与肠道内壁刷状缘上的 G 蛋白偶联受体结合，并触发信号级联，释放 GLP-1 和 PYY。这些肽的作用类似于激素，可引发饱腹感。食用富含膳食纤维的食物的原因之一是它们可以促进饱腹感并防止无法控制地寻求食物。食用低膳食纤维食物的人会遇到过食问题。当人们吃得过多时，他们会摄入更多卡路里，导致体重增加，从而导致肥胖。肥胖是脂肪在脂肪组织中的积累。多余的脂肪会转化为胆固醇，胆固醇会积聚在动脉壁上并阻止血液流向心脏。当一个人食用富含膳食纤维的食物时，可以防止这种情况。

第三节　营养物质与高血压

一、原发性高血压概述

原发性高血压（Hypertension）是一种没有明显自觉症状，不具有可识别的原因的高血压，仅以血压持续超过 140/90mmHg 为特征的慢性病。高血压会使脑、心脏和肾脏的患病风险增高。原发性高血压是多种心脑血管疾病的重要病因和危险因素，影响重要脏器，如心、脑、肾的结构与功能，最终导致这些器官的功能衰竭，是心血管疾病死亡的主要原因之一。

（一）原发性高血压分类

将血压分为正常血压、高血压前期、Ⅰ期高血压、Ⅱ期高血压和单纯收缩期高血压。单纯收缩期高血压在老年群体中十分常见。血压的测量诊断标准，以测量安静休息和非药物状态下，测量上臂肱动脉部位的血压两次或两次以上非同日血压测量的平均值为依据。

（二）原发性高血压病因

1. 遗传因素

原发性高血压是一种多基因遗传性疾病。具有高血压家族史的群体，新发病个体的可能性较高。原发性高血压在黑人中的发病率比白人高 4 倍，而且发病更快，病情更严重，死亡率也相对较高。

2. 饮食习惯

饮食习惯也是原发性高血压的诱因之一。人群中，钠盐（氯化钠）摄入量与血压水平和高血压患病率呈正相关，而钾盐摄入量与血压水平呈负相关。膳食钠/钾摄入量比值与血压的相关性甚至更强。我国 14 组人群研究表明，膳食钠盐摄入量平均每天增加 2g，收缩压和舒张压分别增高 2. 0mmHg 和 1. 2mmHg。高钠、低钾膳食是我国大多数高血压患者发病的主要危险因素之一。我国大部分地区，人均每天盐摄入量 12～15g。在盐与血压的国际协作研究（INTERMAP）中，反映膳食钠/钾量的 24h 尿钠/钾比值，我国人群>6，而西方人群仅为 2～3。

3. 肥胖

与正常体重相比，肥胖可使高血压的风险增加 5 倍，高达 2/3 的高血压病例可归因于体重过重。超过 85%的病例发生在体重指数（BMI）大于 25 的人群当中。动物和临床研究发现肥胖与高血压之间存在明确的联系，目前已发现许多肥胖诱发高血压的机制，如交感神经系统的激活以及肾素-血管紧张素-醛固酮系统（RAAS）的激活。

4. 糖尿病

高血压也可由胰岛素抗性以及高胰岛素血症引起，胰岛素抗性和高胰岛素血症为代谢症候群的组成部分。胰岛素分布于整个胰腺中，是由胰岛细胞分泌的多肽激素，其主要功能是通过负反馈回路与胰高血糖素拮抗调节体内葡萄糖水平。除此之外，胰岛素还具有舒张血管的特性。在血压正常的个体中，胰岛素可以刺激交感神经的活动却不会升高平均动脉压。

5. 年龄

高血压也可能和年龄有关，不过该情况通常都是多因素的。其中一种可能的机制涉及到动脉粥样硬化导致的血管顺应性降低。这或是由单纯的收缩期高血压，和脉搏压差加大而导致的。同时，肾小球透过率的降低与衰老有关联，人体 Na^+的排泄率降低造成高血压。同理，肾微血管疾病、毛细血管通透性降低等某些疾病的发展也会以类似方式影响血压。有证据表明，肾微血管疾病是诱导盐敏感性高血压的重要机制。

6. 酒精

大量的饮酒会随着时间推移而增加血压，饮酒量与血压成线性相关，每天饮酒摄入乙醇超过 50g，高血压发病率明显增高。此外，酒精的能量极高，造成了一定的肥胖风险，这也会间接地促进高血压患病风险。

7. 其他

高血压的其他发病原因还有维生素 D 缺乏、缺乏体育运动、吸烟等。

二、继发性高血压概述

继发性高血压又称症状性高血压，它是由某些确切的疾病或病因引起的血压升高，高血压是这些疾病或病因的一个症状和特征。继发性高血压如能明确病因诊断，可通过手术治愈和特异性药物治疗原发疾病，使血压易于控制，甚至恢复正常，延缓心血管疾病的发生和发展。相对原发性高血压，继发性高血压更容易出现高血压急症，临床预后差。继发性高血压的特性是患者发病年龄通常在原发性高血压患者发病年龄之外（一般在 30~55 岁），以年轻患者多见（<40 岁），血压波动大，血压中重度升高，降压药物疗效差，血压难以控制，高血压突然发病或恶化等。导致血压顽固的机制很明确，血压形成决定于动力（心脏收缩力和大动脉弹性回缩力）、阻力（外周血管阻力与血液的黏稠度）及循环血容量，上述因素增强都会导致血压过高。

（一）继发性高血压分类

继发性高血压包括肾实质性高血压、肾血管性高血压、内分泌性高血压、药源性高血压等。继发性高血压除了高血压本身造成的危害以外，与之伴随的电解质紊乱、内分泌失衡、低氧血症等还可导致独立于血压之外的心血管损害，其危害程度较原发性高血压更大，早期识别、早期治疗尤为重要。然而，尽管早期诊断和后续治疗对患者有潜在的好处，但许多继发性高血压病例仍未得到有效治疗。

（二）继发性高血压病因

1. 肾实质性高血压

由原发性肾实质病变（肾小球、肾炎、多囊肾）或继发性肾实质病变（糖尿病、肾病等）引起的高血压，是最常见的继发性高血压。发病前有链球菌等细菌或病毒感染史，伴有发热、水肿、腰酸痛、尿频、尿痛、血尿或反复的泌尿系统感染史，或既往有肾小球肾炎病史，或有反复水肿等。

2. 肾血管性高血压

因肾动脉狭窄引起肾脏血流减少，激活 RAAS 分泌过多肾素导致高血压。常见原因为动脉粥样硬化、多发性大动脉炎、先天性肌纤维发育不良。

3. 药源性高血压

药源性高血压由常规剂量的药物本身或该药物与其他药物之间发生相互作用引起，如激素类药物、中枢神经类药物、非类固醇类抗炎药物等。长期服用中药（包括甘草、人参等），也可能影响血压。

三、营养物质与高血压的关系

（一）矿物质

1. 钠

流行病学研究表明，每天<3g 的低钠饮食人群通常高血压的高发病率较低，而每天摄入10~20g 高钠饮食的人群有很高的盐引起的高血压发病率。用高钠饮食喂养的黑猩猩血压持续升高，当饮食中的钠含量降低时，血压也会持续下降。钠摄入量和血压之间也有相似之处，低盐饮食与动脉血压的显著降低有关。盐摄入量升高引起的大多数高血压并发症源于维持钠稳态而实施的低效生理机制。

2. 钾

钾离子是细胞内的主要阳离子，也是高血压及其并发症发生发展的关键因素之一，近年来逐渐被人们关注。作为体内电解质的重要物质，膳食中钾摄入量与血压、高血压患病率、脑卒中的危险性呈反比关系。钾摄入每增加 50mmol/24h，血压下降 2~3mmHg。因此建议高血压患者应多食含钾高的食物如蔬菜和水果，每天推荐钾的摄入量相当于氯化钾 4.7g。

3. 镁

目前，镁与高血压关系的研究资料有限，且存在争议。一些流行病学、观察性研究和临床试验发现，膳食高镁摄入具有降压作用。研究认为，镁能够剂量依赖性降低血压，膳食中镁摄入每增加 100mg/d，高血压发病风险下降 5%；但有研究显示，膳食镁摄入量与高血压风险之间存在负剂量依赖关系，摄入低于推荐值的镁可预防和治疗高血压。因此，镁起到降压作用的摄入剂量还需进一步研究证实。

（二）维生素

血管内皮功能损害是引起高血压的原因之一，也是引起高血压各种并发症的始动因素。多种维生素可以通过各种机制对血压进行调节，对高血压及其并发症的防治有积极作用。如联合服用维生素 C 可明显改善血浆中总抗氧化状态，改善血管功能和结构，预防高血压并发症的发生恶化。另外，维生素 C 对高血压患者肱动脉有内皮依赖性舒张功能，其可使体内氧化型维生素 E 还原成还原型维生素 E，使维生素 E 继续发挥抗氧化作用，也可以保护血管内皮。因此高血压患者应该多补充维生素，尤其是维生素 C、维生素 E 等抗氧化维生素，它们通过血脑屏障发挥抗氧化的作用，进而减少高血压并发心血管疾病并发症。

（三）蛋白质

大量研究表明，蛋白质的摄入量和血压水平呈负相关。国外大型观察性研究显示，植物蛋白质有明确的降压效果。例如，藜麦蛋白质可能作为降低血压和改善高血压相关肠道生态失调的潜在候选者；来自大豆、大米、小麦、蘑菇、南瓜的植物来源的蛋白质含有大量的抗高血压肽。另外，也可以增加某些多肽、氨基酸和多种微量营养素的摄入量，这些成分具有降压作用。还有研究表明，蛋白质摄入可能促进钠的排出，对血压有一定的调节作用，特别是一些海产品鱼类的蛋白质食物，低脂、低胆固醇，还含有人体必需，可调节血压、血脂、血黏度的牛磺酸。但蛋白质分解的过程中，会产生一些具有升压作用的胺类，如 5-色胺、苯乙胺等，这些物质在肾功能正常时能进一步氧化成醛，由肾脏排出体外。但若肾功能不全或肾脏缺氧时，可导致胺的蓄积，有可能产生升压作用。另外，人体的三大营养素，蛋白质、脂肪和碳水化合物在体内是可以相互转化的，蛋白质摄入过多，热量过高，也可造成肥胖，血管硬化，血压升高，因此应适量摄取蛋白质。

（四）脂类

脂肪摄入与血压之间的关系已被广泛证实，脂肪的摄入量过多会引起肥胖，超重和肥胖是血压升高的重要危险因素。有研究表明高血压患者血浆中总饱和脂肪酸较正常人显著增高，尤其豆蔻酸、棕榈酸、硬脂酸增高明显，单不饱和脂肪酸中反式油酸在高血压患者中明显增高。此外，与正常体重人群相比，超重或肥胖个体将体重降至正常水平后，高血压发病率分别降低24%~40%和40%~54%。但是膳食中的α-亚麻酸、亚油酸属于不饱和脂肪酸，可以通过改善血管的舒张和收缩功能降低心血管疾病的发病率。

（五）膳食纤维

膳食纤维是植物成分，在人类小肠中几乎不消化和吸收，在大肠中完全或部分发酵。它们可以大致分为水不溶性膳食纤维（发酵量少，如纤维素、半纤维素、木质素）和水溶性膳食纤维（发酵性强，如果胶、黏液）。

不溶性膳食纤维会增加肠道转运率，还有一些膳食纤维含有多糖，这些多糖由胃肠道微生物群作用，产生对宿主有益的短链脂肪酸（SCFAs）等发酵终产物，此类膳食纤维被称为“前生菌”，定义为一组被肠道微生物降解的营养素，一些短链脂肪酸可能会间接刺激其他微生物的生长，调节人类胃肠道微生物群。短链脂肪酸水平下降会导致肠道发育不良，这些与高血压有关。因此，调节肠道微生物群的饮食可以在治疗高血压方面发挥重要作用。研究表明，膳食纤维补充剂与常规低热量饮食一起使用，比单独使用后者更有效控制血压。

（六）碳水化合物

碳水化合物是人体热能的主要来源。实验表明，碳水化合物的摄入量和种类均会对血压产生影响，饮食中高碳水化合物的摄入是高血压和高尿酸血症的中介。

碳水化合物摄入量百分比与新发高血压间存在U形关系（非线性）：50%~55%的碳水化合物摄入比例与新发高血压风险相关最低。全国性研究表明，食用高碳水化合物和低脂肪饮食的个体发生高血压的风险更高。

四、营养物质调节血压的分子机制

（一）矿物质

1. 钠

钠在调节血压中的分子机制非常复杂，涉及多个生理和细胞通路。不正确钠摄入通过增加血容量、激活RAAS、影响内皮功能、激活交感神经系统、增加氧化应激和炎症反应等多种机制，导致高血压。

首先是过量的钠摄入会增加肾脏对钠的重吸收，从而导致水的重吸收增加，最终导致体液潴留和血容量增加。另外血容量的增加会增加心脏每次搏动时泵出的血液量，即心脏输出量，从而升高血压。同时，钠摄入过多会影响内皮细胞的功能，减少一氧化氮（NO）的生成，NO是一种重要的血管扩张剂，NO的缺乏会减少血管扩张，从而导致血管收缩；除此之外还会通过增加内皮素-1的生成，进一步增加血压，内皮素-1是一种强效的血管收缩剂。最后，在氧化应激和炎症反应方面，高钠饮食会增加体内的氧化应激水平，产生更多的活性氧（ROS），并引发体内炎症反应。ROS会损伤血管内皮细胞，减少NO的生成，增加血管收缩和升高血压；炎症细胞会释放多种细胞因子，导致血管收缩和血压升高。但是过低钠摄入反而会使血压增高。肾素是由肾脏中的近球细胞分泌的激素，其主要作用是启动RAAS。低钠摄入反而会激活RAAS，导致血管紧张素Ⅱ（Ang Ⅱ）的生成。Ang Ⅱ是一种强效的血管收缩剂，会增加血管阻力和升高血压；Ang Ⅱ还会刺激醛固酮的分泌，醛固酮会促进钠的重吸收，进一步增加血容量和升高血压。所以，保持体内钠平衡对血压控制极其重要。

2. 钾

增加钾的摄入作为控制高血压的重要手段之一。钾调节高血压的分子机制主要包括其对肾脏功能、血管功能、神经系统以及细胞内信号通路的影响。

第一，钾有助于促进钠的排泄，钾离子在肾小管中与钠离子交换，增加钠的排泄，减少体液潴留，从而降低血容量和血压。第二，它还可以通过直接作用于血管平滑肌细胞，钾离子可以通过钾离子通道改变细胞膜电位，减少钙离子内流，降低血管平滑肌细胞的收缩能力，从而降低血管阻力和血压。第三，钾能够增加肾素的分泌，抑制RAAS的活性。第四，在细胞代谢方面，可以通过增加钾摄入促进钠-钾泵的活性，帮助维持细胞内外离子平衡，减少细胞内钠离子浓度，促进钠的排泄，从而调节血压。

3. 镁

镁作为控制高血压的另一手段，主要作用于血管功能、神经系统、肾脏功能以及细胞内信号通路。

第一，镁同样可以作用于血管平滑肌细胞，通过抑制钙离子通道减少细胞内钙浓度，降低平滑肌收缩性，从而促进血管扩张。第二，高镁水平可以减少交感神经系统对心脏和血管的刺激信号，从而抑制交感神经激活，降低心率和血压。第三，镁是钠-钾泵的重要辅助因子，增加镁的摄入可以促进钠-钾泵的活性，帮助维持细胞内外离子平衡，减少细胞内钠离子浓度，促进钠的排泄，从而调节血压。第四，镁有助于提高胰岛素敏感性，调节血糖水平，防止高血糖对血管的损伤，从而间接降低高血压的风险。

（二）维生素

维生素C通过抗氧化作用、促进NO生成、改善内皮功能、抑制RAAS、调节血管平滑肌功能以及免疫调节等多种机制来降低血压。增加维生素C的摄入是预防和控制高血压的重要手段之一。

第一，在抗氧化方面，维生素C是一种强效的抗氧化剂，能够中和体内的ROS和其他自由基。减少氧化应激可以防止血管内皮细胞受损，保持血管的正常功能。第二，维生素C可以促进一氧化氮合酶（NOS）的活性，从而增加NO的生成。从而扩张血管，放松血管平滑肌，降低血管阻力。第三，维生素C通过抑制肾素的分泌，从而抑制RAAS，减少Ang Ⅱ的生成，减少血管收缩和血压升高。

维生素E作为一种强效的脂溶性维生素，其抗氧化机制与维生素C相似。维生素E还能够抑制炎症反应，通过抑制促炎细胞因子（如TNF-α、IL-1和IL-6）的生成和释放，减少炎症对血管的损伤，有助于维持血管内皮细胞的健康，降低血压。同时，维生素E还能防止低密度脂蛋白（LDL）的氧化，减少动脉粥样硬化的发生。

最后，维生素E与维生素C具有一定协同作用，共同发挥抗氧化和保护血管的作用。维生素C可以再生被氧化的维生素E，使其重新具备抗氧化能力，从而持续保护血管功能。

（三）蛋白质

适量的蛋白质摄入可以预防和控制高血压。比如某些蛋白质或其水解产物中的肽可以抑制血管紧张素转化酶（ACE）的活性，阻断血管紧张素Ⅰ（AngⅠ）向血管紧张素Ⅱ（AngⅡ）的转化。AngⅡ是一种强效的血管收缩剂，其抑制可以导致血管扩张，从而降低血压。阻断AngⅡ与AT1受体的结合，可防止其引起的血管收缩和水钠潴留。

蛋白质中的一些氨基酸也可以通过促进内皮细胞合成和释放NO，放松血管平滑肌等来起到降血压的作用。例如，亮氨酸、组氨酸和苯丙氨酸及其衍生肽可以抑制ACE，减少AngⅡ的生成；酪氨酸可以增加NO的生成；精氨酸是NO的前体，可以通过增强NOS的活性，促进NO的生成；甘氨酸可以通过增强钾离子通道的活性，促进血管平滑肌细胞的松弛，从而降低血压。

目前通过利用这些肽和氨基酸的特性，开发了多种具有降血压作用的肽类药物，为高血压的治疗提供了新的途径和选择。

（四）脂类

高脂饮食会导致动脉粥样硬化、血管内皮功能障碍、炎症反应等。高脂饮食会导致血液中低密度脂蛋白胆固醇（LDL-C）升高，LDL-C容易在动脉壁上沉积，形成动脉粥样硬化斑块。动脉粥样硬化会导致血管腔变窄、弹性降低，从而增加外周血管阻力，导致血压升高。高脂饮食还会引发慢性低度炎症，增加体内炎症因子的水平，如C反应蛋白（CRP）、IL-6等，炎症因子会促进AngⅡ的生成和活性，从而增加血管收缩和血压。除此之外，脂肪组织尤其是内脏脂肪组织会分泌多种细胞因子和激素，如瘦素（leptin）、脂联素（adiponectin）、TNF-α等。这些因子和激素可以影响血管收缩、钠盐平衡和胰岛素敏感性，从而影响血压。

脂类中仍有一部分不饱和脂肪酸发挥着降血压的作用。例如，n-3脂肪酸具有抗炎、改善血管功能、降血脂的作用。通过减少血管内炎症反应、增加NO的生成和减少血浆中甘油三酯和LDL-C来改善血脂水平降低血压。除此之外还有共轭亚油酸通过抗氧化作用和抗炎作用发挥降压作用。所以，合理控制饮食中的脂类物质摄入，对于预防和管理高血压具有重要意义。

（五）膳食纤维

膳食纤维在保持血管健康、调节血压方面发挥着重要作用。第一，膳食纤维能够与胆固醇结合并阻止其吸收，从而降低血液中的TC和LDC-C水平。这有助于减少动脉粥样硬化的风险，保持血管弹性，降低血压。第二，膳食纤维可以减缓碳水化合物的消化和吸收，平稳血糖水平，降低胰岛素抵抗。胰岛素抵抗与高血压密切相关，改善胰岛素敏感性可以间接降低血压。第三，可溶性膳食纤维，能够促进肠道中的水分和钠的吸收，增加排泄，减少体内钠的积累，从而有助于降低血压。第四，膳食纤维是益生元，可以促进有益细菌的生长和代谢，这些细菌能够产生短链脂肪酸，如丁酸、乙酸和丙酸。这些短链脂肪酸具有抗炎和血管扩张作用，有助于降低血压。除此之外，膳食纤维还可以通过增加 NO 生成改善血管功能来降低血压。

（六）碳水化合物

碳水化合物中有一部分分子主要通过降低血脂、改善血糖水平、促进肠道健康和抗炎作用，来帮助调节和降低血压。例如，燕麦、大麦中含有的β-葡聚糖，在肠道中与胆固醇和胆酸结合，形成不被吸收的复合物，通过粪便排出体外，减少了肠道对胆固醇的吸收，从而降低血浆胆固醇水平，改善血脂状况，降低血压。并通过延缓碳水化合物的吸收，平稳血糖水平，减少胰岛素抵抗，间接降低血压。除此之外，菊粉作为益生元，可以促进有益菌群（双歧杆菌和乳酸杆菌）的生长，这些菌群代谢产物（如短链脂肪酸）有助于血压调节；还可以通过减少肠道和全身的炎症反应，保持血管健康，降低血压。

第四节　营养物质与慢性肾脏病

一、慢性肾脏病概述

慢性肾脏病（Chronic Kidney Disease，CKD）是各种原因引起的肾脏结构或功能异常>3 个月，包括出现肾脏损伤标志（白蛋白尿、尿沉渣异常、肾小管相关病变、组织学检查异常及影像学检查异常）或有肾移植病史，伴或不伴肾小球滤过率（GFR）下降；或不明原因 GFR 下降（<60mL/min）超过 3 个月。每个阶段的 CKD 基于 GFR 分为 5 个分期，通常使用血清肌酐计算 GFR。按 2020 年肾脏病预后质量指南（K/DOQI 指南）分类和分期如表 3-2 所示。

表 3-2　　2020 年 K/DOQI 指南分类和分期

分期	描述	可能出现的症状和体征	GFR/［mL/（min · 1.73m²）］
1	尿液异常，但肾功能正常	可无	≥ 90
2	轻度慢性肾脏病	可无	60~89
3	中度慢性肾脏病	乏力、腰部酸困不适、泡沫尿、血尿、贫血等	30~59
4	重度慢性肾脏病	乏力、纳差，钙磷钾等电解质异常，高血压和贫血等	16~29
5	终末期肾脏病	代谢性酸中毒、高血钾症、心功能不全等危及生命并发症	<15

在世界范围内，CKD 危险因素因不同国家、种族和年龄而不同。研究表明，高血压、高血糖、蛋白尿、血脂异常、肥胖、贫血与促红细胞生成素产生减少等都是 CKD 的危险因素。

CKD 除肾脏自身损害之外，其并发症可累及全身各个系统，是并发症发生率较高的一种病症，大量研究数据表明，CKD 的并发症如高血压、心血管疾病、贫血、营养代谢不良、钙磷代谢紊乱、水电解质代谢紊乱等发生率较高。

二、慢性肾衰竭概述

慢性肾衰竭（Chronic Renal Failure，CRF）是在多种慢性肾脏病的基础上，出现慢性肾功能进行性下降直至完全破坏的一种临床综合征。主要表现为水、电解质、酸碱平衡紊乱，糖、脂肪、蛋白质、氨基酸代谢障碍，消化系统、心血管系统、呼吸系统功能障碍等。

慢性肾衰竭的病程长、发病率高、并发症复杂，如果不能在发病时及时就医，机体将不断蓄积代谢毒素，严重损害机体脏器，当慢性肾衰竭发展至终末期时就必须通过肾移植、血液透析、腹膜透析等进行治疗，严重影响患者的身心健康，还会造成严重的合并症。慢性肾衰竭已经成为全球公共卫生问题，同时慢性肾衰竭也是引起心血管疾病的独立危险因素之一。

（一）原发性肾小球疾病

原发性肾小球疾病是由肾小球的基底膜发生病变，通透性增加，导致肾小球滤过功能障碍，出现一系列临床表现，目前，其发病机制仍不清楚，可能与免疫反应、遗传、环境等因素相关。我国以 IgA 肾病、肾小球微小病变和膜性肾病较为常见，患者临床表现常以蛋白尿、水肿、血尿、肌酐升高为主。

（二）糖尿病肾病

糖尿病肾病（Diabetic Nephropathy，DN）是糖尿病患者常见的微血管并发症之一，是一种全身代谢性疾病，其发病机制较为复杂，主要包括肾脏血流动力学异常、糖脂代谢紊乱、免疫炎症反应、氧化应激、肾脏细胞自噬异常、遗传与表观遗传等因素。糖尿病肾病发病过程中晚期糖基化终末产物、炎症因子、纤维化、肾素、血脂、活性氧、高血压等均会对糖尿病肾病产生影响。其中，慢性高血糖症会引发各种肾脏细胞功能障碍，最终导致进行性肾功能衰竭。糖尿病肾病的临床症状包括持续性蛋白尿、血压升高、GFR 持续降低、心血管事件发生率及相关死亡率的提高。糖尿病肾病的病理生理机制是多因素的，代谢、血流动力学、炎症和自噬紊乱，均导致信号级联的失调，进而引发糖尿病肾病。

（三）高血压肾损害

在中国，2018 年成年人高血压患病率为 27.5%（95%置信区间：26.6%~28.4%）。高血压的主要靶器官为心、脑、肾脏等，可导致动脉粥样硬化、卒中和肾衰竭等并发症，严重影响患者的生活质量和寿命。肾脏是高血压最常损伤的器官，肾损伤机制十分复杂，主要包括水钠潴留、炎症反应增强、肾素-血管紧张素系统稳态失衡等。有研究发现，高血压引发肾功能受损害的机制与多种炎性介质和趋化因子之间的相互作用所致炎症性损伤息息相关，并导致肾纤维化和肾硬化的发生。

（四）慢性肾衰竭的并发症

1. 心脑血管疾病

心脑血管疾病是影响 CRF 患者预后的主要因素，CRF 患者是 CKD 的极高危人群。与 CRF 最为相关的心脑血管疾病包括：高血压、缺血性心脏病、心力衰竭、心源性猝死、脑卒中与脑小血管疾病。CKD 引发的肾性高血压、水钠潴留、肾性贫血、钙磷代谢紊乱、RAAS 激活及微炎症状态均可增加心脑血管疾病及相关事件发生风险；反之，心脑血管疾病可导致心输出量减低或体循环瘀血，肾小动脉硬化以及 RAAS 进一步活化等因素致使肾脏有效灌注不足而加重肾脏病。

2. 神经系统并发症

CRF 本身及治疗过程都会引起神经系统并发症，包括中枢神经系统并发症以及血液透析和肾脏移植导致的周围神经病变，最突出的表现是高级精神活动异常，不自主运动及发作性癫痫以及昏迷等。轻者可表现为头晕、乏力、注意力不集中、失眠、情感淡漠，重者可有性格改变、行为异常、肌阵挛、癫痫抽搐甚至昏迷、死亡。

3. 肾性贫血

肾性贫血是 CRF 临床比较常见的一种并发症。肾性贫血是指由各类肾脏病造成红细胞生成素（Erythropoietin，EPO）的相对或者绝对不足导致的贫血，以及尿毒症患者血浆中的一些毒性物质通过干扰红细胞的生成和代谢而导致的贫血。该类贫血不仅具有非肾性贫血对人体的危害，如影响各个脏器的功能、使机体抵抗力下降以及影响患者生活质量，加快病情恶化，引起疲劳、食欲下降等症状，而且贫血与慢性肾功能减退存在相互放大作用，加重 CKD 进展，增加心脏负荷，引起心力衰竭、心律失常等心血管疾病，增加致死风险。经验证，肾性贫血患者多数存在铁缺乏的现象，而且铁含量不足也是治疗效果不佳的主要原因之一。

4. 肾性骨病

肾性骨病（Renal Osteodystrophy，ROD）又称肾性骨营养不良，是 CKD 患者的常见并发症，特指与 CKD 相关的骨转换、骨矿化、骨量、骨线性生长或骨强度异常。ROD 临床表现以钙、磷代谢障碍，酸碱平衡失调、维生素 D 代谢异常以及继发性甲状旁腺机能亢进等为特征，骨骼损害主要表现为骨质疏松、纤维囊性骨炎、骨软化或硬化、骨畸形和转移性钙化等。

目前，慢性肾衰竭无彻底有效的根治手段，其损害是无法逆转的，一旦形成，最终均会发展为终末期肾病（End Stage Renal Disease，ESRD）。CRF 的治疗目的是延缓肾衰竭的进展，迟滞 ESRD 的发生并减少心脑血管事件的发生率。因此，治疗 CRF 的主要治疗原则是积极有效治疗原发病，可阻抑或延缓 CRF 的进展；避免和纠正 CRF 进展的危险因素；控制血压、血糖、降低蛋白尿、调节血脂并进行饮食控制，其他还包括改善生活方式，如戒烟、控制体重、有氧运动等；纠正并发症。

三、营养物质与慢性肾脏病的关系

在 CKD 中，常常存在营养素代谢障碍。随着 CFR 的降低，由肾脏排出的废物如肌酐和尿素在体内蓄积，血浆中的浓度增加，其他代谢产物也在体液中蓄积，包括磷、硫、尿酸、氢离子等。氢离子的蓄积可导致代谢性酸中毒。随着肾功能的降低，病人的膳食结构存在不平衡的状况，特别是钠、钾、磷、水的摄入受到限制。

CKD 在循环、代谢等过程存在异常，影响人体对于多种营养素的吸收，导致营养不良。CKD 进展至 3 期以后，就很难达到最佳的全身营养状态，尤其是接受肾脏替代治疗的患者，更容易并发营养不良。不良的营养状态将影响患者在住院期间的并发症发生率、住院时间、病死率、费用和再住院率。合理的营养可维持患者的生命代谢，增强机体抵抗力，降低分解代谢，从而减轻氮质血症和酸中毒。营养治疗还可以纠正体内各种氨基酸和电解质紊乱，使之达到或接近正氮平衡，维持患者的营养需要，增加其抗病能力、缓解病情、延长寿命。因此，CKD 病人的饮食摄入需合理调节。

1. 碳水化合物摄入

肾脏是高能耗器官，糖代谢非常旺盛，肾脏通过糖异生、利用葡萄糖以及再吸收肾小球滤液中的葡萄糖在葡萄糖稳态中发挥重要作用。高糖会改变肾脏的能量代谢，高糖培养的足细胞线粒体蛋白质减少，氧化磷酸化受到严重影响。肾细胞，如足细胞、内皮细胞或系膜细胞，也能分泌促炎细胞因子，加重糖尿病肾病。此外，高糖可增加系膜细胞的凋亡，系膜细胞在维持肾小球毛细血管丛结构和功能方面发挥着重要作用，为毛细血管袢提供结构支持，并通过收缩调节肾小球滤过，系膜细胞的凋亡与白蛋白排泄率直接相关，其间接加速了糖尿病肾病的进展。糖的摄入还会引起胰岛素抵抗等代谢紊乱，促进慢性炎症的发生和氧化应激的加剧，激活 RAAS，致使脂肪因子失衡，引起微血管重塑和足细胞损伤等各种肾脏损害事件，从而增加 CKD 的发病风险。因此，在营养管理方面，CKD 患者应该对饮食中的糖和主食的摄入加以平衡和控制。

2. 蛋白质摄入

CKD 第 1、2 期原则上宜适当减少饮食蛋白质的摄入，推荐蛋白质摄入量为 0.8～1.0g/（kg·d）。从 CKD 第 3 期即应开始低蛋白质饮食治疗，推荐蛋白质摄入量为 0.6g/（kg·d），甚至更低。饮食中蛋白质至少有 50%应是高生物价蛋白质。而对于不能接受这种饮食或此饮食不能达到足够的能量摄入者，可给予 0.75g/（kg·d）的蛋白质，但要仔细监测。肾衰竭患者体内蛋白质合成下降，极低蛋白质饮食可加重营养不良，也加重肾功能损伤。临床发现，CRF 患者体内必需氨基酸（EAA）水平较正常人低 25%～30%，而非必需氨基酸（NEAA）水平较正常人高 15%。组氨酸和酪氨酸对尿毒症患者是必需氨基酸，因为患者体内生成组氨酸的前体减少，组氨酸的生成也减少，苯丙氨酸羟化酶活性下降，酪氨酸生成减少。EAA/NEAA 比值失调也是蛋白质合成下降的一个原因，如能减少食物中的 NEAA 摄入量，增加 EAA 的摄入量，可提高体内氮的利用率，降低氮质血症。在实行低蛋白质饮食，尤其是极低蛋白质饮食治疗时，为防止营养不良，建议给患者同时补充复方 α-酮酸制剂或必需氨基酸制剂。

3. 脂质摄入

除糖代谢外，肾脏脂质代谢也非常旺盛，其中，线粒体脂肪酸 β 氧化是肾脏 ATP 的主要来源。对糖尿病肾病患者的肾组织进行分析发现，参与脂质摄取的通路显著上调，支持脂肪酸 β 氧化的酶表达降低。不被线粒体氧化的过量脂肪酸被酯化并沉积为脂滴，脂肪酸摄取增加和脂肪酸氧化降低可导致糖尿病肾脏甘油三酯和中性脂质积累。胆固醇摄取增加和胆固醇外排减少可导致糖尿病肾病胆固醇积累。高脂饮食导致近端肾小管细胞内溶酶体增大，磷脂堆积，经软脂酸处理的分离的近端肾小管细胞中，自噬降解活性随着溶酶体酸化受损和脂质过度积累而逐渐停滞。与非肥胖患者相比，肥胖患者肾脏中溶酶体增大，磷脂含量增加，自噬通量受损，导致机体更易损伤。因此，在营养管理中，推荐脂肪的摄入应保持在适当的范围。

4. 其他营养素

（1）膳食纤维　CKD 患者既存在微炎症的情况，也处于一种蛋白质水解发酵增强的状态，这两种有害的情况都会因膳食摄入蛋白质而进一步恶化，并通过摄入膳食纤维而得到逆转。膳食纤维可使结肠微生物的发酵活动从蛋白质水解发酵转变为糖化发酵。通过肠腔内的糖酵解作用，碳水化合物转化为乙酸、丁酸、丙酸等短链脂肪酸。通过饮食补充膳食纤维（50g/d）可以增加粪便中的氮质排泄，从而降低 CKD 病人的血清尿素氮水平，但对氮平衡并没有影响。

在 CKD 患者实施低蛋白质饮食治疗时，由于限制了动物蛋白质和精制谷蛋白的来源，膳食纤维成为一个不错的主食替代选择，可增强患者的饱腹感，如红薯、山芋、水果、蔬菜等。益生元是一种有吸引力的替代膳食纤维，未来的膳食营养指南可考虑推荐 CKD 患者食用更多的膳食纤维或无钾替代品，如益生元。研究显示，维持血液透析的 CKD 患者口服富含低聚果糖的益生元菊粉，能够降低血清硫酸对甲酚和吲哚硫酸盐的浓度。益生元可能是增加 CKD 患者摄入可发酵碳水化合物的安全且有效的替代品。

（2）维生素和微量元素　维生素和微量元素属于微量营养素范畴，是能量生成、器官功能以及细胞生长和保护（如氧自由基）过程中的重要成分，但其需要量很少。CKD 病人可能由于胃纳差、肠道吸收功能减弱、细胞代谢异常、循环受抑、部分治疗药物等因素使其吸收受到限制，因此可能会影响到微量营养素的吸收。在 CKD 患者中，常见维生素 D 缺乏症，而维生素 D 可延缓 CKD 患者肾功能发病进展。研究表明，1,25（OH)$_2$D 水平是肾功能进展和死亡的反向预测因子。在 IgA 肾病患者中，维生素 D 浓度升高，尿蛋白减少，CFR 上升。维生素 D 还能够直接抑制足细胞的损伤，减少尿蛋白排泄。补充维生素 D 改善 CKD 患者营养和肌肉功能。肌纤维母细胞是肌肉组织再生的主要肌纤维，含有大量的 VDR，维生素 D 与纤维母细胞中的 VDR 相互作用后，可上调肌肉组织基因的表达，使肌肉组织的蛋白质合成增加，使肌纤维数目增加，肌肉强健有力。维生素 D 缺乏可明显降低肌力与运动能力，导致肌无力肌和肌痛的产生。对维生素 D 缺乏的 CKD 4 期患者，连续每日补充维生素 D_3，同时每周进行 3 次抵抗训练，和对照组相比，患者的 1,25（OH)$_2$D 浓度明显上升，同时握力强度显著增加，改善肌肉功能。因此，K/DOQI 指南和改善全球肾脏病预后组织（KDIGO）均建议检查和补充 CKD 患者的维生素 D_2、维生素 D_3，纠正 CKD 和透析患者的低血清 1,25（OH)$_2$D 水平。

（3）矿物质　心血管的钙化是 CKD 病人发生心血管疾病的主要原因。活性维生素 D 通过增加肠道钙磷共同转运体的数量，通过刺激成骨细胞、抑制破骨细胞的活性来增加骨骼对钙磷的摄取。同时维生素 D 可以直接抑制甲状旁腺激素的分泌，刺激肾脏近曲小管钠磷协同转运子，减少磷的排泄。多巴胺、降钙素、糖皮质激素、禁食、血容量扩张可以抑制肾钠磷共同转运体来增加磷的排泄。因此，每日磷的摄入量也影响磷的平衡，低磷饮食可以通过刺激肠道、肾脏钠磷共同转运体的作用，增加肠道、肾脏磷的吸收，低磷饮食可以增加循环 1α,25-(OH)$_2$D$_3$（钙三醇）的浓度。相反，高磷饮食可以快速引起甲状旁腺激素的释放，来增加肾脏的磷排泄，这一反应要早于血钙、血磷浓度的升高。

四、营养物质调节肾功能的分子机制

（一）高蛋白饮食与低蛋白饮食对肾脏的分子调节机制

1. 高蛋白饮食对肾脏的影响

高蛋白饮食增加肾小球滤过率（GFR），这种高滤过状态在短期内有助于排出更多的代谢废物，但长期高滤过会增加肾小球的压力和损伤，导致肾小球硬化（Glomerulosclerosis）和肾功能恶化；此外，高蛋白摄入增加氨基酸的分解和尿素的生成，肾小管需要额外的能量和资源来重新吸收和处理这些代谢产物，长期负担加重可能导致肾小管功能衰退，并增加代谢废物的生成，如尿素、肌酐等，这些废物在血液中积累，刺激炎症反应和氧化应激，进一步损伤肾组织；高蛋白饮食还可能导致肠道菌群的变化，产生更多的内毒素（如 LPS），通过血液循环到达肾脏，触发系统性炎症和肾脏炎症。

2. 低蛋白饮食对肾脏的影响

低蛋白饮食（Low Protein Diet，LPD）通过减少蛋白质摄入降低 GFR，减轻肾小球的负担和压力，有助于延缓肾小球硬化的进展。

低蛋白饮食可以减少蛋白质代谢产物如尿素、肌酐的生成，减轻肾小管的再吸收和处理负担，降低毒性代谢物在血液中的积累；此外，低蛋白控制酸碱平衡，其代谢会产生酸性代谢物（如硫酸和磷酸），低蛋白饮食可以减少酸性负荷，有助于维持体内酸碱平衡，减轻肾脏的调节压力并改善营养状态。

虽然低蛋白饮食减少了蛋白质摄入，但通过补充必需氨基酸或酮酸，可以确保营养均衡，避免因蛋白质缺乏导致的营养不良和免疫功能下降。

3. 蛋白质代谢产物对 CKD 的影响

尿素是蛋白质代谢的主要废物之一，在肝脏中由氨基酸转化而来。正常情况下，尿素通过肾脏排出体外，但在 CKD 患者中，肾功能下降导致尿素清除减少，血液中尿素水平升高。高尿素血症（Uremia）会引起一系列症状，包括疲劳、恶心、呕吐、食欲不振等，并对多个器官系统（如神经、心血管、消化系统等）产生不良影响。尿素在体内积累还会引发氧化应激和炎症反应，进一步损伤肾组织，加速 CKD 的进展。

肌酐（Creatinine）是肌肉代谢的产物，主要通过肾脏排出。CKD 患者肌酐清除率下降，血清肌酐水平升高，这是评估肾功能损伤的一个重要指标。高肌酐水平提示肾功能受损，通常伴随尿素升高和其他代谢废物的积累，进一步恶化 CKD 的症状和预后。其他蛋白质代谢产物如胍基化合物（如胍基乙酸、胍基琥珀酸等）在 CKD 患者中也可能积累，这些物质具有潜在的毒性作用，可能通过诱发炎症、氧化应激和纤维化反应，加重肾脏损伤。

高蛋白饮食虽然在短期内可能增加肾脏的滤过能力，但长期来看会加重肾脏负担和损伤。低蛋白饮食通过减少代谢废物生成和降低 GFR，有助于减缓 CKD 的进展。理解蛋白质代谢产物如尿素对 CKD 的影响，对于制定合理的饮食干预策略至关重要。

（二）血糖对肾脏的分子调节机制

高血糖导致肾小球内高压和高滤过状态，增加肾小球的机械应力，促进肾小球基底膜增厚和硬化（肾小球硬化）。高血糖使肾小球滤过屏障功能受损，导致蛋白质（主要是白蛋白）漏出到尿液中，形成蛋白尿。

高血糖加速了糖基化反应，生成高级糖基化终产物（AGEs）。AGEs 在肾脏组织中积累，通过与其受体（RAGE）结合，诱导炎症反应和氧化应激，进一步损伤肾小球和肾小管。由此引发的氧化应激和炎症反应会损伤肾脏细胞和血管，加速肾功能下降。氧化应激还会激活肾脏中的纤维化信号通路，促进肾间质纤维化。高血糖导致的代谢紊乱和氧化应激会损伤肾小管上皮细胞，诱发肾小管间质炎症和纤维化，进一步加重肾功能损害。

高血糖通过多种机制加速肾功能的下降和 CKD 的进展。低糖饮食通过降低血糖水平、减少 AGEs 生成、改善胰岛素敏感性和减轻氧化应激等机制，对保护肾脏功能和延缓 CKD 进展具有潜在益处。

（三）脂肪对肾脏的分子调节机制

1. 饱和脂肪酸

①氧化应激和炎症反应：饱和脂肪酸（SFAs）如棕榈酸能通过激活 Toll 样受体 4（TLR4），启动 NF-κB 信号通路，诱发炎症反应。NF-κB 的激活会促进促炎细胞因子（如 TNF-α、IL-6）和趋化因子（如 MCP-1）的表达，导致肾脏炎症。

②氧化应激反应：SFAs 还会增加活性氧（ROS）的生成，诱发氧化应激反应。氧化应激不仅损伤肾小球和肾小管细胞，还通过激活氧化应激反应元件（如 Nrf2）加重肾脏的病理损伤。SFAs 还会通过诱导肾小球系膜细胞的增殖和基质蛋白（如胶原、纤维连接蛋白）的过度沉积，促进肾小球硬化。另外，SFAs 通过激活 TGF-β 信号通路，促进纤维化相关基因的表达（如 α-SMA、胶原 I 型），导致肾间质纤维化。

2. 不饱和脂肪酸

①单不饱和脂肪酸（MUFAs）：如油酸，具有抗炎和抗氧化作用。油酸能够抑制 TLR4/NF-κB 信号通路，减少炎症因子的生成。MUFAs 还可以通过激活 PPARα，调节脂质代谢，减少脂质在肾脏组织中的积累，保护肾脏功能。

②多不饱和脂肪酸（PUFAs）：如 n-3 多不饱和脂肪酸（α-亚麻酸、EPA、DHA）具有显著的抗炎和抗纤维化作用。n-3 多不饱和脂肪酸通过抑制 NF-κB 和 MAPK 信号通路，减少炎症因子（如 TNF-α、IL-1β）的表达，缓解肾脏炎症。这些脂肪酸还通过激活 PPARγ，抑制 TGF-β 信号通路，减少纤维化相关基因的表达，抑制肾间质纤维化。n-3 多不饱和脂肪酸能通过生成抗炎脂质介质（如 Resolving、Protectin），直接抑制炎症反应。这些脂肪酸通过抑制白细胞的趋化和黏附，减少炎症细胞在肾脏组织中的聚集。n-3 多不饱和脂肪酸还能发挥抗氧化作用，通过上调抗氧化酶（如 SOD、GSH-Px）的表达，减少 ROS 的生成，缓解氧化应激。

这些脂肪酸可通过激活 Nrf2 信号通路，增强细胞的抗氧化能力。最后，n-3 多不饱和脂肪酸通过激活 PPARα 和 PPARγ，改善脂质代谢，降低血清中的甘油三酯和低密度脂蛋白胆固醇（LDL-C），有助于减轻肾脏脂质沉积和脂质毒性。

不同类型的脂肪通过多种分子机制影响 CKD 的进展。饱和脂肪酸通常通过增加炎症和氧化应激，加速肾脏损伤和纤维化，而不饱和脂肪酸特别是 n-3 多不饱和脂肪酸则通过抗炎、抗氧化和改善脂质代谢，发挥保护肾脏的作用。脂质代谢异常在 CKD 中起着重要的病理作用，理解这些机制有助于制定更有效的饮食和药物干预策略，以减缓 CKD 的进展。

（四）维生素对肾脏的分子调节机制

1. 维生素 D 在肾脏健康中的作用

在肾脏中，维生素 D 通过调节肾小管对钙和磷的重吸收，维持钙磷平衡。钙三醇增加肾小管对钙的重吸收，减少尿钙排泄，从而保护血钙水平。维生素 D 还通过抑制甲状旁腺激素（PTH）的分泌，减少骨吸收和尿磷排泄，维持血磷水平；此外，维生素 D 通过抑制 TGF-β 信号通路，减少纤维化相关基因（如胶原 I 型、α-SMA）的表达，抑制肾间质纤维化，保护肾脏结构和功能；通过激活 VDR，调节肾小管上皮细胞的基因表达，增强细胞抗氧化能力，减少氧化应激对肾小管上皮细胞的损伤。

2. 维生素C等抗氧化维生素在CKD中的潜在益处

维生素C是一种强效抗氧化剂，通过清除自由基和ROS，减少氧化应激对肾脏细胞的损伤。维生素C还通过再生其他抗氧化剂（如维生素E）的活性，增强细胞的抗氧化能力，并通过抑制氧化应激诱导的信号通路（如NF-κB、MAPK），减少炎症因子的生成，缓解肾脏炎症反应。维生素C还具有改善血管的功能，通过增强内皮细胞的功能，增加NO的生成，改善血管扩张和血流，保护肾脏的血液供应；维生素C还通过减少内皮细胞的氧化应激和炎症，预防和改善动脉粥样硬化，对CKD患者的心血管健康有积极作用。

3. 其他抗氧化维生素的作用

维生素E是一种脂溶性抗氧化剂，主要通过清除脂质过氧化物，保护细胞膜免受氧化损伤；通过抑制NF-κB和AP-1等炎症信号通路，减少炎症因子的生成，缓解肾脏炎症；维生素E还通过改善脂质代谢，减少脂质沉积和脂质毒性，保护肾脏功能。

维生素A及其代谢物视黄酸具有抗氧化和抗炎作用，通过调节多种基因的表达，增强细胞抗氧化能力，减少氧化应激对肾脏细胞的损伤；维生素A还通过抑制TGF-β信号通路，减少纤维化相关基因的表达，抑制肾间质纤维化。

总之，维生素D通过调节钙磷代谢、抑制炎症和纤维化、保护肾小管上皮细胞等多种分子机制，维持骨骼和肾脏健康。维生素C及其他抗氧化维生素（如维生素E、维生素A）通过抗氧化、抗炎和改善血管功能，对CKD患者的肾脏保护具有重要作用。理解这些维生素的分子机制，有助于在CKD的管理中合理利用营养补充，延缓疾病进展，改善患者的生活质量。

（五）矿物质对肾脏的分子调节机制

CKD患者的矿物质代谢紊乱对肾功能和整体健康产生重要影响。以下是钠、钾、磷和镁在CKD中的分子调节机制的详细描述。

1. 钠

①钠重吸收调节：肾小管上皮细胞通过钠-氯共转运体（NCC）和钠-钾-氯共转运体（NKCC2）调节钠的重吸收。高盐饮食和RAAS的激活会增加这些转运体的表达和活性，导致钠的过度重吸收，增加血容量和血压。

②RAAS激活：CKD患者常伴有RAAS的激活，导致肾小管对钠的重吸收增加。Ang Ⅱ通过其受体（AT1受体）增加NCC和NKCC2的表达和活性，进一步加重钠潴留和高血压。

③内皮素系统：内皮素-1（ET-1）是强效的缩血管肽，通过内皮素1-受体A（ETA）和内皮素1-受体B（ETB）调节钠的重吸收。CKD患者中ET-1水平升高，增加肾小管对钠的重吸收，加重钠潴留和高血压。

2. 钾

①肾小管钾分泌：钾主要通过远曲小管和集合管的钾通道（如ROMK和BK通道）分泌。CKD患者中，肾小管功能受损导致钾排泄减少，容易引起高钾血症。

②醛固酮调节：醛固酮通过激活集合管上皮细胞的钠通道（ENaC）和钾通道，增加钾的分泌。CKD患者中，醛固酮水平升高，有助于部分抵消肾功能下降对钾排泄的影响。

③WNK-OSR1/SPAK信号通路：WNK激酶通过OSR1/SPAK激酶调节钾的重吸收和分泌。CKD患者中，WNK-OSR1/SPAK信号通路失调会影响钾的正常代谢，增加高钾血症的风险。

3. 磷

①磷重吸收调节：肾脏主要通过近曲小管的钠-磷共转运体（NaPi-IIa 和 NaPi-IIc）调节磷的重吸收。CKD 患者中，这些转运体的表达和功能受损，导致磷排泄减少，血磷水平升高。

②FGF23-Klotho 轴：成纤维细胞生长因子 23（FGF23）通过与 Klotho 共受体结合，抑制 NaPi 转运体的表达，增加磷的排泄。CKD 患者中，FGF23 水平升高以补偿肾功能下降引起的高磷血症，但长期高 FGF23 水平会对心血管系统产生负面影响。

③甲状旁腺激素（PTH）：PTH 通过增加肾小管对磷的排泄，降低血磷水平。CKD 患者中，常见继发性甲状旁腺功能亢进，PTH 水平升高，有助于调节磷代谢，但长期高 PTH 水平会导致骨病。

4. 镁

①镁重吸收调节：镁主要在近曲小管和粗升支的肾小管上皮细胞通过 TRPM6 和 TRPM7 通道重吸收。CKD 患者中，肾小管功能受损导致镁排泄减少，容易引起高镁血症。

②PTH 和钙敏感受体（CaSR）：PTH 通过促进肾小管对镁的重吸收，增加血镁水平。CaSR 通过调节肾小管对镁的重吸收，维持血镁平衡。CKD 患者中，这些调节机制可能失调，影响镁的代谢。

③维生素 D：维生素 D 通过促进肠道对镁的吸收，间接影响血镁水平。CKD 患者中，活性维生素 D 水平下降，可能导致镁代谢异常。

钠、钾、磷和镁在 CKD 中的分子调节机制复杂多样。肾小管对这些矿物质的重吸收和排泄调节受到多种激素（如 PTH、FGF23）和信号通路（如 WNK-OSR1/SPAK、内皮素系统）的影响。理解这些分子机制有助于制定有效的矿物质代谢管理策略，减缓 CKD 的进展，提高患者的生活质量。

第五节 营养物质与骨质疏松症

一、骨质疏松症概述

骨质疏松症（Osteoporosis）是一种系统性骨病，其特征是骨量下降和骨的微细结构破坏，表现为骨的脆性增加，使骨折的危险性大为增加，即使是轻微的创伤或无外伤的情况下也容易发生骨折。骨质疏松症是一种多因素所致的慢性病，在骨折发生之前，通常无特殊临床表现。该病女性多于男性，常见于绝经后妇女和老年人。随着我国老年人口的增加，骨质疏松症发病率处于上升趋势，在我国乃至全球都是一个值得关注的健康问题。

（一）骨质疏松症分类

1. 原发性骨质疏松症

原发性骨质疏松症是随年龄增加的生理退行性病变，分为 I 型（绝经后骨质疏松）和 II 型（老年性骨质疏松）。I 型属于高转换型，是由于妇女绝经引起雌激素迅速减少，骨吸收速度大于形成，骨量丢失速度加快。II 型是由于年龄增加，机体内骨代谢的变化致使单位体积骨量低于正常，导致骨小梁间隙增宽，骨基质含量和骨强度降低。

2. 继发性骨质疏松症

继发型骨质疏松症是由某些疾病、药物、营养和活动异常造成的。

3. 特发性骨质疏松症

特发性骨质疏松症发生于既往身体健康、青春发育前的儿童，病龄2~16岁，症状在青春期后可以自行缓解。

（二）骨质疏松症发病机制

1. 性激素不足

女性患者因雌激素缺乏导致骨质疏松。雌激素可以通过多种机制对骨代谢产生影响，如直接作用于破骨细胞抑制骨吸收、作用于雌激素α受体使破骨细胞形成减少等，所以女性绝经后雌激素的减少容易使骨代谢紊乱而导致骨质疏松。赵春峰等研究发现，低水平雌激素是导致骨代谢异常、骨密度减小的主要危险因素。绝经后雌激素减少时，成骨细胞活性降低，骨基质形成减少；骨对甲状旁腺素的敏感性增加，导致骨吸收增加；降钙素的生成和储备功能降低；小肠对钙的吸收减少。男性则会因为性功能减退导致睾酮水平下降，从而造成骨质疏松。

2. 降钙素

降钙素由32个氨基酸组成，由甲状腺的滤泡旁细胞合成和分泌，能直接作用于破骨细胞受体，使细胞内钙离子转入线粒体，抑制破骨细胞活性，抑制单核细胞转化为破骨细胞，减少骨吸收。降钙素的长期作用是减少破骨细胞的数量，抑制骨吸收。

3. 皮质类固醇

成骨细胞表面存在皮质类固醇（Corticosteroid，CS）受体，CS通过与其受体结合而抑制成骨细胞功能（抑制成骨细胞复制、减少成骨细胞生成和诱导骨细胞凋亡），减少新骨形成。在分子水平上，CS可以下调Ⅰ型胶原/骨钙素mRNA，抑制类胰岛素生长因子，刺激成骨细胞增殖和胶原合成，降低TGF-β（该物质可促进成骨细胞增殖和骨基质蛋白质的合成）。CS可抑制肠吸收和促进尿钙排出，导致负钙平衡，继发性甲状旁腺功能亢进；CS也可直接促进甲状旁腺激素的分泌而刺激破骨细胞，增加骨吸收。过多的CS可抑制垂体分泌促性腺激素，抑制卵巢分泌雌激素、睾丸分泌睾丸酮、肾上腺分泌雄烯二酮和去氢异雄酮，这些激素都会降低骨吸收。

4. 细胞因子

骨重建的偶联过程涉及一系列破骨细胞和成骨细胞的信息交换，细胞因子在其中起着重要作用。①促进骨吸收的细胞因子：IL-1α，IL-1β、肿瘤坏死因子、淋巴毒素、IL-3、IL-6、IL-11和巨噬细胞集落刺激因子等。②抑制破骨细胞吸收的细胞因子：IL-4和IFN-γ。③刺激骨形成的细胞因子：TGF-β、成纤维细胞生长因子、血小板衍化生长因子、胰岛素样生长因子以及骨形态发生蛋白等。

5. 营养因素

与骨质疏松症相关的营养因素有钙、蛋白质、维生素D等。研究发现，青少年时期钙的摄入与成年时期的骨量峰值相关，且低钙饮食者易发生骨质疏松症。

6. 运动

适量运动，尤其是负重运动，可以增加骨峰值，减少及延缓骨量丢失。运动产生的机械负荷可直接触发肌细胞和骨细胞信号应答，激活 Wnt 信号通路、RANK/RANKL/OPG 轴、成纤维细胞生长因子-23、骨形态发生蛋白-7、骨钙素等信号通路，促进骨代谢。运动可以提高睾丸酮和雌激素水平，使钙的利用和吸收增加，还可适当增加骨血质流量。肌肉会对骨组织产生机械力的影响，肌肉发达则骨骼强壮、骨密度高。但高强度、大肺活量的耐力活动，低体重的情况下接受承重运动、过度运动都可能会导致青春期的延迟，身体脂肪丢失和严重雌激素缺乏，致使骨量丢失，容易发生骨质疏松。老年人由于活动减少，机械刺激减少，肌肉强度减弱，导致骨量减少。由此可见，运动是预防骨量丢失的一个重要措施。

7. 遗传因素

90%的骨量堆积于 20 岁以前，10%在之后的 10~15 年。25~39 岁是一生中骨量最高的时期，称为骨峰值。骨峰值的 70%~80%取决于遗传，20%~30%取决于环境因素。骨质疏松症以白人尤其是北欧人种多见，其次为亚洲人，黑人少见。在绝经妇女中，有髋部骨折家族史的妇女，发生骨折的危险性增加 3.7 倍。骨质疏松症与维生素 D 受体基因有关。

8. 药物因素

抗惊厥药如苯妥英钠、苯巴比妥以及卡马西平，会引起治疗相关的维生素 D 缺乏。

（三）骨质疏松症症状

（1）疼痛　原发性骨质疏松症最常见的症状为腰背痛，疼痛沿脊柱向两侧扩散，仰卧或坐位时疼痛减轻，直立时后伸或久立、久坐时疼痛加剧，弯腰、咳嗽、大便用力时加重。负荷增加时疼痛加重或活动受限，严重时翻身、起坐及行走有困难。

（2）身高缩短、驼背　脊椎锥体前部负重大，第 11、12 胸椎及第 3 腰椎负荷量更大，容易压缩变形，使脊椎前倾，形成驼背。随着年龄增长，骨质疏松症加重，驼背曲度加大，老年人骨质疏松症会导致椎体压缩，锥体每缩短 2mm，身高平均缩短 3~6cm。椎体压缩性骨折会导致胸廓畸形，腹部受压，心肺功能受影响等。

（3）易发生脆性骨折　骨折是退行性骨质疏松症最常见和最严重的并发症，其常见部位为胸椎、腰椎、髋部、桡骨、尺骨远端和肱骨近端。

（四）骨质疏松症预防

骨质疏松症的预防应从儿童开始，加强运动、保证足够钙质的摄入，同时防止和积极治疗各种疾病。

1. 基础措施

①摄入富含钙、低盐和适量蛋白质的均衡膳食。

②进行适当户外活动。成年时期，多种类型的运动有助于维持骨量。绝经期妇女应每周坚持 3h 的运动。

③免嗜烟、酗酒，慎用影响骨代谢的药物等。研究表明，酒精和烟草中的有害物质及其毒素可导致骨细胞中毒、被破坏，使骨量降低而诱发骨质疏松症。

④采取防止跌倒的各种措施，加强自身和环境的保护措施（如各种关节保护器）等。

2. 补充钙剂和维生素 D 制剂

（1）钙　我国营养学会制定成人每日钙摄入推荐量为 800mg（元素钙量），绝经后妇女和老年人每日钙摄入推荐量为 1000mg。我国老年人平均每日从饮食中获钙约 400mg，故平均每日应补充的元素钙量为500~600mg。

(2) 维生素D 成年人维生素D推荐剂量为200IU (5μg) /d，老年人推荐剂量为400~800IU (10~20μg) /d。治疗骨质疏松症时剂量可为800~1200IU。建议老年人血清1α,25-(OH)$_2$D$_3$水平应为30ng/mL (75nmol/L) 以上，以降低跌倒和骨折风险。应定期监测血钙和尿钙，酌情调整剂量。

当患者伴有肾结石及高尿钙时，应慎用钙剂及维生素D制剂。

二、营养物质与骨质疏松症的关系

1. 钙、磷

钙是骨骼的主要成分，磷是骨量的次要成分，二者比例维持相对恒定非常重要。目前，我国营养学会推荐的成年人钙摄入量为800mg/d。绝经后女性和老年人的钙摄入量以1000~1500mg/d为宜，其钙磷摄取比值以1~1.5为佳。婴儿对钙磷的摄取比值以2∶1为佳。与对磷的吸收度相比，人体在衰老后对钙的吸收度下降得更快，因此老年人对钙磷的摄取比值应高于2∶1。饮食中适量摄入磷有助于缓解和预防骨质疏松症，但是高磷摄入可引起骨盐丢失。

2. 维生素D

维生素D是体内调节骨代谢的一种重要维生素，可通过间接作用和对成骨细胞的直接作用影响骨形成，因此维生素D在骨质疏松症的发病机制及防治中起重要作用。维生素D在体内的活性代谢产物1,25-二羟维生素D [1,25(OH)$_2$D] 可通过促进肠道钙吸收间接作用于骨形成。体外成骨细胞培养表明1,25(OH)$_2$D可刺激成骨细胞分化、促进骨形成。

3. 蛋白质

成年人食入含蛋白质丰富的食物时，钙的吸收增加。骨质疏松症患者摄入的蛋白质不足或过量都会对其机体的钙平衡和骨组织中钙的含量起到负性调节的作用。一般认为，健康的成年人每日摄入1.0g/kg的蛋白质比较合适，其摄入的动物性蛋白质和植物性蛋白质应搭配合理，摄入的优质蛋白质应占1/3~1/2。骨质疏松症患者应常吃乳制品、大豆制品等高蛋白质食物，以改善骨骼的质量。

4. 其他营养物质

建议骨质疏松症患者少吃盐，因为盐里含钠，排泄钠的过程伴有钙的流失。膳食中增加钾的摄入，可促进钙吸收，缓解骨溶解。若每天增加100mg镁的摄入，全身骨密度增加约2%，每天镁的推荐摄入量为350mg。氟化物治疗原发性骨质疏松症时，应同时增加钙摄入及适当补充维生素D$_3$。饮水是氟的重要来源，我国规定饮用水含氟标准为0.5~1mg/L。大部分食品含氟都很低，只有海鱼为5~10mg/kg，茶叶约100mg/kg。

谷类食物中含有植酸，某些蔬菜中富含草酸。植酸和草酸都可与钙结合成不溶性钙盐，降低人体对钙的吸收度，故在烹调食物时应采取适当的措施去除其中所含的植酸和草酸。例如，植酸酶在55℃的环境下活性较高，可将大米用适量的清水浸泡一会儿再洗，以增加大米中植酸酶的活性，促使其所含的植酸水解，增加游离钙的水平。

三、营养物质调节骨代谢的分子机制

骨代谢调节的分子机制非常复杂，其中钙磷代谢和甲状旁腺激素 (parathyroid hormone,

PTH)、Wnt/β-catenin、RANKL/RANK/OPG 等通路在骨形成-吸收过程中起重要作用。Wnt/β-catenin 通路是调节成骨细胞分化、成熟和功能的经典通路，Wnt 蛋白与 LRP5/6 受体结合，激活下游 β-catenin 进入细胞核内，启动成骨关键调节转录因子 Runx2、osterix 等表达，促进成骨细胞分化和骨形成，而 Wnt 通路抑制剂如 sclerostin、dickkopf（Dkk1/2）等均对骨形成有抑制作用。

1. 钙、磷

钙和磷主要以无机盐形式存在体内，约 99.7% 以上的钙与 87.6% 以上的磷以羟磷石灰 $Ca_3(PO_4)_2$、$Ca(OH)_2$ 的形式存在于骨骼和牙齿中。体内的钙主要来自食物，大部分在小肠的上段吸收。上调人体小肠上皮细胞中Ⅱb 磷转运蛋白（NaPi-Ⅱb）的表达可促进磷的吸收，上调大鼠小肠 VDR mRNA 及 CaBP-9K mRNA 的表达促进小肠对钙的吸收，而上调大鼠肾脏 VDR mRNA 的表达促进肾小管对钙、磷的重吸收。

2. 维生素 D

$1,25(OH)_2D$ 是维生素 D 在人体内的活性代谢产物，核不均一核糖核蛋白（heterogeneous nuclear ribonucleoprotein C，hnRNPC）对 $1,25(OH)_2D$ 介导的成骨细胞基因表达调控具有重要作用，人原代成骨细胞过表达 hnRNPC1/C2 显著抑制了 $1,25(OH)_2D$ 对成骨细胞骨形成标志基因 *RuNx2*、*BGLAP* 的反式激活。

$1,25(OH)_2D$ 可在转录和 mRNA 剪接两个水平调控成骨细胞基因表达。MG63 成骨细胞中，hnRNPC1/C2 与维生素 D 受体（Vitamin D Receptor，VDR）竞争结合维生素 D 反应元件（Vitamin D Response Elements，VDREs）；hnRNPC1/C2 沉默在影响 CYP24A1 转录的同时导致 CYP24A1 异常选择性剪接的发生。$1,25(OH)_2D$ 处理 MG63 成骨细胞共检测出 324 个差异表达基因，其中有 187 个基因对 $1,25(OH)_2D$ 的反应不受 hnRNPC1/C2 沉默的影响，有 137 个基因在 hnRNPC1/C2 沉默后失去对 $1,25(OH)_2D$ 反应，而在 hnRNPC1/C2 沉默后，新出现 168 个 $1,25(OH)_2D$ 应答基因。

hnRNPC1/C2 可在转录和 mRNA 剪接水平参与协调 $1,25(OH)_2D$ 对成骨细胞的基因表达调控。$1,25(OH)_2D$ 处理导致的 324 个差异表达基因中，只有 9 个基因同时出现选择性剪接。与单独 $1,25(OH)_2D$ 处理相比较，hnRNPC1/C2 沉默联合 $1,25(OH)_2D$ 处理导致有 811 个基因同时出现差异表达和选择性剪接。

3. 蛋白质

鹿茸胶原酶解物（Velvet Collagen Hydrolysate，VCH）对糖皮质激素性骨质疏松症（Glucocorticoids-Induced Osteoporosis，GCIP）具有防治作用。VCH 蛋白质含量为 62.35%，VCH 主要为分子质量小于 20kDa 的鹿茸 I 型胶原酶解物。GCIP 是糖皮质激素通过促进骨吸收、抑制骨形成而引起的骨质疏松。VCH 防治 GCIP 的分子机制是通过上调 Bcl-2 的表达，下调 caspase3、caspase9 的表达，下调骨组织中 DDK-1、GSK-3β 的表达，上调 Dsh 和 β-catenin 的表达，促进 β-catenin 的核转移等。

核因子-κB 受体活化因子（Receptor Activator of NF-κB，RANK）及其配体（RANK Ligand，RANKL）结合通过激活下游 NF-κB、p38、JNK 通路，在破骨细胞的分化、活化过程中起到关键作用。研究发现，缺乏由成骨细胞分泌的护骨素（Osteoprotegerin，OPG）的小鼠表现出骨质疏松症状，提示 OPG 在抑制骨质疏松的发生中可能起重要作用。OPG 是一种可溶性糖蛋白，在成骨细胞中的表达受到 Wnt/β-catenin 途径的调节，可以竞争性结合 RANKL，减少 RANKL/RANK 结合率从而干扰破骨细胞的分泌，影响骨吸收速率，并受 PTH、1,25(OH)$_2$D、细胞因子等多种因素调节，在促进骨形成和维持骨量中起重要作用。一项体外实验发现，OPG 可以抑制破骨细胞的分化，从而抑制骨量的丢失。另外有研究发现，在骨质疏松症患者体内存在针对 OPG 的自身抗体，这种抗体能破坏 OPG 对 RANKL 的抑制作用，从而导致骨质疏松症的发生。

第六节　营养物质与阿尔茨海默病

一、阿尔茨海默病概述

在讨论阿尔茨海默病（Alzheimer's Disease，AD）之前，必须要弄清楚"痴呆"的定义。老年痴呆症（Dementia）在现代医学中，是指人的智能由于各种原因造成的全面减退，这种减退通常是慢性进行性的。痴呆究其本质是一个临床综合征的描述性术语，而不是指一种特殊的疾病或神经病理过程。其表现有多种高级皮质功能损害，包括记忆、思维、定向、理解、计算、语言能力、语言和判断。老年痴呆症按其常见原因可大致分为三类，包括阿尔茨海默病、血管性痴呆（Vascular Dementia，VD）和其他原发性或继发性影响脑功能的各种疾病。绝大多数痴呆患者是老年人，而最具有代表性的疾病就是阿尔茨海默病，也就是俗称的老年痴呆症。

（一）阿尔茨海默病的发现与发展

克雷珀林（Emil Kraepelin）与阿尔茨海默（Alzheimer）共同发现了老年期痴呆，命名为阿尔茨海默病。

20 世纪 80~90 年代，科学家们陆续明确了构成老年斑的 3-淀粉样蛋白（A13）的氨基酸系列，和 β-淀粉样蛋白前体（APP）基因突变、早老素 1（PS1）基因突变、早老素 2（PS2）基因突变可能导致家族性的阿尔兹海默病。科学家们发现，阿尔茨海默病患者脑组织乙酰胆碱水平降低，故尝试用胆碱酯酶抑制药对阿尔兹海默病进行治疗，1993 年证实对阿尔茨海默病有效的胆碱酯酶抑制药他克林在美国上市。后来因其不良反应严重而被停用，但一些新型胆碱酯酶抑制药如多奈哌齐、加兰他敏、重酒石酸卡巴拉汀（艾斯能）等更为有效且不良反应更小的药物陆续上市。自 2000 年以来，一些新药不断在临床试用，期待在不久的将来阿尔茨海默病患者能够得到更好的治疗。

（二）阿尔茨海默病的临床表现

阿尔茨海默病主要表现为记忆障碍、认知障碍和语言障碍以及日常生活能力的逐渐下降。研究人员将阿尔茨海默病的临床过程按实用分为 3 个阶段。记忆障碍几乎总是本病的最突出的首发症状，尤其是遗忘、判断能力下降、语言障碍。工作及家务活漫不经心、空间和时间障碍也常在早期出现。中期则出现失语、失用、失认、失算、判断和概括能力下降。晚期智能全面严重衰退。运动障碍至晚期也明显出现，强直痉挛、肌痫，成为屈曲性四肢瘫，最后出现大小便失禁。

阿尔茨海默病的 3 个关键阶段临床表现如表 3-3 所示。

表 3-3　　阿尔茨海默病 3 个阶段的主要临床表现

阶段	临床表现					
	记忆力	视空间能力	语言	运动系统	EEG	CT
第一阶段（病期 1～3 年）	学会新知识障碍，远期回忆损害	图形定向障碍，结构障碍	找词困难、不能命名	正常	正常	正常
第二阶段（病期 2～10 年）	近及远记忆力明显损害	构图差，空间定向障碍	流利性失语	不安	脑电图背景为慢节律	正常或脑室扩大和脑沟变宽
第三阶段（病期 8～12 年）	严重衰退	视觉失认，视空间失认	失语	四肢强直，屈曲姿势，大、小便失禁	弥漫性慢波	脑室扩大和脑沟变宽

（三）阿尔茨海默病的发病机制

阿尔茨海默病可能在多种因素（包括生物和社会心理因素）的作用下发病。从目前的研究来看，该病的可能因素和假说多达 30 余种，如家族史、性别、头部外伤、低教育水平、甲状腺病、母育龄过高或过低、病毒感染等。一些躯体疾病，如甲状腺疾病、癫痫等认为与阿尔茨海默病的发生有关。以下介绍几种较受认可的假说内容。

1. 基因突变学说

（1）载脂蛋白 E（*ApoE*）基因　*ApoE* 基因定位于 19 号染色体长臂。研究表明，*ApoEε4* 基因与早发性和晚发性阿尔茨海默病均显著相关。*ApoEε4* 基因参与调节 β-淀粉样蛋白（Aβ）的生成，并且影响星形胶质细胞和神经元对 Aβ 的清除，影响淀粉样蛋白的形成和沉积。*ApoEε4* 基因不能有效地维持微管相关蛋白（tau 蛋白）与微管蛋白连接的稳定性或不能抑制 tau 蛋白的自身聚集，从而导致双螺旋纤维（PHF）的形成。

（2）早老素 1 和早老素 2 基因　早老素 1 基因位于 14 号染色体，其蛋白质主要集中于海马、大脑皮质，是一种整合蛋白，对于神经元的发生和存活是必需的。早老素 2 基因位于 1 号染色体，为膜蛋白，与早老素 1 蛋白的同源性约为 67%。早老素（PS）基因突变可导致细胞骨架发生变化及细胞内钙信息紊乱，增加细胞对凋亡信号的敏感性，促进 tau 蛋白过度磷酸化及改变 APP 的剪切过程，加速神经原纤维缠结及神经炎性斑块的形成。

2. Aβ 学说

研究发现，Aβ 沉积可导致阿尔茨海默病，减少 Aβ 在脑组织中的沉积可延缓或减轻阿尔茨海默病的症状。Aβ 不仅可由脑实质的神经元、胶质细胞等产生，还可由血管内皮细胞等多种细胞生成。脑实质内外的 Aβ 可以通过血脑屏障进行交换。当 Aβ 跨膜转运的功能障碍，影响脑实质内 Aβ 产生和降解失衡，Aβ 在大脑中沉积，通过直接神经毒性或者介导炎症反应，导致阿尔茨海默病的发生。

3. tau 蛋白学说

细胞外大量老年斑的形成及细胞内神经原纤维缠结是阿尔茨海默病特征的病理改变。异常过度磷酸化的 tau 蛋白是神经原纤维缠结最主要的成分，已有研究表明，异常的 tau 蛋白大量聚集与退行性病变的神经元、阿尔茨海默病病人的病程进展呈正相关。由此可见，tau 蛋白在细胞内大量聚集是导致阿尔茨海默病病人发病并进一步促进疾病发展的关键因素。

4. 氧化应激学说

在脑组织老化过程中，神经元细胞膜上的不饱和脂肪酸被氧化而产生大量氧自由基，氧自由基损伤是引起阿尔茨海默病患者脑损伤的重要机制之一。阿尔茨海默病患者脑组织中氧自由基水平升高，包括超氧化物阴离子自由基、过氧化氢、脂质过氧化物和自由羰基等表达水平升高，活性氧可增加 $A\beta$ 的毒性和聚集，而 $A\beta$ 也使氧自由基生成增加。这些氧自由基能够损伤细胞膜、细胞器，诱导神经元发生凋亡，导致其功能破坏，从而促使阿尔茨海默病发病。但是阿尔茨海默病患者脑组织中氧自由基水平升高是阿尔茨海默病的病因还是阿尔茨海默病导致的结果，目前尚存争议，有待进一步研究的证实。氧自由基可以促进 $A\beta$ 转向 β 折叠的构象，从而相互聚集形成纤维；阿尔茨海默病的致病基因蛋白 APP、ApoE 或 PS 在调节神经元凋亡或结合转运金属方面均与氧化应激作用有关；氧自由基也可促进 APP 裂解，增加 $A\beta$ 生成，二者具有相互促进的效应。

二、营养物质与阿尔茨海默病的关系

阿尔茨海默病的病因和发病机制至今尚未完全明晰，目前认为与阿尔茨海默病相关的危险因素主要包括家族史、膳食营养、生活方式、脑外伤与应激状态、性格等多方面。阿尔茨海默病一旦发病就难以治愈，因此控制该病的危险因素，对于预防阿尔茨海默病的发生有着重大意义。

膳食营养与阿尔茨海默病的发生有着重要关联。良好的膳食模式对预防和延缓阿尔茨海默病的发生具有不可替代的作用。因为，良好的膳食模式有益于血管健康，能预防多种与阿尔茨海默病发生相关的疾病，减少脑血管疾病发生的风险。

（一）脂质

脂肪酸既是机体能量物质又是细胞膜的组成成分之一，对于神经元的完整性和脑功能的发挥有着至关重要的作用。有研究表明，膳食中饱和脂肪酸和反式脂肪酸摄入量过高，会增加年龄相关性认知功能下降的速度，增加阿尔茨海默病的风险，而不饱和脂肪酸，特别是 n-3 不饱和脂肪酸能降低阿尔茨海默病的风险。多不饱和脂肪酸是完整的膜脂质，其在维持神经元膜、膜相关蛋白和蛋白质复合物的结构和功能上有着重要作用。增加神经元膜中多不饱和脂肪酸含量可以降低总胆固醇比例，从而增加膜流动性，有利于维持突触结构稳定。饱和脂肪酸和胆固醇紧密堆积形成流动性较差的刚性脂质双层，多不饱和脂肪酸中的双键在脂肪酸尾部产生了“弯曲”，阻止了饱和脂肪酸和胆固醇的紧密堆积，增加膜流动性，能够更好地与突触蛋白结合，这种流动性对促进学习、记忆和其他复杂认知过程十分重要的突触可塑性具有重要作用。因此，饱和脂肪酸会导致学习和记忆障碍，而多不饱和脂肪酸则有助于改善认知功能。

（二）蛋白质

蛋白质在维持脑细胞完整性和功能方面起着至关重要的作用。蛋白质的摄入和单个氨基酸的补充会影响大脑功能和心理健康，氨基酸可以转化为神经递质，影响精神状态，同时大脑中氨基酸的生物合成受血浆中氨基酸浓度的调节。

2018年的一项Meta分析证据显示，血中较低水平的缬氨酸与较高的阿尔茨海默病发病风险有关。另有同类研究表明，支链氨基酸（包括缬氨酸、亮氨酸和异亮氨酸）是维持脑营养重要的必需氨基酸，其循环水平很大程度上取决于其膳食摄入量和摄入比例。临床前痴呆者和轻度认知功能障碍者可能都存在必需氨基酸的亚临床营养缺乏。

（三）碳水化合物

高糖和高热量饮食是痴呆症和阿尔茨海默病的公认危险因素。高碳水化合物饮食可能通过刺激胰岛素信号和抑制脂质代谢，引起神经细胞脂质代谢异常以及细胞功能障碍，引起糖尿病和胰岛素抵抗等多种其他代谢综合征，而这些代谢综合征本身又是阿尔茨海默病的危险因素。

（四）维生素

维生素是潜在的抗氧化物质，大脑是主要的氧代谢器官，占总耗氧量的20%，大脑最容易受到氧化应激损伤。维生素缺乏容易导致大脑中自由基堆积，导致认知功能下降，加速痴呆的发生。一些流行病学研究报告，食用多种维生素作为补充剂可以降低记忆障碍和认知缺陷的风险，并建议将维生素的摄入作为治疗阿尔茨海默病的最佳营养干预措施。

（五）膳食多酚

生物活性物质不是维持机体生长发育所必需的营养成分，但对维护人体健康、调节生理功能和预防慢性病发挥重要的作用。多酚类物质存在于水果和蔬菜中，主要作用机制是抗氧化和抗炎，也可以调节酶的活性、调节细胞信号通路和基因表达。许多研究表明，多酚类化合物因其强抗氧化活性而具有防治阿尔茨海默病的作用。

三、营养物质调节阿尔茨海默病的分子机制

阿尔茨海默病患者的线粒体功能常常受损，导致能量代谢紊乱和ROS水平升高，进一步加重神经元损伤。氧化应激是由ROS过量产生或抗氧化防御机制减弱引起的，阿尔茨海默病患者中氧化应激水平显著升高，导致脂质过氧化、蛋白质和DNA损伤。研究发现，营养物质能够通过多种机制调节阿尔茨海默病的病理变化，包括抗氧化、抗炎、调节淀粉样蛋白代谢和清除、保护线粒体功能和防止神经元凋亡等，从而减缓阿尔茨海默病的进展，保护神经元功能，延缓认知功能的衰退。

1. 脂质

n-3多不饱和脂肪酸，如EPA和DHA，具有强抗炎和抗氧化作用，它们能够抑制NF-κB信号通路，降低炎症因子的表达，如TNF-α和IL-6，从而减少神经炎症。DHA还能通过增加神经生长因子（NGF）的表达，促进神经元存活和突触形成。此外，DHA嵌入细胞膜，能够增加膜的流动性，改善突触功能。*n*-6多不饱和脂肪酸，如亚油酸和花生四烯酸，在体内转化为多种生物活性分子，尽管它们具有一定的促炎作用，但适量摄入对维持体内炎症平衡和神经元功能也至关重要。然而，过量的*n*-6多不饱和脂肪酸摄入可能加剧炎症，增加阿尔茨海默病的风险。因此，*n*-3多不饱和脂肪酸和*n*-6多不饱和脂肪酸的平衡摄入对阿尔茨海默病的防治尤为重要。

2. 蛋白质

蛋白质和氨基酸在阿尔茨海默病中也起着关键作用，如色氨酸和酪氨酸是神经递质如血清素和多巴胺的前体，影响神经传递和认知功能。维生素 B_6、维生素 B_{12} 和叶酸是同型半胱氨酸代谢的关键酶的辅酶，通过降低同型半胱氨酸水平，减少其对神经元的毒性作用。此外，充足的蛋白质摄入可以维持神经元和突触的结构和功能，防止神经元损伤。蛋白质不足会导致神经递质合成减少和神经元结构不稳定，而过量的动物蛋白质摄入可能通过增加饱和脂肪的摄入，间接增加阿尔茨海默病的风险。

3. 碳水化合物

碳水化合物的质量和种类对阿尔茨海默病的影响很大。全谷物和高膳食纤维饮食有助于维持血糖稳定，减少胰岛素抵抗，保护神经元功能。膳食纤维可以调节肠道微生物群，产生短链脂肪酸（如丁酸），具有抗炎和神经保护作用。相反，高糖和精制碳水化合物的摄入会导致胰岛素抵抗，增加炎症因子和氧化应激水平，加重神经元损伤。高糖饮食不仅会导致血糖水平波动，还会增加体内 AGEs 的形成，这些 AGEs 会与 RAGE 结合，激活炎症和氧化应激通路，进一步加重阿尔茨海默病病理。

4. 维生素

维生素在阿尔茨海默病的防治中也发挥着重要作用。维生素 A 通过调节视黄酸信号通路，影响神经发育和再生，对神经元的存活和功能有益。B 族维生素（如维生素 B_6、维生素 B_{12} 和叶酸）通过降低同型半胱氨酸水平，减少其对神经元的毒性作用，并参与 DNA 甲基化，影响基因表达和神经元功能。维生素 C 作为强抗氧化剂，可以清除过量的 ROS，减少氧化应激对神经元的损伤。维生素 D 通过调节钙稳态和神经生长因子的表达，促进神经元存活和功能，并具有免疫调节作用，减少神经炎症。维生素 E 同样能够清除过量的 ROS，减少脂质过氧化对神经元的损伤，并通过调节基因表达，保护神经元免受氧化应激的伤害。

5. 膳食多酚

姜黄素通过清除 ROS，减少氧化应激对神经元的损伤，并抑制 NF-κB 等炎症信号通路，减少炎症因子的产生。姜黄素还能够抑制 β-分泌酶和 γ-分泌酶的活性，减少 Aβ 的生成，并通过增强微胶质细胞和星形胶质细胞的吞噬功能，促进 Aβ 的清除。白藜芦醇通过上调抗氧化酶的表达和活性，降低 ROS 水平，减轻氧化应激，并通过激活 SIRT1 和 AMPK 通路，增强细胞的能量代谢和抗氧化能力。白藜芦醇还能够通过抑制 NF-κB 和其他炎症通路，减少炎症因子的产生，并通过激活自噬途径，促进细胞内 Aβ 的降解和清除。此外，白藜芦醇能够保护线粒体功能，改善线粒体功能障碍，增加 ATP 的生成，减少线粒体 ROS 的产生，保护神经元的能量代谢，并通过激活 PI3K/AKT 通路，防止神经元的凋亡。

思政要素解读

1. 人民健康与代谢性疾病防治

糖尿病、冠心病、高血压、慢性肾脏病、骨质疏松症和阿尔茨海默病等，都是影响人民健康的重要因素。这些疾病的防治工作体现了“人民至上，生命至上”的原则。通过深入研究这些疾病的成因、预防和治疗方法，能够体现我国对人民健康的高度重视。

2. 预防为主，防治结合

加强营养物质与各种代谢性疾病之间的联系，凸显预防在健康领域的重要性。通过合理的饮食结构和营养摄入，可以有效预防和控制这些疾病的发生和发展。这体现了“预防为主，防治结合”的卫生工作方针，是“实施健康中国战略”的具体体现。

3. 科技创新与健康中国建设

各种代谢性疾病的研究，需要依托先进的科学技术和医疗手段。通过科技创新，我们可以更深入地了解这些疾病的发病机制，开发更有效的治疗方法、药物和营养活性物质。这体现了我国对科技创新的重视，以及对健康中国建设的积极推动。

4. 健康教育与社会主义精神文明建设

人们的生活方式和饮食习惯与各种代谢性疾病密切相关。因此，加强健康教育，提高人们的健康素养，是预防这些疾病的重要手段。通过普及健康知识，倡导健康生活方式，可以营造积极向上的社会氛围，促进社会主义精神文明建设。

5. 全球视野与人类命运共同体

代谢性疾病是全球性的健康问题，需要各国共同应对。在研究和防治这些疾病的过程中，我们需要加强国际合作，借鉴国际先进经验和技术，共同推动全球健康事业的发展，以及构建人类命运共同体的理念。

思考题

1. 为什么糖尿病患者的膳食营养需要科学的搭配？请详细阐述蛋白质、脂肪酸和维生素在糖尿病管理中的作用。

2. 营养物质如何影响糖尿病酮症酸中毒的发生和发展？

3. 高渗高血糖综合征的主要临床表现是什么？哪些营养物质可以帮助预防或缓解这种综合征？

4. 慢性肾脏病患者的营养评估包括哪些内容？如何处理这些患者的营养不良问题？

5. 骨质疏松症的主要分类和发病机制是什么？请讨论营养防治的目的和原则，并提供食物选择建议。

6. 阿尔茨海默病的发病机制及其临床表现有哪些？请分析脂质、蛋白质、碳水化合物、维生素和膳食多酚在阿尔茨海默病预防和治疗中的作用。

第四章 04

分子营养与其他慢性、退行性疾病

本章学习目标

1. 掌握蛋白质和酶的关键作用；
2. 了解营养物质引发的相关疾病；
3. 了解分子营养与肿瘤和神经性疾病的调控机制。

第一节 特殊蛋白质构象与朊蛋白病

蛋白质是生命体系中最丰富且功能最多的分子。事实上，每一种生命活动都依赖于它。酶和多肽类激素指导和调节着机体的代谢，具有收缩性的蛋白质引起肌肉的运动，胶原蛋白形成了骨组织中磷酸钙结晶沉积的支架，如同钢筋混凝土中钢筋的作用，血液中的蛋白质（如血红蛋白和血浆白蛋白）是生物体基本的运载分子，免疫球蛋白能抵抗感染性细菌和病毒。简言之，蛋白质具有极为多样的功能，所有的蛋白质都具有相似的、由氨基酸组成的线性多聚体的结构特征。本节介绍特殊蛋白质与朊蛋白病。

一、特殊蛋白质构象

（一）蛋白质的错误折叠

蛋白质折叠是一个复杂的尝试并纠错的过程。错误折叠的蛋白质通常在细胞内被标记和降解，但这种质量控制系统并不完善，细胞内外错误折叠的蛋白质或多肽的聚集物能够蓄积，特别是衰老个体中，在神经细胞内或细胞间形成不溶性的淀粉样沉积是其典型的病理学特征。

（二）淀粉样变

蛋白质的错误折叠可自发或由特定基因突变产生异常蛋白而引起。表面上正常的蛋白质在经蛋白质水解酶裂解后，表现为一种特殊的构象状态，形成长的、由β折叠片层组成的、纤细的蛋白聚合体。这种不溶性的、自发聚集的蛋白质蓄积物称为淀粉样蛋白。它与许多退行性疾病相关，特别是老年性神经退行性疾病（如阿尔茨海默病），见第三章。

二、朊蛋白病

1. 概述

朊蛋白（Prion Protein，PrP）是可传播性海绵状脑病（Transmissible Spongiform Encephalopaties，TSES）的致病因子，该类疾病临床罕见，但感染性朊蛋白作为新的致病因子已引起极大关注。科学家们经过一系列的纯化步骤后发现这种感染性蛋白被称为 PrP^{Sc}（Sc 为 Scrapie，羊瘙痒病），它对蛋白酶降解具有高度的抗性。被感染时，易于形成不溶性的纤维丝积聚，相似于在其他脑病中常见的淀粉样蛋白。非感染性的 PrP^{C}（C 为 Cellular，细胞）是一种宿主蛋白，具有与 PrP^{Sc} 相同的氨基酸和基因序列，存在于正常哺乳动物的脑神经元和胶质细胞表面。非感染性 PrP^{C} 与 PrP^{Sc} 之间，在一级结构或翻译后修饰上没有任何的不同，成为感染性的关键在于 PrP^{C} 三维构象的变化。非感染性 PrP^{C} 含有较多的 α-螺旋，而 PrP^{Sc} 为 β 折叠片层所替代，意味着不同构象赋予 PrP^{Sc} 对蛋白酶降解的相应抗性，也使它们不同于感染组织中正常的 PrP^{C}。所以，感染性因子是一种正常蛋白质的变种，作为一个“模板”，将正常蛋白质转变为致病性的构象。

2. 朊蛋白病传播

家畜主要为羊瘙痒病和牛海绵状脑病（又称疯牛病），通过摄入部分来自患病动物大脑（如患有朊蛋白病的绵羊大脑）的饲料而感染这种疾病。类似的疾病也发生在其他动物身上，尤其是绵羊身上的瘙痒病，这种疾病可以通过摄入患有这种疾病的动物的肉而在人类身上发生。大脑特别危险，因为这是致死蛋白质的主要病理部位。PrP^{Sc} 可以在脾脏、结节等部位复制，因为这些部位有神经连接，所以 PrP^{Sc} 能进入神经、脊髓和大脑。

人类的朊蛋白病包含克罗伊茨费尔特-雅各布病（Creutzfeldt-Jacob 病）、格斯特曼综合征、致死性家族性失眠症、库鲁病和阿尔珀斯氏综合征。与病毒、细菌甚至正常细胞的 PrP^{Sc} 不同，高温烹饪不会影响致命的 PrP^{Sc}。Creutzfeldt-Jacob 病的发病率一直很低（大约百万分之一），在英国已出现因食用患病动物的肉而爆发疯牛病死亡的人，发病特点是损失运动控制导致瘫痪、消瘦、痴呆和死亡。在这种疾病中，大脑是一个高度可见的目标，在死亡后会出现非炎症性病变和空泡，并且会出现淀粉样蛋白沉积（类似于阿尔茨海默病）和星形胶质细胞的死亡。大量基础研究可能会有助于建立治疗方法，但目前尚无改变这一结局的完美策略。摄入异常形式的 PrP^{Sc} 可感染人类，注射生长激素也可能构成威胁。因为这种激素是从动物的大脑中分离出来的，如果它们患有朊蛋白相关疾病，这可能是一种传播方式。用患病人的组织进行角膜移植也可能是一种传播方式。还有证据表明存在遗传（常染色体）传播方式。如前文所示，PrP^{Sc} 的致命形式取决于天然蛋白质展开产生致命疾病的新构象，这种变化取决于蛋白质中一些氨基酸的折叠功能。

3. 朊蛋白致病结构

在小鼠敲除实验中，使 PrP^{C} 基因失去功能并且在动物中的产生减少或不产生 PrP^{C}，结果表明，PrP^{C} 是感染 PrP^{Sc} 导致疾病所必需的。本质上，正常朊蛋白 PrP^{C} 在异常朊蛋白 PrP^{Sc} 存在时，可能导致蛋白质的正常形式转变为异常形式，通过两种形式的直接相互作用，对异常形式的刺激的确切机制也是对蛋白质的正常形式向疾病形式传播的解释。如图 4-1 所示，构象的变化发生在内吞囊泡中。正常的朊蛋白 PrP^{C}，作为修饰的脂质附着在细胞膜上（其中一种是糖基肌醇磷脂），在图中 1 处，PrP^{C} 处于通向细胞膜的分泌途径，在 2 处它通过糖基肌醇锚定在细胞膜上，在细胞膜3处，它可能充当受体，然后它通过内吞囊泡（图中4处）重新进入细胞，与溶酶体融合以在正常过程中降解（图中5）。当 PrP^{Sc}存在时，被摄入后，它可以在 PrP^{C}存在的情况下被内吞，并且在内吞囊泡中，PrP^{C}向 PrP^{Sc}发生转化，这就是传播异常形态的手段。越来越多的 PrP^{C}转化为 PrP^{Sc}。当足够多的 PrP^{Sc}分子发育时，它们会形成长丝聚集体，沉积并破坏大脑中的神经组织，这种链式反应导致 PrP^{Sc}分子的原纤维形成和聚集，这些原纤维沉积在大脑中导致死亡。这就是上文描述的导致死亡的原因。

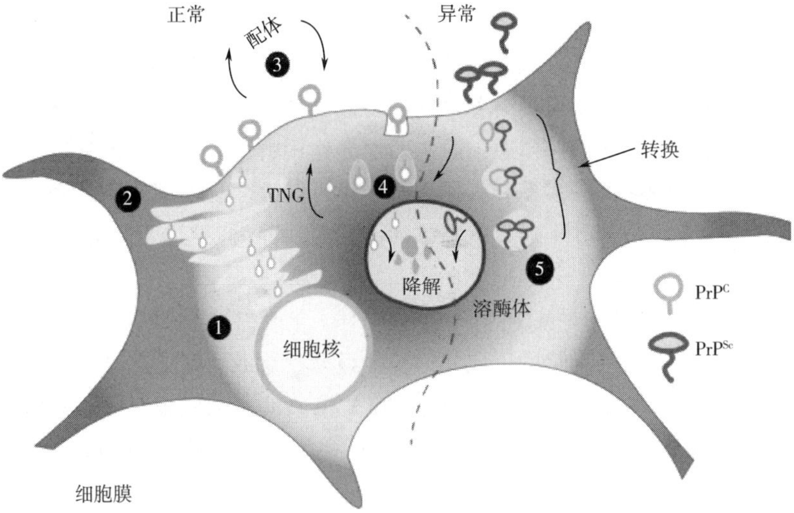

图 4-1 摄入 PrP^{Sc} 后通过转化 PrP^{C} 传播 PrP^{Sc}

当一个显然正常的蛋白质转变为对细胞有毒性的构象时，可导致疾病的发生，就像阿尔茨海默病和可传播性海绵状脑病。阿尔茨海默病，正常的蛋白质经过异常的化学反应后，转变为一种独特的构象状态，导致形成由β折叠片层装配成的、具有神经毒性的淀粉样蛋白。可传播性海绵状脑病，感染性因子是一种正常朊蛋白的转变形式，它作为模板将正常朊蛋白转变为致病性的构象。

三、营养物质调控朊蛋白病的分子机制

1. 糖类对朊蛋白病的作用机制

岩藻聚糖是一种复合硫酸化岩藻糖基化多糖，已知具有多种生物活性：抗凝、抗病毒、抗寄生虫、抗炎等，因为它们能够模仿糖胺聚糖和其他硫酸化聚糖上的硫酸盐取代模式。岩藻聚糖还能发挥其抗 PrP^{Sc} 活性。在 PrP^{Sc} 感染的神经母细胞瘤中，高分子质量岩藻聚糖在半数有效剂量范围从 2.5μg/mL 到 5.0μg/mL 下更强烈地抑制了异常 PrP 的形成，这表明岩藻聚糖以不依赖于 PrP^{Sc} 株的方式发挥其抗 PrP^{Sc} 活性。这种抑制是不可逆的，即使最有效的异常 PrP 制备技术——磷钨酸钠沉淀法也从未证明在用岩藻聚糖处理后消失的异常 PrP 信号可以在没有岩藻聚糖的连续传代后重新出现。抑制机制包括正常 PrP 的总量或细胞表面水平没有改变。

在抗 PrP^{Sc} 体内试验中，将 20μL 1% 263KPrP^{Sc}（仓鼠适应的羊瘙痒症 PrP^{Sc} 株）匀浆［相当于 10^8 50% 致死量（LD_{50}）/g 组织］与岩藻聚糖（其最终质量浓度为 0~200μg/mL）混合后，

立即或灭活后将混合物接种到 Tg7 小鼠的脑内。与对照组相比，只有含有最多岩藻聚糖的混合物显著延长了潜伏期。表明岩藻聚糖本身不会改变接种物的感染性，但它在脑中的存在可能会抑制 PrP^{Sc} 复制或 PrP 转化，其方式可能与体外观察到的方式类似。另外一种可能性是岩藻多糖可以在不经过 14h 的培养的情况下非常迅速地改变接种物的传染性。

在岩藻聚糖对口服和肠道 PrP^{Sc} 感染（如疯牛病和变异型克雅氏病）的预防作用研究中发现在肠内接种 PrP^{Sc} 后开始喂食岩藻多糖可使发病时间延迟约一半。然而，在肠内接种前喂食岩藻多糖并不影响潜伏期。少量的岩藻聚糖被肠道吸收进入血液并通过尿液排出。腹膜内或静脉注射的硫酸化多糖可抑制淋巴网状系统中的 PrP^{Sc} 复制，而淋巴网状系统参与了 PrP^{Sc} 从肠道到大脑的输送。因此，可以推测吸收入血的岩藻聚糖通过抑制淋巴网状系统中的 PrP^{Sc} 复制而发挥作用。感染前和感染后岩藻聚糖喂养之间的岩藻聚糖作用差距可能归因于这种情况下血液中的岩藻聚糖被快速清除到尿液中。感染后岩藻聚糖作用的另一个可能机制是它有助于感染物质从肠道排泄。这一推论在海藻多糖和其他天然多糖可以改变肠道细菌谱并帮助排毒证据中得到支持。相反，岩藻聚糖似乎并不通过宿主体内诱导的某种因素起作用，因为在接种前一天注射的岩藻聚糖从未起效。

鞣花酸（EA）和五没食子酰葡萄糖（PGG）对人 PrP 纤维化具有抑制作用。EA 或 PGG 与人 PrP 结合可以抑制 PrP 纤维化的生成和伸长，显著延长滞后期，并显著降低纤维生成的最大数量，且这种作用具有浓度依赖性。此外，与 EA 或 PGG 结合的 PrP 可以保留比富含 β 片层的 PrP 原纤维更高含量的 α-螺旋结构。在 EA 或 PGG 存在下形成的 PrP 聚集体对蛋白酶 K（PK）消化的抵抗力较低。

2. 脂肪对朊蛋白病的作用机制

有许多研究支持这种错误折叠过程需要 PrP^C 与质膜的脂质筏结构域结合。在体内和体外研究中都观察到 PrP^{Sc} 感染会导致细胞胆固醇含量增加。由于胆固醇对于脂质筏的形成至关重要，一方面，这种增加可能与 PrP^{Sc} 转化过程有关或有助于 PrP^{Sc} 转化过程。另一方面，胆固醇水平升高可能会影响神经元活力。

3. 矿物质对朊蛋白病的作用机制

金属离子可以直接与 PrP^{Sc} 和 PrP^{Sc} 样蛋白结合，从而影响淀粉样蛋白聚集体的数量。饮食是金属离子的来源，也是天然抗氧化剂和螯合剂（如多酚）的来源。PrP^C 是一种铜结合蛋白，为了进一步阐明金属在朊蛋白病中的作用，瘙痒病引起的朊蛋白病可能会导致大脑的这种变化，因此金属失衡可能会诱导 PrP^C 的转化成 PrP^{Sc}。

结合铁和铜，并被认为在神经元铁和铜代谢中发挥功能作用，由于铁和铜都具有高度的氧化还原活性和神经毒性。在人神经母细胞瘤细胞中 PrP^C 的过表达增加了细胞内的铁，表现为细胞总铁、细胞活性铁库（LIP）和铁蛋白中铁含量的增加。铁摄取蛋白转铁蛋白（TF）和转铁蛋白受体（TFR）水平降低，铁储存蛋白铁蛋白表达增加。PrP^C 对铁蛋白铁含量的正向作用可通过刺激 PrP^C 内吞而增强，但可被质膜上的交联 PrP^C 逆转。突变 PrP 的表达形式缺乏八肽重复序列、膜锚定或携带致病突变 PrP102L，与 PrP^C 表达细胞相比，PrP102L 显著降低了铁蛋白的含量，但对细胞 LIP 和 TF、TFR 和铁蛋白水平的影响是复杂的，随突变而变化。

Cu^{2+}通过共分配促进了活细胞表面和体外 PrP 的缩合。在分子水平上，Cu^{2+}抑制 PrPβ 结构和疏水残基的暴露。H_2O_2 诱导的氧化触发 PrP：Cu^{2+}凝聚体的液固相转变，促进类淀粉样 PrP 聚集。在细胞中，PrP^C 的过表达最初对 Cu^{2+}的细胞毒性具有保护作用，但在延长铜暴露时间

后导致 PrP^{C} 聚集。PrP 冷凝物对铜具有缓冲作用，可以防止铜毒性，但在长期的氧化应激下可以转变为 PrP 聚集。

锌可以调节谷氨酸和其他神经递质受体的功能，锌本身也是一种直接调节转录因子和抑制蛋白酪氨酸磷酸酶的信号分子。PrP^{C} 介导锌进入神经元细胞的摄取，并且这种摄取是由含有 GluA1 和缺乏 GluA2 亚基的 AMPA 受体介导的。当 PrP^{C} 发生突变或细胞被 PrP^{Sc} 感染时，锌的摄取被破坏，这表明锌摄取的减少有助于与朊蛋白病相关的神经退行性变。

锰是中枢神经系统正常生化和细胞功能所必需的。铜是一种在生理浓度下快速作用的神经毒素，PrP^{C} 的八肽重复区域可防止体内铜神经毒性，并减少海马内铜注射引起的神经元细胞损失。无论铜存在还是不存在，Cu^{2+} 的消耗都会降低 PrP^{C}，而锰会增加 PrP^{C} 水平。然而，铜增加了锰效应，表明存在相互关系。

4. 其他营养物质对朊蛋白病的作用机制

姜黄素是一种从姜黄根茎中提取的疏水性多酚，现在被认为是治疗神经系统疾病的候选药物，包括帕金森病（PD）、朊蛋白病。黄色染料姜黄素在体外抑制瘙痒病感染的神经母细胞瘤细胞中 PrP^{Sc} 原纤维的形成，并部分抑制 PrP^{C} 向 PrP^{Sc} 的无细胞转化。姜黄素能够促进 PrP^{Sc} 原纤维形成减少，且能够治疗小鼠神经母细胞瘤（N2a）细胞可保护 N2a 细胞免于凋亡，并逆转由与淀粉样蛋白原纤维孵育引起的 ROS 水平。重氮染料刚果红在结构上与姜黄素相关，与淀粉样蛋白原纤维结合，可以降低异常 PrP^{Sc} 在瘙痒病感染细胞中的积累，并抑制无细胞系统中 PrP^{Sc} 的形成。它被认为是一种治疗朊蛋白病的药物。此外，在游离 PrP 和 N2a 细胞中的检测验证了姜黄素对预防传染性神经退行性疾病的良好作用。

第二节　酶与疾病诊断

一、酶的概述、分类及功能

酶（Enzyme）是由活细胞产生的、对其底物具有高度特异性和高度催化效能的蛋白质或 RNA。酶的催化作用有赖于酶分子的一级结构及空间结构的完整。若酶分子变性或亚基解聚均可导致酶活性丧失。酶属生物大分子，相对分子质量至少在 1 万以上，大的可达百万。通常按反应性质分为氧化还原酶、转移酶、水解酶、裂合酶、异构酶、合成酶、易位酶。

在生物体内，酶发挥着非常广泛的功能。信号转导和细胞活动的调控都离不开酶，特别是激酶和磷酸酶的参与。酶也能产生运动，通过催化肌球蛋白上 ATP 的水解产生肌肉收缩，并且能够作为细胞骨架的一部分参与运送胞内物质。一些位于细胞膜上的 ATP 酶作为离子泵参与主动运输。一些生物体中比较奇特的功能也有酶的参与，例如，荧光素酶可以让萤火虫发光。病毒中也含有酶，或参与侵染细胞，或参与病毒颗粒从宿主细胞的释放。

复合酶的一个非常重要的功能是参与消化系统的工作。以蛋白酶为代表，可以将进入消化道的大分子（淀粉和蛋白质）降解为 $<15\mu m$ 的小分子，以便于肠道毛细血管充分吸收。淀粉不能被肠道直接吸收，而酶可以将淀粉水解为麦芽糖或更进一步水解为葡萄糖等肠道可以吸收的小分子。不同的酶分解不同的食物底物。在草食性反刍动物的消化系统中存在一些可以产生纤维素酶的细菌，纤维素酶可以分解植物细胞壁中的纤维素，从而提供可被

吸收的营养物质。

在代谢途径中，多个酶以特定的顺序发挥功能：前一个酶的产物是后一个酶的底物；每个酶催化反应后，产物被传递到另一个酶。有些情况下，不同的酶可以平行地催化同一个反应，从而允许进行更为复杂的调控。酶的存在确定了整个代谢按正确的途径进行；而一旦没有酶的存在，代谢既不能按所需步骤进行，也无法以足够的速度完成合成以满足细胞的需要。实际上如果没有酶，代谢途径，如糖酵解，无法独立进行。

二、酶相关疾病

（一）临床酶学诊断疾病

临床酶学已在诊断实验室中使用了大约 50 年。使用的前提是，当组织受损、感染或发炎时，细胞膜被破坏，使渗透性增加，从而使细胞质中的内容物，尤其是溶解的物质，能够以溶液的形式进入细胞外空间，然后进入血液。可以抽取血液，制备血浆，并且可以测量酶的酶活性或其他特性。血液中的酶活性与组织损伤程度成比例。

多年来，某些酶引起了人们的兴趣。例如，集中在心脏和肝脏的是天冬氨酸氨基转移酶（也称为血清谷氨酸-草酰乙酸转氨酶）和丙氨酸氨基转移酶（也称为血清谷氨酸-丙酮酸转氨酶）；碱性磷酸酶反映骨、肠和其他组织；肌酸激酶反映骨骼肌和心肌；乳酸脱氢酶（LDH）反映心脏、肝脏、肌肉和红细胞；α-淀粉酶反映胰腺；酸性磷酸酶，尤其是酒石酸不稳定酸性磷酸酶反映前列腺。通过测量几种酶的活性，可以形成一种表征器官的模式。如果有足够大的数据库，可以通过搜索到更具体的酶与器官，并确定何时测量同工酶（如果它们具有特定酶）。典型的例子是 LDH，其同工酶可以通过电泳测定，LDH 同工酶的分离和鉴定或特定同工酶的直接生化测定与临床诊断一致，提供了肌萎缩的结论性诊断，如心肌梗死。

肌酸激酶催化的反应是肌酸+ATP＝磷酸肌酸+ADP。这是肌肉中的一种重要酶，因为磷酸肌酸是主要的能量来源。这种酶是二聚体，其中一种亚基是肌肉型（M），另一种亚基是脑型（B），具有三种同工酶：MM、MB 和 BB。在心肌梗死中，除了 LDH 同工酶升高，肌酸激酶的 MM 和 MB 同工酶也会升高。在肌营养不良和其他骨骼肌疾病中，血清中 MM 同工酶升高。图 4-2 显示了心肌梗死后血浆酶活性随时间变化的模式。抽血在发病后 18~30h 以及发病后 12~48h 进行。表 4-1 可以观察到发病 48h 内酶活性的升高，一些酶活性持续了几天，甚至 1 周。从提供的信息来看，许多疾病可以通过测量血浆中的酶活性来确诊或诊断。其中包括急性肝炎、黄疸、肝硬化、肌营养不良和一些癌症。

表 4-1　心肌梗死后血浆酶活性的时间过程

酶制剂	发病时间/h	高峰期/h	持续时间/h
肌酸激酶（MB 同工酶：CK-MB）	3~10	12~24	1.5~3
肌酸激酶（总 CK）	5~12	18~30	2~5
天冬氨酸氨基转移酶（AST）	6~12	20~30	2~6
心脏特异性乳酸脱氢酶（LD）	8~16	30~48	5~14

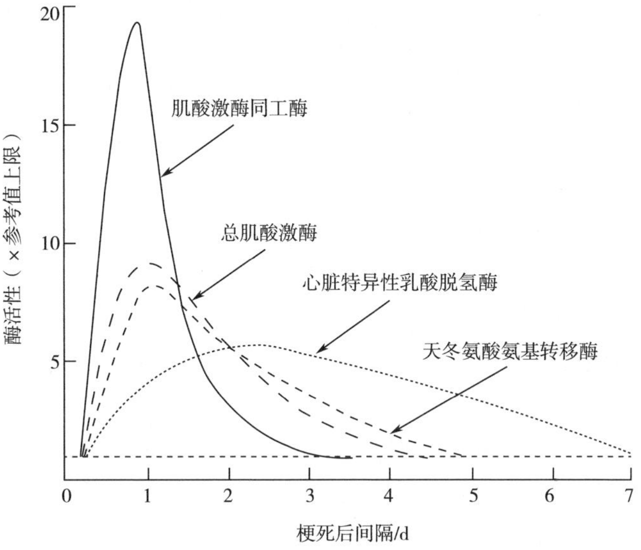

图 4-2 心肌梗死后血浆酶活性随时间变化的模式

（二）酶引发疾病类型

酶缺乏引起的疾病多为先天性或遗传性疾病。如白化病是由酪氨酸羟化酶缺乏引起的，蚕豆病或伯氨喹啉敏感的患者缺乏 6-磷酸葡萄糖脱氢酶。许多中毒性疾病几乎都是由某些酶的抑制引起的，当常用的有机磷农药中毒时，它们通过与胆碱酯酶活性中心必需基团的丝氨酸上的—OH 结合而使酶失活。胆碱酯酶可以催化乙酰胆碱水解成胆碱和乙酸。

1. 白化病

白化病是由于酪氨酸酶缺乏或功能减退引起的一种皮肤及附属器官黑色素缺乏或合成障碍所导致的遗传性白斑病。白化病属于家族遗传性疾病，为常染色体隐性遗传，常发生于近亲结婚的人群中。白化病依据临床表型特征分为三大类别：眼白化病（Ocular Albinism，OA），病人仅眼色素减少或缺乏，具有不同程度的视力低下，畏光等症状；眼皮肤白化病（Ocular Skin Albinism，OCA），除眼色素缺乏和视力低下、畏光等症状外，病人皮肤和毛发均有明显色素缺乏；白化病相关综合征，病人除具有一定程度的眼皮肤白化病表现外，还有其他异常，如同时具有免疫功能低下的白细胞异常色素减退综合征和具有出血素质的赫曼斯基-普德拉克（Hermansky-Pudlak）综合征，这类疾病较为罕见。

目前药物治疗无效，仅能通过物理方法，尽量减少紫外辐射对眼睛和皮肤的损害。还可以使用光敏性药物、激素等治疗，使白斑减弱甚至消失。此外，还需关注白化病患者心理方面的问题。白化病除对症治疗外，目前尚无根治办法，应以预防为主，通过遗传咨询禁止近亲结婚，同时进行产前基因诊断也可预防此病患儿出生。

2. 苯丙酮尿症

苯丙酮尿症（Phenylketonuria，PKU）是一种常见的氨基酸代谢病，是由于苯丙氨酸（Phnylalamine，PA）代谢途径中的酶缺陷，使得苯丙氨酸不能转变成为酪氨酸，导致苯丙氨酸及其酮酸蓄积，并从尿液大量排出。该病在遗传性氨基酸代谢缺陷疾病中比较常见，其遗传方式为常染色体隐性遗传。苯丙氨酸是人体必需的氨基酸之一，正常人每日需要的摄入量为200~500mg，其中1/3供合成蛋白，2/3通过肝细胞中苯丙氨酸羟化酶（Phenylalanine Hydroxylase，PAH）转化为酪氨酸，合成甲状腺素、肾上腺素和黑色素等。苯丙氨酸转化为酪氨酸的过程中，除需PAH外，还必须有四氢生物蝶呤（Tetrahydrobiopterin，BH4）作为辅酶参与。基因突变有可能造成相关酶的活性缺陷，致使苯丙氨酸发生异常累积。

苯丙酮尿症临床表现不一，主要临床特征为智力低下、精神神经症状、湿疹、皮肤抓痕征、色素脱失和鼠尿气味、脑电图异常。如果能得到早期诊断和早期治疗，上述临床表现可不发生，智力正常，脑电图异常也可得到恢复。

预防苯丙酮尿症应避免近亲结婚。开展新生儿筛查，早发现早治疗。对有该病家族史孕妇，必须采用DNA分析或检测羊水中蝶呤等方法，对其胎儿进行产前诊断。诊断一旦明确，应尽早给予积极治疗，主要是饮食疗法。开始治疗的年龄越小，效果越好。

低苯丙氨酸饮食，主要适用于典型苯丙酮尿症以及血苯丙氨酸持续高于1.22mmol/L（20mg/dL）的患者。由于苯丙氨酸是合成蛋白质的必需氨基酸，完全缺乏会导致神经系统损害，因此，婴儿可喂给特制的低苯丙氨酸奶粉，幼儿期添加辅食时应以淀粉类、蔬菜、水果等低蛋白食物为主。苯丙氨酸需要量，2个月以内需50~70mg/(kg·d)，3~6个月约40mg/(kg·d)，2岁为25~30mg/(kg·d)，4岁以上10~30mg/(kg·d)，以能维持血中苯丙氨酸浓度在0.12~0.6mmol/L（2~10mg/dL）为宜。饮食控制至少需持续到青春期以后。

3. 有机磷农药中毒

有机磷农药进入人体的主要途径有3种：经口进入，误服或主动口服；经皮肤及黏膜进入，多见于热天喷洒农药时有机磷落到皮肤上，由于皮肤出汗及毛孔扩张，加之有机磷农药多为脂溶性，故容易通过皮肤及黏膜吸收进入体内；经呼吸道进入，空气中的有机磷随呼吸进入体内。口服毒物后多在10min~2h发病。经皮肤吸收发生的中毒，一般在接触有机磷农药后数小时至6d发病。

有机磷毒物进入体内后迅速与体内的胆碱酯酶结合，生成磷酰化胆碱酯酶，使胆碱酯酶丧失水解乙酰胆碱的功能，导致胆碱能神经递质大量积聚，作用于胆碱受体，产生严重的神经功能紊乱，特别是呼吸功能障碍，从而影响生命活动。由于副交感神经兴奋造成的M样作用使患者呼吸道大量腺体分泌，造成严重的肺水肿，加重缺氧，患者可因呼吸衰竭和缺氧死亡。急性有机磷农药中毒（AOPP）还可引起心脏损害，甚至可以导致心源性猝死，其原因可能是对心脏直接损害引起中毒性心肌炎，加之缺氧、电解质紊乱、酸中毒等可以间接加重心脏损害，同时AOPP患者的交感神经和副交感神经功能紊乱，引起心律失常。此外，治疗时如阿托品用量过大，造成患者心率过快而供血不足，心脏耗氧增加，导致心肌缺血性损害，心电活动的稳定性受到影响，故容易发生恶性心律失常，发生猝死。

三、营养物质对酶相关疾病的作用机制

（一）营养物质对苯丙酮尿症的作用机制

苯丙酮尿症的治疗主要包括限制苯丙氨酸（Phe）的饮食，这会导致次优的神经认知和社会心理结果。补充大量中性氨基酸（LNAAs）如苯丙氨酸（Phe）、酪氨酸（Tyr）、色氨酸（Trp）、亮氨酸（Leu）、异亮氨酸（Ile）已被建议作为优化苯丙酮尿症神经认知结果的替代饮

食治疗策略，并已被证明会影响苯丙酮尿症的 3 种脑病理生化机制。补充 LNAAs（如 Leu 和 Ile）最有效地降低了脑 Phe 浓度，这些 LNAAs 对 LNAAs 转运蛋白 1 型具有很强的亲和力。脑部非苯丙氨酸 LNAAs 可以通过补充来恢复，但不平衡的 LNAAs 补充进一步降低了那些未（充分）包含在 LNAAs 补充剂中的脑部浓度。为了最好地改善脑单胺能神经递质浓度，LNAAs 补充剂应包括 Tyr 和 Trp 以及有效降低脑 Phe 浓度的 LNAAs。对 Tyr 补充的要求高于 Trp，并且血清素对脑 Phe 降低的相对效果高于多巴胺和去甲肾上腺素。为了进一步探讨脑氨基酸与单胺浓度之间的相关性以及 PKU 小鼠补充 LNAAs 恢复脑单胺浓度的可能机制，通过评估儿茶酚胺通路，多因素线性回归分析表明，脑多巴胺和去甲肾上腺素浓度均可以通过脑 Phe 和 Tyr 浓度的组合来预测，与脑 Phe 浓度呈负相关，与脑 Tyr 浓度呈正相关。当考虑脑 Phe 和 Tyr 浓度时，基因型不再显示出显著的相关性。此外，在脑 Phe 和 Tyr 浓度之间没有观察到交互作用。在 5-羟色胺能途径中，脑 5-羟色胺浓度可以通过脑 Phe 和 Trp 浓度以及基因型（R）来预测。脑血清素浓度与脑 Phe 浓度呈负相关，与脑 Trp 浓度呈正相关。此外，当校正脑 Phe 和 Trp 浓度时，PKU 小鼠的脑血清素浓度比 WT 小鼠低。

在人群研究中补充口服 Thr 对高苯丙氨酸血症患者血浆氨基酸浓度的影响。发现每天补充约 50 mg/kg 的膳食 Thr 导致血浆 Phe 水平显著降低，血浆与尿 Phe 浓度呈近正相关，表明补充 Thr 的患者血浆 Phe 水平较低并非由尿液中 Phe 排泄量较高所致。但目前还无法得出任何关于导致所观察到效果的机制的结论。

（二）营养物质对有机磷农药中毒的作用机制

鱼类消费是人类接触有机磷农药的一个关键组成部分，由于养殖鱼类的生物累积，这些污染物对人类健康具有潜在风险。硒（Se）是人类和动物维持正常功能的重要微量元素。然而，与许多其他微量元素不同，硒在缺乏、生理条件和毒性浓度之间的定量浓度范围有限。

有毒物质的生物累积会引发氧化还原反应，产生自由基，尤其是 ROS，从而导致鱼类组织发生生理变化。硒蛋白（SeP）在细胞内发挥着重要的生物学作用，它们是谷胱甘肽过氧化物酶（GSH-Px）、脱碘酶碘甲状腺原氨酸和硫氧还蛋白还原酶（TRxR）等酶的组成部分，保护细胞免受自由基的毒性和有害影响。它们还作为抗氧化因子参与过氧化氢和脂质氢过氧化物的氧化。此外，硒已被证明可以提高性能，抵消 ROS，并保护蛋白质、DNA 和染色体的结构和功能免受氧化损伤。硒酵母（SY）由于其有效性和安全性，它有可能以更天然的膳食形式供应硒。此外，硒酵母中的硒化合物具有很高的生物利用度。硒酵母补充剂对草甘膦和/或马拉硫磷单次或联合慢性暴露后对尼罗罗非鱼的生长性能、血液学、生物化学和氧化应激的有害影响的改善作用。其作用机制在于酵母细胞可以结合有机和无机硒，然后通过膜组装受体（细胞外）和跨细胞质膜离子转运（细胞内）进行生物累积，并通过氧化、还原、甲基化和硒蛋白合成过程进行解毒，使酵母能够在高硒浓度培养条件下存活。膳食中的硒酵母与红细胞和血红蛋白水平呈正相关，这可能支持了硒酵母补充剂在预防接触杀虫剂和除草剂的鱼贫血方面发挥的保护作用。这可能是因为硒可保护红细胞和血小板膜免受氧自由基的侵害，从而提高红细胞和血小板膜的稳定性及其存活率。此外，膳食硒可通过改善氧化损伤和增强可能影响鱼类健康的生理改变来防止马拉硫磷的毒性作用。

第三节 脂类物质与疾病发生

一、高胆固醇血症

（一）高胆固醇血症概述

胆固醇是细胞膜结构中的一种基本成分，约占细胞膜脂质的1/4。只有当胆固醇的转运体低密度脂蛋白（LDL）无法将其胆固醇含量转移到外周组织（HDL将胆固醇从外周组织转移到肝脏）时，血液中的胆固醇循环才会出现问题。LDL进入组织的运动是通过LDL与细胞膜上的受体结合来完成的。LDL的结合位点位于从细胞膜向外延伸的受体的N末端。受体包含*N*-连接和*O*-连接的寡糖结构域。延伸到细胞胞浆（可溶性细胞质）的结构域是内吞过程中受体聚集所必需的。当LDL未被转运时，血液中的LDL数量会增到超过300mg/mL的水平（正常水平将低于200mg/mL）。在血液中积累LDL后，巨噬细胞吸收LDL并成为海绵细胞，这是动脉粥样硬化斑块形成的一部分。

膜中的LDL受体成为结合含LDL胆固醇酯（CE）的包衣凹坑表面的一部分。CE在一个包被囊泡内被转运到细胞内部，该囊泡包括LDL受体，从而成为内体。内体可以靶向溶酶体，在溶酶体中释放游离胆固醇进入主要位于细胞膜中的未酯化池。从这个池中，胆固醇可以作为类固醇生物合成的起始底物。一些合成类固醇激素的特殊细胞含有CE液滴，CE可以通过胆固醇酯酶的激素激活进行排列，使游离胆固醇进入线粒体，而线粒体是类固醇激素生物合成的起点。使用LDL的这一过程的结果是为组织细胞提供可用胆固醇的储存，减少血液中循环的LDL-C。

（二）胆固醇的生物合成

胆固醇在身体的所有细胞中合成，最活跃的组织是肝脏，占人体胆固醇合成的75%或更多，其余主要来自饮食。整个胆固醇结构来源于乙酰辅酶A的乙酸盐。乙酰辅酶A的3个分子在内质网中转化为甲羟戊酸（C_6 化合物）。甲羟戊酸转化为异戊烯基二磷酸（C_5 片段，活性异戊二烯）。其中，6个异戊二烯聚合形成角鲨烯（C_{30}），角鲨烯在除去3个碳后，被环化形成胆固醇。

关键的调节酶反应之一是3-羟基-3-甲基戊二酰-CoA（HMG-CoA）还原酶催化HMG-CoA转化为甲羟戊酸。该酶是他汀类药物的重要靶点，他汀类药物用于大幅降低胆固醇的循环水平（高达50%）。低于200mg/dL（dL=100mL）是血液中胆固醇的正常水平，240mg/dL或以上是胆固醇升高。由于胆汁酸是胆固醇的最终产物，增加胆汁酸的排泄被认为是降低血液胆固醇的一种手段。

（三）胆汁酸的合成

通常在饭后，胆汁酸通过胆管进入肠道，胆汁酸一经消化，胆囊就会将胆汁酸排入小肠，然后进入大肠，大约10%从大肠转移到粪便中，其余部分再循环回肝脏，有些留在血液中。饮食中摄入膳食纤维可以增加胆汁酸的排出，胆汁酸与膳食纤维结合，通过肠道排泄，这也是临床使用摄入树脂（如胆甾胺）的理由，该树脂结合并增加胆汁酸的清除，从而减少胆汁酸通过肠道循环的再摄取。高达90%的胆汁酸再循环至肝脏和体循环，最终结果是降低了血液中胆固醇的含量。

但是降胆固醇药物的使用通过抑制HMG-CoA还原酶比这些方法更有效。当胆汁酸形成较高时，对进一步胆汁酸的形成有负反馈作用；因此，胆固醇水平会增加，相反，当胆汁酸量较低时，更多的胆固醇会转化为胆汁酸。所有系统在正常运行时，都倾向于使血液中的胆固醇保持恒定浓度。因此，胆汁酸清除率的增加是否会影响胆固醇的内源性合成速率，这一点值得怀疑。最有可能的是，内源性过程的主要调节因子是HMG-CoA还原酶。研究发现，2个核受体参与胆汁酸合成的调节，分别为肝脏X受体（LXR）和法尼样X受体（FXR），LXR结合氧甾醇使其活化，FXR结合胆汁酸。

二、脂肪酸与代谢

（一）脂肪酸和脂肪

脂肪酸是一端带有羧基的碳氢链。当链不含双键时为饱和脂肪酸，当链含有一个或多个双键时为不饱和脂肪酸。当双键引入烃链时，结构出现弯曲，这是因为由双键分隔的两个碳之间的距离比由单键分隔的两个碳之间的间距短。常见的不饱和脂肪酸和饱和脂肪酸如图4-3所示，分子的羧基端代表极性亲水基团，分子的其余部分（烃链）亲油（疏水）。当一个或多个双键引入分子时，双键两侧的氢原子可以呈现顺式或反式构型。

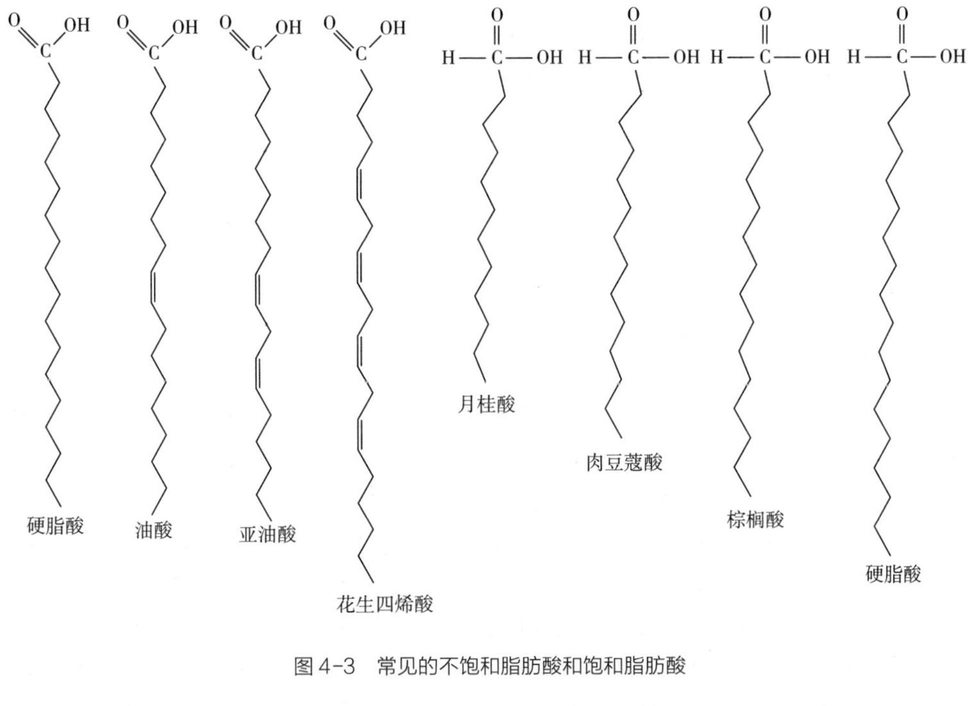

图4-3　常见的不饱和脂肪酸和饱和脂肪酸

当脂肪酸与甘油酯化时，根据其物理性质，它们被称为脂肪或油。物理性质由脂肪酸成分的不饱和度和脂肪酸链的长度决定。用饱和脂肪酸替代将产生固体脂肪，用不饱和脂肪酸替代将产生油。在饮食中，反式脂肪酸可能有害，也可能致癌，特别是当油在烹饪中不断重复使用时，双键的结构会从顺式转变为反式，如在炸薯条的烹饪中。

一些脂肪酸是机体必不可少的，它们需要通过饮食获得，为不饱和脂肪酸，如油酸和亚油酸。花生四烯酸是细胞膜的组成成分，它是重要活性物质前列腺素、白三烯和脂蛋白的底物。当甘油含有一种取代脂肪酸时，称为甘油一酯；当含有两种取代脂肪酸时，称为甘油二酯；当三种位置都被脂肪酸取代时，称为甘油三酯。甘油和甘油三酯的结构如图 4-4 和图 4-5 所示。

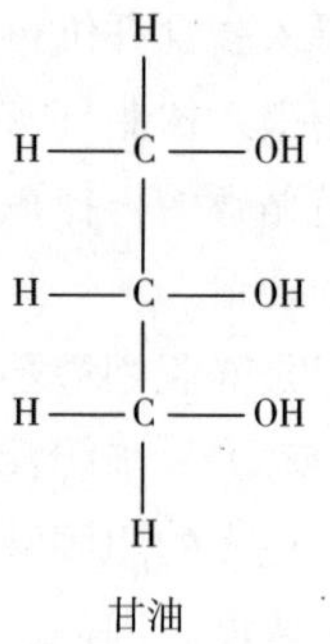

图 4-4 甘油结构

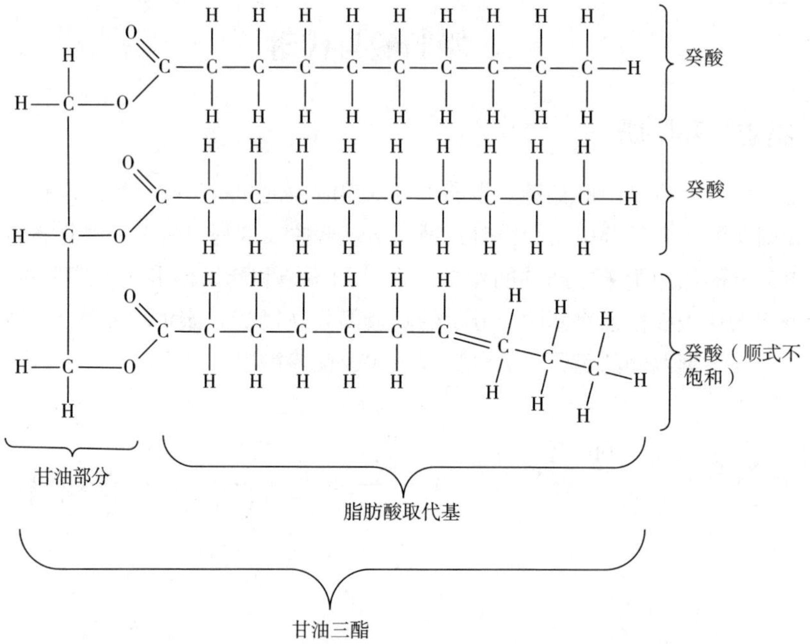

图 4-5 甘油三酯结构

（二）脂肪酸氧化

饮食中的脂质在胆囊分泌的胆盐作用下被肠道吸收。脂肪一旦乳化，就会被肠内的胰脂肪酶和磷脂酶 A_2 降解成游离脂肪酸以及甘油一酯和甘油二酯的混合物。脂肪酶在甘油的 1 位和 3 位降解，磷脂在甘油的 2 位被胰腺磷脂酶 A_2 降解，释放游离脂肪酸和溶血磷脂。这些产物被肠黏膜细胞吸收，再合成甘油三酯。然后，它们通过与蛋白质（脂蛋白复合物）结合而溶解成乳糜微粒，乳糜微粒含有脂滴、极性脂质和一层蛋白质（图 4-6、图 4-7）。

甘油三酯和磷脂在内质网中结合，然后载脂蛋白被添加到复合物中，乳糜微粒通过胞吐进入淋巴循环，这种循环在通过肝脏后流入血液。极低密度脂蛋白（VLDLs）和乳糜微粒将脂肪酸从肝脏运输至外周组织，LDL 将胆固醇从肝脏运输到外周组织。HDL 将胆固醇从外周组织输送到肝脏（再循环）。当胆固醇从质膜动员到 HDL 时，卵磷脂-胆固醇酰基转移酶（LCAT）催

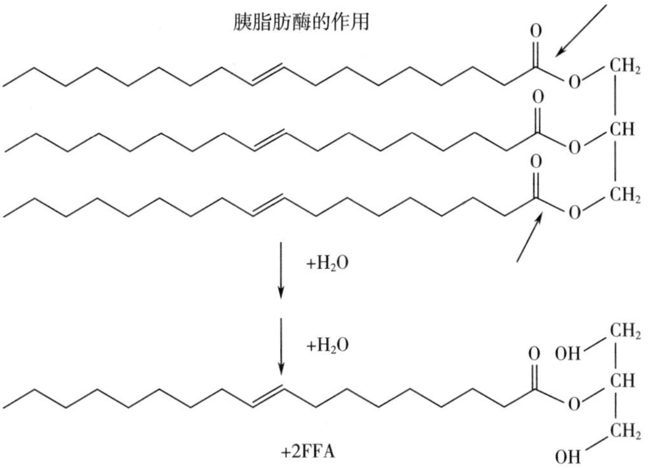

图 4-6　胰脂肪酶对甘油三酯的消化

化反应。脂肪细胞释放的游离脂肪酸在循环中携带，同时与白蛋白结合。脂肪被摄入并加工成肠道中的乳糜微粒；乳糜微粒被吸收到循环中，脂蛋白脂肪酶释放游离脂肪酸；游离脂肪酸分布到脂肪和肌肉组织。部分降解的乳糜微粒（残余物）通过残余受体被肝脏吸收，胆固醇被包装在 VLDLs 中。这些脂肪进入循环，脂蛋白脂肪酶释放游离脂肪酸，并携带到外周组织；部分降解的 VLDLs（中间密度脂蛋白，IDLs）通过 LDL 受体携带到肝脏和肝外组织。HDL 在肝外组织中产生，并被带回肝脏。肝脏中胆固醇的释放以胆汁酸的形式进入肠道：一些被排泄，但大多数被再循环到肝脏（肠肝循环）。

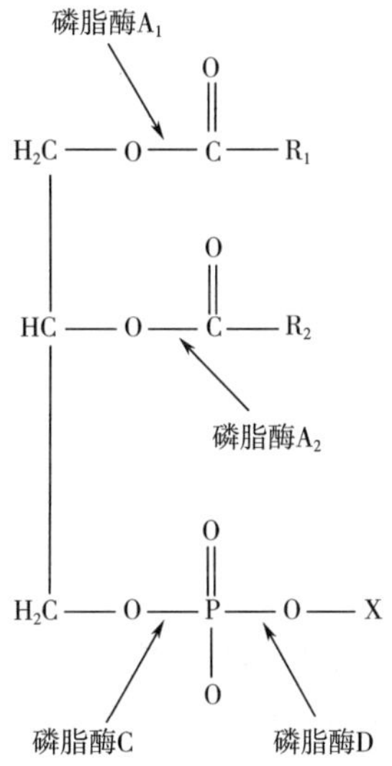

图 4-7　胰腺磷脂酶对磷酸甘油酯的消化

β-氧化是脂肪酸从羧基端开始分解为两个碳单元的过程。脂肪被摄入后，在肠道内分解为游离脂肪酸和单酰甘油。膳食脂肪以乳糜微粒和 VLDLs 的形式输送到肝外组织。脂肪酸的氧化发生在线粒体基质中，这种氧化发生在脂肪酰基的羧基端到乙酰辅酶 A 残留的 4 个反应中，一系列酶反应如图 4-8 所示。第一步，从脂肪酰辅酶 A 的 β-碳和 γ-碳（从羧基开始的第二和第三碳）中除去两个氢，形成双键。烯醇 CoA 水合酶步骤（第二步），在双键上添加水分子，使 β-碳变成—CH_2^-，而 γ-碳变成—$HCOH^-$。第三步，在 3-L-羟酰脱氢酶的催化下，从 γ-碳中除去两个氢，在 γ-碳中生成一个羰基，NAD^+被还原为 $NADH+H^+$。最后一步，在 β-酮硫酶催化反应中，β-碳与酰基 CoA 裂解在一起，另一 CoA 添加到剩余的羧基（前 γ-碳）中。循环再次开始，直到脂肪酸完全降解为乙酰 CoA 当量。

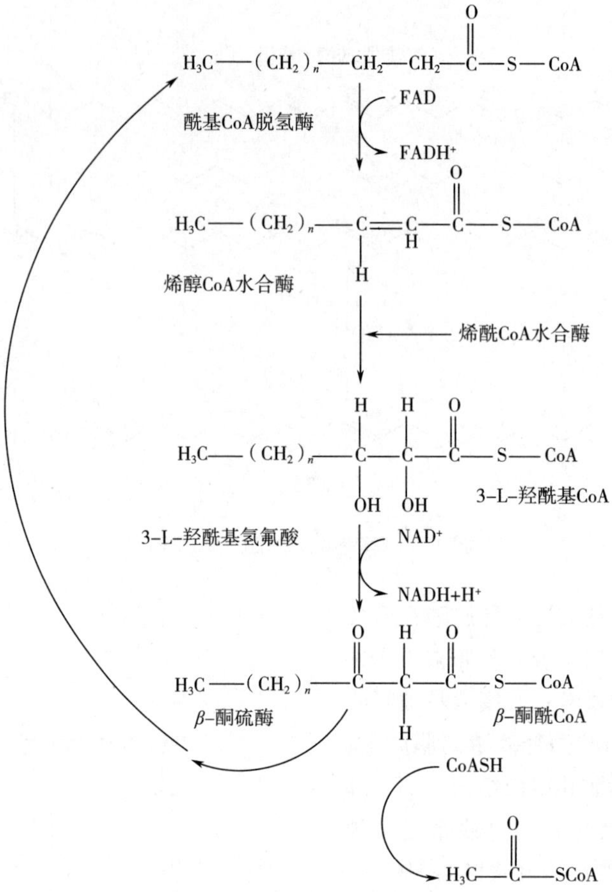

图 4-8　脂肪酰 CoA 的 β 氧化

三、脂代谢与激素调节

脂肪酸是由 3 种脂肪酶从饮食中摄入的甘油三酯中释放出来的，释放的脂肪酸和甘油被输送到血液中。在组织（肝脏）中，甘油被转化为甘油醛-3-磷酸，并进入糖酵解或糖异生，这取决于个体的状态。如果葡萄糖充足，糖将进入糖酵解，然后在柠檬酸循环中进一步转化。与胆固醇合成中 HMG-CoA 还原酶的控制一样，控制甘油三酯分解的主要激素是肾上腺素、胰高血糖素和胰岛素。脂解由肾上腺素和胰高血糖素激活，而胰岛素抑制脂解并刺激脂肪酸形成脂肪。3 种脂肪酶控制甘油三酯的分解：甘油三酯脂肪酶、甘油二酯脂肪酶和甘油一酯脂肪酶。

（一）肾上腺素

在这 3 种酶中，甘油三酯脂肪酶由肾上腺素激活，肾上腺素激活是由肾上腺素能受体介导的甘油三酯脂肪酶的机制，肾上腺素能受体从 ATP 产生环状 AMP，环状 AMP 激活蛋白激酶，其磷酸化非活性脂肪酶以产生活性磷酸化形式。当饮食中脂肪含量低但碳水化合物含量高时，形成脂肪，葡萄糖被转化为甘油醛-3-磷酸酯，与脂肪酸结合，甘油被转化为脂肪的前体。葡萄糖还通过形成丙酮酸和乙酰 CoA 生成脂肪酸。在饥饿或蛋白质、碳水化合物和脂肪摄入不足时，储存的脂肪被用来形成酮体，当脂肪分解形成脂肪酸和甘油时，甘油转化为甘油醛-3-磷酸，然后形成葡萄糖，释放的脂肪酸形成乙酰 CoA，不会进入柠檬酸循环，因为草酰乙酸在饥饿的人体内是有限的，乙酰 CoA 需要草酰乙酸才能进入柠檬酸周期。所有草酰乙酸都将用于糖异生形成葡萄糖；脂肪酸分解也会发生，产生所需的 ATP，形成酮体；肌肉（蛋白质）消耗将发生，以供应所需的氨基酸；酮体来源于肝脏中的乙酸盐，它们是丙酮、乙酰乙酸盐和 β-羟基丁酸盐。乙酰乙酸盐和 β-羟基丁酸盐都可以被心脏、骨骼肌和肾脏用作碳源，它们在饥饿时被大脑用来代替葡萄糖。

（二）胰高血糖素

激活脂肪细胞储存的脂肪分解的刺激物是胰高血糖素、肾上腺素和 β-促肾上腺皮质激素（胰岛素是一种抑制剂），它们通过其同源细胞膜受体运作，形成环状 AMP 并激活蛋白激酶 A。激素敏感性脂肪酶与甘油二酯脂肪酶一起产生甘油一酯，最终由单酰基胆固醇脂肪酶水解。游离脂肪酸产物从脂肪细胞中扩散出来，并与血白蛋白结合，运输到其他组织，在那里通过自由扩散（被动运输）进入细胞。生酮过程如图 4-9 所示，乙酰乙酰 CoA 由 2 个乙酰 CoA 分子形

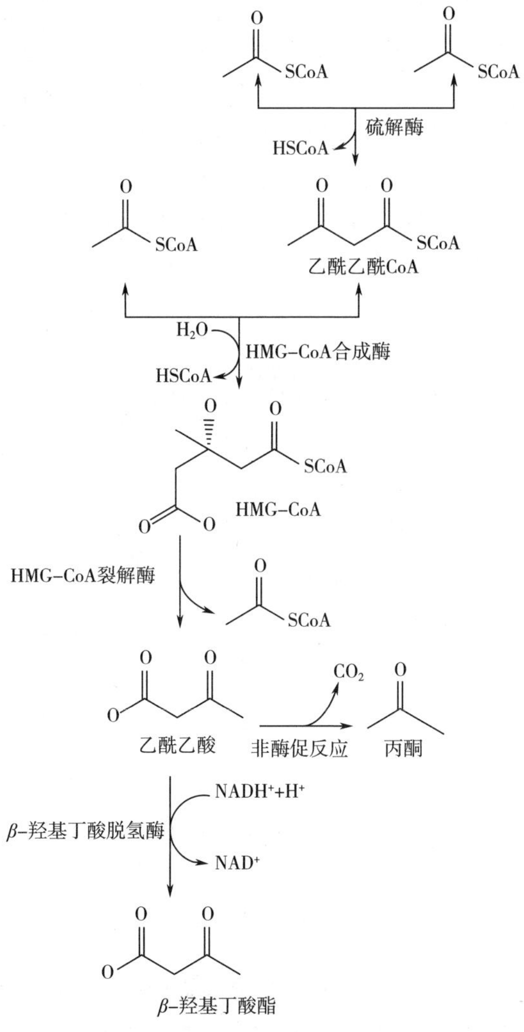

图 4-9　生酮过程

成。当肝脏中的糖原较高时，乙酰乙酸通过β-羟基丁酸脱氢酶转化为β-羟基丁酸。酮体通过转化为乙酰乙酸盐被组织利用，然后通过乙酰乙酸酯转化为乙酰乙酰 CoA。琥珀酰 CoA 转移酶存在于除肝脏外的所有组织中，因此肝脏产生酮体但不利用它们。

在形成的酮体中，丙酮被输送到肺部，这是阿特金斯节食者产生特有口腔气味的原因。乙酰乙酸和β-羟基丁酸转化回乙酰 CoA（β-羟基丁酸首先转化为乙酰乙酸）。乙酰 CoA 在禁食期间积累并转化为酮体，因为草酰乙酸不能进入柠檬酸循环。如果这个过程（生酮）达到极致，高水平的酮体可能导致酸中毒；过量的酮体通过尿液排出，并被组织使用。虽然生酮发生在肝脏中，但只有周围的组织使用它们，肝脏本身不能利用酮体。脂肪酸的释放增加了肝脏中通过提供底物而发生的生酮作用。在未经治疗的胰岛素依赖型糖尿病中，糖尿病酮症酸中毒是循环胰岛素减少导致组织葡萄糖供应减少所致。胰岛素的减少和胰高血糖素（低血糖）的增加，增加了脂肪的激素敏感性脂肪酶的活性，导致脂肪酸和脂肪酸氧化增加，导致乙酰 CoA 和酮体生成增加，使血液酸化。

脂肪酸的合成由乙酰 CoA 羧化酶控制，其为限速酶，分两步催化乙酰 CoA 羧化为丙二酰 CoA，如图 4-10 所示。由于该侧链相对较长，生物素可以在酶的两个活性位点之间转运。乙酰 CoA 羧化酶通过磷酸化和代谢产物的变构控制进行调节。当它被磷酸化时，酶解离成非活性单体，乙酰 CoA 不被代谢成丙二酰 CoA，乙酰 CoA 被保留以产生酮体，这可能是持续低葡萄糖条件下所需要的。一种单独 AMP 激活的激酶经磷酸化，抑制脂肪酸氧化。例如，这种机制在心脏中很重要，因为心脏不合成脂肪酸。在这类组织中，丙二酰 CoA 是脂肪酸氧化的抑制剂，当 ATP 低而 AMP 高时，丙二酰 CoA 的产生减少，允许脂肪酸氧化。

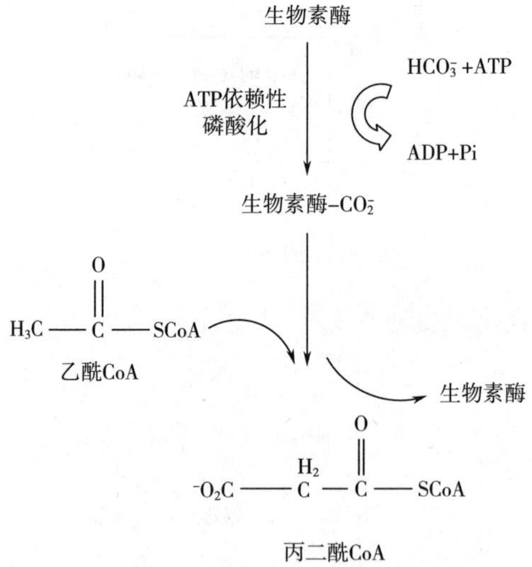

图 4-10 乙酰 CoA 羧化酶反应

（三）胰岛素

脂肪酸合成的调控是复杂的。在肝脏中，足够的葡萄糖条件下，由血糖升高引起胰岛素刺激合成酶，确保输入的葡萄糖转化并作为脂肪储存。胰岛素通过增加某些转录因子来刺激脂肪酸合成酶，如上游刺激因子（USFs）和固醇反应元件结合蛋白（SREBP-1）。多不饱和脂肪酸通过抑制 SREBP-1 降低脂肪酸合成酶的转录。

瘦素是抑制脂肪细胞中脂肪酸合成酶表达和 SREBP-1 的重要激素。它是一种含有 6 个螺旋的 130 个氨基酸的蛋白质。瘦素是在脂肪细胞中产生的，瘦素的循环水平与全身脂肪成正比。瘦素是大脑下丘脑受体的配体，其促进黑素细胞刺激激素的合成，是一种食欲抑制剂。它还可以抵消其他进食刺激物的作用，如神经肽 Y（由下丘脑和肠道细胞分泌）和大麻胺（一种与受体结合并刺激进食的大麻素样物质）。与脂肪组织相比，瘦素刺激肝脏和肌肉线粒体中脂肪酸氧化，从而减少这些组织中的脂肪储存。然而，到目前为止，还没有令人信服的遗传证据表明瘦素功能突变并不总是发生在肥胖个体。有一些证据表明，向肥胖者注射瘦素会导致体重下降，而大部分的体重下降都来自于储存的脂肪。人们普遍认为瘦素在调节体重方面起着重要作用。动物实验表明，一种名为抵抗素的小蛋白会导致肝脏对胰岛素的敏感性降低，人体巨噬细胞中产生抵抗素，肥胖和 2 型糖尿病患者与抵抗素水平升高存在关系。

四、其他脂质与相关疾病

（一）磷脂与疾病

磷脂类似于甘油三酯，只是其中一个甘油羟基被磷酸基团取代。通常磷酸基团进一步被另一基团取代，甘油磷脂分子结构如图 4-11 所示。在所有情况下，丙三醇的第三碳都被连接其他基团的磷酸基团取代，如乙醇胺、丝氨酸、胆碱、肌醇、酰胺或甘油。在二磷酸甘油中，甘油的 1-碳和 3-碳被连接其他基团的磷酸基团取代。

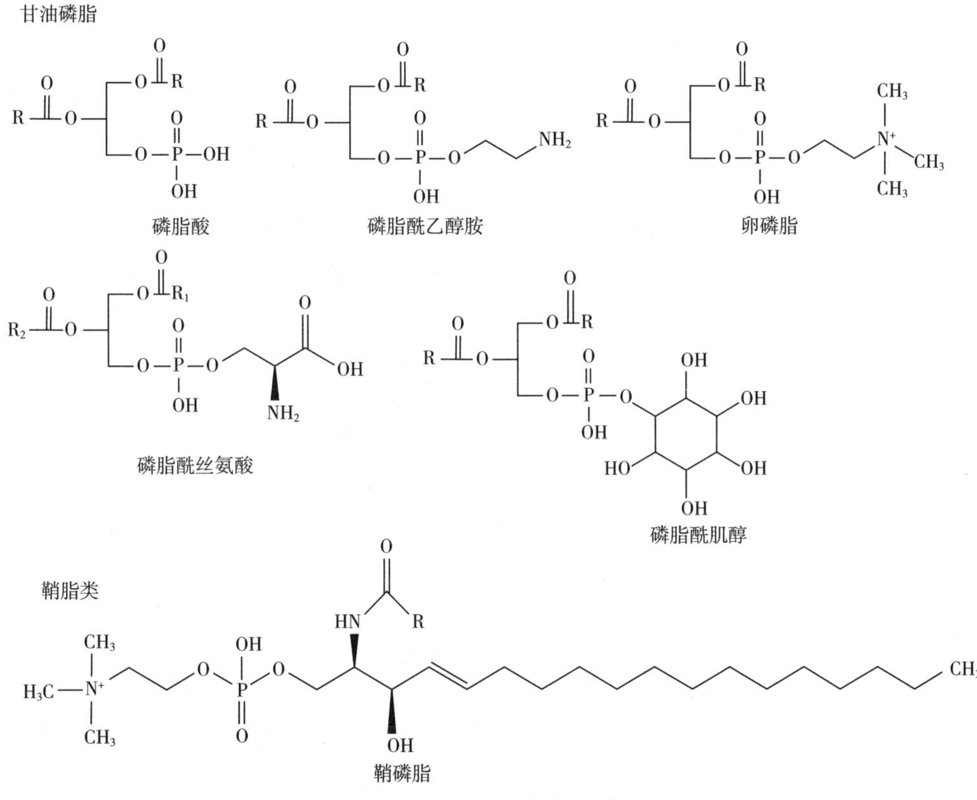

图 4-11　甘油磷脂分子结构

磷脂还充当乳化剂以溶解疏水分子。鞘氨醇是另一种磷脂，在某些组织中很重要，如大脑。它是鞘脂的一员，与磷脂一样，鞘脂有一个极性头部和两个亲脂尾部。鞘磷脂（鞘脂中唯一的磷脂）和鞘糖脂共同构成鞘脂类。它们均是细胞膜的重要成分，鞘磷脂尤其参与髓鞘的形成。神经酰胺存在于鞘磷脂和鞘糖脂中。鞘磷脂主要含有棕榈酸或硬脂酸，在鞘磷脂的 C_2 处 *N*-酰化。鞘磷脂是由神经酰胺通过鞘磷脂合成酶催化的磷脂酰胆碱提供磷酰胆碱而形成的。鞘磷脂被鞘磷脂酶分解。

酶（溶酶体中的酶称为酸性鞘磷脂酶）催化鞘磷脂的分解如下式：

$$鞘磷脂+H_2O = N\text{-}酰基鞘磷脂（神经酰胺）+磷酸胆碱$$

当神经酰胺通过细胞膜鞘磷脂的分解释放时，神经酰胺与促凋亡因子 Bax 结合可导致程序性细胞死亡（凋亡），如图 4-12 所示。细胞因子 TNF-α 激活鞘磷脂酶，神经酰胺进一步代谢为鞘氨醇，然后转化为左旋鞘氨醇-磷酸，后者激活核因子 NF-κB，在内皮细胞中，该因子导致细胞黏附分子（CAMs）表达。高密度脂蛋白阻断鞘氨醇激酶催化的鞘氨醇转化为 1-磷酸鞘氨醇，并能够减少黏附分子的表达。

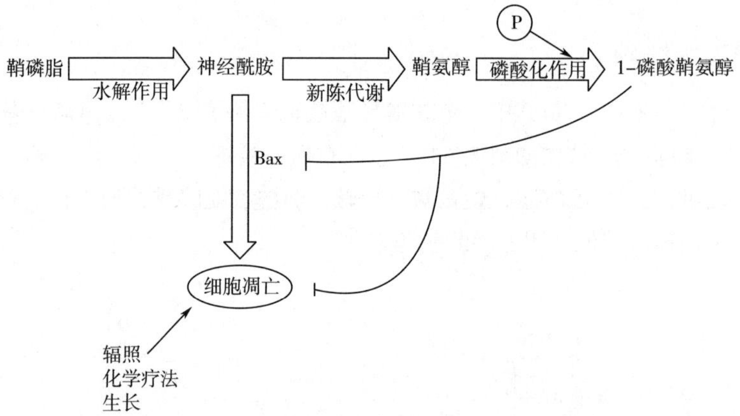

图 4-12 鞘磷脂酶释放神经酰胺破坏膜鞘磷脂

在溶酶体中发现的酸性鞘磷脂酶，当鞘磷脂被携带到这个细胞器时，它参与了鞘磷脂的分解。这种酶的突变或表达不良可导致溶酶体储存疾病，即尼曼-皮克病。这种疾病有 5 种类型，其中只有两种由酸性鞘磷脂酶缺陷引起。鞘脂代谢紊乱导致多种疾病，如表 4-2 所示。

表 4-2 鞘脂代谢紊乱导致多种疾病

疾病	酶缺乏症	积累物质	症状
黑蒙性家族性痴患	己糖胺酶 A	GM2 神经节苷脂	智力迟钝，失明，早期死亡
高歇氏症	葡萄糖苷脂酶	葡萄糖脑苷脂	肝脾肿大，婴幼儿智力迟钝，长骨退行性病变
法布里病	α-牛乳糖 A	酰基鞘氨醇三己糖；又称神经鞘氨醇己三糖苷	肾衰竭，皮疹
尼曼氏病 A 型和 B 型 C1 型和 C2 型 D 型	鞘磷脂酶	鞘磷脂 低密度脂蛋白衍生胆固醇	所有类型都会导致智力障碍，肝脾肿大，有早期死亡的可能

续表

疾病	酶缺乏症	积累物质	症状
克拉伯病（球状细胞性脑蛋白营养不良）	半乳糖脑苷酯酶	半乳糖脑苷脂	智力迟钝，髓鞘缺乏
桑德霍夫 · 贾茨凯维茨病	氨基己糖苷酶 A 和 B	红细胞糖苷脂；GM2 神经节苷脂	与黑蒙性家族性痴愚病症相同，发病更快
GM1 神经节苷脂沉积病	GM1 神经节苷脂；β-牛乳糖	GM1 神经节苷脂	智力迟钝，骨骼异常，肝肿大
脑硫脂沉积病（异染性脑白质营养不良）	芳香基硫酸酯酶 A	硫苷脂	智力迟钝，神经异色症
岩藻糖苷贮积症	α-L-岩藻糖苷酶	五羟藻糖脂	脑退化，皮肤增厚，肌肉痉挛
费伯脂肪肉芽肿病	酸性酰胺酶	神经酰胺	肝脾肿大，关节疼痛肿胀

（二）鞘糖脂与疾病

鞘糖脂具有神经酰胺成分，单糖或寡糖取代鞘氨醇的 C_1。鞘氨醇的结构如图 4-13 所示。鞘氨醇糖脂主要有 4 类：脑苷、硫酸盐、球苷和神经节苷脂。位于神经元细胞膜中的脑苷有一种糖，最常见的是半乳糖，与神经酰胺（半乳糖脑苷）相连。葡萄糖脑苷作为合成或降解复合鞘糖脂的中间体，硫酸脑苷脂是指半乳糖脑苷的硫酸酯。在硫酸盐脂质病中可以看到硫酸盐的过度积累（表 4-2）。球苷是含有一种以上碳水化合物的脑苷，如半乳糖、葡萄糖或 *N*-乙酰半乳糖。球三糖基神经酰胺有一种葡萄糖和两种半乳糖残基，在法布里病患者的肾脏中积累，如表 4-2 所示。神经节苷脂类似于球苷脂，但不含有 *N*-乙酰神经氨酸。

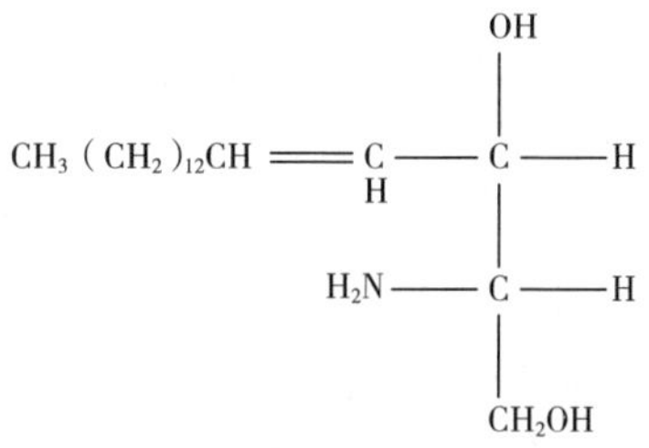

图 4-13　鞘氨醇的结构

（三）脂蛋白与疾病

脂肪酸在血液中由蛋白质运输，脂质（胆固醇和磷脂）由脂蛋白颗粒运输。由于脂质的水不溶性，脂蛋白颗粒中的磷脂提供了界面，极性一端可以与水相互作用，脂蛋白颗粒中脂质的非极性部分向内，包括甘油三酯和胆固醇酯（通过胆固醇的 3-羟基位置酯化的脂肪酸）。脂蛋白的种类有乳糜微粒、VLDL、IDL、LDL 和 HDL。HDL 通过循环系统将脂质输送到肝脏，高水平的 HDL 与心脏病发作的低风险有关。相比之下，高水平的 LDL（将胆固醇输送到非肝脏组织）是值得警惕的。血液中高水平的 LDL 颗粒与动脉粥样硬化和心脏病的易感性有关。动脉中脂肪斑块的形成是泡沫细胞的作用。这些细胞来源于巨噬细胞，其细胞表面具有清道夫受体。清道夫受体吸收 LDL 颗粒，促进巨噬细胞转化为泡沫细胞，泡沫细胞富含胆固醇。许多与胆固醇水平和循环 LDL 相关的临床知识仍然需要更多的研究才能解释。

五、营养物质对脂类物质所致疾病的作用机制

（一）营养物质对高胆固醇血症的作用机制

基于功能性食品的营养物质具有改善高胆固醇血症的作用，膳食补充剂和营养保健品已在全世界应用于改善高胆固醇血症。

红曲米是以籼稻、粳稻、糯米等稻米为原料，用红曲霉菌发酵而成，在发酵过程中其会产生一种莫纳克林 K（Monacolin K）的代谢物，它可以直接通过竞争性的抑制 HMG-CoA 还原酶，从而阻断机体内胆固醇的合成。红曲米提取物能有效降低 LDL-C，是一种能替代他汀类药物不耐受患者治疗血脂异常和降低心血管风险的安全有效的治疗选择。

可溶性膳食纤维（果胶）具有降低胆固醇的作用，它主要通过抑制胆固醇的吸收；降低胆固醇的可用性，从而降低胆固醇向血液的转移率；阻止胆固醇的合成；降低膳食能量密度，增加胆汁排泄这几种途径来发挥高胆固醇血症的治疗作用。这提示富含果胶的食品也能发挥同样的作用。红番石榴是热带水果中维生素 C 含量和膳食纤维含量最高的水果品种。研究发现红番石榴能通过降低 TC、LDL 和甘油三酯水平来缓解高胆固醇血症的症状，并证明其在降低胆固醇水平方面具有与果胶相同的能力。然而，膳食纤维在植物中大多是不溶性膳食纤维，其可溶性膳食纤维的摄入量有限，因此，改变膳食纤维（主要是不溶性膳食纤维）的溶解性可能是一个可行的解决方案。如经过热处理增加了可溶性纤维的含量，并通过生化实验发现经热处理的大麦纤维降低了 TC、LDL 和甘油三酯的水平。因此，对膳食纤维进行热改性可增加可溶性与不溶性膳食纤维的比例，从而提高其降低胆固醇的潜力。

多糖也有治疗或缓解高胆固醇血症的作用。在高胆固醇血症小鼠模型中发现口服毕氏盐角草种子多糖后，TC 和 LDL-C 水平比阴性对照组低。但 HDL-C 则比阴性对照组高。这表明毕氏盐角草种子多糖具有降血脂的作用。浒苔多糖不仅能降低血清 TC 和 LDL-C 的浓度，抑制肝脏胆固醇沉积，还促进了肝脏中脂肪生成相关基因 *SREBP-1c*、*ACC* 和 *FAS* 的下调以及胆汁酸生物合成相关基因 *LXRα*、*CYP7A1* 和 *CYP27A1* 的上调。除此之外，还改变了肠道微生物群，主要增加了与胆汁酸代谢相关的微生物，如 *norank_ f_ Muribaculaceae*。此外，毕氏盐角草种子多糖可改变粪便胆汁酸谱，减少粪便共轭胆汁酸。进一步的相关分析表明，*Bacteroides*、*norank_ f_ Muribaculaceae* 和 *Ileibacterium* 的丰度与粪便共轭胆汁酸、血清 TC 和 LDL-C 的水平呈负相关，而 *Proteobacteria* 和 *Lachnoclosteridium* 的丰度与共轭胆汁酸和血清 TC 呈正相关。总之，上述研究结果表明，毕氏盐角草种子多糖可缓解高胆固醇血症，并通过促进粪便微生物群组成和调节胆汁酸代谢的方式调节胆固醇代谢。

（二）营养物质对鞘脂相关疾病的作用机制

细胞-细胞相互作用、细胞黏附、细胞增殖和迁移以及细胞死亡等过程在一定程度上都受到鞘脂的调控。因此鞘脂平衡的破坏或失调可导致有害的病理生理状况。现在人们已经认识到，鞘脂参与了炎症、神经变性、癌症转移和溶酶体贮存紊乱（LSDs）等过程。

在功能性食品的营养物质中，多糖被认为是最主要的活性成分之一，它在鞘脂的代谢调节

方面有很多研究。例如，在用多柔比星（DOX）诱导的小鼠心肌病模型中用代谢组学的方法发现了22种与DOX心肌病相关的极性血清代谢物，其中12种代谢物在动物与黄芪多糖联合治疗时通过两个主要代谢途径（即鞘脂和甘油磷脂代谢）显著逆转。此外，黄芪多糖可通过降低酸性鞘磷脂酶、酸性神经酰胺酶和磷脂酶 A_2 的水平，提高鞘磷脂合成酶的水平来调节鞘磷脂和甘油磷脂代谢紊乱，从而缓解DOX诱导的心肌病。这些结果表明，鞘磷脂和甘油磷脂代谢可能是导致DOX心肌病的重要原因，这也是黄芪多糖防治DOX心肌病的主要作用机制。

除多糖外，维生素类营养物质也可以通过鞘脂代谢途径对疾病的治疗具有一定的效果。胰岛素抵抗是2型糖尿病的一个主要病理生理标志，而胰岛素抵抗的发生与神经酰胺信号转导有关。由于补充维生素D可改善血糖浓度和胰岛素敏感性，从而减缓2型糖尿病的发展，因此学者研究了补充维生素D是否会影响2型糖尿病患者的血浆鞘脂水平。结果表明，与安慰剂组相比，维生素D补充剂组的血浆 C_{18} 二氢甘油酰胺［dhCer；*N*-硬脂酰-鞘氨醇（d18：0/18：0）］和 C_{18} 甘油酰胺［Cer；*N*-硬脂酰-鞘氨醇（d18：1/18：0）］水平明显提高。与安慰剂组相比，服用维生素D的患者血液中 $1\alpha,25\text{-}(OH)_2D_3$ 的水平也明显升高。这表明补充维生素D可诱导2型糖尿病患者体内 C_{18} 链长特异性dhCer和Cer血浆水平的变化。因此，维生素D对鞘脂信号的调节可能揭示了维生素D影响葡萄糖利用和胰岛素作用的新机制。而维生素E在机体内会代谢成13′-羧基色满醇（13′-COOH），维生素E的代谢物δT-13′-COOH和δTE-13′-COOH是COX-2和5-LOX的有效双重抑制剂，通过靶向关键基因和增加神经酰胺来调节鞘脂，从而诱导结肠癌细胞凋亡和自噬。这表明维生素E可通过调节鞘脂抑制小鼠的促炎酶，诱导癌细胞的凋亡和自噬并抑制小鼠结肠肿瘤的发展。

第四节 营养物质与血液循环系统疾病

一、血液

血液是在心脏和血管腔内循环流动的一种组织。成人的血液约占体重的1/13。血细胞占血液体积的45%，其中99%是红细胞，1%由白细胞和血小板组成；另外55%是血浆，含92%水，还含有钠、氯、钾、锰和钙离子，血浆蛋白、白蛋白、球蛋白和纤维蛋白原。

人体血液循环分为两大部分，体循环和肺循环（图4-14）。体循环是指血液由左心室进入主动脉，再流经全身的各级动脉、毛细血管网、各级静脉，最后汇集到上、下腔静脉，流回右心房的循环途径。肺循环是指血液由右心室进入肺动脉，流经肺部的毛细血管网，再由肺静脉流入左心房的循环途径。体循环和肺循环同时进行，并且在心脏处汇合，组成一条完整的循环途径。通过血液的循环将 O_2 输送到组织，并将 CO_2 从组织中排出，还携带激素、酶、各种营养素、血浆蛋白和血细胞，循环营养素主要是氨基酸、葡萄糖、维生素、矿物质、脂肪酸和甘油，同时携带水和毒素尿素进行清除。通过pH缓冲系统，将血液的临界pH维持在6.8~7.4。

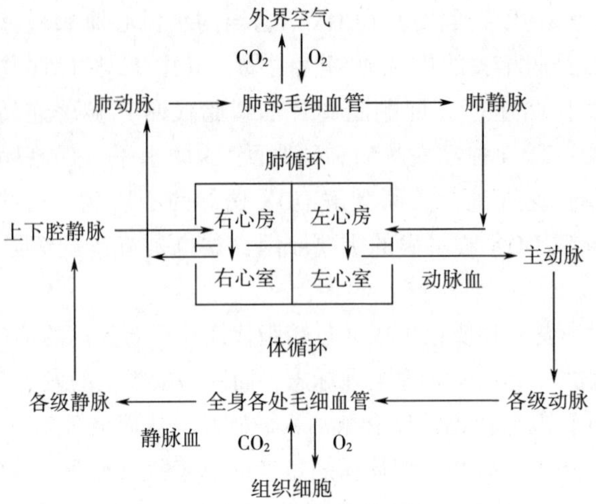

图 4-14 人体血液循环图

二、凝血机制及深静脉血栓

（一）凝血机制

机体凝血系统包括凝血和抗凝两个方面，两者间的动态平衡是正常机体维持体内血液流动状态和防止血液丢失的关键。机体的正常止凝血，主要依赖于完整的血管壁结构和功能，有效的血小板质量和数量，正常的血浆凝血因子活性。凝血机制是多种蛋白质的级联，其中，大多数是蛋白酶，通过蛋白水解激活前体蛋白。激活的蛋白质（丝氨酸蛋白酶）激活级联中的下一个蛋白质，依此类推，直到纤维蛋白原被凝血酶催化活化为纤维蛋白。纤维蛋白分子又长又细，形成凝块。两个事件可以发出凝血途径的信号。凝血过程通常分为：内源性凝血途径，外源性凝血途径，共同凝血途径。在体内原因不明的深静脉血栓等情况下，会发出内在通路的信号。外部事件，如创伤，触发外部途径；上述途径如图 4-15 所示。

1. 内源性凝血途径

内源性凝血途径是指从因子Ⅶ激活，到Ⅳa-PF_3Ca^{2+}复合物形成激活因子X的过程。当血管壁发生损伤，内皮下组织暴露，因子与带负电荷的内皮下胶原纤维接触被激活为Ⅻa，少量Ⅻa与 HMWK 使 PK 转变为激肽释放酶，后者可与 HMWK 一起迅速激活大量Ⅻa，Ⅻa同时激活因子Ⅵ，在此阶段无需 Ca^{2+}参与。继之，Ⅵ与 Ca^{2+}、因子Ⅷ和 PF_3 共同形成复合物，激活因子X为Xa。内源凝血时间延长，但病人体内缺乏这些因子时并不发生出血症状。而因子Ⅷ、Ⅸ、Ⅺ缺乏，可见于各种血友病，伴有凝血时间延长。由于内源性凝血维持的时间长，因此在止血中更显重要。但研究表明，可能并不需在内源性凝血途径中因子Ⅶ的接触激活这一过程，内源性凝血途径是由外源凝血启动形成的少量凝血酶直接激活因子Ⅶ开始的。

2. 外源性凝血途径

外源性凝血途径指从因子Ⅶ被激活到形成X或Ⅶa-Ca^{2+}-TF 激活因子X过程。当组织损伤后，释放因子，它与 Ca^{2+}和因子X或激活的Ⅶ一起形成复合物，使因子X激活为Xa。组织因子（TF）与因子Ⅶ结合可加快激活Ⅶ；Ⅶ和Ⅶa 与 TF 的结合有相同和亲和力；TF 可与Xa 形

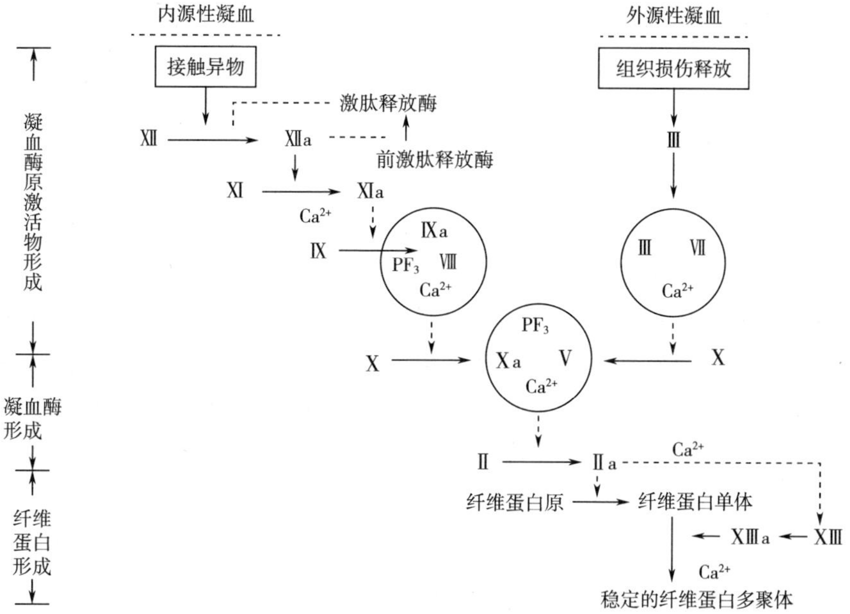

图 4-15　凝血的内在和外在途径

成复合物，后者比Ⅶa 单独激活因子Ⅹ增强 16000 倍。外源性凝血所需的时间短，反应迅速。一般认为，血液凝固首先启动外源凝血。尽管维持时间短，但由于 TF 广泛存在于各种组织（以脑、肺、胎盘中含量最多）所以一旦进入血液，因其含有大量磷脂而极大地促进凝血反应。

研究表明，内源凝血和外源凝血途径可以相互活化。内源凝血中的Ⅶa、Ⅵa、Ⅸa 是外源凝血因子Ⅶ的主要激活物；外源凝血中的因子Ⅸa 则可激活Ⅻ，部分代替Ⅺa、Ⅹa 的功能。内外源凝血途径的互相交叉启动，显示出机体灵活的凝血机制。

3. 凝血共同途径

从因子Ⅹ被激活至纤维蛋白形成，是内源、外源凝血的共同凝血途径。①凝血活酶形成：即Ⅹa、因子Ⅴ、PF_3 与 Ca^{2+} 组成复合物，即凝血活酶，又称凝血酶原酶。②凝血酶形成：在凝血酶原酶的作用下，凝血酶原转变为凝血酶。③纤维蛋白形成：纤维蛋白含有 3 对多肽链，其中 A 和 B 中含很多酸性氨基酸，故带较多负电荷，凝血酶将带负电荷多的纤维蛋白肽 A 和肽 B 中水解除去，转变成纤维蛋白单体，溶于尿素或溴化钠中，是可性纤维蛋白；同时，凝血酶又激活因子，使可溶性纤维蛋白发生交联而形成不溶的稳定纤维蛋白，形成血凝块，至此凝血过程才全部完成。

在凝血共同途径中有两步重要的正反馈反应，有效地放大了内外源凝血途径的作用。一是Ⅹa 形成后，可反馈激活因子Ⅴ、Ⅶ、Ⅷ、Ⅸ；二是凝血酶形成后，可反馈激活因子Ⅴ、Ⅶ、Ⅷ、Ⅹ、Ⅺ以及凝血酶原。凝血酶还可促使血小板发生聚集和释放反应，刺激血小板收缩蛋白引起血块退缩。但大量凝血的产生却反过来破坏因子Ⅷ和因子Ⅴ，这是正常凝血的负电荷反馈调节，以防止不适当的过度凝血。此外，Ⅶa 和Ⅶa 也可分别自激活Ⅶ和Ⅶ，加速内外凝血反应。在整个凝血过程中，中心环节是凝血酶的形成，一旦产生凝血酶，即可极大加速凝血过程。但受损部位纤维蛋白凝块的形成又必须受到制约，不能无限扩大和长期存在，这一作用由体抗系统和纤溶系统调节控制。在凝血的过程中，除了正反馈作用外，也存在负反馈作用调节。其中之一是被称为组织因子途径抑制物的负调节作用。TFPI 可与Ⅶa 和Ⅹa 形成无活性的复合物，隔断外源凝血，可能这就是源凝血首先启动但维持时间较短的一个原因。

（二）深静脉血栓

凝血是伤口愈合的正常机制。然而，与伤口愈合无关的血栓可能会发生，这是危险和危及生命的，过度凝血通常发生在将血液输送到心脏的血管的过程（深静脉血栓形成，DVT），老年人可能发生不稳定（意外）凝血。有时长时间不走动，如坐在飞机上、车上或躺在床上，将导致血栓形成。其他致病因素可能是口服避孕药、手术、分娩、大面积创伤、烧伤和髋部或股骨骨折。DVT 的发生频率为每 1000 人/年 1 次。在这些情况下，血栓发生在深静脉。血块会在某个时候破裂，部分血块会进入血液，并停留在肺部。肺栓塞会产生咳嗽、唾液带血、呼吸短促、呼吸急促和心率加快等症状。血栓可能发生在腿部、臀部或骨盆。偶尔血块会进一步进入大脑，形成血栓的倾向，导致中风，尤其是在老年人中，可能是由于血液的高凝状态引起的。

（三）营养物质对深静脉血栓的改善和平衡机制

维生素 D 水平低可能会增加中风的风险，并导致中风患者预后较差。值得注意的是，维生素 D 在卒中患者发生 DVT 中也起着至关重要的作用，一项小样本研究表明，维生素 D 缺乏使 DVT 的风险增加 4.683 倍。维生素 D 在溶栓疾病中的潜在作用已有报道。可能的机制是维生素 D 可能通过诱导 IL-10 受体表达和抑制 NF-κB 活化发挥抗炎作用，并减轻内皮细胞的氧化应激，从而减少血栓形成的机会。此外，值得注意的是维生素 D 及其类似物可能具有抗血栓特性，据报道可直接或间接调节凝血途径。在单核细胞中，维生素 D 通过下调组织因子（TF）、上调血栓调节蛋白（TM）、降低肿瘤坏死因子和氧化 LDL 的作用来抑制凝血，从而发挥抗血栓活性。其他抗凝机制包括：调节平滑肌细胞中纤溶酶原激活剂抑制剂-1（PAI-1）和血小板反应蛋白-1 的表达，下调和调节凝血指标（高敏性 C 反应蛋白、组织因子途径抑制剂和 TNF-α）。

芍药苷、苯甲酰芍药苷、没食子酸和儿茶素是赤芍药水提物（PRRDG）的主要成分。PRRDG 能降低血栓重量和 TF 蛋白表达，降低静脉内皮中 P 选择素、单核细胞趋化蛋白-1（MCP-1）、细胞间细胞黏附分子-1（ICAM-1）和血管细胞黏附分子-1（VCAM-1）的蛋白表达水平，降低血清中 TNF-α 和 IL-1β 的水平，减少血栓和静脉壁中炎症细胞数量。此外，PRRDG 下调 p-p65 蛋白表达并上调磷酸化 GSK3β（p-GSK3β）蛋白表达。表明 PRRDG 通过抑制 GSK3β 活性来改善炎症，从而预防深静脉血栓形成。

三、营养物质对循环系统疾病的影响

（一）循环系统疾病

循环系统疾病，也称为心血管疾病，是现代社会中对人类健康构成重大威胁的疾病之一。这些疾病涉及心脏和血管，包括动脉、静脉和微血管，并且是导致死亡的主要原因之一。

循环系统疾病中，心脏疾病较为常见，其中包括冠心病、心肌病、风湿性心脏病、先天性心脏病等。冠心病通常表现为心绞痛或心肌梗死，而心肌病则可能包括扩张性心肌病、肥厚性心肌病和限制性心肌病等类型。此外，感染性心内膜炎也属于循环系统疾病的范畴。

血管疾病是循环系统疾病的另一大类，其中最常见的是高血压，此外还包括动脉扩张性、动脉闭塞性及动脉畸形等疾病，如下肢脉管炎、多发性大动脉炎和下肢动脉血栓等。静脉疾病则包括静脉回流障碍、静脉反流性疾病和静脉畸形，如下肢静脉曲张。

循环系统疾病的预防和治疗涉及多个方面，包括合理膳食、适量运动、戒烟限酒、减少食盐摄入以及保持良好的心理状态。此外，定期体检和早期诊断对于预防和控制这些疾病至关重要。例如，高血压和高脂血症是可管理的，适当的药物治疗和生活方式改变可以显著降低心脑血管疾病的风险。

（二）营养物质对循环系统疾病的作用机制

氨基酸是调节心血管病理生理的重要能量底物。支链氨基酸（BCAA）由缬氨酸、亮氨酸和异亮氨酸组成，是一类可在心肌组织中被氧化的必需氨基酸。在哺乳动物中，BCAA 的代谢稳态由一系列 BCAA 分解代谢酶控制。BCAA 首先转化为相应的支链 α-酮酸（BCKA），随后在线粒体中被支链 *α*-酮酸脱氢酶（BCKDH）复合物脱羧。BCKDH 复合物作为 BCAA 降解的限速酶，被线粒体定位的蛋白磷酸酶-2C（PP2Cm）特异性地去磷酸化并激活。许多研究表明，饮食中 BCAA 摄入导致的 BCAA/BCKA 水平升高，直接导致多种代谢疾病的发病，包括心力衰竭、糖尿病和非酒精性脂肪肝。

PPARα 是 BCAA 增强脂肪酸氧化（FAO）不可或缺的转录因子。PPARα 是脂肪酸（FA）代谢的关键调节因子，它通过转录调节 FAO 相关酶的表达水平。BCAA/BCKA 转录上调 PPARα 表达。BCAA/BCKA 通过氨基酸感应 GCN2/ATF6 通路上调 PPARα 表达。氨基酸饥饿导致 GCN2 磷酸化和活化。因此，细胞内氨基酸水平升高会导致 GCN2 去磷酸化和失活。ATF6 是一种由内质网应激激活的转录因子，对 PPARα 转录至关重要。BCAA/BCKA 使 GCN2 失活并上调 ATF6，从而促进 PPARα 转录。这种新型信号通路将心肌细胞中的细胞内氨基酸感应和 FA 代谢联系起来。

无论是由饮食还是遗传因素引起的 BCAA/BCKA 的慢性积累，都会因 FAO 增强而增加对缺血/再灌注（I/R）损伤的脆弱性。与葡萄糖氧化相比，FAO 会导致更高的氧消耗、更低的 ATP 生成效率和更多的脂毒性产物积累。因此，作为对 I/R 损伤的反应，从 FA 到葡萄糖利用的代谢转变被认为是一种补偿性保护。在心脏中，PPARα 的下调已被证明可通过防止脂质过氧化毒性发挥对 I/R 损伤的心脏保护作用。PP2Cm 缺陷的心脏更容易受到 I/R 损伤，因为线粒体超氧化物生成增加。BCAA 的慢性积累使心脏易受 I/R 损伤，这可以通过抑制 FAO 或沉默 PPARα 来挽救。这些结果表明，由于 BCAA 摄入过量或 BCAA 分解代谢缺陷导致的 BCAA 水平升高会调节代谢底物偏好并决定心脏对 I/R 的脆弱性。BCAA 分解代谢缺陷和 BCAA/BCKA 水平升高通常见于心脏代谢疾病的发展，如心力衰竭、糖尿病、肥胖症和非酒精性脂肪肝疾病。患有上述疾病的患者更容易发生心肌 I/R 损伤。因此，BCAA/BCKA 是心脏能量底物偏好的重要营养调节剂。

欧洲心脏病学会建议增加水果、蔬菜和鱼类的摄入量，从饱和脂肪酸转向多不饱和脂肪酸，避免饮酒，坚持地中海式饮食。这些饮食可以显著降低患心血管疾病的风险。*n*-3 PUFAs 对高胆固醇血症家兔 *TNFRSF11B* 基因表达的有益作用。很少有研究估计饮食-基因相互作用对

FA 摄入对心血管疾病中 OPG/ RANKL/RANK 系统的影响。n-3 PUFAs 可能有效预防代谢综合征或抗心律失常，因为它直接作用于包括 *TNFRSF11B* 在内的不同基因。n-3 PUFAs 抑制腹主动脉瘤动物模型血管钙化和 RANKL 表达。在有中度心血管风险的绝经后妇女中，给予 n-3 PUFAs 可降低血清 RANKL 水平。橄榄油中的单不饱和脂肪酸（MUFAs）通过参与血管钙化和在代谢综合征的情况下使用 OPG/RANKL/RANK 系统来预防动脉粥样硬化。

第五节　营养物质与肿瘤

一、营养不良与肿瘤的关系

肿瘤患者营养不良的发生率相当高，可达到 80.4%，营养不良不仅影响肿瘤治疗的临床决策，还会增加并发症发生率和病死率，降低患者的生活质量，影响临床结局，营养治疗率仅为 33.7%。肿瘤患者的营养不良主要与宿主厌食、机体代谢异常、肿瘤因子的作用、肿瘤治疗影响等因素有关。这些因素可能同时或相继作用，导致营养不良的发生和发展。

营养素摄入不足是肿瘤患者营养不良的主要原因，而厌食则是营养素摄入不足的主要原因。肿瘤患者厌食主要由大脑进食调节中枢功能障碍引起。化疗、放疗或手术治疗，味觉、嗅觉异常，心理因素（如压抑、焦虑）以及肿瘤疼痛等也会影响食欲和进食习惯。此外，肿瘤生长导致胃肠道机械性梗阻、胃排空延迟、消化吸收障碍、体液异常丢失等均可导致摄食减少。肿瘤患者营养不良的另一重要原因是营养素代谢异常，包括机体能量消耗改变、碳水化合物代谢异常、蛋白质转变率增加、骨骼肌消耗、内脏蛋白质消耗、血浆氨基酸谱异常、瘦体重下降、脂肪分解和脂肪酸氧化增加、体脂储存下降，以及水、电解质失衡等，是营养不良和恶病质的主要原因。此外，肿瘤患者营养不良还与肿瘤细胞产生的促炎细胞因子、促分解代谢因子，肿瘤细胞生长导致的微环境炎症反应，以及宿主针对肿瘤做出的免疫应答等因素引起的机体分解代谢亢进状态密切相关；这种状态加速了营养不良和恶病质的进程。

二、营养物质与肿瘤的关系

营养物质具有抗肿瘤作用。例如，某些营养物质如维生素 A、类胡萝卜素、维生素 E、维生素 C 等具有抗氧化作用，能够增强机体免疫力，清除体内自由基，减少自由基对身体正常细胞的攻击，从而具有预防癌症发生的作用。此外，维生素 D 和叶酸能够通过调控细胞增殖、分化以及凋亡来降低癌症发病率。矿物质也是人体必需的营养素，如钙摄入可预防结直肠癌，硒能清除自由基，增强免疫功能，对预防癌症具有重要作用。适量摄入锌、铁等矿物质对维持机体免疫功能和抗氧化能力至关重要。植物化学物如花青素、番茄红素、有机硫化物、白藜芦醇以及植物固醇等，在机体中发挥着重要的生理学作用，如抗氧化、调节免疫及稳定内环境等，并显著降低癌症发生的风险。

营养治疗已成为恶性肿瘤多学科综合治疗的重要组成部分。对营养不良的肿瘤患者进行营养治疗，可以改善营养状况，提高抗肿瘤治疗的有效性，并改善生存质量。肿瘤细胞的代谢特征与正常细胞不同，它们倾向于通过糖酵解获取能量，对脂肪的利用率差。因此，肿瘤患者可能需要更多的蛋白质和能量来支持身体的修复和恢复。针对肿瘤患者的营养治疗可能需要调整宏量营养素的比例，以适应其特殊的代谢需求。不同的膳食模式对肿瘤的影响不同。例如，全谷类食物含有丰富的膳食纤维，可以降低结直肠癌的风险；而大量摄入红肉会增加结直肠癌的发生风险。加工肉制品的摄入与多种肿瘤的发病风险增加有关。整体而言，营养物质与肿瘤的关系复杂而多样，为肿瘤患者提供个性化的营养支持计划至关重要，这对肿瘤患者的预后和生活质量具有重要影响。需要进一步探索特定营养物质对肿瘤发展的影响机制，以及如何通过营养干预来提高肿瘤治疗的效果。

三、营养物质对肿瘤的干预机制

1. 氨基酸、蛋白质对肿瘤的干预机制

近年的研究结果显示，蛋白质目标摄入量提高为1.5~2.0 g/（kg · d）能达到更理想的效果；原因在于外源性蛋白质的供给量与机体蛋白质合成和瘦体重含量存在量效关系，在提供足够能量的前提下，蛋白质摄入增加可以促进肿瘤患者肌肉蛋白质合成代谢，发挥纠正负氮平衡、修复损伤组织、合成蛋白质的作用，尤其是手术创伤大的肿瘤患者更应补充较多的蛋白质。

从饮食中完全去除甲硫氨酸（即饮食中甲硫氨酸的消耗）的抗肿瘤作用首先在携带Walker-256癌肉瘤的斯泼累格·多雷（Sprague-Dawley）大鼠中被报道，这些动物被喂食缺乏单个氨基酸的饮食，随后被证明在缺乏甲硫氨酸的饮食下，肿瘤生长明显减少。在此观察之后，许多其他动物研究报告了在不同环境下的类似结果。例如，在吉田肉瘤裸鼠以及胶质瘤异种移植模型中，甲硫氨酸的限制（MR）被证明可以有效地诱导细胞周期阻断和整体肿瘤消退。其他报告进一步表明，在小鼠耐药异种移植肿瘤中，消耗膳食甲硫氨酸可诱导对顺铂和阿霉素等细胞毒性药物的敏感性。最近的一项研究进一步观察到，在原位三阴性乳腺癌（TNBC）小鼠模型中，来沙木单抗与膳食MR联合使用的疗效增强，随后的另一项研究表明，单独减少膳食甲硫氨酸可有效抑制TNBC异种移植小鼠模型的肺转移。

驱动MR抗肿瘤作用的机制可能依赖于形成单个肿瘤的环境因素（即基因-环境相互作用）。例如，鼠类肉瘤病毒癌基因（*kras*）驱动的肿瘤的代谢依赖性已被证明依赖于起源组织。作为这一概念的延伸，MR可能主要通过不同的机制发挥抗肿瘤作用，这些机制可能依赖于个体肿瘤特异性的内在和外在因素。例如，PI3K突变已被证明通过半胱氨酸-谷氨酸反转运蛋白的差异活性来增强甲硫氨酸依赖表型，这表明该肿瘤亚群可能由于随后其他氨基酸可用性的改变而对MR表现出敏感性。有趣的是，在CRC PDX模型中，与仅在肿瘤形成后才开始饮食干预相比，在肿瘤植入前两周给予MR对肿瘤生长的抑制作用更强。考虑到该模型中饮食影响的时间性质，有一种有趣的可能性，即MR在肿瘤发生的离散发育阶段发挥其影响，当可能存在不同的遗传状态时。这些考虑阐明了我们目前对癌症中甲硫氨酸依赖的机制理解的程度，但是MR在多种亚型中的高度强大的抗肿瘤功效使得我们迫切需要继续表征其在不同生理环境中的生物学效应。

2. 碳水化合物与脂肪对肿瘤的干预机制

由于多数肿瘤患者存在全身性炎症、胰岛素抵抗等代谢紊乱，机体对葡萄糖的摄取和利用能力受损，脂肪成为肿瘤患者重要的供能物质。多数研究结果显示，无论是体重稳定还是体重丢失的肿瘤患者，都能充分利用外源性脂肪作为高效的能量来源。因此，从代谢的角度，提高脂肪在肿瘤患者尤其是有明确胰岛素抵抗的患者能量底物中的比例是有益的，在条件允许的情况下，可尽量减少碳水化合物的供给量，以降低血糖负荷。口服营养补充（ONS）或肠内营养

（EN）时，通过增加脂肪的比例，可以有效提高制剂的能量密度，提高食欲减退、早饱和肠蠕动减少的肿瘤患者的能量摄入量，有利于机体蛋白质合成，改善肿瘤患者营养状况。脂肪乳剂是肠外营养（PN）中重要的供能物质。有研究结果显示，与健康人相比，肿瘤患者对脂肪乳剂的代谢清除率更高。因此，可适当提高脂肪乳剂在肿瘤患者 PN 配方非蛋白质热量中的比例，不仅可减少高血糖风险，也可减轻水钠潴留。

3. 维生素及微量元素对肿瘤的干预机制

维生素和微量元素是维持机体正常代谢所必需的营养素，在调节体内物质代谢、促进生长发育和维持机体生理功能方面发挥着重要作用。它们不能在体内合成或合成的量不足以满足机体需要，必须接受外源性补充。肿瘤患者由于进食减少、手术创伤或放化疗等原因，维生素及微量元素缺乏较常见。美国癌症协会（ACS）及欧洲肠外肠内营养学会（ESPEN）推荐参照人体每日摄取推荐量向肿瘤患者提供微量营养素，此剂量具有良好的安全性，也适用于正接受化疗和放疗的肿瘤患者，并可以提高治疗耐受性；应注意避免使用大剂量的微量营养素。此外，许多研究结果显示，肿瘤患者机体维生素 D 水平较低，高于标准剂量的维生素 D 可以改善多种肿瘤患者的生存质量和无病生存率。

4. 饮食调整抑制肿瘤的机制

肿瘤由病人的饮食滋养。癌症患者消耗的营养物质会被肿瘤利用。特定营养物质的饮食调整可以通过几种机制产生抗肿瘤作用。加强药物治疗，假设可以通过几种机制通过营养改变来提高代谢性抗癌药物的疗效。例如，在白血病小鼠模型中，膳食补充组氨酸可增强对甲氨蝶呤的反应；甲硫氨酸限制通过减少单碳代谢和核苷酸合成来改善化疗和放疗对癌症的抑制。抗癌免疫反应激活，癌症免疫疗法用于治疗各种癌症，目前正在对其他类型的癌症进行测试。饮食和肿瘤相关免疫反应之间有很强的联系。例如，低热量或生酮饮食与肿瘤浸润性 $CD8^+$ T 细胞的增加和免疫抑制配体（如 PDL-1）的表达减少有关；补充精氨酸可增强 T 细胞活化并改善 T 细胞介导的抗肿瘤反应和荷瘤小鼠的存活。癌症特异性毒性，一种营养物质，对健康组织是惰性的，但由于其独特的新陈代谢而对癌细胞是有毒的，如果通过饮食补充，可以抑制肿瘤的进展。例如，甘露糖在化疗的同时抑制胰腺癌异种移植物的进展。肿瘤饥饿，由于肿瘤的生长和生存依赖于宿主提供的营养物质，因此饮食限制对肿瘤必需但对其他器官不必需的营养物质可以抑制肿瘤的生长。这类营养物质包括葡萄糖、谷氨酰胺、谷氨酸、天冬氨酸、甲硫氨酸、丝氨酸和叶酸。然而，对其中一些营养素的饮食限制并不会导致肿瘤部位的营养素立即消耗，从而损害了饮食限制的抗癌效果。

第六节　营养物质与神经疾病

一、疼痛

遭受持续或反复疼痛的人占世界人口的 1/3 以上。未经治疗的疼痛会抑制免疫系统，使人容易患上后续疾病。痛觉感受器是游离神经末梢，它感觉疼痛。疼痛信号由痛觉感受器通过分布在全身的周围神经复合体和中枢神经系统（包括大脑和脊髓），将信号传输到大脑的丘脑，信号被分类并发送到大脑皮层，疼痛信息被表达，从而身体感知到疼痛。

疼痛分为两种类型，急性和慢性。急性疼痛是直接的，来源于组织损伤、身体机能失常或严重疾病。损伤由周围神经的伤害感受器感知，受损组织释放化学信使，如缓激肽和前列腺素（图 4-16），激活疼痛感受器。如上文所述，疼痛信息传递到脊髓，然后到达大脑。慢性疼痛可由神经疾病或背痛引起，这些信息比急性疼痛信息更迂回地到达大脑皮层。

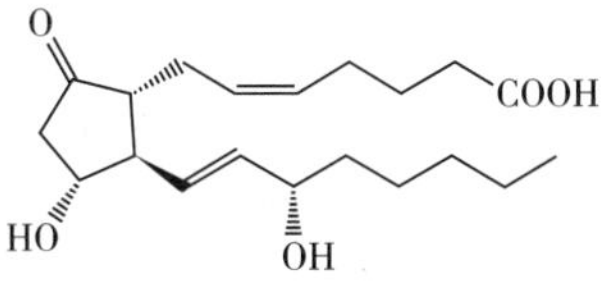

前列腺素E_2

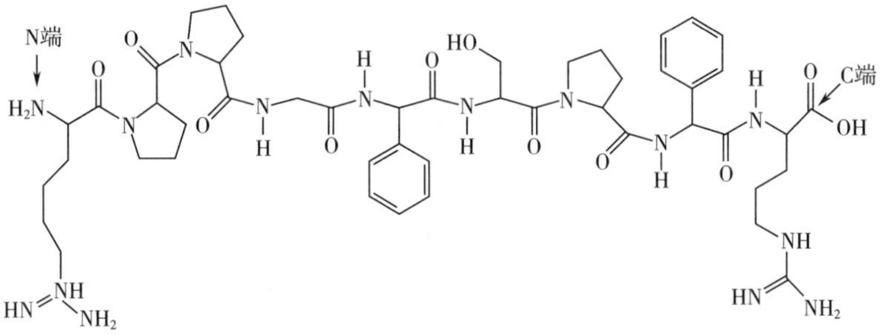

缓激肽

图 4-16　前列腺素（PGE_2）和缓激肽的结构

不同种类的疼痛感受器产生了平行的独立疼痛途径。这些疼痛感受器群体包含不同的神经递质，它们可能包含不同的受体和离子通道。通过这种方式，不同的人群可能会对不同的有害刺激做出反应，可能会在受伤、疾病和炎症期间对不同的情况做出反应，需要收集更多关于疼痛感受器异质性的信息进行统计。内源性阿片类物质，如脑啡肽（甲硫氨酸脑啡肽，YGGFM；亮氨酸脑啡肽，YGGFL）（图 4-17）和内啡肽，抑制疼痛传入（朝向大脑）通路。

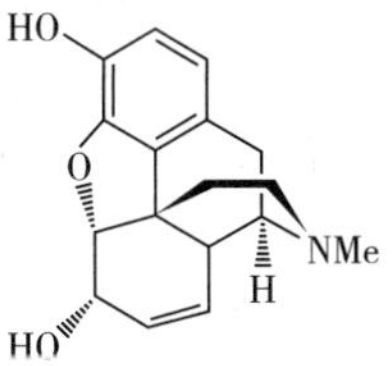

吗啡

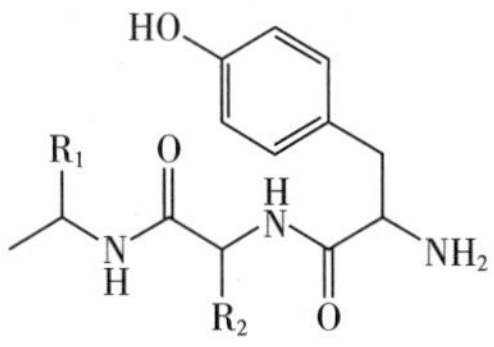

脑啡肽

图 4-17　脑啡肽结构与吗啡结构的相似性

疼痛感受器是一种神经元，它可以通过受体感知受伤或发炎组织释放的化学信使，如前列腺素或缓激肽。中间神经元是一种神经元细胞，它可以将化学或电信号传输到细胞体的另一个神经元或从细胞体延伸的树突（神经元的分支）。发送神经元是向接收神经元的细胞体或树突传递信号的中间神经元，从而形成突触（神经细胞与其目标细胞之间的功能连接）。化学信号是一种神经递质（如 P 物质、乙酰胆碱、多巴胺、去甲肾上腺素或血清素），从中间神经元的神经末端释放到突触间隙，然后与接收神经元树突上的同源受体（同源意味着受体通过识别其结构与配体相关）结合。当一种化学物质接触细胞膜表面并达到阈值水平，穿过细胞膜到达轴突时，神经元内外表面的离子平衡就会改变。到达轴突后，这种改变产生了一种动作电位，产生短暂的电脉冲沿着轴突行进，当动作电位到达神经末端（轴突末端）时，触发神经递质的释放。

另一种类型的受体是香草醛受体（VR1），可监测有害热。这种受体也被称为辣椒素受体，因为除了热之外，它还能感受辣椒素引起的灼热感。辣椒素是辣椒素家族的一员（图 4-18），辣椒素含有一个双键，可还原为二氢辣椒素。辣椒素源自香草醛家族，因为它们含有香草醛基团。有趣的是，辣椒素有助于环氧化物芳香烃（致癌物）代谢，使其无法与 DNA 结合而导致突变。

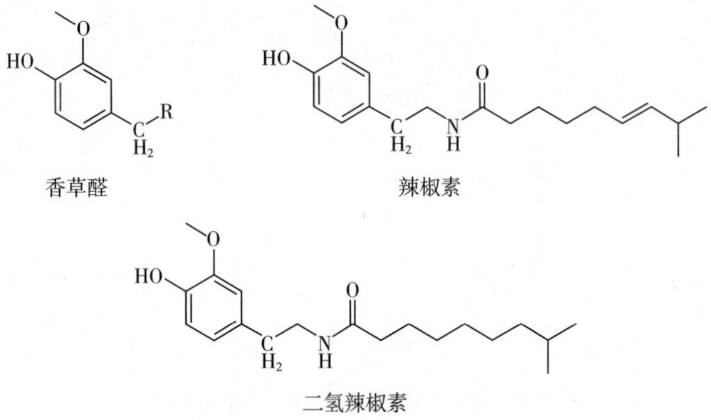

图 4-18 辣椒素家族结构

二、兴奋性氨基酸与神经疾病

兴奋性氨基酸，如谷氨酸、天冬氨酸和其他一些氨基酸在神经发育、学习和记忆中发挥着重要作用，这些氨基酸也与神经毒性和神经损伤有关。它们可以与 P 物质一起在疼痛的传递中发挥作用，突触前神经末梢分泌 P 物质和兴奋性氨基酸以响应疼痛信号。在这种情况下，兴奋性氨基酸受体包括 AMPA（α-氨基-3-羟基-5-甲基-4-异恶唑丙酸）受体和 NMDA（*N*-甲基-D-天冬氨酸）受体。NMDA 受体的激活导致突触后神经末端的 Ca^{2+} 摄取和结构型一氧化氮合酶（cNOS）的激活，后者将精氨酸转化为 NO，进而作用于突触前和突触后神经末梢。兴奋性氨基酸受体主要结合谷氨酸或者谷氨酸和天冬氨酸类似物。兴奋性氨基酸的结构如图 4-19 所示，喹啉酸是一种由色氨酸形成的兴奋性氨基酸，当在纹状体中高剂量给药时，喹啉酸作为神经毒素制造亨廷顿舞蹈症模型。

除了在蛋白质合成中作为经典氨基酸外，谷氨酸还充当神经递质，将 Ca^{2+} 从神经末梢释放，摄取 Na^+，与主要的兴奋性氨基酸受体结合并使感受痛苦。谷氨酸受体分为两类，配体门控离子通道和代谢型 G 蛋白偶联受体。兴奋性氨基酸受体（NMDA、红藻氨酸和 AMPA）提高细胞内 Ca^{2+} 和 Na^+ 浓度，受体的名称来源于它们的经典激动剂。因此，NMDA 受体结合 NMDA 以及谷氨酸，AMPA 受体结合 AMPA 和谷氨酸，红藻氨酸（海人藻酸，KA）受体结合红藻氨酸和谷氨酸。伊博替尼酸也是 NMDA 受体的有效激动剂，激动剂与 NMDA 受体的结合受到 Mg^{2+} 的刺激，并受到 Zn^{2+} 的抑制。甘氨酸通过二级结合位点增强激动剂结合，多胺-精胺、亚

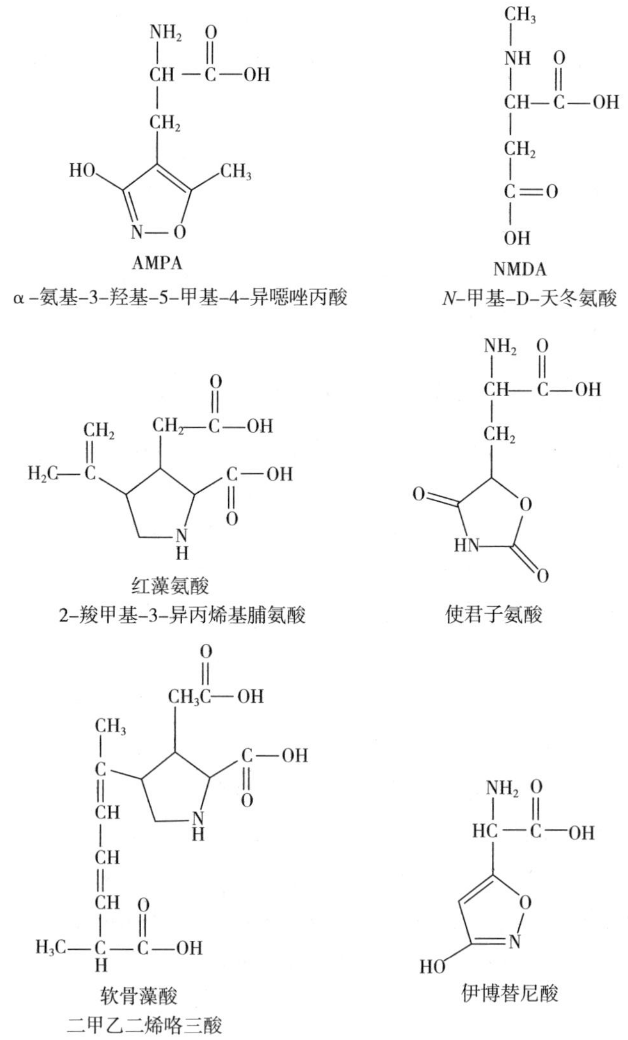

图 4-19　兴奋性氨基酸受体激动剂结构

精胺和多环苯环定调节配体与受体的结合。

红藻氨酸受体的活性作用是下调海马中神经递质 γ-氨基丁酸（GABA）的释放。通过谷氨酸结合激活钾盐镁矾（kainite）受体，产生第二信使级联，刺激蛋白激酶 C，导致 GABA 的释放代谢受到抑制（通过 G 蛋白偶联受体）。GABA 是中枢神经系统中一种重要的抑制性神经递质，激活突触后 GABA 受体打开受体的氯通道，导致突触后细胞超极化。

谷氨酸能神经元末端中循环的谷氨酰胺通过线粒体谷氨酰胺酶转化为谷氨酸，谷氨酸通过突触间隙从突触前神经末端释放，与突触后膜中的 AMPA 或 kainite 受体结合。谷氨酸在受体上的作用完成后，会解离并循环到突触前神经元和相邻的神经胶质细胞（神经胶质细胞包围神经元并在结构和营养上支持神经元），在那里再次转化为谷氨酰胺并运送到神经元。胶质有 5 种常见类型：星形胶质细胞、排列在脑室和脊髓中央管表面的室管膜细胞、小胶质细胞、少突胶质细胞和施万细胞。

NMDA受体、AMPA受体和红藻氨酸受体是谷氨酸受体的一类，为离子型受体，它们与离子通道偶联，形成受体通道复合物，介导快信号传递；另一类兴奋性谷氨酸受体是代谢型受体，有8种形式，mGluR1～mGluR8。mGluR调节伏隔核中的NMDA突触传递，这是位于透明隔外侧的神经元集合，大脑结构负责奖励、动机和成瘾。除了NMDA能神经元外，伏隔核主要包含棘状GABA能神经元（约95%）。释放谷氨酸的谷氨酸能神经元，其中谷氨酸的释放受到mGluR2或mGluR3受体（与谷氨酸结合）的负调节，该受体通过G蛋白发出负信号，抑制谷氨酸的突触前释放。在突触后细胞上，谷氨酸通常与NMDA受体结合，NMDA受体允许Ca^{2+}和Na^{+}进入。该受体的功能由突触后膜上的mGluR4负调节，该膜通过G蛋白向蛋白激酶A发出信号，负调节NMDA受体离子通道。

三、经典的神经递质与神经疾病

经典的神经递质是乙酰胆碱、氨基酸、GABA和甘氨酸、肽、单胺、多巴胺、血清素。大脑中的主要神经递质是谷氨酸和GABA；单胺和乙酰胆碱具有特殊的调节功能，并局限于特定的结构；肽在下丘脑发挥特殊功能，并在大脑的其他区域发挥作用。

所谓烟碱类受体超家族成员是抑制性甘氨酸受体、抑制性GABA A型受体（$GABA_AR$）、兴奋性烟碱型乙酰胆碱受体（nAChR）和5-羟色胺3型受体（5-HT3R）。当一种神经递质与这类受体结合时，这些受体会短暂地打开选择性小孔，使小离子沿着其电化学梯度向下移动，改变膜上的电位，并影响电压门控通道的活性和细胞电活性，该受体家族也被称为标志性Cys环蛋白，其胞外配体结合域中存在一个保守的15个氨基酸间隔的二硫环。该家族表达源自不同基因产物、剪接变体或两者的异五聚体受体。甘氨酸受体在脑干和脊髓的快速突触传递中起作用。甘氨酸与配体结合域结合后，受体的构象变化，通过跨膜域介导，打开通道孔。胞外结构域的Cys环在甘氨酸受体的激活中起着重要作用。胞外结构域包含配体结合位点，该位点在空间上与M2结构域分离，内衬离子通道孔。除甘氨酸外，其他氨基酸可以激活甘氨酸受体，包括β-丙氨酸、牛磺酸、L-丙氨酸、L-丝氨酸和脯氨酸，甘氨酸受体不结合GABA。甘氨酸受体的一种高选择性抑制剂是士的宁（又称番木鳖碱），它以毫摩尔数量级亲和力结合受体，不会打开相关的Cl^-通道。

GABA受体是烟碱类神经递质受体超家族的另一个成员。GABA是仅次于谷氨酸的主要大脑神经递质，发生在近40%突触中。大脑中GABA的浓度是乙酰胆碱或单胺的200～1000倍。与其他神经递质不同，GABA在释放到突触后，可以通过从突触主动运输到突触附近的星形胶质细胞而被灭活。GABA和谷氨酸在大脑中通过GABA旁路从α-酮戊二酸合成，GABA可以代谢进入柠檬酸循环。谷氨酸形成GABA的酶是GAD，一种含有磷酸吡哆醛的酶。在缺乏B族维生素的情况下，癫痫发作可能是因为产生的GABA不足，无法产生所需的GABA抑制活性，缺乏对大脑神经元在缺血或缺氧时的保护作用。

在突触前神经末梢，GABA由谷氨酸形成并储存在突触囊泡中，等待GABA释放到突触空间的信号。对于从L-谷氨酸合成GABA，谷氨酸脱羧酶通过连接到热休克同源蛋白70（HSC70），然后连接到半胱氨酸链蛋白（CSP）到小泡，锚定到突触小泡，GABA结合到突触后膜上的$GABA_AR$，在那里打开连接到受体的Cl^-通道，Cl^-流入突触后细胞导致膜减少去极化。某些药物，如苯二氮䓬类药物，会增加通道的打开速度，因此，它们与$GABA_AR$结合并增强GABA对受体的影响。GABA受体和甘氨酸受体在打开相关Cl^-通道（甘氨酸受体主要在脊髓中，GABA 受体主要在大脑中）的作用以及它们与细胞膜和亚细胞支架的连接方面有相似之处。已知需要 3 个甘氨酸分子来激活甘氨酸受体，这可能是因为需要受体的聚集来产生激活状态。甘氨酸和 GABA 受体的聚集机制涉及一种蛋白质（93ku），称为桥蛋白（Gephyrin）。卟啉直接与甘氨酸受体结合，但不直接与 GABA 受体结合。在后一种情况下，卟啉先与 $GABA_A$ R 相关蛋白（GABARAP）的小蛋白（14ku）结合，定位在细胞膜上，然后与 GABA 受体结合。GABARAP N 端基本螺旋区与微管蛋白相关，可能在 GABA 受体的神经内分选和靶向中发挥重要作用。

乙酰胆碱通常是一种兴奋性神经递质，另一种外周神经递质是抑制性的去甲肾上腺素。乙酰胆碱结构如图 4-20 所示，它在神经末端合成，储存在突触前囊泡中，当电信号沿着轴突传递到末端时，释放到突触空间。乙酰基 SCoA 和胆碱在线粒体中合成，与突触后膜上乙酰胆碱受体相连的乙酰胆碱的作用被胆碱酯酶的作用终止，胆碱酯酶将乙酰胆碱分解为乙酸盐和胆碱，使配体失去活性。

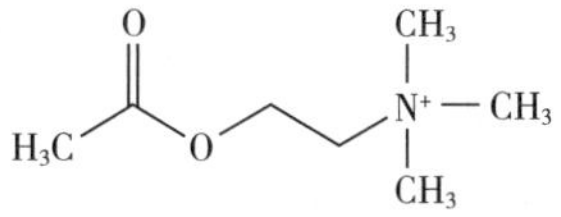

图 4-20 乙酰胆碱结构

烟碱性乙酰胆碱受体（nAChR）主要有 4 类：发生在突触后神经肌肉连接处的 nAChR；同型的神经元受体，出现在中枢和外周神经系统中；神经元和自主神经受体，它们存在于大脑中，对尼古丁有很大的亲和力；上皮和神经元受体，它们是同型的并且出现在毛细胞和耳蜗中。除神经元和自主神经受体外，所有类别都对 α-银环蛇毒素抑制敏感，后者对毒素不敏感。然而，神经元和自主神经受体受到 α-银环蛇毒素的抑制。士的宁和阿托品也抑制上皮和神经元受体。α-银环蛇毒素与神经元 nAChR 的 α7 亚基之间的复合物，该结合位点掩盖了乙酰胆碱结合位点，解释了抑制作用。这些受体的第二信使是 Ca^{2+} 和 Na^{+} 的运输，受体的变构状态，与受体相关离子通道的打开和关闭有关，如图 4-21 所示。nAChR 负责神经肌肉接头和自主神经节中乙酰胆碱的外周效应，在梅纳特（Meynert）基底核中有一个胆碱能系统，涉及皮层，基底核可能在学习和记忆中发挥作用。基底前脑中有胆碱能神经元参与信息整合。

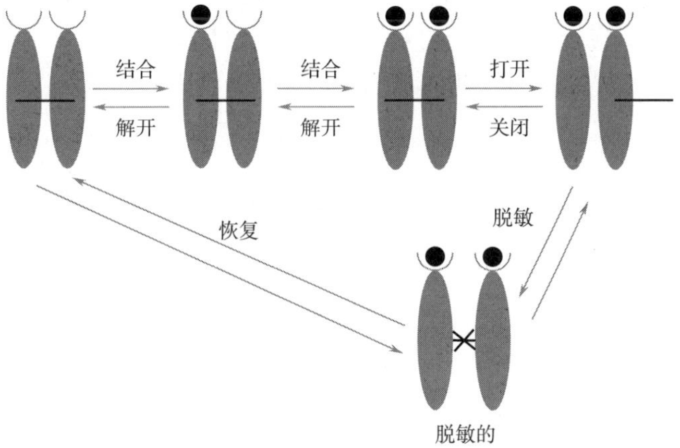

图 4-21 烟碱性乙酰胆碱受体的变构状态

除了 nAChR，还有毒蕈碱乙酰胆碱受体。这些乙酰胆碱受体以选择性激活它们的人造毒素命名，快速作用的乙酰胆碱受体因被尼古丁特异性激活被标记为烟碱，慢作用的受体被标记为毒蕈碱，毒蕈碱是有毒蘑菇中发现的毒素，可激活受体，尼古丁则不会。毒蕈碱乙酰胆碱受体

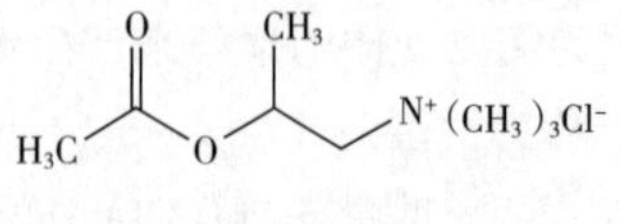

图 4-22 乙酰甲胆碱结构

由 5 种受体亚型组成：M1～M5。所有受体都结合配体乙酰甲胆碱（图 4-22），乙酰甲胆碱与乙酰胆碱的区别仅在于乙酰胆碱中添加了一个甲基。存在 M1、M3 和 M5 亚型中，来自毒蕈碱受体的信号直接传递到 G 蛋白或通过磷脂酰肌醇传递到 G 蛋白。M2 和 M4 调节 K^+通道。

四、单胺与神经疾病

骨骼肌处于自主控制，非自主平滑肌由自主神经系统控制。自主神经系统有两个部分，交感神经和副交感神经。副交感神经系统的骨骼肌和平滑肌都受到乙酰胆碱的支配，大脑中乙酰胆碱受体相对较少。去甲肾上腺素是交感神经系统直接支配的主要神经递质（汗腺除外），肾上腺素和去甲肾上腺素支配肾上腺髓质。去甲肾上腺素被认为是主要的神经递质，而肾上腺素通常被认为是一种激素。75%的副交感神经纤维来自颅迷走神经（副交感神经是颅神经和骶神经），并到达包含神经节的末端器官。末端器官平滑肌的节后神经是毒蕈碱性的，副交感神经和交感节前纤维是烟碱性的，骨骼肌的神经肌肉连接处也是烟碱性的。由于毒蕈碱阻断剂的使用会导致正常人的记忆丧失，因此理论上胆碱能丧失可能对阿尔茨海默病有重要意义。

最重要的单胺类神经递质是多巴胺、去甲肾上腺素（儿茶酚胺）和血清素。儿茶酚胺至少有 6 种 G 蛋白偶联的多巴胺受体，分为两种主要类型，D_1 和 D_2 样亚家族。D_1 样受体是 D_1 和 D_5，它们与 G 蛋白偶联并激活腺苷酸激酶。D_{2a}、D_{2h}、D_3、D_4（D_2 样家族成员）与 G 蛋白偶联，抑制腺苷酸环化酶并激活 K^+通道。D_2 受体在中脑、尾状核和边缘系统（伏隔核、杏仁核和海马）的神经元和部分大脑皮层中表达，对抗精神病药物具有高亲和力。D_2 受体的缺陷是可能会使饮酒的人容易发生酒精中毒，因为酒精具有兴奋作用，而不是抗焦虑特性。D_2 样受体相似，它们具有较短的 C-末端细胞质尾部和较大的第三胞内环（I3）。多巴胺的预测结合位点位于跨膜（TM）螺旋 3、4、5、6 之间（同一位点被所有多巴胺激动剂所取代），最有效的拮抗剂与由跨膜螺旋 2、3、4、6 和 7 组成的位点结合，人多巴胺 D_2 受体（DRD_2）基因，如图 4-23 所示。

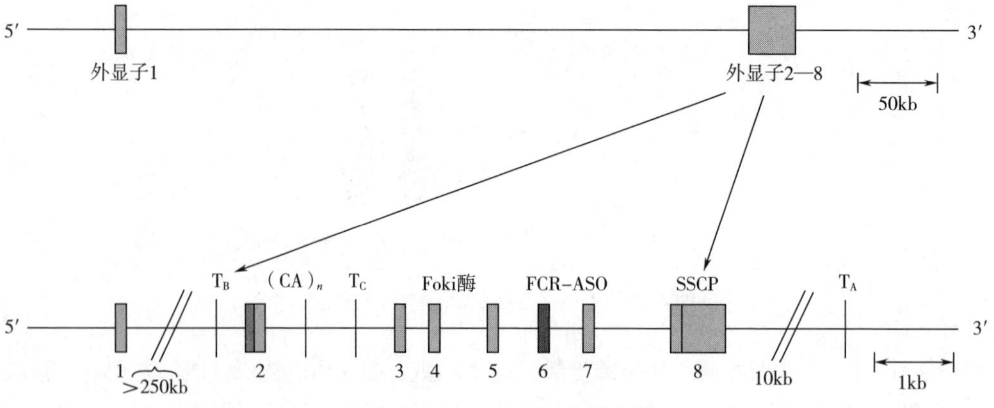

图 4-23 人多巴胺 D_2 受体基因

多巴胺受体是中枢神经系统中表达的主要儿茶酚胺受体，参与控制脑垂体的运动、认知、情绪和激素分泌。多巴胺受体还影响肾脏的钠稳态和血管张力。虽然激活的多巴胺受体的信号通路还不完全清楚，但很明显，D_1 样受体刺激腺苷酸环化酶，抑制花生四烯酸的释放，抑制 Na^+ 质子交换，刺激 Ca^{2+} 摄取，可能影响 K^+ 输出，并刺激磷脂酶 C。D_2 样受体具有相反的作用，它们通过抑制性 G 蛋白抑制腺苷酸环化酶，刺激钠或钾 ATP 酶，刺激 K^+ 流出导致细胞超极化，通过 Ca^{2+} 通道抑制 Ca^{2+} 摄取，并刺激花生四烯酸的释放。

两种类型的神经元涉及多巴胺受体。一组神经元投射到脚内核（基底节的主要流出核）和黑质网状部，表达 P 物质和强啡肽。另一组神经元投射到苍白球的外段，并含有脑啡肽。第一组优先表达 D_1 受体，多巴胺刺激 P 物质和强啡肽的表达。第二组主要表达 D_2 受体，并抑制前脑啡肽 A（PPA）的表达。此外，在背侧纹状体中，D_2 多巴胺受体和内源性大麻素系统之间存在相互关系，产生内源性大麻素。多巴胺和多巴胺受体失衡被认为在帕金森病和精神分裂症等神经系统疾病中起作用。

去甲肾上腺素是除多巴胺外，中枢神经系统的另一种主要神经递质。去甲肾上腺素是外周交感神经系统的主要神经递质，肾上腺素是肾上腺髓质分泌的主要激素，具有 9 个肾上腺素能受体，包括 6 个 α-受体和 3 个 β-受体（图 4-24）。这些受体的主要作用是 α-1 受体存在的情况下增加细胞 Ca^{2+} 浓度，α-2 受体存在的情况下抑制腺苷酸环化酶和 cAMP 的细胞水平，β-受体存在的情形下刺激腺苷酸环化酶和 cAMP 的细胞水平。子类通常通过相同的信号机制进行操作。

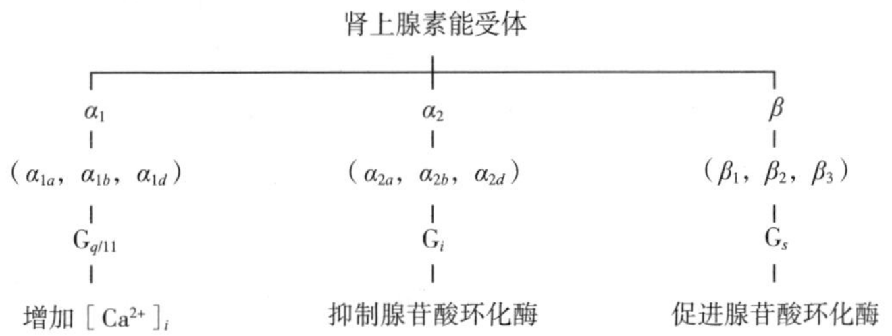

图 4-24　肾上腺素能受体家族

根据视紫红质结构预测的 β_1 肾上腺素受体结构，酪氨酸（或苯丙氨酸）合成去甲肾上腺素的神经元将去甲肾上腺素包裹在神经末端的突触前囊泡中。适当的信号导致去甲肾上腺素从突触囊泡释放到突触间隙，去甲肾上腺素与突触后细胞膜上的肾上腺素受体结合。在某些神经末梢中，去甲肾上腺素单独包装或与神经肽 Y 一起包装。当去甲肾上腺素释放到突触间隙时，除了结合突触后细胞膜上的适当受体外，它还可以结合神经末梢自身膜上的 α_2 受体，释放到突触缝隙中的神经肽 Y 也可以与神经末梢膜上的 Y 受体结合。以上机制导致神经递质释放的相互调节，去甲肾上腺素与神经末端 α_2 受体的结合抑制去甲肾上腺素和神经肽 Y 进一步释放到突触间隙，神经肽 Y 从突触间隙与突触前 Y_2 受体的结合导致去甲肾上腺素释放的抑制。

当 β-受体激动剂水平高时，脱敏机制关闭受体，脱敏是通过受体胞质结构域中氨基酸残基的蛋白激酶 A 磷酸化受体来完成的。第二种磷酸化酶，β-肾上腺素能受体激酶（β-ARK），将受体胞质结构域中的其他氨基酸残基磷酸化，使蛋白质（β-抑制蛋白）与该结构域结合，并使受体失活或脱敏，将其与活性环境隔离。β-抑制蛋白的结构与受体（视紫红质）关联，脱敏受体可通过磷酸蛋白磷酸酶去除磷酸化而重新敏化，受体在膜的活性环境中呈现功能状态。

五、营养物质改善神经疾病的分子机制

（一）营养物质干预改善疼痛的作用机制

营养物质可以通过多种方式影响疼痛。营养状况和营养习惯可能是临床疼痛综合征的直接原因。维生素 B_{12} 和维生素 D 等营养缺乏会导致神经性疼痛。代谢性疾病如糖尿病是引起疼痛性神经疾病的重要原因。由于伤口愈合不良和褥疮，营养不良和恶病质可导致疼痛。超重患者更频繁地抱怨疼痛状况，如背部、臀部、颈部、腿部和足部疼痛。几个世纪以来，人们一直推荐通过饮食和添加营养素来治疗疼痛。一些营养素经过充分研究并在临床常规中用于治疗，如辣椒素，辣椒中的刺激性物质。炎症和氧化应激不仅是急性疼痛状态的重要促成因素，也是慢性疼痛状态（如神经性疼痛）的重要促成因素。在神经损伤部位产生的促炎细胞因子和氧化剂可能与伤害感受器的敏化和痛觉过敏有关。NMDA 受体拮抗剂已被证明可以预防这些神经可塑性事件。多胺（腐胺、亚精胺、精胺）被称为 NMDA 受体的变构调节剂。大鼠的临床前研究表明，本身不具有抗伤害性的多胺缺乏饮食可能是预防疼痛脆弱性并导致反对从急性疼痛向慢性疼痛转变的有效策略。

乳铁蛋白具有一定的疼痛抑制效果。如牛乳铁蛋白（BLF）对损伤相关分子模式（DAMP）-TLR4-TRAF6-NF-κB 信号通路的推测影响。组织损伤导致宿主来源的内源性 DAMP。后者通过 TLR4 信号转导激活 MyD88 依赖性通路，从而启动产生伤害感受和炎症的细胞因子的转录。用 BLF 进行预处理可避免 TRAF6、IKK、p38 和 p65 的激活，从而预防炎症。BLF 通过 NO-cGMP-ATP 敏感的 K 通道信号通路推测具有抗痛觉过敏活性。NO 具有基于通过鸟苷酸环化酶激活形成 cGMP 的抗伤害性作用。cGMP 的产生导致 cGMP 依赖性蛋白激酶（PKG）磷酸化和随之而来的 ATP 敏感 K 通道的打开。ATP 敏感 K 通道的激活增加了细胞内 K 水平，进而驱动神经元的超极化，从而缓解伤害感受并重新建立神经元的基础阈值。BLF 可能通过激活 NO-cGMP-ATP 敏感的 K 通道信号通路发挥其抗痛觉过敏作用。多糖具有多种活性功能，在缓解疼痛方面也不例外。地衣真菌来源的葡甘露聚糖（GM），在小鼠急性和慢性疼痛的行为模型中进行活性鉴定，发现该多糖减少了乙酸诱导的腹部收缩，同时减少了白细胞向腹膜腔的迁移，表明它可能具有抗伤害和抗炎特性。通过急性或长期给药 GM 显著降低了部分坐骨神经结扎（PSNL）在小鼠中诱导的机械异常性疼痛反应。此外，GM 还降低 PSNL 后坐骨神经和脊髓中促炎细胞因子 IL-1β 的水平。在肌肉损伤后，中枢神经系统中活化的小胶质细胞和星形胶质细胞释放大量内源性介质（如谷氨酸和细胞因子），这有助于超敏反应和维持神经性疼痛。同时，GM 的腹腔注射以剂量依赖性方式显著抑制了谷氨酸静脉注射引起的急性伤害行为。

云芝多糖肽（TPSP）是一种具有抗肿瘤、免疫增强和止痛作用的生物活性大分子。通过踝关节腔注射完全弗氏佐剂（CFA）并持续鞘内注射吗啡模拟慢性炎症性骨关节炎痛-吗啡耐受模型。连续 3 周鞘内注射不同剂量 TPSP（50、100 和 200μg/kg）。发现 TPSP 能明显抑制大鼠吗啡依赖及急性戒断反应的发生，降低大鼠爪子戒断机械阈值和促使热刺激回缩潜伏期的下降。此外，在分子水平上，这些作用的机制是通过上调大麻素 2 型受体和 β-内啡肽水平，降低 IL-1、NO 和前列腺素 E_2（PGE_2）水平来实现的。

（二）营养物质干预改善帕金森病的作用机制

天麻是我国著名的食药同源物，也是现代人常用的抗病、保护神经系统的药物。天麻多糖（GEP）是天麻中高活性和安全的成分，是功能性产品开发中的重要成分。在研究 GEP 对 1-甲基-4-苯基-1，2，3，6-四氢吡啶（MPTP）诱导的小鼠神经保护作用中发现 GEP 显著缓解了帕金森病（PD）小鼠的运动功能障碍，抑制了 α-突触核蛋白（α-SYN）的积累，减少了大脑中多巴胺能神经元的丢失。此外，GEP 在增加了 Bcl-2/Bax 比值的同时降低了裂解半胱天冬酶-3 的水平，该结果表明 GEP 可能是通过阻止 MPTP 诱导的线粒体凋亡来改善 PD。GEP 还显著抑制了 PD 小鼠脑中神经胶质酸性蛋白（GFAP）的增加，降低了 TNF-α、IL-1β 和 IL-6 的水平，这可能是 TLR4/NF-κB 通路失活抑制神经炎症的结果。此外，GEP 的神经保护作用涉及肠-脑轴，因为已经表明 GEP 调节 PD 相关肠道微生物群（如嗜黏蛋白阿克曼菌，乳酸菌，拟杆菌，普雷沃氏菌和粪杆菌）的生态失调，增加了结肠中微生物代谢物 SCFAs 的含量，并增加了修复 PD 小鼠肠道屏障的闭合素水平。

思政要素解读

能力拓展

1. 了解蛋白质、酶与疾病之间的关系，加深科学研究对于疾病预防和治疗的重要性

蛋白质结构的多样性和复杂性体现了自然界的精妙和科学探索的无限可能，可以激发科学探索精神。酶在生物体内的催化作用体现了自然界中物质转化的规律性，可以引导理解科学规律的重要性。探讨蛋白质异常构象和酶异常与疾病的关系，可以进一步理解科学研究在疾病预防和治疗中的作用，以及科学知识在改善人民健康中的作用。

2. 探究式学习，提高分析脂质代谢与循环系统对人体产生影响的能力

通过了解胆固醇代谢的异常与疾病的关系，脂代谢与激素调节的关系、脂肪酸的代谢过程、血液的功能和成分、营养物质在循环系统中的作用，深入探究异常的水平对机体的影响，提升对人体生理的复杂性和相关疾病防治的分析和解决能力。

3. 深入了解疾病的成因和机制，提高健康水平与预防意识

探讨大脑的复杂性和功能，神经递质与神经疾病的关系，理解生物分子在疾病发生中的作用，明晰人类思维和行为的生物学基础，理解神经系统在维持健康中的作用，培养社会责任感、科学探索精神和健康意识，为人类健康事业做出积极的贡献。

素养提升

深耕科研领域，承担推动科学发展、维护人类健康的社会责任

“从 0 到 1，中国的胰岛素”。尽管胰岛素是一种只有 51 个氨基酸的小分子蛋白质，但在 20 世纪 50 年代，世界上还没有哪个国家成功地人工合成出蛋白质。著名学术期刊《自然》杂志预言：“合成胰岛素将是遥远的事情。”但中国的科学家们不相信，他们有一个必须实现的目标——研究出中国的胰岛素！没有任何蛋白质合成方面的经验，这是摆在中国科学家面前一道真真正正“从 0 到 1”的考题。1965 年 9 月 17 日，研究人员将人工合成胰岛素注射到小白

鼠身上时，小白鼠跳了起来——这是动物体内胰岛素过量时出现的惊厥反应，证明人工合成的胰岛素具备与天然胰岛素相似的生物活性，人工合成胰岛素研制成功。对我国科学家们敢为人先，成功合成胰岛素“1”的突破感到自豪。这一原创性工作，为人类揭开生命奥秘、解决医学难题迈出了重要一步，成为中国攀登世界科技高峰征程上的一座里程碑。胸怀民族自信、家国情怀、创新精神、勇攀高峰的科学精神将持续推动科学发展。

思考题

1. 蛋白质的错误折叠将导致哪些疾病？
2. 酶具有哪些功能作用？酶异常将导致哪些疾病？
3. 简述脂质代谢过程及其存在的问题。
4. 脂代谢相关疾病有哪些？并列举预防措施。
5. 营养干预对肿瘤的调节作用有哪些？
6. 与神经疾病相关的关键物质有哪些？

第五章

05

分子营养与肠道健康

本章学习目标

1. 了解肠道健康在人体中的重要作用；
2. 熟悉营养物质（营养素）与肠道菌群的关系；
3. 理解营养物质影响肠道健康的分子机制；
4. 了解国内外肠道微生态影响肠道健康的研究进展及趋势。

第一节　肠道健康概述

肠道是人体最重要的消化器官，指从胃幽门至肛门的消化管道，包括小肠、大肠。其中大肠是人体最大的微生态系统，栖息着总数约 10^{14} 个微生物，这些微生物与人体健康密切相关，影响着免疫、代谢、炎症反应等人体重要的生理过程。肠道健康是指肠道在消化、吸收、屏障、防御和免疫功能等方面的整体良好状态。一个健康的肠道能够有效地分解并吸收食物中的营养物质，维持完整的肠黏膜屏障，防止有害物质和病原体进入血液循环，拥有平衡的肠道菌群，支持强大的免疫功能，同时确保正常的肠道蠕动，以维持整体健康和稳定。本章内容从营养素在肠道中的消化、吸收、代谢过程，营养素在调节器官、组织和细胞功能行为中的作用，营养素对肠道菌群的影响及其对人体的作用等方面阐述分子营养与肠道健康之间的关系。

一、肠道健康研究现状

肠道作为人体重要器官，具有多重功能，对整体健康具有深远影响。首先，肠道在消化和吸收方面起着核心作用。食物经过消化道的分解，最终在小肠吸收各种营养物质，包括碳水化合物、蛋白质、脂类及微量元素，这些物质为机体提供能量和必需的构建成分。其次，肠道黏膜屏障功能至关重要。肠道黏膜由紧密连接的上皮细胞组成，能够防止有害物质、毒素和病原体进入血液循环，同时允许营养物质的选择性吸收。肠道内的免疫系统，特别是肠相关淋巴组织（GALT），是机体最大的免疫器官之一。它能够识别并抵御入侵的病原体，维持免疫平衡，避免过度的炎症反应。

其中，肠道菌群是肠道功能的重要组成部分。最新研究表明，肠道菌群在代谢调节、免疫调控和宿主健康维护中起着关键作用。肠道菌群通过代谢产物，如短链脂肪酸（SCFAs）、维生素和其他生物活性分子，与宿主细胞进行相互作用，影响基因表达和代谢路径。此外，肠道还与中枢神经系统密切相关，构成所谓的肠-脑轴。研究表明，肠道菌群及其代谢产物可以影响大脑功能和行为，调节情绪和认知能力。肠道菌群的重要性如下。

1. 组成与多样性

肠道菌群由数万亿微生物组成，包括细菌、病毒、真菌和原生动物。这些微生物群体的组成和多样性在个体之间具有显著的差异，受遗传、饮食、生活方式和环境因素的影响。肠道菌群的多样性在维持其稳定性和功能方面起着关键作用。多样化的菌群能够提供广泛的代谢能力和功能冗余，这意味着即使某些菌株受到干扰或损失，其他具有相似功能的菌株可以补偿，从而维持整体生态系统的平衡。

2. 宿主和肠道菌群的共生关系

肠道菌群与宿主之间存在着复杂的共生关系。宿主为微生物提供栖息环境和营养物质，而肠道菌群通过多种机制支持宿主的健康。首先，肠道菌群通过竞争性排斥机制抵御病原体，防止有害微生物的定植。此外，肠道菌群通过调节宿主的免疫系统，增强免疫防御能力。菌群与宿主之间的相互作用还通过代谢合作实现，例如，微生物能够分解宿主无法消化的膳食成分，产生对宿主有益的代谢产物。通过这些机制，肠道菌群在维持宿主的免疫平衡、消化功能和整体健康方面发挥了至关重要的作用。

肠道菌群与宿主共同发育，宿主为肠道微生物提供庇护场所及营养物质，其基因组、膳食营养及生活方式均会影响肠道菌群的组成和功能。同时，肠道微生物为宿主提供一些其自身无法合成的物质，并通过其代谢产物参与宿主多个代谢途径的调节。如 SCFAs 是微生物发酵膳食纤维的产物，包括乙酸、丙酸和丁酸。这些代谢产物对肠道环境和宿主生理功能具有多方面的作用，对宿主健康有显著影响。

肠道菌群与宿主之间的相互作用的重要枢纽是免疫系统。从出生时开始，肠道菌群就不断塑造和完善免疫系统，同时免疫系统通过反馈调节菌群的组成和结构。微生物与宿主免疫系统之间的串扰通过大量信号通路传播，这些信号通路涉及多种分子，并扩展到免疫系统之外。免疫介导的信号转导过程，以及微生物和宿主之间直接的化学相互作用，会影响宿主的肠道、肝脏、肾脏和大脑等多个器官。这些复杂的相互作用共同构成了一系列宿主-微生物代谢轴。在这些代谢轴内，微生物基因组可以依次调节代谢反应，使微生物组和宿主基因组对底物进行组合代谢，产生对宿主健康至关重要的代谢物。因此，肠道菌群对宿主免疫系统的深远影响与其长期健康密切相关。

除了通过免疫系统的信号转导与宿主相互作用外，肠道菌群与宿主共代谢过程中还存在其他信号转导机制。例如，食物被微生物群降解产生的小分子在微生物群和宿主共代谢的信息转导中起着关键作用。在胃肠道的各个区段，不同微生物物种之间以及微生物共生体与宿主细胞之间存在化学对话。这种化学对话包括通过食物降解产生的低分子质量代谢物、肽和蛋白质发出的信号，以及通过免疫介导的途径间接产生的信号。

3. 肠道微生态的动态平衡

肠道菌群的稳态是其基本生态特征之一。在没有外部扰动的情况下，肠道菌群维持着动态平衡，尽管个体间存在差异，但整体结构可保持多年稳定。外部扰动可能会使微生物生态系统进入短暂的不稳定状态，之后系统可能恢复至初始状态或形成另一种健康或不健康的稳定状态。提高微生物多样性是增强菌群稳定性和恢复力的关键。高多样性通常伴随功能冗余，能够在干扰期间维持微生物组功能，从而支持系统的恢复力。

在微生物生态系统中，具有相似功能的微生物共存对宿主有积极作用，因为它们可以在特定菌株缺失时提供类似的益处。此外，尽管两个菌群在组成上不同，它们在功能上可能相似，产生类似的蛋白质或代谢物图谱。成年人的肠道微生物处于一个稳定而动态的系统中，称为稳态。稳态维持肠道的生态平衡和功能稳定。在扰动情况下，稳定的生态系统会进入短暂的不稳定状态，随后恢复至初始状态或另一稳定状态（图 5-1）。恢复的程度和速度取决于临界点，这是决定肠道微生物组成和功能状态转换的关键因素。

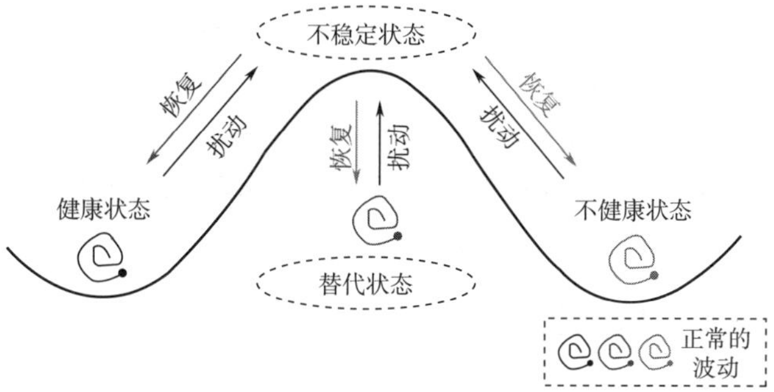

图 5-1　肠道微生物组恢复力景观

影响肠道稳态的因素包括饮食和营养、抗生素和药物、生活方式及环境因素。食物的类型和质量直接影响肠道菌群的组成和代谢功能，抗生素等药物显著改变肠道菌群的平衡，可能导致有害菌群的生长。压力、睡眠不足和缺乏运动等生活方式因素也会影响肠道菌群的健康，环境因素如污染和生活环境的卫生条件同样起到重要作用。健康的肠道稳态能增强免疫系统，促进营养吸收，维护代谢平衡，预防疾病。然而，当肠道稳态被破坏时，可能导致一系列健康问题，如炎症性肠病、肥胖、糖尿病和精神健康问题。一个健康的功能性微生物组应是一个动态的生态系统，能在压力和干扰后恢复平衡。当健康状态的稳定被破坏时，可能形成不健康的稳定状态，对宿主产生不良影响。

综上所述，肠道不仅是一个消化器官，还是一个复杂的生物系统，涉及消化吸收、屏障防御、免疫调控和神经调节等多重功能。保持肠道健康对于维护整体健康具有关键作用，未来在这一领域的研究将有助于开发新的治疗和预防策略，改善人类健康。

二、肠道微生态与健康

肠道微生态失调是各种慢性病的标志。肠道微生态由肠道正常菌群及其所生活的环境共同构成，包括肠道菌群、肠上皮细胞和肠黏膜免疫系统三部分，肠道内正常菌群是其核心部分，这三部分相互依存并建立了一个复杂的交互网络。肠道微生态一方面参与营养物质的消化、吸收和代谢，参与肠上皮细胞的增生、凋亡等生理活动，另一方面作为人体的天然免疫屏障，调节肠道的先天免疫力，控制黏膜屏障功能。肠道微生态的稳态受到干扰时，核心肠道菌群网络因此发生变化，可能会导致肥胖、糖尿病、肠易激综合征（IBS）、炎症性肠病（IBD）或结直肠癌（CRC）等多种疾病的发生。

（一）肠道微生态与肠道疾病

胃肠道是一个复杂的器官系统，其健康状态依赖于宿主和肠道菌群之间的和谐互动。这种互动维持肠道内细菌的稳态并保障整体的胃肠健康。然而，一旦这种稳态失衡，就可能引发肠道菌群的紊乱，导致胃肠不适或短期腹泻等轻微症状，这些症状通常是自限性的，可以自行缓解。但是，严重的肠道菌群失调可能引起如炎症性肠病、肠易激综合征和结直肠癌等疾病。在炎症性肠病患者中，肠道微生态的失衡主要表现为菌群多样性和稳定性的降低，这伴随着厚壁菌门和拟杆菌门的丰度减少，而放线菌门和变形菌门的丰度会升高。肠易激综合征是一种全球高发的功能性胃肠道疾病，其症状主要包括慢性或复发性腹痛、腹泻以及排便习惯和大便性状的异常。肠道微生态的失衡，特别是肠黏膜屏障的损害和通透性的增加，是肠易激综合征的重要致病因素。此外，结直肠癌通常由息肉发展而来，但炎症、致癌物的激活以及宿主基因的变化也是其重要发病因素。肠道微生态的变化，尤其是肠屏障紊乱所导致的有害菌群入侵，能够诱发促炎细胞因子的产生，从而推动癌症的发展。

（二）肠道微生态与其他系统性疾病

肠道菌群参与了人体代谢和免疫过程，当前人类多数顽疾均与免疫系统紊乱相关，而免疫系统受代谢系统的密切调控，免疫系统通过调节代谢显著影响代谢性疾病的进程。

1. 肠道微生态和代谢性疾病

肠道菌群及其代谢物在糖尿病、肥胖和心血管疾病等常见代谢性疾病的发生发展中起关键作用。

肥胖是多种疾病共存的主要危险因素，包括 2 型糖尿病（T2D）、非酒精性脂肪肝和缺血性心血管疾病。肥胖动物和人类的主要肠道菌群结构变化表现为拟杆菌门相对丰度降低，而厚壁菌门的丰度升高。厚壁菌门可在肠道中发酵难消化的食物为 SCFAs 等物质，经肠道黏膜吸收，最大限度地为机体提供能量。研究显示，脂肪酸氧化可促进细胞能量代谢、减少糖原生成、增加胰岛素敏感性。而肠道菌群能够抑制肝脏、肌肉细胞中的腺苷酸激酶，减少脂肪酸氧化。

肠道菌群还可通过产生代谢产物 SCFAs、胆汁酸等调节宿主生理功能。SCFAs 能激活肠上皮细胞上的膜蛋白受体 G 蛋白偶联受体（G Protein-Coupled Receptors，GPCRs）41 和 43，促进胰高血糖素样肽 1（GLP-1）和肽 YY（Peptide Tyrosine Tyrosine，PYY）分泌，减缓胃肠道排空和肠道转运。类法尼醇 X 受体（Farnesoid X Receptor，FXR）是胆汁酸激活的核受体，调节胆汁酸和脂质的代谢，并维持内部环境的稳定性，对调节肝脏脂肪合成、低密度脂蛋白运输、甘油三酯转化等脂肪代谢活动具有关键作用。除 FXR 通路外，肠道菌群还可经 G 蛋白偶联胆汁酸受体 TGR5 通路影响胆汁酸循环，改变脂肪代谢、抑制肥胖发展。激活 TGR5 可促进 GLP-1 表达增加，从而减低甘油三酯水平。

LPS 是革兰氏阴性菌细胞膜的主要组分。组成 LPS 的重要部分是脂质 A，具有引发炎症的内毒素活性，脂质 A 结构上的细微差异会导致不同的促炎活性水平。例如，变形菌门中肠杆菌科（Enterobacteriaceae）和脱硫弧菌科（Desulfovibrionaceae）的细菌释放的 LPS 活性，相当于拟杆菌门中拟杆菌科（Bacteroidaceae）释放的 LPS 活性的 1000 倍。因此，某些特殊肠道微生物 LPS 作为一种内毒素，可引起身体炎症，从而导致肥胖。

糖尿病也与肠道菌群的改变相关。2 型糖尿病约占所有糖尿病病例的 90%，是最常见的内分泌紊乱性疾病。在糖尿病前期，肠道菌群表现出丁酸盐产生菌的减少和促炎潜力细菌丰度增加。肠道菌群中的某些菌种能引起葡萄糖代谢的变化，直接影响糖的消化吸收，或者间接影响控制消化过程的激素的产生，从而影响 2 型糖尿病的进展。流行病学的研究表明，肠道菌群和远端结肠的激素分泌可能参与葡萄糖调节，与没有进行结肠切除手术的人相比，全结肠切除手术的患者患 2 型糖尿病的风险增加；肠道菌群也会影响肠道的屏障功能。2 型糖尿病会造成肠道通透性增加，引起肠黏膜渗漏，导致肠道菌群的代谢产物，如 LPS，穿过肠道屏障进入血液，血液中的 LPS 会在体内造成慢性炎症。肠道菌群还会影响治疗糖尿病的药物的活性，用于治疗 2 型糖尿病的经典药物二甲双胍之所以能调控血糖，关键在于对肠道菌群的调控，影响多个菌属的相对丰度，并具有增强部分菌群功能的潜力。同时，肠道菌群也被认为介导了二甲双胍的抗高血糖作用，通过增强 SCFAs 和产生非结合胆汁酸，激活并增加肠道糖异生促低血糖。

除了高血糖外，2 型糖尿病患者通常会表现出血脂异常，甘油三酯和 LPL-C 的循环水平升高，高血压和血小板聚集的趋势增加，这些异常是一些代谢性心血管疾病的危险因素。心血管疾病发病的主要原因之一就是动脉粥样硬化，而多种肠道微生物来源的代谢物显示出抗或促动脉粥样硬化的作用。当肠道微生态失调时会扰乱机体的基础代谢，促进全身炎症级联反应和心血管风险增加，诱发动脉粥样硬化。肠道菌群紊乱对心血管疾病的影响机制主要包括：细菌内毒素移位、炎症因子释放、脂质和色氨酸代谢的异常，而肠道菌群紊乱促进体内氧化应激反应会加重心血管疾病发展。靶向调控肠道菌群微生态在治疗心血管疾病中具有重要潜力。

2. 肠道微生态和免疫相关疾病

肠道是抵御潜在有害病原体的第一道防线，建立健康的肠道菌群对肠道黏膜免疫系统和全身免疫系统的发育及成熟具有重要作用。

肠道上皮细胞、菌群和免疫细胞之间的相互作用对肠道局部免疫产生影响。肠上皮细胞通过由细菌代谢物、细菌成分和细菌本身构成的肠道菌群信号，调节肠黏膜屏障并向固有层免疫细胞传递，适应肠道环境变化；通过物理和化学屏障分隔肠道菌群和宿主免疫细胞，避免产生过度免疫反应，维持共生关系。肠道菌群通过代谢物及致病菌成分调节宿主免疫防御和耐受，诱导先天性及适应性免疫功能的成熟，维持肠道稳态；肠道免疫细胞反过来可直接或间接地影响肠道菌群，通过免疫反应调整肠道菌群组成、多样性和迁移。另外，由肠黏膜分泌的 IgA，对肠道免疫功能也起着重要作用，IgA 对菌群应答可用于判断肠黏膜免疫发育是否健康。肠道微生态还通过均衡细胞因子合成和释放而调节肠道免疫炎性反应，并通过抑制肠黏膜过度生成炎性因子而降低系统性全身性免疫应答反应。

肠道菌群对机体免疫的作用通常会通过影响肠道而影响全身免疫系统。主要表现为促进宿主免疫系统的发育和调节机体免疫系统。由菌群产生的可溶性因子（补体蛋白、防御素）或细胞被激活时释放的可溶性因子（细胞因子、趋化因子）可以从肠道转移到血液中，激活先天免疫细胞。除了细菌的直接调节作用外，细菌的代谢产物也可以从肠腔转位到肠黏膜固有层中，影响宿主免疫相关基因的表达，这些产物包括 SCFAs、胆汁酸、维生素、多胺、脂质、组胺等。它们涉及的肠道细菌各不相同，产生的免疫调节作用也各不相同。

自身免疫性疾病、过敏等都与肠道微生态的紊乱密切相关。肠道屏障损伤会导致某些未完全消化的物质和毒素进入血液，从而触发免疫反应，导致全身性炎症。肠道屏障损伤持续存在就会持续发生炎症反应，引起身体的各种自身免疫性疾病。

3. 肠道微生态与多器官的双向交流

肠道菌群和宿主免疫代谢系统之间的复杂相互作用会影响与其他器官相关的生理功能，使肠道菌群和身体多器官具有双向交流，这种串扰通过宿主和微生物及其代谢物之间的直接或间接相互作用发生。宿主-微生物免疫代谢轴是宿主细胞途径和各种微生物群之间的多向通信系统。在这个轴内，不同的微生物通过产生胆汁酸、胆碱、SCFAs、神经递质、有毒物、炎症因子等来调节生理代谢过程，从而对健康和疾病产生重要的影响。

从生理学角度看，肠道与肝脏之间的双向联系是肠道菌群与肠道外器官最重要的联系之一，它代表了肠道和肝脏功能之间密切的双向交流。肠-肝轴指肠道（包括其中的微生物）与肝脏两者的相互作用。从肠道静脉流出的血液中近70%经肝脏循环，其持续暴露于肠道菌群及其代谢产物。在健康个体中，进入肝脏的微生物代谢产物，如氨、乙醛和乙醇，由肝脏巨噬细胞（库普弗细胞）代谢，因此，肠道菌群对肝脏生理有很大影响。肝门静脉系统定义了肠-肝轴并强调了肠道与肝脏之间密切的解剖和功能相互作用。生理上，肠-肝轴保护宿主免受来自肠道的潜在有害和有毒物质的伤害，维持免疫系统的稳态。当肠道屏障被破坏并表现出通透性增加时，肝脏就会暴露来自肠道的许多有毒因素以及肠道细菌，肠道菌群失调将进一步放大这些过程。临床研究表明，在肝病和肝病以外的疾病中都出现了肠-肝轴的紊乱。在肝病发展过程中，肠道微生物生态失调可促进 LPS、细菌 DNA 和脱氧胆酸等微生物代谢产物的产生，这些代谢产物可能通过门静脉进入肝窦，引起慢性肝脏炎症，甚至纤维化和肝硬化；在肝硬化期间，肠道微生物生态失调可导致内毒素水平升高、全身炎症反应增加、血氨水平升高，甚至发生肝性脑病和感染，如自发性细菌性腹膜炎；随着肝硬化的进展，肠道微生物生态失调也明显加重，这与肝硬化并发症和患者预后密切相关。

肠道被看作“第二大脑”，影响情绪和行为，肠道菌群能调节肠神经系统的结构和功能，直接或间接与肠道和大脑形成双向联系。肠道菌群通过调节肠道和中枢神经系统的双向交流影响大脑，如行为、食欲调节、肠道糖异生和 5-HT 代谢。具体途径有：产生神经活性代谢物（如神经递质）、SCFAs 等菌群代谢产物、神经（肠神经和迷走神经等）、下丘脑-垂体-肾上腺（HPA）轴、内分泌（肠激素）、免疫（免疫细胞和细胞因子）等。肠道菌群的改变与焦虑、多发性硬化、孤独症谱系障碍、帕金森病等多种神经系统疾病有关。

除了与肝脏和大脑形成重要联系外，肠道微生物和微生物衍生的代谢物可以通过血液、体液、内分泌、神经、免疫和代谢等多种方式，与心脏、肾脏、骨骼和皮肤等身体的外周器官和组织进行交流。

第二节 分子营养与肠道微生态

肠道菌群对宿主健康起着至关重要的调节作用，众多因素影响其构成。在短期内，饮食内容以及饮食模式被认为是塑造肠道菌群最重要的驱动因素。从长远来看，饮食也是调整和干预肠道菌群调整最有效和健康的选择方式。

一、饮食与肠道稳态维持

（一）膳食成分与肠道菌群相互作用

食物中含有多种人体需要的营养物质，碳水化合物对肠道菌群的作用最为突出。复杂的碳水化合物大多无法被人体的消化酶直接消化利用，而肠道菌群拥有数百倍于人体的碳水化合物降解酶，可以利用不可消化的碳水化合物，作为它们的主要能量来源。饮食中的脂肪也会对肠道微生物有直接的影响，包括影响肠道菌群的多样性以及通过胆汁酸调节肠道菌群等。小肠内未被消化吸收的残存蛋白质进入结肠后，会被肠道菌群发酵，产生短链脂肪酸、支链脂肪酸、氨盐基、酚类、吲哚类、*N*-亚硝基化合物、胺类和硫化物等代谢产物，这些代谢产物大部分对宿主肠道有害。

除此之外，还有许多生物活性化合物，可以进入肠道参与菌群调节。天然多酚的生物利用率很低，很大一部分多酚积累在结肠，调节肠道菌群，促进有益细菌的生长并抑制有害细菌的生长，从而使宿主受益。另一方面，多酚不仅可以促进黏液分泌，还可以通过抑制黏液侵蚀细菌的生长来防止黏液被侵蚀，从而保持黏液的完整性，改善肠道菌群组成的平衡。

（二）食物多样性与肠道菌群的相互作用

日常生活中，食物多样性与肠道菌群的相互作用对健康至关重要。食物组合的协同效应，以及它们与肠道菌群的复杂关系，共同塑造了个体的健康状态。结肠中存在的蛋白质底物的数量通常比碳水化合物的数量要低得多，因此，肠道菌群的蛋白质水解发酵在数量上少于糖分解的发酵。营养物质的可利用性被认为在调节细菌代谢中具有关键作用，其中，碳水化合物和蛋白质是大肠中主要的营养来源。这些营养物质在结肠中的代谢结果主要受可利用的碳水化合物与氨基酸之间的比例以及细菌组成的影响。蛋白质水解与糖分解的微生物之间的平衡受到结肠中碳水化合物与氨基酸比例的影响。由于不同底物利用的差异，在结肠的不同区域发现在发酵反应和 pH 上表现出显著差异。从产能效率来看，碳水化合物发酵产生 ATP 的效率要高于蛋白质发酵，因此，丰富的碳水化合物可以促进合成代谢过程（主要是蛋白质合成）和细菌生长时含氮底物的使用。碳水化合物的化学组成也是影响其调节结肠蛋白质发酵程度的重要因素。高分子质量多糖、结晶多糖和低消化率的寡糖可以将更多的碳水化合物发酵过程转移到结肠远端区域，那里也是多数蛋白质发酵水解的区域。因此，不可消化的碳水化合物通常在缺乏碳水化合物的区域创造了一个更有利的管腔环境。

地中海饮食主要是水果、蔬菜、豆类、鱼、橄榄油和葡萄酒，同时还有少量的肉类。流行病学研究表明，地中海饮食可以降低全因死亡和多种慢性病的风险。坚持这一良好的饮食习惯，可以降低厚壁菌门与拟杆菌门的比率，并提高粪便中 SCFAs 的含量。

生酮饮食是一种低碳水化合物饮食（碳水化合物仅占摄入总热量的 5%~10%），这种饮食模式可以增加酮体的产生。它最初用于控制儿童难治性癫痫，最近，这种饮食模式开始用于减肥以及治疗其他神经系统疾病。研究表明，这种饮食模式可能对肠道微生物组有负面影响，会导致其整体的丰富度下降。对于癫痫患儿，生酮饮食会使其双歧杆菌属（*Bifidobacterium*）、直肠真杆菌（*Eubacterium rectale*）和小杆菌属（*Curtobacterium*）的相对丰度减少，放线菌门和大肠杆菌（*E. coli*）的相对丰度增加。

素食饮食可以使人更健康，并且降低患病风险。比较杂食饮食与素食饮食的研究表明，坚持这两种饮食的人在肠道微生物组的多样性和丰富度上略有差异，在属和种水平上的差异更为明显。与杂食者相比，素食者肠道中某些拟杆菌门的丰度更高，特别是普雷沃氏菌属（*Prevotella*）。然而，粪便中 SCFAs 的水平则与水果、蔬菜和豆类的摄入量呈正相关。

除了地中海饮食、生酮饮食、素食饮食模式外，纯素食，无麸质饮食，低可发酵寡糖、二糖、单糖和多元醇（Fermentable Oligo-，Di-，Mono-saccharides，and Polyols，FODMAP）饮食和间歇性禁食等对肠道微生物组也有一定调节能力，人们可采用这些饮食来维持健康或达到缓解某些症状的目的。

（三）肠道菌群对饮食的应答机制

食物摄入后引起的宿主健康影响的机制通常是复杂的，因此有时难以区分饮食对健康的影响，是由饮食改变的微生物群引起的生理效应，还是由饮食直接引起的生理效应，而宿主肠道菌群的改变仅仅是由饮食引起的附带效果或次要效应。膳食对肠道菌群的影响机制如图 5-2 所示。

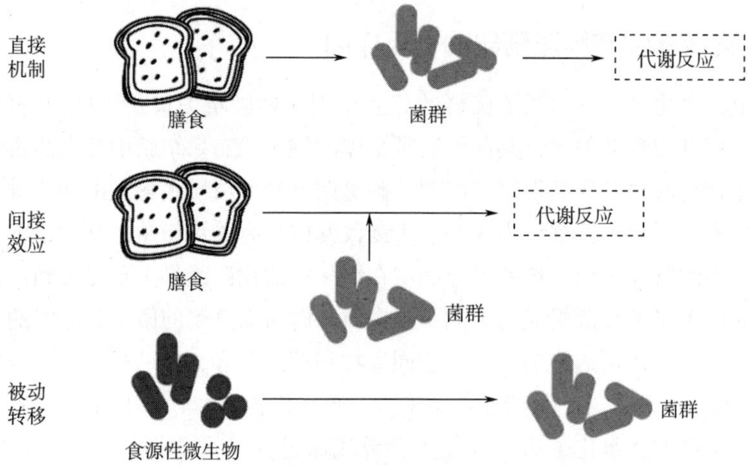

图 5-2 膳食对肠道菌群的影响机制

1. 直接机制

营养物质可以直接与微生物相互作用来促进或抑制它们的生长。特定微生物本身所具有的从某一特定饮食成分中获取能量的能力，使其在降解食物成分时有直接的竞争优势，并以牺牲降解劣势的微生物获得增殖。这个过程不仅包括饮食对菌群丰度的影响，还有对菌群生长动力学的影响。这种机制的中心营养素是不可消化的碳水化合物，主要来自植物，也有少数来自动物、真菌和藻类等。

人类基因组几乎没有编码出淀粉以外的多糖裂解酶，因此，抗性淀粉、菊粉、木质素、果胶、纤维素和低聚果糖等聚糖以其未消化的形式到达大肠。与人类相反，微生物组编码数以万计的碳水化合物活性酶（Cazymes），能够降解聚糖的细菌被称为初级降解菌，包括拟杆菌属（*Bacteroides*）、双歧杆菌属（*Bifidobacterium*）和瘤胃球菌属（*Ruminoclostridium*）的成员，它们的竞争优势在于根据聚糖降解模式预测细菌丰度的能力。而在食物短缺期间，细菌又可以通过传感和调节机制控制基因表达，在不同能源之间切换，随时适应改变能量来源的分类群。聚糖的初级降解和次级降解会导致乙酸、丙酸、丁酸、乳酸和琥珀酸的形成，并启动一个复杂的交互共生代谢网络。饮食除了促进细菌生长的直接作用外，其中的一些营养物质也会抑制某些细菌的生长，如醌类、黄酮类、萜类和生物碱等具有体外抗菌活性的物质。例如，植物抗菌小檗碱等与体内某些细菌减少和微生物多样性下降有关。

2. 间接效应

饮食中的抗原和化合物可以通过影响宿主的新陈代谢和免疫系统来间接塑造肠道菌群。例如，芳基碳氢化合物受体的活性对维持肠道中的上皮内淋巴细胞非常重要，当它缺失时，拟杆菌门的细菌丰度增加；Treg 细胞在维持肠道内环境稳态中具有重要作用，该细胞缺陷会导致肠道炎症、疾病以及菌群失调，而细菌发酵膳食纤维产生 SCFAs 在维持 Treg 细胞稳态中发挥重要作用。饮食成分也可能破坏肠道屏障的保护功能，从而影响宿主与微生物界面迅速失调，导致炎症过程，并对宿主产生下游影响。例如，在加工食品中常用的乳化剂会对肠道黏液层造成破坏，导致菌群失调介导的低度炎症，或促进实验模型中的代谢综合征发生。

3. 被动转移

微生物群中的一些成员，包括产乳酸细菌、念珠菌和青霉属真菌以及植物病毒，是食源性的，可以通过饮食被动地转移和引入到宿主本身的肠道微生物生态系统中。研究表明，食物来源的菌群定植依赖于原本存在的微生物群组成，一些细菌群落“允许”外来细菌定植，而另一些细菌则“抵抗”外来细菌定植。

二、饮食通过微生物代谢影响宿主健康

肠道菌群通过初级和次级代谢途径生成大量小分子，其中部分小分子的生成依赖于宿主的饮食，这些分子影响肠道内环境并可能被宿主吸收和化学修饰。饮食是肠道微生物组的关键调节因素，影响其代谢产物和与宿主的相互作用，对健康结果具有重要影响。肠道微生物组与多种疾病如肥胖、炎症性肠病和肠易激综合征密切相关。此外，饮食可改变微生物组的基因组和代谢功能，如日本人群摄入海藻后，特定海洋细菌基因转移至肠道微生物，显示饮食对微生物组具有地域特异性影响。

食物中的一些成分是肠道微生物的底物，被肠道微生物发酵后产生的代谢物是影响宿主生理的关键执行者（图 5-3）。饮食中不可消化的碳水化合物被肠道微生物发酵产生 SCFAs，作为大肠细胞的主要能量来源，调控着肠道内多种营养物质的吸收及激素产生，以丁酸为主的 SCFAs 是结肠细胞的能量底物。丙酸是糖异生的底物，可以诱导肠道糖异生，通过中枢神经系统发出信号，保护宿主免受饮食诱导的肥胖和葡萄糖不耐受。乙酸和丁酸可以作为组蛋白去乙酰化酶抑制剂。奶酪、海鲜、蛋和肉类中富含的磷脂酰胆碱和红肉中富含的氨基酸 L-肉碱的微生物代谢产生高水平的胆碱或三甲胺，一旦从肠道吸收进入血液，三甲胺循环到肝脏，并被酶促氧化为外周血中氧化三甲胺，该物质在心血管疾病如冠心病、动脉粥样硬化、高血压等的发生和发展中起着重要作用。代谢胆固醇的微生物群形成的胆汁酸，也是对人类健康有深远影响的代谢物，它们被小肠和结肠下部的微生物群代谢，生成次级胆汁酸。次级胆汁酸最初被认为只是表面活性物质，溶解膳食脂肪，以促进其吸收，目前已明确其可成为信号分子，结合到不同的受体。

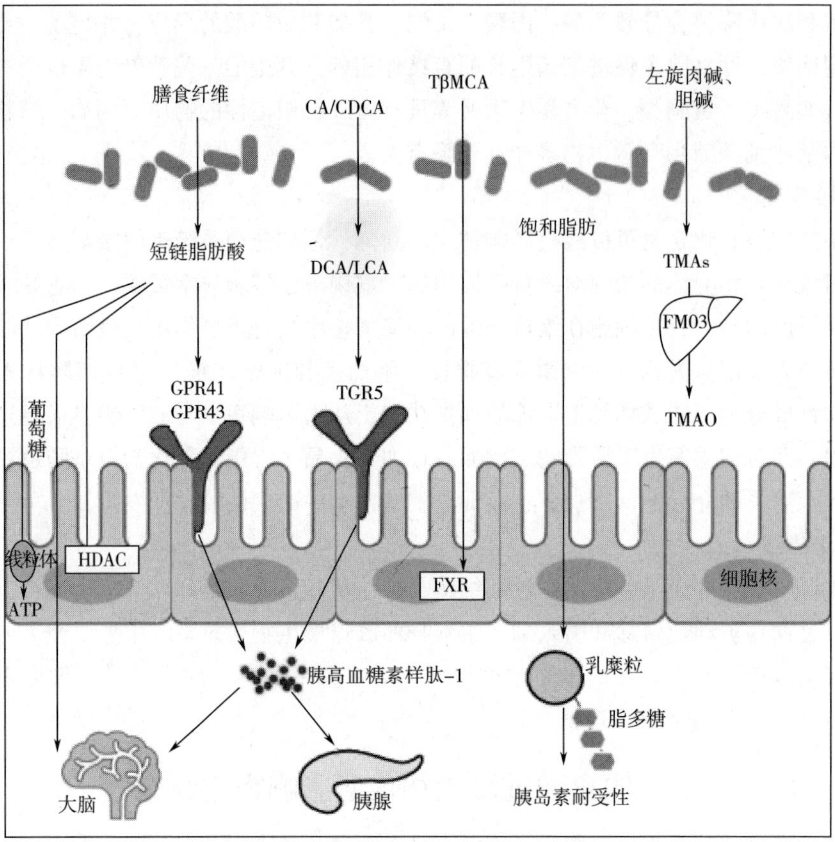

图 5-3 从肠道菌群代谢物到宿主的信号机制

三、基于肠道微生物的饮食干预和营养

肠道微生物是调节机体生理过程的一个容易获得的控制中心。饮食是决定微生物群组成的最关键因素之一，也是最易于干预的因素。饮食干预的本质是通过饮食成分及结构来改变或影响肠道微生物的组成，使其从与疾病相关的状态转变成一种更健康、更稳定的状态。

（一）利用饮食精准干预肠道菌群

1. 添加益生菌

益生菌的现代定义为活的微生物，当给予足够的剂量时，会赋予宿主健康。益生菌主要存在于人体肠道内，通过维持肠道微生物平衡，在宿主体内发挥有益作用。在日常生活中，常见的益生菌，如乳酸杆菌、双歧杆菌、干酪乳酪乳杆菌和嗜酸乳杆菌等，耐酸性很强，可以活着到达肠道，具有促进机体健康的作用，通常作为活性菌制剂食用。

乳酸杆菌中常见的种类有：鼠李糖乳酪杆菌、短乳杆菌、干酪乳酪杆菌、格氏乳杆菌和植物乳植杆菌等。鼠李糖乳酪杆菌是一种革兰氏阳性乳酸菌，已被广泛用于食品和保健品中。鼠李糖乳酪杆菌以其安全性和耐受性著名，但免疫功能低下个体需注意可能的不良反应。短乳杆菌是一种植物来源的乳酸菌，存在于酸菜和泡菜等发酵食品中。干酪乳酪杆菌存在于发酵乳制品（如奶酪）、植物材料（如葡萄酒、泡菜）以及人类和动物的生殖道和胃肠道中，干酪乳酪杆菌已被证明可以改善肠道微生物平衡、关节炎、2 型糖尿病，并具有潜在的抗癌特性。格氏乳杆菌具有抗菌活性、产生细菌素以及调节先天性和适应性免疫系统。植物乳植杆菌以其在多种发酵植物产品中的分布和抗氧化性特性脱颖而出，具有抗癌、抗炎、抗肥胖和抗糖尿病特性，可用于治疗腹泻、高胆固醇和特异性皮炎。

双歧杆菌在提高整体免疫力、减少和治疗胃肠道感染以及改善腹泻、便秘和湿疹等方面发挥作用。另外，临床研究表明，双歧杆菌是成功防止小肠细菌过度生长的益生菌之一。双歧杆菌中常见的种类有：两歧双歧杆菌（*B. bifidum*）、长双歧杆菌、婴儿双歧杆菌、乳酸双歧杆菌、短双歧杆菌等。两歧双歧杆菌通常用于改善消化问题，与健康饮食相结合还可以改善血糖控制、减轻压力并帮助对抗感染，有助于增强免疫系统并减少过敏。短双歧杆菌可部分恢复肠道菌群失调，缓解腹泻症状。长双歧杆菌天然存在于人体胃肠道中，它可以改善人体免疫反应并帮助预防肠道疾病。

饮食补充益生菌菌剂的目的是补充对肠道有利的共生细菌，影响宿主代谢。多种互补菌株混合物的补充可能比一些单菌株制剂更有效。鉴于人体肠道菌群结构的差异，目前通过饮食补充益生菌菌剂影响人体肠道健康是有争议的，因为引入的微生物成功定植肠道的能力取决于初始肠道菌群，因此需要一种个性化的方法。

2. 益生元及植物性食物

益生元指食用后能促进肠道有益微生物生长的营养物质，选择性地刺激一种或几种菌落中的细菌生长与活性，补充益生元是驱动肠道菌群转变的一种手段，对宿主产生益生效应。益生元的种类很多，以菊粉、低聚果糖或低聚半乳糖形式提供的可发酵膳食纤维已被广泛研究。例如，菊粉是一种存在于菊苣、洋葱和雪莲果根等多种植物中的可溶性膳食纤维，它通过充当有益菌的食物，刺激双歧杆菌的生长。

另外，研究证明，摄入全植物食物能够调节微生物群并使宿主受益。例如，摄入全谷物大麦和糙米（每日 1 次，每次 60g）提高了健康个体的粪便细菌多样性，提高厚壁菌门和拟杆菌门的比例和增加布劳特氏菌属的丰度，降低餐后血糖峰值和血浆 IL-6 水平。以蔬菜水果汁（每日 6 瓶，连用 3d）为基础的膳食降低健康受试者粪便中厚壁菌门和变形菌门的丰度，增加拟杆菌门和蓝细菌门的丰度，并诱导有益代谢特性的功能变化。在传统医学中使用的仙人掌和小檗碱，可以调节肠道微生物的组成，促进 SCFAs 的产生，改善代谢表型。

3. 饮食结构调整

针对不同疾病，研究者设计了多种饮食结构调整策略，不同的患者可以适应不同患者的个性化需求。自身免疫方案饮食强调新鲜或发酵食品的摄入，排除促炎食物，并通过个体化的食物重新引入来适应食物耐受性。全部或部分肠内营养是一种液态元素（氨基酸型）、半元素（寡肽）或聚合物（全蛋白基）配方饮食，不含固体食物或限制摄入 1~3 个月，以减少食物抗原暴露，促进肠道愈合。

克罗恩病排除饮食专为克罗恩病患者设计，通过限制特定食物成分来减少可能对宿主免疫、肠道屏障功能或菌群产生负面影响的饮食成分的暴露。特殊碳水化合物饮食，最初为腹腔疾病患者设计，也被用于炎症性肠病治疗，其特点是允许大多数水果、一些蔬菜、坚果、肉类和鸡蛋，同时避免所有谷物、食糖、食品添加剂和大多数乳制品。低发酵寡糖、单糖和多元醇（FODMAP）饮食通过限制特定糖类，帮助确定引发症状的食物，并促进个性化饮食的发展。

低碳水化合物和高脂肪的饮食会触发酮症，这是一种代谢状态，其中脂肪取代葡萄糖成为主要的能量来源。在这一过程中，肝脏将脂肪酸转化为酮体，包括乙酰乙酸、β-羟基丁酸和乙酸丙酮。酮体不仅为身体提供能量，还可能通过降低促炎 Th17 细胞的水平来减轻炎症。生酮饮食通过促进酮体的生成，可能有助于调节炎症反应，对健康产生积极影响。

（二）肠道菌群与个性化精准营养

不同个体对同样的食物可能有不同反应，体现在餐后血糖、疾病干预和治疗效果等方面。产生差异的一个重要原因来自于不同个体肠道中的微生物群。因此，人们在选择食物或进行营养干预时，应将自己视作人和微生物的超级共生体，通过个性化的营养支持来优化健康或预防、管理、治疗疾病，这一概念称为精准营养（Precision Nutrition）或个性化营养（Personalized Nutrition）。研究表明，肠道菌群是精准营养的关键特征之一。

1. 宿主对饮食的个性化反应

饮食干预引起的宿主新陈代谢的变化也因人而异，这种异质性除了来自宿主生理外，还来自独特的微生物群特征。通过将基线微生物组特征与其他重要的个体特征相结合，开发更准确的个性化预测方法，将响应者与非响应者区分。以色列的一个由超重或肥胖的非糖尿病个体组成的 800 人队列中，使用机器学习算法，通过肠道微生物组、饮食习惯、血液参数和人体测量学准确预测了对相同食物的餐后血糖反应的高个体间变异性。不同的饮食成分、年龄、血清参数和微生物组都对个性化预测表现出相对的贡献，表现出有益或非有益但个人特异性的预测效果。更具体地讲，根据它们对基于算法的预测的相对贡献，确定了 21 个有益的和 28 个非有益的微生物组特征。微生物组以及离散的临床和实验室特征对可预测性的贡献程度可能不同，值得在不同人群中进一步研究。这种预测餐后血糖反应个性化方法在美国的非糖尿病人群中得到验证。

另一项大型双胞胎研究发现，即使是基因相似的双胞胎对同一餐的反应也是不同的，其餐后反应（血糖、胰岛素和血脂）具有高度个体差异。这表明，非遗传因素，在决定对食物的反应中起着重要作用，包括基线肠道菌群、宿主新陈代谢、进食时间、营养物质和运动。

2. 精准营养

精准营养的总体目标是利用基因、表型、医学、营养和其他有关个人的信息来保持或增加健康，确定哪些个体特异性特征可以预测对饮食干预的反应，以提供更具体的健康饮食指导和其他营养产品和服务，实现不同人群的相同反应。这种精准营养目前可应用于两个广泛领域：第一，对患有特定疾病或需要特殊营养支持的人（如孕妇或老年人）的饮食管理；第二，发展更有效的干预措施，以改善公共医疗。

新的工具和分析方法也为个性化建议提供可靠的基础。目前，机器学习算法已被应用于大型参与者队列，以识别哪些特征可以预测健康结果。机器学习算法利用参与者关于血液参数、饮食习惯、微生物组成和其他因素的数据准确地预测标准化膳食的餐后血糖反应。仅基于一个人的饮食和 BMI 等数据预测的餐后血糖反应准确率较低，加入粪便微生物组数据可以更加准确地预测一个人对不同类型食物的餐后血糖反应。另外，这样的预测也受益于微生物组和宿主基因数据的结合。研究表明，高基线普雷沃氏菌属/拟杆菌属比例，可以预测唾液淀粉酶基因拷贝数低的受试者对高膳食纤维、全谷物、水果和蔬菜的饮食有更好的体重减轻作用。

第三节　碳水化合物与肠道健康机制

碳水化合物的摄入与肠道健康关系最为密切，其可以分为单糖、双糖、寡糖和多糖。多糖主要包括可以被人体直接利用的淀粉及作为微生物主要碳源的膳食纤维。淀粉是由许多葡萄糖分子组成的多糖，是日常饮食中主要的碳水化合物来源之一。膳食纤维则是由多种不同结构的多糖组成的复杂碳水化合物，在人类肠道中无法被消化，但却对肠道健康有着重要的作用。淀粉和膳食纤维是人体能量代谢和生理功能的重要组成部分。因此，了解淀粉和膳食纤维对肠道健康的影响，对于促进人们健康和预防相关疾病具有重要意义。

一、淀粉与肠道健康

（一）淀粉的消化

淀粉是植物中储存碳水化合物的主要形式和人类主要的能量来源，是一种经济、丰富和可生物降解的多糖。淀粉的消化发生在上消化道（口腔和小肠）。在口腔中，唾液淀粉酶（α-淀粉酶）可以水解食物中淀粉的α-1,4-糖苷键，但不能水解分支点上的α-1,6-糖苷键及紧邻的两个α-1,4-糖苷键，得到葡萄糖、麦芽糖、异麦芽糖、麦芽寡糖以及糊精等的混合物。胃液中不含任何能水解碳水化合物的酶。

当胃酸及胃蛋白酶渗入食团或食团散开后，pH 下降至 1~2，唾液淀粉酶本身也会被胃蛋白酶水解破坏，完全失去活性。

淀粉的消化主要是在小肠中进行，分为肠腔消化和小肠黏膜上皮细胞表面上的消化。肠腔内由胰腺分泌的胰淀粉酶（α-淀粉酶），其作用和性质与唾液淀粉酶一样，将淀粉水解成麦芽糖、麦芽三糖（约占 65%）、异麦芽糖、α-极限糊精及少量葡萄糖等。同时，小肠黏膜上皮细胞刷状缘上含有丰富的α-糊精酶、糖淀粉酶、麦芽糖酶、蔗糖酶及乳糖酶，它们彼此分工协作，把中间产物完全消化成大量的葡萄糖及少量的果糖和半乳糖。这些单糖分子可被小肠黏膜上皮细胞吸收（图 5-4），通过基底膜一侧膜顺浓度转运至细胞间隙，最终通过毛细血管进入血液，为身体各个组织提供能量和营养物质。

剩下的不可被消化的淀粉，称为抗性淀粉，进一步运输至大肠被微生物发酵利用，产生对宿主有用的代谢产物。这些抗性淀粉被认为属于膳食纤维的一种。

（二）餐后血糖波动

餐后血糖波动，即餐后高血糖，是指进食后血糖水平急剧上升的现象。这种现象对人体代谢系统有显著的不良影响。首先，频繁的高血糖会导致胰岛素分泌增加，长期可引起细胞对胰岛素的敏感性降低，即胰岛素抵抗的形成，这是 2 型糖尿病及代谢综合征的重要前兆。此外，持续的高血糖压力下，胰岛β细胞需不断分泌大量胰岛素，长期超负荷工作会导致这些细胞功能的衰退，最终可能无法维持正常的血糖水平。

高血糖状态还会增加体内 ROS 的生成，引发氧化应激和慢性炎症反应，这种慢性炎症状态是多种代谢疾病和心血管疾病的重要风险因素。同时，高血糖可导致血管内皮功能障碍，增

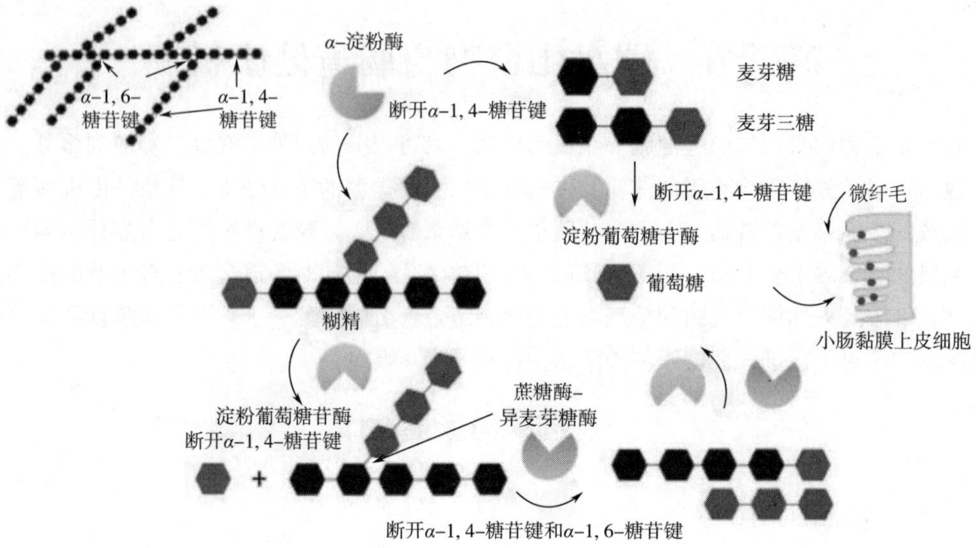

图 5-4 淀粉的消化示意图

加 LDL 的氧化，促进动脉粥样硬化的发生和发展，增加心血管事件的风险。在高血糖环境下，胰岛素水平升高会促进脂肪细胞的葡萄糖摄取和脂肪合成，导致脂肪堆积，引发肥胖，而肥胖又进一步加剧胰岛素抵抗。

长期高血糖还会增加肾小球的滤过负担，导致肾脏损害，进而发展为糖尿病肾病，严重者可导致终末期肾病。高血糖可能导致神经系统的慢性损伤，表现为外周神经病变和自主神经病变，症状包括感觉异常、疼痛和麻木等。研究表明，长期高血糖与认知功能下降密切相关，可能增加老年痴呆症（阿尔茨海默病）的风险。因此，控制餐后血糖波动对于预防和管理糖尿病及其相关并发症具有重要意义。

（三）影响餐后血糖的分子机制

餐后血糖水平的调控涉及复杂的分子机制，这些机制主要包括胰岛 β 细胞激素的分泌和作用、小肠激素的分泌、肠道微生物及神经系统的调节作用等。

1. 胰岛 β 细胞调节

胰岛素是由胰腺 β 细胞分泌的激素，其主要功能是降低血糖水平。当餐后血糖水平高时，β 细胞的细胞外空间内存在高浓度的葡萄糖，葡萄糖通过葡萄糖转运蛋白（如人类中的 GLUT1 和啮齿动物中的 GLUT2）转运到 β 细胞中进行代谢。此外，β 细胞内的葡萄糖激酶磷酸化葡萄糖，导致 ATP 水平升高和 ADP 水平降低。因此，ATP 与 β 细胞内的钾通道结合以去极化细胞，使 Ca^{2+} 通过电压门控，从 Ca^{2+} 通道流入，导致胰岛素胞吐作用。胰岛素是一种抗高血糖肽激素，其功能是与位于靶细胞（如肝、脂肪和骨骼肌细胞）细胞膜上的受体结合，促进血糖水平降低。胰岛素促进肌肉和脂肪细胞膜上葡萄糖转运蛋白（如 GLUT4）的表达和转运，增强细胞对葡萄糖的摄取。胰岛素激活肝脏和肌肉中的糖原合成酶，促进葡萄糖转化为糖原储存。胰岛素还可以抑制肝脏中的糖异生过程，减少葡萄糖的生成。此外，胰岛素还拮抗几种高血糖激素，如胰高血糖素、生长激素、糖皮质激素和肾上腺素，从而维持血糖浓度稳态。

淀粉样多肽-1也是一种由胰岛β细胞分泌的调节血糖的重要激素。淀粉样多肽-1的主要功能是在餐后减缓胃排空速度、抑制胃肠运动和胃酸分泌、调节食欲以及调节血糖水平等。在胰岛素的作用下，淀粉样多肽-1能够增加肌肉和脂肪细胞的葡萄糖摄取，促进葡萄糖代谢，并抑制肝脏糖原的分解，从而降低血糖水平。同时，淀粉样多肽-1还可以促进胰岛素的分泌，增加胰岛素的效力，有助于降低血糖。此外，淀粉样多肽-1还可以保护胰岛β细胞，抑制β细胞凋亡，延缓糖尿病的进展。

2. 小肠激素调节

小肠上皮散布着大量直接暴露于营养物质的肠内分泌细胞，其感知营养物质摄入，触发反馈机制，通过释放肠道激素抑制食物摄入和内源性营养物质产生，从而调节葡萄糖稳态。肠内分泌细胞可分泌多达20种肠道激素，包括抑胃肽（GIP）、胰高血糖素肽-1（GLP-1）、肽YY（PYY）和胆囊收缩素（CCK）等。这些肠道激素以内分泌方式作用于外周和中枢神经系统靶标，或以旁分泌方式作用于迷走神经传入神经元，并调节能量和血糖浓度稳态。

GIP由小肠内分泌K细胞分泌，其分泌与十二指肠和上空肠中外源性葡萄糖的吸收速率有关。由于快消化淀粉（RDS）消化后外源性葡萄糖含量骤升，由近端小肠感知，诱导GIP快速释放，从而调控血糖稳态。相反，GLP-1从位于回肠和结肠的开放型神经内分泌上皮细胞（L细胞）释放，导致RDS无法有效刺激GLP-1分泌。对于淀粉类食品中的慢消化淀粉（SDS），其在消化道上缓慢消化和释放葡萄糖，由远端小肠感知，因此SDS通常会引起较低的GIP水平和较高的GLP-1水平。

GLP-1是一种比GIP更有效的肠道激素。GIP水平增加会加速细胞中的能量储存和脂肪沉积。相比之下，GLP-1可促进胰岛β细胞增殖和胰岛素生物合成及分泌，抑制胰高血糖素分泌、延迟胃排空、增加饱腹感和降低食欲。因此，增强GLP-1的释放和减少GIP的释放被认为是控糖饮食的关键特征。

PYY可以抑制食欲、增强饱腹感、调节胃肠蠕动并调节血糖水平远端小肠中的外源性葡萄糖吸收有助于餐后血液中PYY水平升高。因此，SDS被视为PYY分泌的有效诱导剂。另外，CCK是一种由十二指肠肠内分泌I细胞分泌的肽激素，通过推迟胃排空和调节胰腺淀粉酶分泌极大地影响胃肠道淀粉消化的程度和速率。此外，CCK作为一种神经递质，通过迷走神经传入神经将信号转导到大脑和周围神经元，并最终抑制食欲。

3. 小肠微生物调节

糖类的消化和吸收主要在小肠中由肠道细胞完成的，但小肠末端的肠道菌群也可以通过多种途径影响葡萄糖的稳态。小肠肠道菌群可以通过调节肠道激素分泌来影响葡萄糖的稳态。比如，嗜黏蛋白阿克曼菌（*Akkermansia muciniphila*）被证明可以刺激GLP-1的分泌，并与肥胖和2型糖尿病的发生有关。小肠肠道菌群还可以通过影响肠道神经元的活动，调节胃肠道运动和葡萄糖吸收。

肠道菌群的代谢物，特别是SCFAs，通过作用于肠内分泌L细胞表面表达的特异性GPR43和GPR41来刺激肠道肽的分泌，这些受体在回肠末端和结肠中特别丰富。通过使用敲除GPR43或GPR41的小鼠模型，已阐明肠道菌群对肠道肽分泌的关键作用。与正常小鼠相比，缺乏这些受体的小鼠暴露于SCFAs或特定的益生元后，GLP-1和PYY的分泌更低。另外，吲哚也是一种能调节肠内分泌细胞的GLP-1释放的代谢物。研究表明，吲哚并非直接作用于肠内分泌细胞，而是通过影响肠道菌群的代谢活动，来调节GLP-1的合成和分泌。

总的来讲，小肠肠道菌群对葡萄糖稳态的影响十分复杂，需要综合考虑微生物的种类、数量和代谢能力等因素。因此，通过维护肠道微生态平衡，有助于维护葡萄糖代谢的稳态，预防和治疗相关的代谢性疾病。

二、膳食纤维与肠道健康

（一）肠道菌群降解膳食纤维的分子机制

膳食纤维（Dietary Fiber）是指植物性食物中不能被人体消化酶分解的碳水化合物和木质素，它们主要存在于水果、蔬菜、全谷物和豆类等食物中。膳食纤维不能被人体消化，必须进入大肠内被肠道菌群发酵利用。肠道菌群中存在着各种酶类，其中包括130种糖苷水解酶、22种多糖裂解酶和16种碳水化合物酯酶家族，这些酶类能够分解不同种类的膳食纤维，为微生物组提供了在不同的膳食纤维之间切换的灵活性，从而更有利于人体健康。切割碳水化合物或非碳水化合物结构（如木质素）中的糖苷键的碳水化合物酶系由糖苷水解酶、多糖裂解酶、碳水化合物酯酶和辅助活性组成。拟杆菌门物种编码100~300个碳水化合物酶系，其丰富的碳水化合物酶系允许它们利用各种结构多样化的膳食纤维，包括阿拉伯木聚糖、菊粉、鼠李糖、β-葡聚糖和木葡聚糖等。厚壁菌门和放线菌门虽然膳食纤维代谢酶含量较少，但它们能有效启动和进行复杂底物（如谷物麸皮等复杂膳食纤维）的降解过程。

膳食纤维的摄入量对碳水化合物酶系的丰富度有影响。一项为期17周的人类随机研究表明，尽管肠道菌群多样性稳定，但高膳食纤维饮食会增加微生物组编码的碳水化合物酶系的相对丰度。此外，与传统的农村人口相比，膳食纤维摄入量下降的城市居民面临着肠道菌群中碳水化合物酶系库的萎缩。膳食纤维通过为微生物生长提供基质来改变肠道中的生态位环境，使能够利用这些基质的微生物物种扩大其种群，种群的扩大有利于丰富碳水化合物酶系。

（二）膳食纤维调节肠道健康的分子机制

1. 膳食纤维的分类

膳食纤维摄入后，对肠道健康有许多益处，包括影响葡萄糖和脂质的吸收，抑制胆汁酸的重吸收，促进排便（频率、稠度和重量）和刺激肠道菌群组成变化和产生有益代谢产物。膳食纤维对肠道健康的影响受到多种与膳食纤维性质有关的因素的影响，包括膳食纤维来源、分子类型、链长、粒径、溶解度、发酵性、黏度和与其他化合物（常与多酚结合）的结合情况等其他因素。

膳食纤维可以根据溶解性分成不溶性膳食纤维和可溶性膳食纤维。大多数不溶性膳食纤维（如纤维素、半纤维素等）具有粪便膨胀作用，因为它们到达大肠不被肠道菌群消化，或者被消化速度很慢。然而，可溶性膳食纤维（如瓜尔胶、果胶等）不会导致粪便膨胀，但会被肠道菌群发酵产生SCFAs等代谢物。相比于不溶性膳食纤维，大多数可溶性膳食纤维是具有黏性（包括瓜尔胶和β-葡聚糖等高分子质量聚合物），这些可溶性膳食纤维在肠道中能形成凝胶结构，这使得可溶性膳食纤维能与胆汁酸结合，抑制胆汁酸的重吸收，以及也具有抑制餐后代谢的葡萄糖和脂质的吸收的能力（图5-5）。

所有天然来源的膳食纤维都可被肠道菌群发酵，即使是纤维素和木质素也能低程度的发酵，而合成膳食纤维（如甲基纤维素）是完全不可发酵的。相比于链短的膳食纤维（比如寡

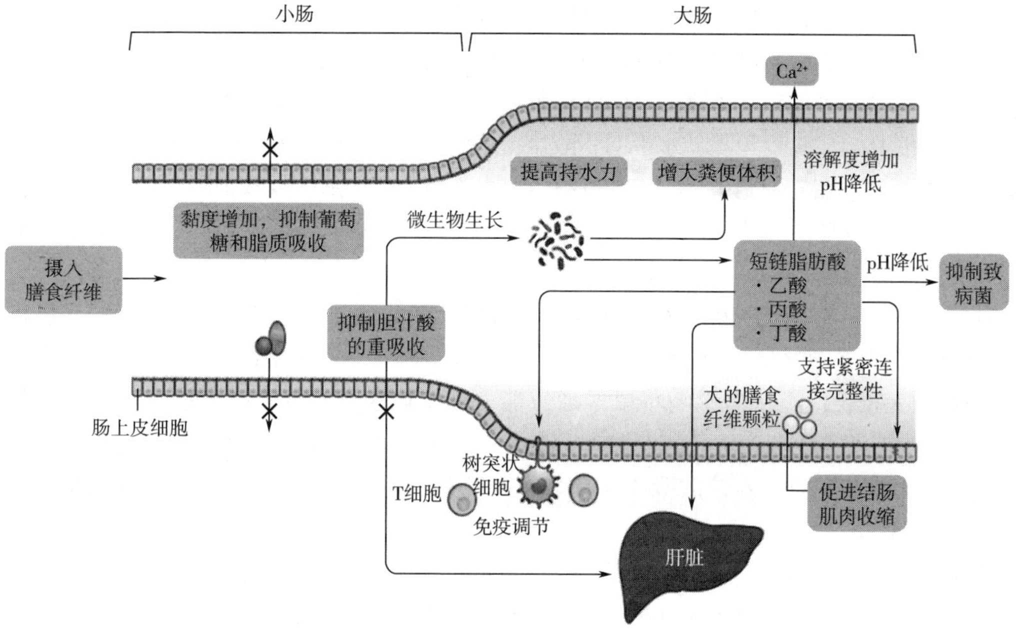

图 5-5 膳食纤维影响肠道菌群的作用机制

糖），链更长的膳食纤维（比如多糖）更难被肠道微生物利用，导致发酵更加缓慢。另外，膳食纤维颗粒的粒径大小决定了其对消化、结合、保水和肠道运输时间的敏感性，保水性会影响细菌渗透、消化膳食纤维的能力和通过肠道的运输速度，而且大颗粒膳食纤维会刺激肠道壁的机械感受器，从而增加肠道蠕动和排便次数。

需要注意的是，传统上使用消化道的体外发酵模型评估膳食纤维发酵能力，这项技术为不同膳食纤维的发酵模式和行为提供了有价值的机制见解，但这些发现并不总是与体内一致。比如，体外模型表明洋车前子的发酵程度适中，而体内研究表明它的发酵程度很低，这种差异可能是因为体外发生的稀释和高速机械混合破坏了凝胶网络，人为地使膳食纤维暴露于酶促降解。因此，未来的研究需要继续深入探讨不同膳食纤维在体内的发酵行为和效应，以更好地了解膳食纤维对肠道菌群和人体健康的影响，这将有助于开发更具有针对性的膳食建议和治疗方法。

2. 膳食纤维影响肠道健康的分子机制

尽管膳食纤维不能直接被人体吸收利用，但它通过与肠道内容物及肠道菌群的相互作用，显著影响人体健康。膳食纤维的代谢产物 SCFAs 对肠道屏障、炎症、免疫和代谢具有重要影响；膳食纤维还通过调节胆汁酸并激活 FXR-TGR5 途径，进而影响代谢和免疫功能。此外，膳食纤维通过调节特定肠道微生物，增强肠道免疫和黏膜健康；并通过肠道微生物释放活性物质，进一步改善肠道功能。这些机制共同作用，凸显了膳食纤维在维持和促进肠道健康中的关键作用。

SCFAs 是肠道菌群发酵膳食纤维的最主要的代谢产物，约有 60%乙酸盐，25%丙酸盐和 15%丁酸盐，易被结肠细胞和其他组织（包括肝脏和肌肉）吸收为营养物质，并为人类提供 5%~10%的基础能量。SCFAs 通过不同的途径产生，在肠道健康、免疫调节、食欲控制和营养素吸收中发挥作用。膳食纤维被肠道菌群发酵后，产生的 SCFAs 对各种生理功能有显著作用。

作为最丰富的SCFAs，乙酸盐能通过柠檬酸循环增强ATP的生成。丙酸盐具有降低血液中胆固醇浓度的潜力，而丁酸盐是结肠细胞的主要能量来源，通过在线粒体中进行β氧化并支持代谢稳态，包括预防和抑制结直肠癌变、防止黏膜氧化应激和加强结肠防御屏障。正常细胞利用丁酸盐作为能量燃料，从而积累低水平的丁酸盐。然而，结直肠癌细胞依靠葡萄糖作为主要能量来源，导致丁酸盐在癌细胞中积累，抑制组蛋白去乙酰化酶，从而导致细胞周期停滞和癌细胞凋亡。SCFAs对肠道功能的直接影响还包括通过增加兴奋性胆碱能神经元的数量来刺激结肠收缩活动，从而影响胃肠动力。

此外，SCFAs对肠道炎症性相关疾病有显著抗炎和免疫调节作用。SCFAs是肠黏膜微生物群和黏膜免疫系统之间的桥梁，可以通过直接调节调节性T细胞池的大小和功能来影响肠道适应性免疫反应，从而影响小鼠的增殖能力和基因表达。SCFAs还可以通过降低管腔pH间接维持胃肠道稳态，从而抑制酸敏感性病原菌的生长，并防止其定植。同时，肠道中的pH变化会影响矿质营养素的吸收。比如，肠腔pH的下降导致钙溶解度增加，从而增加钙的被动吸收。

膳食纤维能够促进具有胆盐水解酶活性的细菌的增殖，它们可以将初级胆汁酸转化为次级胆汁酸。次级胆汁酸相比初级胆汁酸在肠肝循环中的重吸收性较差，因此部分会随粪便排出体外，导致肝脏合成更多的胆汁酸，从而降低LDL水平，对心血管健康产生积极影响。

膳食纤维被肠道菌群发酵利用后还会产生少量B族维生素，长链脂肪酸等。喂食低聚果糖促进了小鼠中双型霍尔德曼菌产生3-羟基十八烯酸，该物质可结合并激活PPARγ，并进一步发挥抗炎作用，抑制右旋糖酐硫酸钠诱导的小鼠结肠炎。

此外，存在于纤维中的生物活性物质可以通过肠道菌群的酶作用被释放出来。例如，卵形拟杆菌在果胶多糖消化酶存在的情况下，可以从橙纤维中释放出*N*-甲基色氨酸，这种分子能够减少肥胖、增加糖原生成、加速肠道传输，并降低无菌小鼠肝脏和结肠生物钟基因的表达。阿拉伯木聚糖也被证明能够释放由拟杆菌门成员编码的阿魏酸酯酶产生的阿魏酸。此外，长链脂肪酸及其衍生物也是重要的细菌代谢产物。

（三）膳食纤维改善不同疾病状态的分子机制

1. 便秘

便秘是世界范围内常见的肠道疾病之一，其发病率可高达20%，摄入DF是一种有效预防和改善便秘的手段，可通过增加肠腔体积减少肠道运输时间以及提高粪便的持水量，促进通便。不溶性膳食纤维的物理化学特性（如高持水能力和凝胶形成能力）在整个胃肠道内保持不变，可有效增加大便次数和改善大便稠度。相比之下，可溶性膳食纤维（如菊粉和半乳低聚糖）在结肠中几乎完全发酵，其保水能力丧失，对增加大便次数和大便稠度可能并没有持续作用。可发酵膳食纤维产生的SCFAs可以通过影响肠道中水通道蛋白基因*Aquaporins*，调节水分的转运，保持粪便的适当水分含量。此外，膳食纤维发酵后还会通过可以通过影响5-HT受体的表达，促进肠道运动。值得注意的是，一些膳食纤维可能会增加粪便的干质量，导致粪便含水量下降和便秘，可能会加重便秘患者的症状。

2. 心血管疾病

心血管疾病是一组复杂的疾病，包括但不限于冠状动脉疾病、中风、高血压、心绞痛、心肌梗塞和风湿性心脏病，是成人死亡的主要原因。近年来，全世界心血管疾病的患病率和发病率急剧上升。膳食纤维和益生菌与促进心血管健康联系紧密。膳食纤维是肠道菌群的重要营养物质，有益于双歧杆菌等有益菌的生长，可降低心血管疾病的风险。膳食纤维还与胆固醇吸附结合，减少胆固醇向肠道黏膜细胞顶端表面的扩散，并干扰胆固醇在肠腔内的乳化，从而减少肠道对胆固醇的吸收。此外，膳食纤维通过增强胆汁酸的排泄或增加抑制胆固醇合成酶的产生来减少肠腔中的胆汁酸含量。为了补偿胆固醇的损失，肝脏从系统循环中消耗胆固醇并产生更多的胆汁酸，从而使血液中的胆固醇水平下降。膳食纤维也对脂肪生成酶有抑制作用，如肝脏中的乙酰 CoA 羧化酶、脂肪酸合成酶、苹果酸酶、ATP 柠檬酸裂解酶和葡萄糖-6-磷酸脱氢酶。另外，膳食纤维发酵产生的 SCFAs 与 GPR41 和 GPR43 结合，诱导分泌 PYY 和 GLP-1，从而抑制食欲，降低脂肪合成。

3. 肥胖

摄入足够的膳食纤维已被证明在预防肥胖方面起着重要作用。膳食纤维具有良好的持水力、持油力和胆固醇吸附力的功能性质，可以增强对脂肪的吸附。同时，膳食纤维吸水膨胀后，会增加胃膨胀，可能触发传入的迷走神经饱腹信号，增强饱腹感，减少食物摄入量以及延缓脂肪和葡萄糖的吸收，有效减少能量摄入。膳食纤维的网络结构也可以促进对脂肪的吸附作用。膳食纤维还可以提高与预防肥胖有关的肠道益生菌的丰度，如 *Akkermansia muciniphila* 等，从而促进降低肥胖患者体重。另外，膳食纤维发酵产生的 SCFAs 与降低心血管疾病机制一样，可以通过刺激结肠细胞膜上的 GPR41 和 GPR43 来增加饱腹感，从而促进 CKK、PYY 和 GLP-1 等抑制食欲肽的分泌。

4. 糖尿病

除了肥胖之外，膳食纤维在预防和治疗糖尿病方面具有重要作用。膳食纤维可以充当葡萄糖分子的物理屏障，并将葡萄糖困在纤维网络中。当膳食纤维的结构变得疏松多孔，更多的表面官能团暴露出来时，膳食纤维与葡萄糖的相互作用将增强，可以延缓葡萄糖吸收，有助于更好地控制血清葡萄糖浓度。其次，黏性膳食纤维能延缓胃排空，增加胰岛素对降血糖作用的敏感性。更重要的是，膳食纤维可以作为肠道菌群的营养源，其发酵代谢产物 SCFAs 可以作为肠道上皮细胞的主要能量源，并且对肠道黏膜的完整性和健康有益。SCFAs 通过激活 AMPK 和 PPARγ 等信号通路，调节能量代谢和葡萄糖代谢，减少肝脏糖原的合成和释放，增加葡萄糖的利用，从而降低血糖浓度。SCFAs 也通过激活 GLP-1 和 PYY 等肠道激素的分泌，促进胰岛素的分泌和增加胰岛素受体的表达，提高细胞对胰岛素的敏感性。

（四）膳食纤维的个性化选择

个性化的膳食纤维选择是基于个体特定的基因组和肠道微生物组成，以优化肠道健康和营养素吸收。虽然大多数人应该遵循一般的膳食指南，但个体差异决定了一些人可能会从特定的膳食组分中获益，而另一些人可能会受到不利影响。例如，对于患有炎症性肠病（如溃疡性结肠炎和克罗恩病）的患者，摄入高膳食纤维的食物可能加重症状，因为膳食纤维可能刺激肠道，增加肠道蠕动和排泄，导致腹泻和肠道炎症加重。然而，对于功能性便秘和腹泻的患者，摄入高膳食纤维的食物可能有助于缓解症状。因此，个性化的膳食纤维选择在促进肠道健康中起着至关重要的作用，需要根据个体的具体情况进行调整。因此，膳食纤维的个性化选择对于维持肠道健康和整体健康非常重要。人们应该根据自身情况选择不同类型和数量的膳食纤维，并且在食用膳食纤维时留意肠道反应，以确保获得最佳的健康效果。

第四节　蛋白质与肠道健康机制

蛋白质是生命的重要组成部分，不仅是细胞结构的基础，也是许多生物过程的催化剂。在肠道中，蛋白质被分解为氨基酸，这些氨基酸可以用于合成细胞膜、肌肉、酶等。此外，蛋白质还参与肠道内的重要生物化学反应，如调节肠道菌群、维持肠道屏障等。蛋白质与肠道健康之间的相互作用是一个复杂而又多层次的过程。蛋白质的种类和质量可以影响肠道微生物的组成和功能，从而影响肠道健康。同时，肠道微生物也可以分解蛋白质，释放出对人体有益的物质。因此，了解蛋白质与肠道菌群的相互作用对于维护肠道健康至关重要。

一、蛋白质的消化与吸收

唾液中不含水解蛋白质的酶，因此蛋白质的消化从胃开始，蛋白质被咀嚼吞入胃后，胃酸导致蛋白质变性，展开三级结构，露出多肽链，导致肽键更容易被胃蛋白酶水解，产生较短的多肽。蛋白质在胃内消化很不完全，消化产物及未被消化的蛋白质进入到小肠，被各种胰蛋白酶消化成氨基酸和2~3个氨基的小肽。胰蛋白酶中包括胰蛋白酶、糜蛋白酶和弹性蛋白酶，属于内切酶，水解蛋白质分子内部的肽键，氨基肽酶和羧基肽酶将肽链末端氨基酸逐个水解，属于外切酶。另外，肠黏膜细胞的刷状缘及细胞液中还存在一些寡肽酶，如氨基肽酶（从肽链的末端逐个水解释放出氨基酸，二肽酶可以水解二肽生成氨基酸。

蛋白质在胰液及小肠黏膜细胞分泌的多种蛋白酶及肽酶的共同作用下，被分解为三肽、二肽和单个氨基酸，其中三肽和二肽再通过 ATP 的主动运输进入小肠细胞内，被分解成单个氨基酸，被吸收的氨基酸通过肠黏膜进入肝门静脉，被运输到肝脏和其他组织或器官进行下一步消化（图 5-6）。

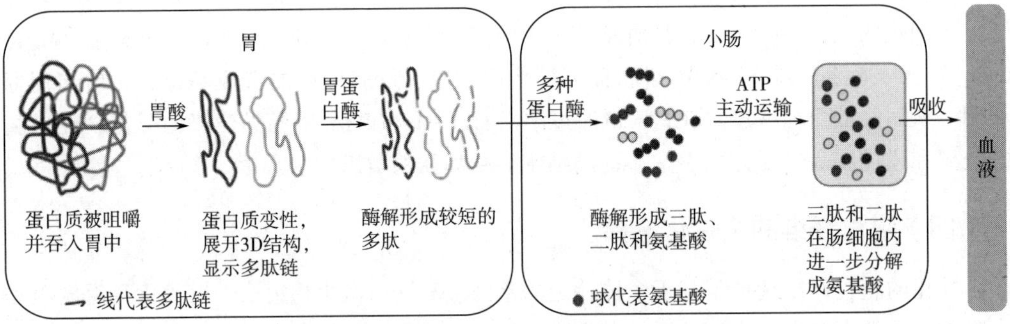

图 5-6　蛋白质在胃肠道中的消化

二、蛋白质对肠道菌群组成和功能的影响

蛋白质的摄入量和种类对肠道菌群的组成和功能也有着显著的影响。摄入过多或过少的蛋白质也可能导致肠道菌群的失调，进而影响身体健康。此外，不同种类的蛋白质可以促进不同种类的肠道菌群的生长和代谢，从而影响整个肠道菌群的平衡和多样性。了解蛋白质种类和摄入量对肠道菌群的影响，对于维持肠道菌群的健康平衡，保持身体健康具有重要的意义。

1. 蛋白质摄入量

当蛋白质摄入量过高（高蛋白）时，在哺乳动物的大肠和粪便中观察到蛋白质代谢产物生物浓度相应增加。肠道微生物群中的大量内源性细菌都具有从未消化的蛋白质中代谢氨基酸的能力。随着饮食中蛋白质摄入量的增加，肠道微生物群的组成被改变。比如，高蛋白饮食会增加肠道内大肠杆菌（*Escherichia coli*）和产气荚膜梭菌（*Clostridium perfringens*）致病菌丰度。小鼠研究表明，随着蛋白质摄入量的增加，微生物总生物量增加，但多样性减少。在低碳水化合物和高蛋白饮食中，观察到丁酸盐产生菌罗氏菌属（*Roseburia*）和直肠真杆菌（*Eubacterium rectale*）属的丰度显著减少。未消化蛋白质发酵引起的肠杆菌属物种增殖的相关性与这些微生物在胃肠系统中可能具有的致病性有关。这可能对结肠微生物群的功能产生影响，导致多种疾病的发生和发展（图 5-7）。

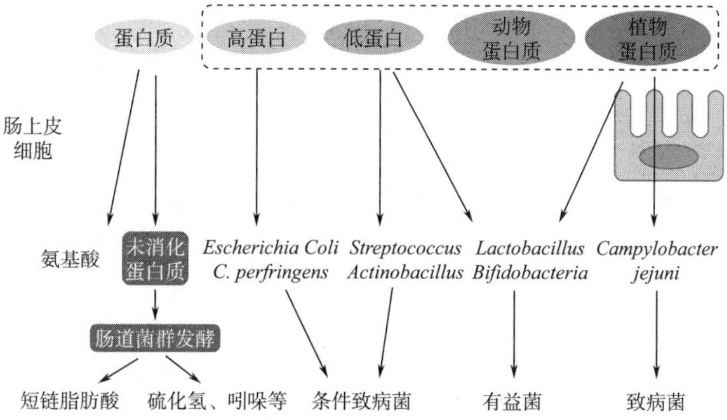

图 5-7　膳食蛋白质代谢与肠道微生物之间的关系

目前有关蛋白质缺乏的研究较少。在一项小鼠研究中，与食用标准蛋白质饮食（含 20% 蛋白质）的小鼠相比，缺乏蛋白质（2%）的饮食导致小鼠尿液中蛋白质发酵代谢物（包括支链脂肪酶）的浓度更低。当蛋白质浓度从 16% 下降到 10% 时，成年猪回肠中的梭状芽孢杆菌（*Clostridium sensu stricta 1*）丰度显著减少。然而，低蛋白饮食可以减少致病菌放线杆菌（*Actinobacillus*）的丰度。增加乳酸杆菌（*Lactobacillus*）和双歧杆菌（*Bifidobacterium*）的丰度，这可能是因为致病菌更喜欢利用蛋白质而不是淀粉作为能量来源。

2. 蛋白质来源

蛋白质来源通常可分为植物和动物两大类。蛋白质来源不仅决定了蛋白质的氨基酸组成、可消化性和抗营养因子含量，还会影响蛋白质水解的过程。相较于动物蛋白质，植物蛋白质常被认为难以消化。可消化不可或缺的氨基酸评分是目前评估蛋白质质量的方法，植物蛋白质的评分通常低于动物蛋白质，表明植物蛋白质的消化率低于动物蛋白质。由此可以预测，如果摄入相等的动物和植物蛋白质，有更大比例的植物蛋白质将到达大肠，促使微生物群进行更多的蛋白质发酵。然而，大型队列研究表明增加植物蛋白质摄入量与有益的宿主健康结果有关，这可能是由于植物蛋白质消耗的增加导致植物纤维消耗增加。但需要注意的是，大肠中蛋白质的微生物发酵与许多疾病有关，包括炎症性肠病、结直肠癌以及代谢性疾病等。

动物研究表明不同蛋白质来源对肠道菌群组成的影响也不同。以不同的蛋白质作为唯一的蛋白质来源喂养14d的大鼠，发现不同的蛋白质对雄性大鼠盲肠内容物中的微生物组成有影响。在不同的蛋白质来源（动物、植物以及动物和植物的组合）中，以植物蛋白质为基础的饲料使肉鸡盲肠空肠杆菌的定植率明显降低。豌豆蛋白的补充明显增加了肠道内乳酸杆菌和双歧杆菌的丰度。动物蛋白质主要由酪蛋白组成。研究发现，补充酪蛋白也能增加乳酸杆菌和双歧杆菌的丰度。然而，随着酪蛋白添加量的增加，厌氧型革兰氏阳性菌和脱硫弧菌（*Desulfovibrio piger*）有益菌的丰度减少。蛋白质饮食摄入过高，不仅影响肠道菌群健康，还会加重肾脏负担，因此有必要控制蛋白质摄入量。

三、蛋白质的代谢产物对宿主健康的影响

高蛋白饮食与多种疾病有关，例如，癌症、肥胖、糖尿病或肠道菌群失调，这都与肠道健康密切相关。尤其通过低碳水化合物和高蛋白饮食来寻求减肥的饮食模式容易造成未被消化的蛋白质增加，从而增加蛋白质被肠道菌群分解代谢。这些代谢产物，被认为是与多种胃肠道疾病相关的危险因素。未消化的蛋白质和肽在肠道中的发酵与肠道菌群可利用的碳水化合物数量有关。一般而言，当肠道中存在大量的碳水化合物时，一方面碳水化合物被肠道菌群发酵产生SCFAs，并降低肠道中的pH，抑制细菌蛋白酶活性，另一方面，可发酵的碳水化合物促进细菌生长，从而增加细菌蛋白质的同化作用。当大肠中pH较高和碳水化合物含量较低的情况下，蛋白质才被肠道菌群发酵。蛋白质首先被大肠肠道菌群水解成氨基酸，然后氨基酸被肠道菌群同化或发酵成各种微生物代谢产物，如吲哚类和酚类化合物、支链和短链脂肪酸、氨、胺、多胺和硫化氢。这些物质一般被认为对人体健康有负面的影响。

在厌氧环境中，氨基酸的降解常以一种氨基酸被氧化与另一种氨基酸被还原的形式来进行，这被称作斯蒂克兰发酵（Stickland fermentation）。氨基酸中，组氨酸、亮氨酸、缬氨酸、异亮氨酸和丙氨酸一般作为H-供体，而脯氨酸、精氨酸、色氨酸、甘氨酸和鸟氨酸则作为H-受体。斯蒂克兰发酵中丙酮酸是重要的中间产物，可进一步被降解成SCFAs、有机酸、乙醇和氢气。氢气则进一步被转化成甲烷、乙酸盐和硫化氢。此外，氨基酸还可以通过脱羧转化为胺和多胺，复杂的氨基酸可以通过裂变、脱氨、脱羧、氧化和还原代谢为多种终产物。酪氨酸微生物代谢产生对甲酚，而色氨酸产生不同的吲哚化合物，包括粪臭素。含硫氨基酸发酵结果释放硫，然后转化为硫化氢，微生物群脲酶促进的脱氨反应和尿素水解则产生氨。

1. 氨基酸

蛋白质被肠道菌群发酵产生的氨基酸，除了进行下一步分解代谢成其他产物，也可以直接参与到其他健康调节机制中。色氨酸可以与细胞质中一种重要的配体依赖性转录调节因子芳基烃受体结合，生成的复合物被运输到细胞核，导致芳基烃受体被激活，进而调节肠道炎症细胞的增殖和分化，以及炎症相关因子（如IL-22）的转录和表达。另外，精氨酸通过阻断NF-κB和MAPK炎症信号通路的激活，减轻炎症反应和肠道损伤，以及通过激活mTOR信号通路显著刺激上皮细胞中β-防御素的表达，并参与先天免疫反应。色氨酸以及其他氨基酸可以作为中枢神经系统的神经递质，参与神经内分泌的调节。犬尿氨酸是色氨酸的一种代谢产物，能够抑制*N*-甲基-D-天冬氨酸和α7烟碱乙酰胆碱受体，穿过血脑屏障并到达中枢神经系统。

2. 支链脂肪酸

微生物降解蛋白质产生的SCFAs比碳水化合物产生的少得多。而支链脂肪酸（BCFAs），完全由支链氨基酸亮氨酸、异亮氨酸和缬氨酸的微生物发酵产生，因此通常用作蛋白质发酵的

标志物。在肥胖个体补充蛋白质后，BCFAs 的浓度增加。相比之下，经常需要补充蛋白质的运动员在补充蛋白质后，并没有观察到 BCFAs 浓度的变化。BCFAs 浓度的增加会对宿主健康有负面影响。比如，微生物发酵蛋白质产生的 BCFAs 浓度增加已被证明会对喂食高脂肪和高糖饮食的小鼠的肝胰岛素抵抗产生负面影响。

3. 吲哚及其衍生物

芳香族氨基酸终产物含有苯环，被代谢后产生丰富的终产物。酪氨酸、色氨酸和苯胺等芳香族氨基酸的发酵可以产生一些具有抑制糖脂代谢和抑制炎症生物活性的前体物质。色氨酸可被梭菌属（*Clostridium*）、拟杆菌属（*Bacteroides*）和双歧杆菌属（*Bifidobacterium*）代谢，产生吲哚和吲哚衍生物（吲哚乙酸、吲哚-3-乙醛、吲哚-3-醛和吲哚丙烯酸）。其中吲哚、吲哚丙酸和吲哚-丙烯酸被证明可以降低由影响黏膜稳态的孕烷 X 受体介导的肠道通透性。吲哚丙酸是孕烷 X 受体的内源性配体，它通过 TLR4 或通过诱导上皮 IL-10 受体 1 来增强肠道屏障，吲哚代谢物可以作为芳烃受体（AHR）的激动剂，刺激 Treg 细胞免疫，并在肠道中发挥保护和抗炎作用。吲哚-3-醛通过芳烃受体促进 IL-22 分泌，促进肠上皮细胞增殖，改善肠道的固有免疫和适应性免疫，来维持肠道稳态。吲哚还可以促进 GLP-1 受体释放，促进胰岛素产生和减少胰高血糖素合成，从而抑制食欲和胰岛素分泌，减缓胃排空。色氨酸产生的吲哚和粪臭素以及酪氨酸在大肠发酵产生的苯酚可被吸收、转化并主要以对甲酚的形式排出体外。

4. 氨和多胺

氨是酸性氨基酸发酵的另一种代谢产物。高浓度的氨对结肠上皮细胞具有负面影响，并促进炎症信号的产生。肠道中氨的浓度为 3~44mmol/L，可以扩散方式通过肠屏障，进而被吸收。由于氨以剂量依赖的机制抑制线粒体耗氧量，因此通常认为是微生物代谢异常的产物。

一些芳香族氨基酸如苯丙氨酸、酪氨酸和色氨酸可以通过脱羧酶代谢成多胺，分别为苯乙胺、酪胺和色胺。摩根菌（*Morganella morganii*）、活泼瘤胃球菌（*Ruminococcus gnavus*）和假中间葡萄球菌（*Staphylococcus pseudintermedius*）都可以产生苯乙胺、酪胺和色胺。多胺主要通过肠铬素细胞影响宿主生理，其中色胺可以诱导 5-HT 的释放，并通过作用于肠道神经系统神经元刺激胃肠运动。5-HT 是一种重要的神经递质，可以将信号从肠道传递至内源或外源神经元处，还可以影响肠道分泌、血管舒张以及对营养物质的吸收。

5. 硫化氢

硫酸盐还原菌对含硫氨基酸的代谢导致硫化氢（H_2S）和甲硫醇的产生。硫酸盐和用于硫酸盐还原的电子供体是这种细菌产生 H_2S 必不可少的两个底物。一些厌氧菌株，如大肠杆菌（*Escherichia coli*）、沙门氏菌（*Salmonella enterica*）、梭菌（*Clostridium*）和产气肠杆菌（*Enterobacter aerogenes*），通过半胱氨酸脱硫酶将半胱氨酸转化为 H_2S、丙酮酸和氨。此外，肠道细菌可通过亚硫酸盐还原产生 H_2S，亚硫酸盐还原酶存在于许多物种中，如大肠杆菌、沙门氏菌、肠杆菌（*Enterobacter*）、克雷伯氏菌（*Klebsiella*）、芽孢杆菌（*Bacillus*）、葡萄球菌（*Staphylococcus*）、棒状杆菌（*Corynebacterium*）和罗氏球菌（*Roseburia*）。H_2S 对促炎和抗炎反应都有影响，具有平滑肌肉松弛和胃肠系统的促发和抗痛作用。

四、大肠内蛋白质代谢产物影响不同疾病的分子机制

在人类粪便样本中，健康人的氨、对甲酚、总酚（苯酚和 4-乙基苯酚）、总多胺、总吲哚衍生化合物和支链脂肪酸的平均浓度分别为 160. 98mmol/kg 干物质，2. 12mmol/kg 干物质，

2.39mmol/kg 干物质，22.32mmol/kg 干物质，1.56mmol/kg 干物质和 18.87mmol/kg 干物质。来自微生物蛋白质发酵的这些产物经常被认为对健康有害，并与各种疾病如癌症、肥胖或糖尿病有关。但也有代谢产物改善健康的结果。

吲哚衍生化合物有助于肝功能、肠道完整性和葡萄糖平衡。尽管对甲酚、H_2S 和支链氨基酸代谢物与胰岛素抵抗的发展有关，但还没有人类干预研究测量不同蛋白质来源和蛋白质微生物代谢物对宿主胰岛素抵抗的贡献。

1. 肥胖、糖尿病与心血管疾病

由肠道共生细菌拟杆菌属（*Bacteroides*）和梭杆菌属（*Fusobacterium*）代谢精氨酸产生的亚精胺可以增加肝脏 AMP-激活蛋白激酶的磷酸化，从而降低生脂基因的表达，降低体重，降低内脏脂肪含量和总胆固醇。

糖尿病肾脏疾病影响了大约 40%的 2 型糖尿病（T2D）患者。最近，硫酸吲哚是一种肝脏代谢物，是肠道细菌衍生的色氨酸的产物，与 T2D 患者的肾功能早期下降有关，通过降低硫酸吲哚可以降低慢性肾脏病患者的血清尿毒症毒素水平。缓解肾炎的中草药丹参方也是通过抑制硫酸吲哚酚受体和 TLR4，从而抑制肾脏中的 c-Jun 氨基末端激酶和 NF-κB 信号转导。此外，肠道中的对甲酚被吸收到血液中，并被肠道菌群分泌的酪氨酸苯酚分解酶硫酸化，然后在肝脏中代谢成硫酸苯酯。硫酸苯酯随度着糖尿病的进展而增加，若抑制酪氨酸苯酚分解酶可减少白蛋白尿情况。H_2S 则通过 S-水合作用打开三磷酸腺苷（ATP）依赖的 K^+通道（KATP），从而抑制胰岛素分泌。KATP 通道的开放导致膜超极化，从而关闭电压依赖性钙通道（VDCC）。H_2S 也通过 S-水合作用直接抑制 VDCC。H_2S 抑制葡萄糖诱导的线粒体膜超极化和 ATP 产生。

吲哚丙酸是氨基酸色氨酸的另一种脱氨产物，是 T2D 发展的潜在生物标志物，可能通过保护 β 细胞功能介导其保护作用。吲哚丙酸与 T2D 的发生率成反比，与胰岛素分泌直接相关。与膳食纤维摄入量呈正相关。由此推测吲哚丙酸对 T2D 的保护作用可能与其对 β 细胞功能的直接调节作用有关，也可能是因为吲哚丙酸的含量受膳食纤维摄入和炎症之间的相互作用影响。

吲哚、吲哚-3-醛和吲哚丙酸与晚期动脉粥样硬化有关，苯乙酸、苯乳酸、对甲酚和 4-羟基苯丙酸与心肌梗塞有关。高盐饮食会减少鼠李糖乳杆菌的增殖，进一步减少吲哚-乳酸、吲哚-3-乙酸和吲哚-3-甲醛，这与促进高血压的辅助性 T 细胞 17（Th17）反应的增加有关。此外，吲哚-乳酸在体外显示出对 Th17 细胞细胞极化的抑制作用。

2. 结直肠癌

在结直肠癌患者中，一些蛋白质分解细菌，比如核酸镰刀菌（*Fusarium nucleatum*）、脆弱拟杆菌（*Bacteroides fragilis*）、大肠杆菌（*Escherichia coli*）、梭菌（*Clostridium*）、链球菌（*Streptococcus*）和葡萄球菌（*Staphylococcus*），能够将饮食中的蛋白质代谢成具有潜在基因毒性的物质，如苯丙氨酸（和其他氨基酸）、硫化氢和次级胆汁酸（SBAs），从而导致肠易激综合征（IBS），随后产生结直肠癌（CRC）。苯丙氨酸代谢可作为检测 CRC 的潜在标志物。另外，芳香族氨基酸衍生的代谢物也与 CRC 的发生有关。对甲酚，可以诱导 DNA 损伤，是预测蛋白质发酵上清液对结肠细胞的遗传毒性的一个指标。亚硝胺和杂环胺（HCAs）是由氨基酸的存在和烹饪肉制品时的直接加热形成的，导致 CRC 的风险因素增加。HCAs 还可在人类结肠直肠组织中形成 HCA-DNA 加合物，可能进一步增加 CRC 的风险。硫也是结直肠癌发生的一个重要风险因素，主要来自红肉和加工肉，亚硫酸盐等食品添加剂。半胱氨酸和甲硫氨酸等含硫氨基酸中的硫被肠道生硫细菌转化为 H_2S。这些 H_2S 扩散到肠道上皮细胞并干扰线粒体功能，最终通过 Ras/MAPK 途径导致肠道上皮细胞过度增殖，并导致结直肠癌的发生。然而并非所有含硫化合物都会促进 CRC 的发生，大蒜中的烯丙基硫成分和十字花科蔬菜中的含硫糖苷可能有减少 CRC。另外，补充氨基酸可以促进肠上皮细胞分泌抗菌肽，从而维持肠道菌群稳态，降低肠道炎症易感性。

蛋白质微生物代谢物是潜在的生物标志物，可用于多种疾病的诊断、预后和预防。尽管知道这些蛋白质代谢产物在肠道微生物群和宿主健康之间起到了关键的作用，但是这些代谢产物是如何产生的仍不完全清楚。未来，体内研究以及涉及饮食模式的荟萃分析，大型队列研究等对于阐明这些蛋白质微生物代谢物对人体健康具有重要意义。

第五节 脂类与肠道健康

脂肪是人类饮食中最集中的能量来源。人类饮食中主要有三种脂肪：来自动物性食品和某些坚果的饱和脂肪、来自动植物油的单不饱和脂肪和多不饱和脂肪，包括必需的 $n-3$ 和 $n-6$ 多不饱和脂肪酸。高脂肪饮食尤其是饱和脂肪和人造反式脂肪已被证明与胰岛素敏感性受损、脂肪储存增加和高瘦素血症、心血管疾病、肠道和全身炎症有关。肠道菌群在高脂饮食与这些疾病的发生发展起到了关键的作用。大约 7%的膳食脂肪以游离脂肪酸的形式到达结肠，直接影响肠道菌群。另一方面，脂质在人体的消化吸收通常需要胆汁酸的辅助，胆汁酸是脂质代谢和肠道菌群之间的关键信号分子。

一、脂质的消化与吸收

甘油三酯等脂肪在口腔和胃微量水解，主要的消化吸收发生在小肠。脂肪在人体的消化吸收代谢一般包括乳化、水解、吸收、重新组装和运输 5 个步骤。首先疏水性脂肪球在胆汁酸的乳化作用下被分解成更小的液滴或胶束。其中甘油三酯被胰脂肪酶消化，水解成游离脂肪酸和甘油单酯。这些水解后脂肪酸和甘油单酯通过小肠的黏膜内层扩散并进入上皮细胞，并在上皮细胞的内质网内重组为甘油三酯。重新合成的甘油三酯与蛋白质等，形成水溶性乳糜微粒，进入体液循环后运输到肝脏及其他身体部位。其中，转运蛋白 CD36 与脂肪酸的吸收密切相关，是调节脂肪吸收的潜在靶点。

影响膳食脂质消化吸收的因素，包括摄入的脂质体积、膳食脂质的类型、同时摄入的膳食纤维和蛋白质、胃肠道的病理状况等。在控制热量摄入时，较高的脂肪摄入量会导致较高的粪便脂肪和胆汁酸排泄。脂肪酸链的长度也会影响消化和吸收，碳链越短，回肠末端的吸收就越完全，胃排空率越快。与其他脂肪类型相比，长链饱和脂肪酸的吸收率最低，随后未被小肠吸收的膳食脂质将到达结肠，在那里它们可能被肠道菌群用作代谢底物或表现出抗菌活性，从而影响肠道菌群组成和微生物代谢产物的产生。

磷脂是仅次于脂肪的第二丰富的膳食脂质，占每日脂质消耗量的 1%～10%。磷脂是指含有磷酸基团的脂质，是细胞膜的主要构成物质之一，也参与细胞内外物质的运输和代谢，分别由含有甘油基团的甘油磷脂与含有鞘氨醇基团的鞘磷脂两大类构成。磷脂在胃肠道中可以自发形成胶束，在磷脂酶的作用下水解，释放出游离脂肪酸以及溶血磷脂。部分溶血磷脂被磷脂酶进一步水解为脂肪酸和甘油磷酰胆碱。这两者都很容易被肠细胞吸收。并在肠细胞中重新合成为磷脂，然后作为乳糜微粒的一部分释放到循环中。

胆固醇酯，主要由胆固醇和植物甾醇组成。膳食中的胆固醇多以胆固醇酯的形式存在，在小肠内被羧基酯水解酶（胆固醇酯酶）水解，释放出游离胆固醇和脂肪酸。游离胆固醇通过肠道的未搅拌水层运输到肠细胞的刷状缘，胆固醇在此处被吸收。植物甾醇通过与胆固醇类似的机制在小肠中被吸收。每天摄入植物甾醇可降低吸收的胆固醇水平。

游离胆固醇在胆固醇受体 NPC1L1 的运输作用下，肠道表皮细胞通过囊泡的内吞作用进行吸收。胆固醇进入肠道表皮细胞后，在胆固醇酰基转移酶的作用下与游离脂肪酸结合成胆固醇（酯），并参与乳糜微粒的合成，和脂肪酸一样，胆固醇随乳糜微粒进入体液循环后，通过肝脏细胞膜上的 NPC1L1 被吸收（图 5-8）。

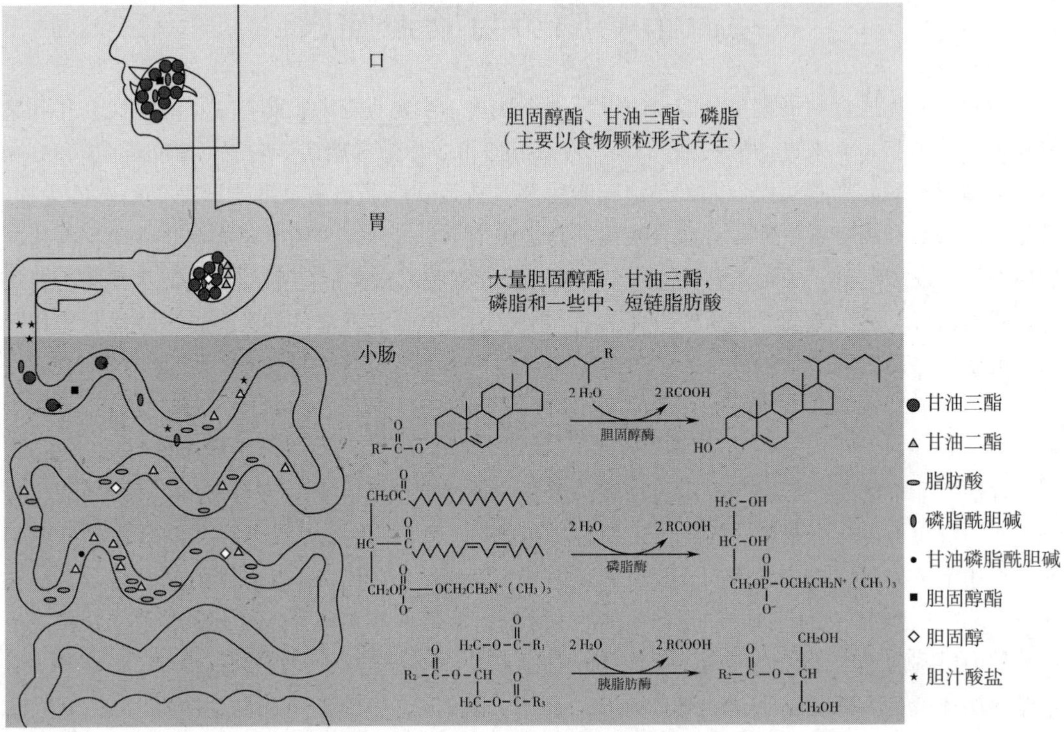

图 5-8 脂质在胃肠道的消化水解

二、脂质与肠道菌群相互作用调控肠道健康

从代谢组学研究中，比较无菌和常规小鼠的粪便样品可以清楚地看到，在微生物群的存在下，脂质的吸收谱和丰度会发生显著变化。肠道微生物群既可以转化和合成脂质，也可以分解膳食脂质以产生具有宿主调节特性的次级代谢产物。大多数膳食脂质的吸收效率很高，其中一小部分仍可以逃脱小肠的吸收。这些膳食脂质是肠道菌群脂质代谢的重要来源，一方面脂质影响肠道菌群组成，从而影响其代谢潜力和人体脂质代谢。另一方面，肠道菌群代谢脂质，将其加工成宿主代谢的底物和信号分子，从而影响宿主代谢。人们普遍认为，膳食脂肪的数量和类型的改变会导致全身炎症增加。由肠道菌群直接合成的脂质是一种潜在的黏膜和全身免疫的刺

激物，可以通过引发炎症反应来改变机体的脂质吸收和代谢。

（一）脂质分子对肠道菌群的影响

1. 脂质摄入量影响肠道菌群

机体摄入脂质的量会影响肠道菌群组成，进而影响健康。高脂肪饮食会持续改变肠道微生物结构和功能，将这些改变后的菌群移植到无菌小鼠后，可以促进无菌小鼠的体重增加。高脂肪饮食引起的肠道菌群变化会促进宿主的炎症反应，从而促进肥胖。高脂肪饮食对肠道微生物群的影响通常归因于饮食中复合碳水化合物的比例较低，这限制了到达结肠的可发酵底物，从而限制了结肠微生物可用的能量。另一方面，也可能是由于未消化的脂肪酸和/或初级胆汁酸进入结肠后，改变了具有不同敏感性和代谢潜力的肠道微生物之间的竞争。一般认为，游离脂肪酸和单甘酯会引起细菌细胞膜裂解或间接影响细胞代谢，具有广谱的抗菌活性。

脂肪的过量摄入会改变肠道菌群丰度，高脂饮食会导致宿主肠道菌群组成稳态紊乱，包括罗氏菌属及脆弱梭菌等菌群丰度减少，变形菌门和拟杆菌门的菌群丰度增加，梭状芽孢杆菌减少等。其作用机制可能是，高脂饮食可引起机体肠道中的乳脂含量改变，从而促进亚硫酸盐还原菌及沃氏嗜胆菌产生，促进结肠炎的发生，结肠炎进而改变了肠道菌群的组成。高脂饮食与硫酸盐还原菌的毒性产物 H_2S 等的增加密切相关，H_2S 对结肠细胞具有毒性作用，并可抑制吞噬作用、黏液合成以及丁酸的利用。

2. 脂质的类型会影响肠道菌群

机体摄入脂质的类型会影响肠道菌群组成。饱和脂肪酸、n-6 多不饱和脂肪酸（n-6 PUFAs）以及 n-3 多不饱和脂肪酸（n-3 PUFAs）的食物可以不同程度改变肠道菌群组成。饱和脂肪摄入量与肠道微生物丰富度和多样性降低以及 BMI 增加相关，并伴随肠道菌群结构和功能的变化。对各种饮食（低脂饮食和含有高水平饱和脂肪、n-6 PUFAs 或 n-3 PUFAs 的饮食）的小鼠进行的比较显示，含有饱和脂肪或 n-6 PUFAs 的饮食诱导体重增加，但仅饱和脂肪饮食会增加胰岛素抵抗、结肠渗透性和肠系膜脂肪炎症。喂食低脂饮食和 n-3 PUFAs 饮食的小鼠的肠道菌群组成与其他组不同，而喂食饱和脂肪饮食和 n-6 PUFAs 饮食的小鼠的肠道菌群相似。在另一项研究中，将喂食含有富含饱和脂肪的猪油的高脂肪饮食的小鼠与喂食含有富含 n-3 PUFAs 的鱼油的等热量高脂肪饮食的小鼠进行比较，发现食用猪油的小鼠中有益细菌嗜黏蛋白阿克曼氏菌、乳酸杆菌和双歧杆菌的系统发育多样性和丰度较低。猪油饮食还通过激活 TLR4 信号转导降低了胰岛素敏感性并增加了白色脂肪组织（WAT）中的炎症。将盲肠微生物群移植到无菌（GF）小鼠中表明，饮食诱导的宿主表型差异部分由肠道菌群引起。

3. 脂质影响肠道菌群的可能机制

膳食脂质影响肠道菌群的机制，即对肠道菌群的影响是通过脂质的直接作用还是通过对肠道炎症的调节尚未明确。虽然大多数消耗的脂质在小肠中被吸收，但少数逃脱小肠的吸收，因此可能直接调节结肠微生物群组成。脂肪酸具有广谱抗菌活性，包括溶解细菌细胞膜和抑制 ATP 产生。脂肪酸的抗菌作用受碳链长度、饱和度和双键位置的影响。然而，脂肪酸对肠道菌群的影响不仅限于抗生素作用。虽然肠道厌氧菌不能通过 β-氧化产生能量，但细菌可以通过其他途径代谢脂肪酸。例如，在酒精性肝病的小鼠模型中，发现乙醇抑制肠道菌群对饱和脂肪酸的生物合成。饮食补充饱和长链脂肪酸，其被乳酸杆菌代谢并促进其生长，逆转酒精诱导的生态失调，稳定肠道屏障，并减少肝损伤。

（二）肠道菌群调节脂质吸收代谢及影响健康的分子机制

肠道菌群还可以将一些膳食脂肪酸转化为具有生物活性的代谢物。微生物来源的脂质及其对脂质代谢的影响在许多器官的宿主生物功能中发挥全身作用。通过代谢组学对比无菌小鼠和传统小鼠的粪便，发现脂质分布、吸收和丰度会因微生物组的存在而显著改变。且细菌的脂肪酸代谢途径与哺乳动物的不同，因此细菌从膳食脂肪酸中产生独特的代谢物。

肠道菌群可以改变脂肪酸的双键，将脂质转化为宿主无法合成的生物活性代谢物，包括共轭脂肪酸与反式脂肪酸。共轭亚油酸（CLA），作为一种关键代谢产物，由特定肠道细菌产生，如乳酸杆菌、丁酸弧菌和巨球菌等。CLA 展现出降脂、预防结肠炎等功效，其机制在于通过激活 PPARα，促进肝脏脂质分解代谢。CLA 不同异构体对宿主作用各异：*c*9，*t*11-CLA 通过 PPARγ 激活，提升胰岛素敏感性并对抗动脉粥样硬化；*t*10，*c*12-CLA 则通过抑制 PPARγ 和 LXRα 表达，降低胰岛素敏感性及动脉粥样硬化风险；而 *t*9，*t*11-CLA 通过 LXRα 激活，同样降低动脉粥样硬化。鉴于不同细菌产生特定 CLA 异构体，促进有益 CLA 产生菌的增殖有益于健康。

CLA 的生物合成是多步骤过程，涉及多种代谢中间体。其中羟基脂肪酸是一类重要的生物活性物质。如 10-羟基-顺式-12-十八碳烯酸（HYA），其以 FFR1/GPR40 依赖方式增强肠道屏障功能，抑制结肠炎；10-氧代-顺式-12-十八碳烯酸（KetoA）则通过 PPARγ 依赖路径，增加脂联素生成及葡萄糖摄取，预防肥胖相关代谢紊乱。这些代谢物通过调控基因表达、细胞内信号通路等机制，发挥生物学功能。肠道菌群的脂质代谢产物在分子营养学中扮演着重要角色，体现了其对宿主健康的深远影响。

反式脂肪酸也是由细菌代谢产生的一种代谢产物，但它对人体有害，会促进机体 LDL-C 水平的升高，同时降低 HDL-C 水平，从而增加机体患冠心病的风险。因此，控制肠道菌群代谢产物的种类和含量，以及饮食干预措施对肠道菌群的调节，对维持机体代谢健康非常重要。

此外，肠道菌群可以将膳食棕榈酸代谢为鞘脂，这些鞘脂能刺激抗体 IgA 的产生，增强宿主抵御病原微生物的能力。亚麻籽油在肠道菌群的代谢下会产生大量的 17，18-环氧二十碳四烯酸，这个物质被认为可以调节膳食亚麻籽油的食物过敏抑制作用以及其他接触超敏反应，是控制过敏性炎症性疾病的潜在治疗靶点。一些能产生乳酸的细菌，比如植物乳植乳杆菌，可以将亚油酸代谢成 HYA，HYA 可以增强肠上皮的屏障功能和抑制小鼠结肠炎，同时亚油酸的代谢产物 10-氧代-反式-11-十八碳烯酸也具有抗炎作用。α-亚麻酸代谢物 13-hydroxy-9(*Z*),15(*Z*)-octadecadienoic acid 和 13-oxo-9(*Z*),15(*Z*)-octadecadienoic acid 可以通过 GPR40 诱导抗炎 M2 巨噬细胞分化，从而解释了 α-亚麻酸的促炎作用机制。此外，人体中许多孤儿受体（如 GPCR）与未知来源微生物脂质的相互作用，这些相互作用对于人类健康和肠道菌群脂肪酸代谢的关系还有待进一步的研究。

（三）肠道菌群影响宿主脂质代谢

1. 肠道菌群通过影响宿主的脂质代谢和脂质组成

肠道菌群通过与饮食的相互作用影响宿主的脂质代谢和脂质组成。在喂食 CONV-R（常规饲养）和 GF（无菌）小鼠补充有胆汁酸的棕榈油或猪油饲料（均富含饱和脂质）的一项研究中，肠道菌群仅在喂食猪油的小鼠中增加肝脏甘油三酯和胆固醇酯水平，并且定植状态对肝脏脂质有重大影响。在另一项研究中，CONV-R 和 GF 小鼠喂食猪油或鱼油饮食，还发现微生物组下调胆固醇生物合成，并增加肝脏胆固醇水平，特别是在喂食猪油的小鼠中。

益生菌治疗小鼠的研究为肠道菌群在调节宿主脂质稳态中的作用提供进一步的证据。在喂食高脂肪高胆固醇饮食的小鼠中，弯曲乳杆菌与植物乳植乳杆菌一起降低血浆和肝脏中的胆固醇，并且两种菌株对肝脏甘油三酯具有协同作用。另外，在喂食高脂肪饮食的肥胖大鼠中，双歧杆菌属可以降低循环甘油三酯和 LDL 水平，提高 HDL 水平。

许多研究对肠道菌群和血脂异常之间的关联进行调查。结果显示，肥胖患者中总微生物基因丰富度的降低与血清总胆固醇和血清甘油三酯的增加相关。能量限制饮食干预增加了微生物基因丰富度并降低了血脂。与微生物基因计数高的个体相比，微生物基因计数低的个体的甘油三酯较高，HDL 水平较低。此外，通过对来自荷兰一般人群队列研究的肠道菌群、生物统计学和代谢测量的分类学数据进行交叉验证分析，可以将血清甘油三酯和 HDL 的部分变化归因于肠道菌群组成的变化。

肠道菌群组成的变化也存在于患有与血脂异常和异位脂肪沉积相关的病理生理状况的个体中，例如，动脉粥样硬化和脂肪肝。通过分析症状性颈动脉狭窄患者的动脉粥样硬化斑块、粪便样本和口腔的微生物组成，观察到 3 个部位之间共享的所有肠道微生物操作分类单位（OTU）。来自口腔的归属于梭杆菌的 OTU 与血清总胆固醇和 LDL 相关，并且链球菌 OTU 与 HDL 水平相关。与健康对照组相比，有症状的动脉粥样硬化患者的柯林斯氏菌属（*Collinsella*）丰度较高，而真杆菌属和罗斯拜瑞氏菌属丰度较低。在功能上，患者的肠道微生物组具有增加的肽聚糖合成能力，这可能导致动脉粥样硬化动脉壁中的慢性炎症。另一项研究发现冠状动脉疾病（CAD）与肠道菌群组成之间存在关联，证明与有冠状动脉风险因素但无 CAD 的受试者和健康对照者相比，CAD 患者中拟杆菌门减少，乳杆菌目增加。

2. 肠道菌群与宿主脂质代谢的联系机制

肠道菌群通过 SCFAs、胆汁酸代谢、脂多糖、肠道通透性和三甲胺等途径影响宿主脂质代谢。

细菌代谢物 SCFAs 如乙酸盐、丙酸盐和丁酸盐，可以作为信号分子，特别是对于 GPR43/FFAR2 和 GPR41/FFAR3。GPR43 在小鼠中防止饮食诱导的肥胖。L 细胞上的 GPR43 的活化增加 GLP-1 的分泌，并且乙酸盐通过 WAT 中的 GPR43 诱导抗脂解活性并改善葡萄糖和脂质代谢。GPR41 也被证明通过与肠道微生物群的相互作用来调节代谢。CONV-R *GPR41* 基因敲除小鼠比野生型小鼠更瘦，体重更轻，而这些差异在 GF 小鼠中没有发现。此外，微生物群通过 GPR41 增加 PYY 的产生。丁酸盐和丙酸盐也被证明可激活 PPARγ，从而增加能量消耗、减轻体重并减少肝脏甘油三酯蓄积，最终调节脂质代谢。

初级胆汁酸由胆固醇合成，并在肝脏中与牛磺酸或甘氨酸结合。胆汁酸储存在胆囊中，并在食物摄入后排泄到十二指肠，以帮助膳食脂质的乳化。大多数胆汁酸被重吸收并再循环到肝脏，但细菌介导的甘氨酸或牛磺酸基团的去结合可以减少重吸收。解结合胆汁酸可通过脱氢、脱羟基和差向异构化被结肠细菌进一步代谢为次级胆汁酸。微生物处理促进胆汁酸的粪便排泄，并且在该过程中损失的胆汁酸需要由胆固醇的从头合成来补充。除了在脂质消化中的作用外，胆汁酸还可作为信号分子，通过与核受体法尼醇 X 受体（FXR）和 G 蛋白偶联胆汁酸受体（TGR5）结合来调节宿主代谢。胆汁酸的微生物加工增加了胆汁酸库的多样性，并且不同的胆汁酸在其对受体的亲和力方面不同，并且可以充当促效剂或拮抗剂。一级胆汁酸胆酸

（CA）和鹅脱氧胆酸（CDCA）以及二级胆汁酸石胆酸（LCA）和脱氧胆酸（DCA）均为 FXR 促效剂，但亲和力不同。在人体中，CDCA 可转化为熊去氧胆酸（UDCA），后者是一种 FXR 拮抗剂。此外，牛磺酸结合的鼠胆汁酸 TβMCA 是一种有效的 FXR 拮抗剂，而非其去结合的对应物 βMCA。

FXR 参与调节脂质代谢，尤其是甘油三酯的运输、合成和利用。因此，胆汁酸的微生物加工可能通过与 FXR 的相互作用影响脂质代谢。通过给野生型和 *FXR* 基因敲除小鼠喂食含或不含细菌的高脂饮食，结果表明，微生物群诱导的体重增加、脂肪变性和炎症依赖于 FXR 信号转导。FXR 还改变了肠道微生物群组成，将肠道微生物群移植到 GF 小鼠中可以转移 *FXR* 敲除供体小鼠的瘦肉表型，这表明 FXR 可能通过改变微生物群组成而导致肥胖增加。全身和组织特异性 *FXR* 敲除小鼠的比较显示，肝脏和肠道 FXR 的激活导致肥胖模型中不同的代谢结果。几项研究表明，抑制肠道 FXR 可改善代谢表型，但其潜在机制仍不清楚。

胆汁酸也已显示通过 TGR5 影响宿主脂质代谢。骨骼肌和棕色脂肪组织中的 TGR5 活化促进能量消耗。此外，TGR5 信号转导诱导 GLP-1 从肠内分泌 L 细胞释放，导致肥胖小鼠的肝脏和胰腺功能改善，对脂质合成和储存具有潜在影响。微生物产生的胆汁酸 LCA 和 DCA 作为 TGR5 的促效剂，但肠道微生物群通过 TGR5 对宿主代谢的影响仍有待确定。

脂多糖（LPS），也称为内毒素，是革兰氏阴性菌外膜中的结构化合物。LPS 通过激活 TLR4 诱导炎症，TLR4 在免疫细胞如巨噬细胞以及包括肝细胞和脂肪细胞在内的许多其他细胞类型上表达。肠道屏障可以防止 LPS 移位，然而，体重增加、高脂饮食和脂肪酸暴露增加可能会破坏肠道屏障功能，使 LPS 移位。这导致血液中 LPS 水平增加，被定义为代谢性内毒素血症，这是一种与代谢紊乱相关的疾病，如血脂异常、胰岛素抵抗、非酒精性脂肪性肝病（NAFLD）和心血管疾病。

肠道微生物群代谢含甲胺的营养物质，如胆碱，卵磷脂和 L-肉毒碱，以产生三甲胺（TMA），其在肝脏中通过黄素单加氧酶（FMO）进一步加工为三甲胺 *N*-氧化物（TMAO）。TMAO 水平与心血管疾病的患病率相关。不同小鼠品系中的血浆 TMAO 水平与病变大小呈正相关，并且微生物群从高和低 TMAO 产生小鼠转移到动脉粥样硬化倾向的 *ApoE* 敲除小鼠表明，TMA 产生的微生物能力增加会增加主动脉病变。

（四）肠道菌群参与脂质代谢的营养感应

脂肪酸不仅可以影响脂质的代谢还会影响葡萄糖的代谢。G 蛋白偶联受体（GPR）家族包括 GPR40 和 GPR120，这两种受体可以激活 PI3K/AKT 信号通路，参与脂肪酸的识别和代谢。通过刺激胰腺 β 细胞质膜上的 GPR40，游离脂肪酸可以增强葡萄糖刺激的胰岛素释放，并通过肠道中的 GLP-1 激素的产生和释放来增加促胰岛素的活性。另外，激活白色脂肪细胞质膜上的 GPR120，可以促进 PI3K 的激活和细胞自主诱导葡萄糖摄取，影响脂质代谢。

营养感应中的微生物群和饮食干预也可能通过与切割激活蛋白（SCAP）相互作用来调节胆固醇代谢。肠道菌群参与胆固醇代谢的机制与内质网上调控胆固醇生物合成途径的转录因子和酶有关。SCAP 通过结合胆固醇来调节该途径的基因表达。当胆固醇水平高时，SCAP 和固醇调节元件结合蛋白 1（SREBP1）形成结合型复合物，抑制胆固醇生物合成相关基因的表达。相反，当胆固醇水平低时，SCAP-SREBP 复合物被释放到高尔基体并切割为活性形式，促进脂质代谢相关基因的表达。因此，通过饮食干预措施，例如，增加膳食纤维和益生菌的摄入，可以改变肠道菌群的组成和代谢产物的产生，从而对胆固醇代谢产生影响。

此外，肠道菌群还可通过对脂质营养感应相关信号，影响脂质受体对脂质信号的敏感强度，从而影响机体对脂质的吸收利用。如缺乏肠道菌群的小鼠中肠道脂肪酸受体 GPR 数量减少，导致肠道接受脂肪的信号减弱。高脂饮食导致肥胖的肠道微生物群相关炎症变化与 TLR4 信号的激活以及由此引起的肠道 LPS 水平的增加有关，肠道微生物群作用的代谢产物可以通过吸收、肠肝循环或微生物群诱导的肠道通透性增加进入宿主的体循环。肠道菌群代谢物乙酸盐和丙酸盐可以激活 GPR43，导致脂肪分解的抑制和血浆游离脂肪酸（FFA）水平的降低。表明肠道菌群可以通过影响机体脂质感应，与高脂饮食诱发的肥胖个体的脂质代谢存在潜在的联系。

（五）微生物来源的脂质与人类健康

微生物来源的脂质及其对脂质代谢的影响对宿主的生物学功能具有系统性作用，涉及到多个器官。深度代谢组学分析健康人血清发现了数千种未知的细菌来源代谢物，其中许多被预测为脂质。肠道微生物组的特征与饮食或宿主遗传学同样重要，共同决定健康人的循环脂质谱。每个个体的脂质组谱是独一无二的，并且变化可以引发或解决炎症。

微生物组和宿主遗传学的结合是应对脂质代谢失调引起的炎症风险的必要考虑因素。在慢性炎症性疾病的发生过程中，环境因素的影响可能超过了宿主遗传易感性。肠道微生物组在脂质代谢中扮演着主要的决定因素，未来的研究应该扩大对脂质与生物功能之间联系的理解，并将其应用于人类疾病。

三、脂质通过胆汁酸影响肠道健康的分子机制

（一）胆汁酸在脂肪消化吸收中的作用

胆汁酸对膳食脂肪的有效乳化是脂质消化率的关键决定因素。初级胆汁酸主要通过两种途径在肝脏中合成。经典途径或中性途径由细胞色素 P450 7A1（CYP7A1）酶，催化胆固醇发生 7α-羟基化作用，随后甾核进一步转化和由 CYP8B1 催化侧链发生氧化裂解，主要产生胆酸（CA）和鹅脱氧胆酸（CDCA）。该途径产生的胆汁酸约占总胆汁酸产量的 75%。另一个途径是替代途径，也称为酸性途径，由酶细胞色素 P450 27A1（CYP27A1）催化胆固醇 27-羟基化，主要产生 CDCA。

不同膳食脂肪的乳化和吸收速度存在变化空间，饱和脂肪的消化率似乎特别依赖于胆汁酸的产生。如果饱和脂肪在不同程度上逃脱消化，和/或需要提高胆汁酸活性才能有效消化，要更好地了解脂肪代谢，就需要审视与结肠及其异常密集、多样和多变的微生物群相关的机制。

（二）肠道菌群与胆汁酸

除了促进膳食脂肪的吸收外，胆汁酸还作为强信号分子，通过不同的核受体和细胞信号通路调节脂质、葡萄糖和能量代谢。胆汁酸是肠道菌群的信使，肠道微生物影响胆汁酸组成，胆汁酸反过来也影响微生物群落结构和功能。胆汁酸在肝脏中合成，具有直接或间接的抗菌作用；胆汁酸可以调节微生物群的组成，进而调节胆汁酸池的大小和组成。

胆汁酸从胆囊分泌后，以胆汁酸、胆固醇和磷脂混合物胶束的形式进入肠道。在远端小肠和结肠中，胆汁酸受到肠道菌群胆盐水解酶（BSH）的解偶联，从而阻止它们在肠肝循环中的主动摄取。解偶联的胆汁酸经过微生物转化，通过羟基的脱羟基化、差向异构和氧化产生一系列次级胆汁酸。肠道中参与胆汁酸代谢的菌属拟杆菌、梭杆菌、乳酸菌、双歧杆菌、李斯特菌（*Listeria monocytogenes*）等，主要参与胆汁酸的去结合过程；拟杆菌、梭状芽孢杆菌、大肠杆菌、埃格菌（*Escherichia*）、优杆菌（*Eubacterium*）、消化性链球菌（*Peptostreptococcus*）和瘤胃球菌（*Ruminoclostridium*）等，主要参与胆汁酸的去结合过程；拟杆菌、梭状芽孢杆菌、大肠杆菌、埃格菌、优杆菌、消化性链球菌和瘤胃球菌等，主要参与羟基的氧化和差向异构化；梭状芽孢杆菌和优杆菌参与去羟基化；拟杆菌、优杆菌和乳酸菌参与酯化反应；梭状芽孢杆菌、梭杆菌、胃球菌和假单胞菌（*Pseudomonas*）与脱硫过程有关（表5-1）。

表5-1　胆汁酸代谢相关的肠道菌群

胆汁酸代谢过程	相关肠道菌属
去结合	拟杆菌、梭杆菌、乳酸菌、双歧杆菌、李斯特菌等
羟基的氧化、差向异构化	拟杆菌、梭状芽孢杆菌、大肠杆菌、埃格菌、优杆菌、消化性链球菌和瘤胃球菌等
去羟基化	梭状芽孢杆菌、优杆菌等
脱硫	拟杆菌、优杆菌和乳酸菌参与酯化反应；梭状芽孢杆菌、梭杆菌、胃球菌和假单胞菌等

肠道微生物群将肠道胆汁酸生物转化为未结合形式的能力是胃肠道代谢稳态的核心。这些未结合的胆汁酸可以激活胆汁酸信号受体，包括法尼醇X受体（FXR）和G蛋白偶联胆汁酸受体（TGR5）等。这些胆汁酸受体是糖尿病、肥胖和代谢综合征的治疗靶点。肠道菌群产生次级胆汁酸，作为FXR激动剂导致FXR诱导的FRF-15在肠道中释放，并抑制胆汁酸合成。

胆汁酸通过控制共生微生物群的生长和维持、维持屏障完整性和调节免疫系统来影响肠道环境。通过激活肠道FXR响应次级胆汁酸来控制肠道炎症，次级胆汁酸被动扩散到肠细胞中，在结肠的正常生理功能中具有重要作用，胆汁酸在其中发生去结合和脱羟基作用。肠道菌群失调会导致微生物群产生未结合和次级胆汁酸的能力减弱，这些胆汁酸是激活FXR的高亲和力配体，同时也会降低促进这些胆汁酸硫酸化以防止FXR激活的能力。

反之，肝脏FXR是胆汁酸生物合成和肠肝循环的主要调节剂。在正常生理条件下，肝脏FXR的活性调节胆汁组成和肠道中的胆汁酸水平，同时限制胆汁酸在肝脏中的积累。正常的肠道FXR活性可保持胆汁酸良好地流回门静脉，并可控制胆汁酸再摄取到肠细胞中，从而限制细胞内胆汁酸水平。肠道FXR的激活会上调小鼠成纤维细胞生长因子15（FGF15）及其直系同源物FGF19在人类中的表达，从而通过激活肝成纤维细胞生长因子受体4（FGFR4）抑制肝细胞中的胆汁酸合成。

茶褐素（TB）可抑制肠道细菌胆盐水解酶BSH活性，从而增加回肠中结合型胆汁酸，牛磺鹅去氧胆酸（TCDCA）和牛磺熊去氧胆酸（TUDCA）。这些结合型胆汁酸可抑制肠道FXR和下游FGF15-FGFR4信号转导，进而上调肝脏中经典和替代途径中BA合成基因*CYP7A1*，*CYP8B1*，*CYP27A1*和*CYP7B1*的表达。其他的BSH抑制剂也可以通过介导BA替代途径，诱导

肝脏中 *CYP7B1* 表达并降低了肝脏脂质水平。

第六节　其他微量营养素与肠道健康

饮食是肠道微生物群落组成、功能和代谢活动的已知调节剂。个别常量营养素和微量营养素的存在与否会改变微生物组成和功能潜力，而肠道微生物群反过来会合成、改变和代谢营养素。相对于常量营养素，微量营养素对肠道菌群组成和代谢活动的影响知之甚少。然而，细菌依赖于维生素、维生素衍生的新陈代谢辅助因子和多种微量营养素，包括维生素 A、维生素 D、维生素 B_{12}、叶酸、铁、镁、硒和锌，这些微量元素缺乏时会影响肠道微生物群的组成。肠道菌群从头合成的微量营养素也在肠道内发挥功能作用，例如，B 族维生素的生物合成和肠道菌群之间的“共享”可能是肠道微生物群的潜在稳定剂。因此，微量营养素-微生物群相互作用通过调节营养物质可用性和生物活性，以及影响肠道微生物群的群落组成和代谢活动，对人类健康产生影响。

一、维生素影响肠道健康的分子机制

维生素是必需的微量营养素，可作为参与宿主能量代谢的众多过程的辅酶或辅助因子。人类缺乏大多数维生素的生物合成能力，可从食物中获取。维生素虽然存在于多种食物中，但由于进食不足和不良的饮食习惯造成等，仍然存在缺乏的情况。维生素吸收主要发生在小肠中，但现在公认远端肠道也可能有助于维生素吸收和细菌产生维生素。肠道环境和吸收能力的改变可能会改变宿主维生素的状态。比如，肠道细菌具有合成 B 族维生素能力。婴儿肠道菌群具有丰富的叶酸从头合成基因，而成人的菌群含有丰富的叶酸及其还原形式四氢叶酸代谢相关的基因。尽管如此，B 族维生素的缺乏仍然很普遍，可能是由于摄入不足、吸收不良、某些干扰叶酸代谢的药物和遗传疾病造成的。因此，肠道菌群是必需维生素的重要来源，并可能为治疗维生素缺乏症提供新的策略。

肠道菌群可合成的维生素有维生素 B_1、维生素 B_2、维生素 K、烟酸、维生素 B_{12}、生物素和叶酸等。维生素和微生物群之间的关系似乎是双向的，因为宿主提供的几种维生素塑造了微生物的组成，并在细菌中提供了关键的功能。而在维生素、微量营养素缺乏的条件下，可能会引起主要菌门的相对变化，也会导致菌群多样性、丰富度和基因含量的下降。

维生素 B_1（硫胺素）可由肠道细菌合成，并以游离硫胺素和硫胺素焦磷酸（TPP）的形式存在。游离硫胺素主要通过硫胺素转运蛋白吸收，而 TPP 则通过 TPPT-1 等转运蛋白吸收，进入线粒体参与 ATP 合成。粪杆菌属等一些菌缺乏维生素 B_1 合成途径，需从宿主或其他菌获取，提示宿主与菌群间存在维生素 B_1 的竞争。维生素 B_2（核黄素）可由鸟苷三磷酸（GTP）和 D-核酮糖 5-磷酸合成，以游离核黄素形式吸收后转化为辅酶 FAD 和 FMN。不同菌群合成能力不一，拟杆菌门合成能力较强，而放线菌门和厚壁菌门较弱。一些共生菌和病原菌能产生核黄素中间产物，与 MR1 结合激活 MAIT 细胞，促其分泌细胞因子，在宿主抗病原菌免疫中发挥重要作用。烟酸可由多种肠道菌从色氨酸合成。拟杆菌门、厚壁菌门、放线菌门等均具备合成能力，提示饮食和菌群来源的烟酸对宿主免疫力都很重要。泛酸可由部分肠道菌从头合成，其余菌缺乏合成途径但能利用外源性泛酸，提示菌群与宿主间存在竞争。维生素 B_6 可由脆弱拟杆菌、普雷沃氏菌、长双歧杆菌等合成，而大多数厚壁菌缺乏合成途径。其合成前体及代谢产物与宿主维生素 B_6 代谢有所不同。生物素可由脆弱拟杆菌等合成，普雷沃氏菌、双歧杆菌等虽不能合成但能转运利用外源性生物素。生物素影响菌群组成，缺乏会导致菌群失调。不同菌在合成中以合作方式作用。叶酸可由多数肠道菌合成，通过质子耦合叶酸转运蛋白（PCFT）在结肠吸收。补充双歧杆菌、乳酸菌等益生菌能促进机体叶酸合成。叶酸代谢物 6-甲酰蝶呤（6-FP）可拮抗主要组织相容性复合物相关蛋白 1（MR1），抑制黏膜相关恒定 T（MAIT）细胞活化，防止过度炎症反应。维生素 B_{12} 可由脆弱拟杆菌、艰难梭菌、双歧杆菌等合成，在大肠吸收并分布全身。乳酸菌发酵食品中含维生素 B_{12}。

人们曾经认为 B 族维生素只能从饮食中获得，然而肠道微生物群也是维生素的重要来源。在肠道微生物群中，并非所有细菌都能产生 B 族维生素，有些细菌利用饮食中的 B 族维生素或其他肠道细菌产生的 B 族维生素来满足自己的需求；因此，宿主和肠道微生物群之间可能存在对 B 族维生素的竞争。这一领域的研究很复杂，因为不仅肠道菌群的组成在个体之间存在差异，而且饮食的组成也会改变肠道菌群的组成和功能。因此，维生素介导的免疫维持也因个体而异。需要在这一领域进行进一步的研究，发现的新信息将有助于开发一个精确健康和营养的新时代。

二、微量元素影响肠道健康的分子机制

矿物质也是许多哺乳动物和细菌生理过程所必需的辅助因子，并且可以显著改变微生物群。这些微量元素对于维持肠道黏膜的完整性，减少肠道屏障损伤和炎症都具有重要的作用。

锌是多种酶的组成部分，参与人体的代谢和免疫反应。锌还可以促进肠道细胞的增殖和修复，维持肠道上皮细胞屏障功能，预防肠道屏障损伤和炎症。锌缺乏是发展中国家腹泻的重要危险因素，会导致肠道中致病菌的数量增加。在细菌中，锌结合蛋白参与基因表达、代谢、抗氧化和毒力因子等多种细胞过程。添加氧化锌可改善断奶仔猪的腹泻，调节肠道菌群，提高生长性能。不同形式的锌添加剂（如纳米颗粒）可能具有不同的调节作用。

铁是血红蛋白的组成部分，缺乏铁会导致贫血。贫血会导致肠道黏膜萎缩，从而降低消化酶的分泌和肠道蠕动，使得肠道功能紊乱。然而，铁是病原体生长必不可少的微量营养素，限制铁的摄入是针对病原体建立的营养免疫的有效形式。不同形式的补铁剂对肠道的作用不同，人母乳中的乳清铁蛋白（一种铁结合糖蛋白）可以保护未发育婴儿的肠道免于病原体定植，而补充铁则可导致增加病原体的生长和肠道炎症。铁结合的铁载体分别由各种内膜和外膜转运蛋白转运，如肠杆菌素输出蛋白 S（EntS）、沙门氏菌螯铁蛋白铁载体 ATP 结合盒（ABC）蛋白（IroC）和外膜蛋白（TolC），借助于 TonB 依赖性外膜铁载体受体（IroN）和铁肠杆菌素（Fep）铁载体 ABC 转运蛋白系统。一些革兰氏阴性细菌也可以使用柠檬酸铁转运蛋白用于铁摄取。铁还存在于肠道细菌沙门氏菌的调节蛋白中，包括铁吸收调节（Fur）、延胡索酸和硝酸盐还原调节（Fnr）蛋白、氧化还原敏感转录激活因子（SoxR）、HTH 型转录调节因子（IscR）和阻遏物（NsrR）。这些发现表明，各种微生物开发了复杂的运输和获取系统，以与宿主竞争铁。

锰通过调节参与活性氧解毒、碳水化合物、脂质和蛋白质代谢以及 DNA 复制的蛋白质的功能，参与细菌的生存和适应性。锰被几种细菌酶利用，包括磷酸甘油变位酶、烯醇化酶、丙酮酸激酶、磷酸烯醇丙酮酸羧化酶和羧激酶、Ⅰ型蛋白磷酸酶、某些磷酸二酯和鸟苷五磷酸或

四磷酸（ppGpp）合成酶。越来越多的证据表明，锰可以通过作为参与从 RNA 合成 DNA 的核糖核苷酸还原酶的辅因子来改变细菌中的 DNA 复制活性，这表明锰对细菌适应性和存活的重要性。除了作为酶辅因子的功能外，研究表明锰促进细菌中的抗氧化作用，而不依赖于蛋白质活性。

铜是多种酶的辅因子，对宿主代谢和免疫功能至关重要。铜可促进肠道上皮细胞增殖与修复，增强肠道屏障功能。细菌通过多种机制维持铜稳态，如跨膜转运、细胞内隔离等。铜具有抗菌活性，但过量摄入可导致细菌耐受性增加。铜被广泛用作饲料添加剂，可通过调节肠道菌群、减少病原菌丰度来改善生长性能，但其作用依赖于实验条件，过量积累可能引发炎症反应。

此外，钙是也维持肠道健康的必需元素之一，能够调节肠道的收缩和松弛，促进肠道蠕动，预防便秘。

第七节　益生菌与肠道健康

益生菌（Probiotics）一词来源于希腊语“pro”和“bios”，意思是“为了生命”。联合国粮食及农业组织（FAO）和世界卫生组织（WHO）对益生菌的定义是当给予宿主足够的量时，能够改善宿主健康状况的活的微生物。在当前快节奏的生活中，饮食、压力、疾病等因素会直接改变肠道微生物群的结构，影响正常的肠道功能，及时补充益生菌能够有效改善肠道健康。此外，益生菌在机体免疫调节过程中以及抗炎、抗癌和抗诱变中同样发挥着重要的作用。

一、益生菌与肠道菌群

据估计，成人肠道含有数万亿微生物。这些微生物沿着肠道定植，十二指肠内微生物数量低至每克含量 $10^1 \sim 10^3$ 个，空肠和回肠内微生物数量达到每克含量 $10^4 \sim 10^7$ 个，结肠内微生物数量达到每克含量 $10^{11} \sim 10^{12}$ 个。大多数益生菌是从人体肠道中分离得到的，主要分为乳酸杆菌、双歧杆菌、酵母和其他微生物这四类，如表 5-2 所示。

表 5-2　益生菌种类

种类	益生菌
乳酸杆菌	嗜酸乳杆菌、鼠李糖乳酪杆菌、格氏乳杆菌、干酪乳酪杆菌、罗伊氏黏液乳杆菌、植物乳植杆菌、唾液乳杆菌、约氏乳杆菌、发酵黏液乳杆菌、瑞士乳杆菌、短乳杆菌、鼠乳杆菌、卷曲乳杆菌、食淀粉乳杆菌
双歧杆菌	婴儿双歧杆菌、长双歧杆菌、乳双歧杆菌、动物双歧杆菌、短双歧杆菌、嗜热双歧杆菌、假长双歧杆菌
酵母	卡尔斯伯酵母、马克氏克鲁维酵母、酿酒酵母
其他微生物	枯草芽孢杆菌、地衣芽孢杆菌、粪肠球菌、屎肠球菌、明串珠菌、乳酸片球菌、戊糖片球菌、费氏丙酸杆菌、唾液链球菌嗜热亚种、布拉氏链球菌、乳酸乳球菌

二、益生菌的作用机制

1. 增强肠道屏障

肠道屏障作为一个重要的防御系统，在保持上皮完整性的同时，将机体与环境隔离。黏膜层、抗菌蛋白、IgA 和上皮细胞交界处黏附的复合物都是肠道屏障防御的一部分。当这种屏障功能受到损害时，细菌和食物抗原可能会进入黏膜下层并引起炎症反应，导致肠道紊乱。非致病菌特别是益生菌可以帮助维持肠道屏障。益生菌对肠道屏障的增强主要包括：①通过防止细胞因子引起的上皮损伤来加强黏膜屏障。②增加 IgA 的产生。③促进人类肠道细胞系中黏蛋白的表达，乳酸菌能够改变黏附连接蛋白的磷酸化，并调节蛋白激酶 C 异构体，包括蛋白激酶 C-δ（PKCδ），参与紧密连接信号的基因表达上调。④分泌代谢物，通过微生物和肠道屏障之间的通信来调节肠道屏障功能。⑤通过产生立体阻碍来抑制致病菌与肠细胞病原体受体结合。

2. 排斥竞争

排斥竞争是一个细菌物种与另一个细菌物种进行更激烈的竞争的情况。益生菌通过形成拮抗性的微生态，去除其他细菌受体位点，并分泌抗菌物质、选择性代谢物和竞争性减少关键的营养物质来减少不同物种的数量。益生菌分泌乳酸、乙酸等物质改变肠道生存环境，获取竞争优势。益生菌改变黏蛋白表面和蛋白质的相互作用产生特定的黏附性能，以及与致病菌竞争上皮连接位置，从而抑制病原性细菌的定植。乳酸菌和双歧杆菌抑制了大肠杆菌、沙门氏菌、幽门螺杆菌（*Helicobacter pylori*）、单核细胞增生性李斯特菌和轮状病毒的定植。

3. 产生抗菌物质

益生菌能够产生有机酸和低分子质量化学物质（细菌素），其中有机酸特别是乙酸和乳酸对革兰氏阴性菌有很强的抑制作用，被认为是抑制病原体作用的主要抗菌物质。有机酸以其未解离的形式进入病原体的细胞，并在其细胞质内解离。如果细胞内的 pH 降得太低，或者离子化的有机酸在细胞内积累得太多，病原体就会死亡。益生菌产生的细菌素通常对特定的病原体起作用，一些可以用来治疗食源性疾病。凝结芽孢杆菌能够分泌一种称为凝血素的细菌素，对广谱肠道微生物具有活性。细菌素介导的死亡有两种常见方式：目标细胞中产生孔洞和减少细胞壁的生产。如在孢子形成的细菌中，乳酸链球菌素与细胞壁前体-脂质Ⅱ结合，阻止细胞壁的合成，然后，该复合物聚集并将肽整合到细菌膜上，形成一个孔隙。此外，益生菌分泌的苯甲酸和短链脂肪酸以及蛋白类抗真菌化合物显示抗真菌活性。

4. 干扰致病菌毒力表达

借助群体感应的机制，细菌除了可以与周围环境相互沟通外，还可以通过自我诱导剂分子发出化学信号，调节毒性表达。这种交流在病原体细菌的繁殖中具有重要作用。伤寒沙门氏菌和大肠杆菌 O157：H7 等病原体具有特定的致病性基因元件，如毒力岛和致病性质粒。此外，这两种微生物都有一个Ⅲ型分泌系统，负责将效应蛋白转移和注入宿主细胞，以帮助菌体黏附、连接和入侵细胞。这些效应物负责重新安排细胞骨架，导致质膜的紊乱。益生菌通过产生酶、分泌自我诱导拮抗剂、抑制参与细菌定植或毒性的基因转录中的信号传递或相互作用来降解自我诱导分子，因此，乳酸菌、双歧杆菌和蜡样芽孢杆菌等益生菌可以抑制致病菌的毒力。

N-酰基高丝氨酸内酯（AHL）是一组群体感应信号分子，负责调节病原体中的毒力因子，特别是在革兰氏阴性细菌中。由于这些病原体使用群体感应系统产生毒力化合物，因此，破坏相互作用已被作为基本的抗感染方法。这种类型的破坏由特定的调节剂引导，发现可以消除或

减少细菌毒力因子的产生，而不会影响它们的生长。研究表明，益生菌的 AHL 降解能力可以有效地降低各种海鲜中的哈维弧菌水平；枯草芽孢杆菌可以产生一种脂肽，抑制金黄色葡萄球菌群体感应系统，当枯草芽孢杆菌孢子口服给药时，它可以在肠道中萌发，并通过抑制其群体感应完全根除金黄色葡萄球菌肠道定植。

5. 参与机体免疫

益生菌和免疫系统之间的相互作用使益生菌能够调节和稳定微生物群的组成，增强免疫系统，并通过抑制 NF-κB 的产生来防止炎症反应。它们还可以增加 NK 细胞的活性，作为身体防御系统的第一线，对上皮细胞有抗凋亡作用，并增加黏液分泌。此外，益生菌通过诱导 APC 分泌细胞因子和表达共刺激分子直接调节免疫系统。人类免疫系统通过 Toll 样受体来识别肠道微生物，益生菌黏附到细胞后，发生一些生物互动，包括释放细胞因子和趋化因子，刺激宿主系统免疫的相关蛋白。调节免疫调节物质的生产，如促进抗炎细胞因子生产。另外，益生菌可以刺激树突状细胞的产生，这些细胞负责产生抗炎的细胞因子。

三、益生菌在消化系统疾病中的作用

1. 口腔疾病

传统上，益生菌与肠道健康有关，大多数临床研究集中在预防或治疗胃肠道感染和疾病。然而益生菌作为一种有力的预防措施正在口腔护理中应用。益生菌在预防和治疗口腔疾病，如龋齿、牙周炎、口臭、念珠菌感染和牙龈炎等方面发挥着重要作用，以对口腔病原体有抑制作用的益生菌为形式的细菌疗法是最近发展起来的一个有前途的、具有成本效益的概念。益生菌通过在口腔内自然定植，减少了致病微生物的危害。通过栖息有益的生物体，将感染区的实际组成从富含细胞因子的炎症环境改变为更良性的环境，有助于整个系统的健康。口腔益生菌制剂中最常用的菌种是德氏乳杆菌保加利亚亚种、嗜酸乳杆菌、卡塞氏乳杆菌、唾液乳杆菌、植物乳植杆菌、唾液链球菌嗜热亚种、粪肠球菌、粪肠杆菌、双歧杆菌和布拉氏酵母菌。近几年，益生菌的使用已经从牙科辅助治疗转向常规治疗策略。

2. 胃病

胃黏膜由于其酸性环境而长期以来被认为是无菌的，但正常人的胃实际上具有丰富的微生物群。幽门螺杆菌是一种无处不在的革兰氏阴性、有鞭毛、螺旋状的生物体，生存在胃黏膜上的黏液层。慢性幽门螺杆菌感染影响大约 50%的世界人口。幽门螺杆菌与消化性溃疡病、胃黏膜相关淋巴组织（MALT）淋巴瘤和胃腺癌的病因有关。在幽门螺杆菌感染和其他胃部病变的情况下，胃部微生物群的组成发生变化，使用益生菌来恢复胃部微生物群具有治疗的潜力。通常采用的益生菌是乳酸菌、双歧杆菌以及酵母菌。

益生菌通过多种机制在幽门螺杆菌相关消化性溃疡病中恢复胃黏膜：①益生菌可能具有抑制由幽门螺杆菌引发的细胞因子反应的潜力。②益生菌可以通过分泌乳酸来减轻与幽门螺杆菌感染相关的胃酸过低。这不仅降低了管腔 pH，有助于恢复这一重要的胃防御机制，而且乳酸还具有直接的杀菌作用。③益生菌能够与致病菌竞争宿主表面受体，抑制病原体对上皮细胞的黏附。④益生菌能够通过黏附胃上皮和细菌黏附素的分泌与宿主先天免疫系统相互作用。⑤益生菌可以直接抑菌或杀死细菌。罗伊氏黏液乳杆菌分泌代谢物罗伊氏蛋白，对各种革兰氏阳性和革兰氏阴性细菌、真菌、原生动物具有活性。

3. 肠道疾病

肠道是人体的主要消化器官，人体所需要的大部分营养物质由肠道消化吸收，为人体生长发育提供有益的物质营养，保持人体生命活力。但在患上结肠炎、肠易激综合征等疾病后，肠道的这些功能将受到极大的影响。肠道屏障和肠道微生物是保证肠道健康的两个主要因素，肠道屏障是机体抵御病原微生物进入肠道的第一道防线，益生菌能保护这道防线。益生菌刺激肠上皮黏蛋白的产生，促进肠上皮细胞分泌 β-防御素，增强肠上皮细胞的自我保护。同时增加紧密连接蛋白表达，抵抗病原对细胞紧密连接的破坏。同时益生菌能抑制病原菌如霍乱弧菌、志贺氏菌、空肠弯曲菌、鼠伤寒沙门氏菌、金黄色葡萄球菌的生长，促进双歧杆菌、嗜酸乳杆菌、粪肠球菌的生长。益生菌通过改变 SCFAs 的类别，减少促炎细胞因子分泌、提高 Th1/Th2 的比例、清除病原体，缓解结肠炎的症状。

四、益生菌与其他系统性疾病

1. 代谢相关疾病

饮食引起的肥胖已成为全世界主要的公共卫生问题之一。肥胖是指脂肪组织中脂质积聚异常，易引发其他慢性病，包括 2 型糖尿病，心血管疾病和非酒精性脂肪肝。饮食、遗传、久坐的生活方式和精神压力等许多因素都可能导致脂质代谢失调和肥胖以及与肥胖相关的代谢紊乱的发展，不健康的饮食可能导致微生物生态失调并导致多种疾病（如肥胖）的发病。除了异常的脂质积累和肠道微生物生态失调外，肥胖通常还伴有外周血和组织中高水平的游离脂肪酸和胆固醇。目前，益生菌已被用于预防和/或改善肥胖和肥胖引起的代谢综合征。益生菌对其作用机制有以下几个方面。

（1）益生菌对脂质代谢的调节作用　一些益生菌，如植物乳植杆菌和清酒广布乳杆菌，可以通过改善血清脂质谱来抑制饮食诱导的脂质代谢紊乱，包括总甘油三酯、总胆固醇、高密度脂蛋白胆固醇和低密度脂蛋白胆固醇。益生菌还可以通过促进脂肪酸氧化和抑制新的脂肪生成来抑制脂质积累。一些灭活的益生菌也能通过自身组成成分介导脂质/能量代谢。

（2）益生菌对葡萄糖代谢的调节作用　胰岛素启动了胰岛素受体和胰岛素受体底物（IRS）的磷酸化，促使磷脂酰肌醇 3 激酶（PI3K）与 IRS 结合。随后，激活的 PI3K 通过 3-磷酸肌苷依赖性激酶（PDK）使蛋白激酶 B（PKB/AKT）磷酸化。胰岛素介导的 PI3K/AKT 途径对于调节葡萄糖代谢至关重要。糖原合成酶 3β（GSK3β）是一种丝氨酸/苏氨酸激酶，可以使糖原合成酶（GS）磷酸化，导致 GS 失活和糖原产生减少。在磷酸化过程中，AKT 可以使下游分子 GSK3β 失活，促进糖原的产生。益生菌可能通过加强胰岛素信号转导和促进糖原合成来调节葡萄糖代谢。

（3）益生菌对胆固醇和胆汁酸代谢的调节作用　一些胞外多糖抑制肠道对胆汁酸的吸收，促进胆盐排泄，导致胆汁酸从头合成增加。几种益生元胞外多糖对胃和肠道消化具有抗性，可以被细菌用来生成 SCFAs。据报道，SCFAs 可降低血浆胆固醇水平，丙酸盐具有抑制肝胆固醇生物合成的能力。考虑到胰岛素可以激活 3-羟基-3-甲基戊二酰辅酶 A（HMG-CoA）还原酶并增加肝胆固醇合成，由胞外多糖和胞外多糖刺激的 SCFAs 介导的胰岛素敏感性增加可能会降低肝胆固醇的生物合成。益生菌通过将胆固醇整合到细胞膜上、促进胆汁酸从头合成和产生降胆固醇成分和/或代谢物来改善胆固醇代谢。

2. 食物过敏

食物过敏被定义为由于接触特定食物成分而引起的特定免疫机制。黏膜系统是宿主免疫系统的前线防御。大多数食物过敏原通过黏膜系统进入人体，其中肠黏膜系统与食物过敏关系最密切。肠黏膜系统可借助肠道相关淋巴组织和各种淋巴细胞诱导免疫耐受并预防食物过敏。此外，肠道微生物群的多样性和丰度还可以干预宿主的免疫系统，抑制食物过敏。

益生菌对食物过敏的调节主要基于肠黏膜免疫系统。益生菌及其代谢物可以通过与先天性和适应性免疫细胞以及肠道微生物群的相互作用来控制免疫耐受和食物过敏之间的平衡，调节抗炎和促炎反应。

3. 癌症

对于癌症，最常见的治疗方法是手术、化疗和放射性治疗。手术治疗的最大问题是不能确定恶性肿瘤的范围，很难完全将恶性肿瘤组织全部切除。益生菌在预防和治疗癌症方面的作用机制包括但不限于调节肠道微生物群、恢复肠道上皮屏障功能、吸收有毒有害物质，通过多种途径对有毒物质进行加工，减弱它们的毒性、防止 DNA 损伤以及增强体内免疫和抑制炎症反应。

五、基因工程菌的发展与应用

由于益生菌是非致病性生物，它们能够成为化合物递送的一种途径。通过基因工程，人为地将益生菌改造为产生某种特定产物的菌株，成为一种对疾病持续治疗的手段。大肠杆菌 Nissle 1917 工程菌株已被证实可直接调节黏膜免疫系统，该菌株被设计为在结肠局部产生 IL-10。这种改良的益生菌生物已被证实可以改善葡聚糖硫酸钠盐（DSS）诱导的结肠炎小鼠的疾病，并防止疾病发展，潜力在克罗恩病患者的 I 期临床试验中得到进一步证明。类似的遗传操作技术已被用于创建产生三叶因子（TFF）的大肠杆菌。TFF 是促进肠道伤口愈合的细胞保护化合物，已用于胃溃疡、结肠炎和坏死性小肠结肠炎的模型。与传统的口胃给药不同，TFF 黏附在小肠的黏液层上，阻止其在结肠中的定位，使用重组细菌能够将 TFF 直接递送到结肠黏膜，改善 DSS 诱导的小鼠疾病。

思政要素解读

素养提升

1. 综合运用所学知识，提高社会服务意识，树立社会责任感

积极学习和贯彻落实《“健康中国 2030”规划纲要》等一系列国家政策，重视对老年人等特殊群体的营养指导，对持续健康发展具有重大和深远的意义。通过精准营养的实施，能够为老年人提供个性化、科学化的饮食建议，帮助他们维持良好的营养状态，提高生活质量。这不仅体现了对老年人的关怀，也彰显了对社会责任的承担。

2. 关注食品安全问题，树立食品行业良知意识

我国从保障人民群众食品安全、身体健康出发，通过长期的实践与总结，已建立起一套较完整的食品安全标准体系。食品安全国家标准既是食品生产者的操作规范，也是食品安全监督的执法准绳。科学认识食品添加剂的作用与安全性，正确理解它们在提升食品品质、保障食品

安全中的积极作用，始终保持对消费者健康高度负责的态度，强化社会责任意识，确保食品添加剂的安全、科学使用。

思考题

1. 肠道健康对人体健康有什么影响？

2. 如何通过饮食精准干预肠道菌群？在选择饮食时，如何应对不同个体的肠道菌群的差异性？

3. 膳食纤维在肠道中的发酵是否需要多种肠道菌群的参与？干扰肠道菌群发酵膳食纤维的影响因素有什么？

4. 蛋白质在肠道中的代谢产物包括哪些？当蛋白质摄入量过高时，对宿主健康有何影响？

5. 胆汁酸在脂质吸收代谢过程中有什么作用？在远端小肠和结肠中，肠道菌群对偶联的胆汁酸的作用途径是什么？

6. 益生菌主要分为哪几类？益生菌对肠道疾病的影响及作用机制是什么？

第六章

饮食结构与健康

06

本章学习目标

1. 了解人生五阶段的饮食结构；
2. 了解不同来源的食物营养对健康的影响；
3. 了解我国居民营养现状及未来发展；
4. 把握食品营养契机，促进未来食品发展。

第一节 人生五阶段的饮食结构

人体的生理状况随着年龄的变化而不同，因此对膳食中营养素的需求也不同，饮食结构也有所差异。

一、婴幼儿阶段的饮食结构

婴幼儿阶段指出生后至满 3 周岁，其生长发育速度是一生中最快的阶段，该阶段的良好营养和科学喂养是婴幼儿近期和远期身心健康的最重要保障。生命早期的喂养对体格生长、智力发育、免疫功能等近期和远期健康持续产生至关重要的影响。

（一）婴儿期喂养方案

1. 婴儿期生长发育特点

婴儿期是人类从完全依赖母乳营养到依赖母乳外食物营养的过渡时期，是人一生中生长发育的第一个高峰期。从出生到 1 岁，婴儿的体重将增加至出生时的 3 倍，身长增加 50%，对能量和营养素的需要相对高于其他任何时期，但婴儿的胃肠道和肝肾功能发育尚未成熟，功能不健全，对食物的消化吸收能力及代谢废物的排泄能力仍较低。母乳喂养及适时添加辅食是保证其生长发育的物质基础。

2. 婴儿能量需要

婴儿期指出生满 1 周岁前。母乳是婴幼儿最理想的食品，属于天然食品，母乳可提供 0~6 个月婴儿需要的所有营养素种类和数量，母乳中适宜的营养既能为婴儿提供充足而适量的能量，又能避免过度喂养，使婴儿获得最佳的、健康的生长速率，为一生的健康奠定基础。早期给予婴幼儿纯母乳喂养，具有较多好处，既可提供优质、全面、充足和结构适宜的营养素，满足婴儿生长发育的需要，又能完美地适应其尚未成熟的消化能力，促进其器官发育和功能成熟，且不增加其肾脏的负担。母乳中丰富的营养活性物质是一个复杂系统，为婴儿提供全方位呵护和支持，帮助其在离开母体保护后，仍能顺利地适应自然环境，健康成长。母乳、牛奶的营养素含量及婴儿的需要量的比较如表 6-1 所示。

表 6-1 母乳、牛奶的营养素含量及婴儿的营养需要量的比较

营养素	母乳	牛奶	0~6 月婴儿需要量	7~12 月婴儿需要量
水分/（mL/100mL）	89.7	90.2	—	—
能量/（kJ/kg）	292.9	280.3	502.1	418.4
蛋白质/（g/100mL）	1.07	3.4	1.5~3.0g/kg	1.5~3.0g/kg
脂肪/（g/100mL）	4.2	3.9	占能量 45%	占能量 30%~40%
乳糖/（g/100mL）	7.4	4.8	—	—
维生素 A/（μg/100mL）	0.00	19.0	400	400
β-胡萝卜素/（μg/100mL）	0.00	19.0	—	—
维生素 D/（μg/100mL）	0.01	0.15	10	10
维生素 C/（m/100mL）	3.80	1.50	40	50
维生素 B_1/（mg/100mL）	0.02	0.04	0.2	0.3
维生素 B_2/（mg/100mL）	0.03	0.20	0.4	0.5
烟酸/（mg/100mL）	0.62	0.89	2	3
钙/（mg/100mL）	35.0	124.0	300	400
铁/（mg/100mL）	0.08	0.05	0.3	10
铜/（μg/100mL）	39.0	21.0	400	600
锌/（μg/100mL）	295.0	361.0	1500	8000

由表 6-1 可见，母乳与牛奶在营养素的组成和含量存在一定的差别，特别是母乳蛋白质的含量明显低于牛奶，但母乳中蛋白质的消化吸收率更高，各种氨基酸的比例更适合婴儿的需要。母乳中不饱和脂肪酸的含量高于牛奶脂肪，特别是长链脂肪酸，如 EPA、DHA，都是中枢神经系统和视网膜发育所必需的脂肪酸。由于婴儿还不能有效地利用 α-亚麻酸进行这两种脂肪酸的转化，它们属于必需脂肪酸；母乳中乳糖的含量多于牛奶，为婴儿提供了比较合适的碳水化合物的来源，有利于婴儿肝糖原的贮存。乳糖促进婴儿肠道中乳酸杆菌的生长，有助于钙和铁的消化吸收，有利于抑制大肠杆菌的生长；母乳中无机盐的含量更适合婴儿的需要。

3. 辅食添加

对于 7~12 月龄婴儿，母乳仍然是重要的营养来源，但随着婴儿月龄的增大，营养素和乳汁量需要增加，单一的母乳喂养已经不能完全满足其对能量及营养素的需求，必须引入其他营养丰富的食物。以铁为例，婴儿每日需铁 6~10mg，每 100mL 母乳中含铁 0.05mg，吸收率为

50%，纯母乳并不能满足婴儿对铁的需求。7~12 月龄婴儿消化系统、免疫系统的发育，感知感觉及认知行为能力的发展，均需要通过接触、感受和尝试，来体验各种食物，逐步适应并耐受多样的食物，从被动接受喂养转变到自主进食。父母及喂养者的喂养行为对 7~12 月龄婴儿的营养和饮食行为也有显著的影响，回应婴儿摄食需求，有助于健康饮食行为的形成，并具有长期而深远的影响。

7~9 月龄婴儿每天的母乳量应不低于 600mL，由母乳提供的能量应占全天总能量的 2/3，每天应保证母乳喂养不少于 4 次；10~12 月龄婴儿每天的母乳量约 600mL，由母乳提供的能量应占全天总能量的 1/2，每天应母乳喂养 4 次；对于母乳不足或不能母乳喂养的婴儿，满 6 月龄后需要继续以配方奶作为母乳的补充。同时，先添加肉泥、肝泥、强化铁的婴儿谷粉等富铁的泥糊状食物，有特殊需要时须在医生的指导下调整辅食添加时间。婴儿喂养辅助食品添加的顺序可参照表 6-2。

表 6-2　婴儿喂养辅助食品添加的顺序

婴儿月龄/月	添加的辅食
7~9	粥、烂面条、肝泥、肉末、鱼、黄豆制品、水果泥、菜泥
10~12	厚菜粥、烂饭、面条、鱼、碎肉末、碎肝、黄豆制品、水果、蔬菜（碎菜）

WHO 推荐，适合婴儿的辅食应该满足以下条件：富含能量以及蛋白质、铁、锌、钙、维生素 A 等营养素；未添加盐、糖以及其他刺激性调味品；质地适合不同月龄的婴儿；婴儿喜欢；当地生产且价格合理，家庭可负担，如本地生产的肉、鱼、禽、蛋类、新鲜蔬菜和水果等；作为婴儿辅食的食物应该保证安全、优质、新鲜。

（二）幼儿期喂养方案

1. 幼儿期生长发育特点

幼儿期指 1~3 岁，幼儿生长发育的速度虽不如婴儿那么迅速，但与成年人相比，仍然非常旺盛。2 岁时，身高增长 11cm，体重 2.5~3kg；3 岁时，身高增长 6~7cm，体重 1.5~2kg。热能需要 5.0~5.4MJ/d，蛋白质需要 40~50g/d，约为成人的 1/2，而对矿物质和维生素的需要常多于成人的 1/2。断奶后的幼儿要用自己不成熟的消化器官来取得营养，这种有限的消化能力与机体对营养素的需要间存在着很大的不协调。因此，在进行幼儿的膳食制作时，要充分考虑到幼儿的这一生理特点，合理安排、合理烹饪，幼儿是良好的膳食习惯培养的最佳时期，从幼儿开始，注重良好的饮食习惯与饮食心理的培养，对其一生都会产生深刻的影响。

2. 幼儿饮食结构

幼儿的饮食从婴儿期的以奶类为主过渡到以谷物类为主，奶、蛋、鱼、禽、肉及蔬菜和水果为辅的混合结构，但其烹调方法与成人有别，以与幼儿的消化、代谢能力相适应。

（1）以谷物为主的平衡膳食　幼儿膳食应以含碳水化合物丰富的谷物为主，还应包括肉、禽、蛋、鱼、奶类和豆制品，以供给优质蛋白，每日摄入牛奶或乳制品不少于 350mL。

（2）合理烹调　幼儿的主食以软米饭、麦糊、面条、馒头、面包、饺子、馄饨等交替食用。蔬菜应切碎煮烂，瘦肉宜制成肉糜或肉末，易于咀嚼、吞咽和消化。硬果及种子类食物，如花生、黄豆等应磨碎制成泥糊状，以免呛入气管。幼儿食物烹调宜采用蒸、煮等，不宜添加味精等调味品，以原汁原味最好。

（3）饮食安排　适应幼儿多动、易饥但胃纳小的生理特点，一日可以五餐或六餐；但要注意加餐的食物种类和数量，食物的种类最好是全价食物，不能选择纯热能性食物，在供给量上要注意不能超出正餐的10%。每周应安排至少一次动物肝、动物血以及海产品，以补充视黄醇、铁、锌和碘。

（4）培养良好进食习惯　幼儿能自食者，尽量自食；需培养幼儿细嚼慢咽的饮食习惯，让幼儿自己决定进餐的速度；培养幼儿对各种食物的适应能力，允许幼儿对新出现食物的拒绝，但要让其反复接触，逐步适应，而不是强迫接受；在营养价值相当的食物前，允许幼儿做选择。

二、儿童阶段的饮食结构

儿童阶段指3~12岁，是体格和智力发育的重要时期，也是饮食行为和生活方式发展和形成的关键时期。健康的饮食结构和生活方式有助于儿童摄取充足、均衡的营养，为体格和智力的正常发育提供物质基础，发挥促进健康、预防疾病的作用。

（一）学龄前儿童阶段的饮食结构

1. 学龄前儿童生长发育特点

学龄前儿童指3~6岁的儿童。生命的生长发育是连续的过程，但各阶段速度不同，一般而言，年龄越小发育越快。各系统发育也不一致，神经系统发育最早，肌肉发育到学龄时才加快。与婴儿期相比，3~6岁的学龄前儿童体格发育速度相对减慢，但仍保持稳步地增长，这一时期体重每年增长2kg，每年身高增长5~7cm。神经系统发育逐渐完善，3岁时神经系统的发育已基本完成，但脑细胞体积的增大和神经纤维的髓鞘化仍在继续。神经冲动的传导速度明显快于婴幼儿期。尽管3岁时乳牙已出齐，6岁时恒牙已萌出，但这一时期的咀嚼及消化能力仍有限，远低于成人，尤其是对固体食物需要较长时间适应，因此这一时期还不能给予成人膳食，以免造成消化功能的紊乱。3~6岁的儿童心理发育特点是注意力分散，无法专心进食，在食物选择上有自我做主的倾向，且模仿能力极强，因此这一时期应特别注意培养儿童良好的饮食习惯。

2. 学龄前儿童膳食结构

《中国居民膳食指南（2022）》中关于学龄前儿童的膳食指南在一般人群膳食指南基础上增加的5条核心推荐包括：食物多样，规律就餐，自主进食，培养健康饮食行为；每天饮奶，足量饮水，合理选择零食；合理烹调，少调料少油炸；参与食物选择与制作，增进对食物的认知和喜爱；经常户外活动，定期体格测量，保障健康成长。

按照食物大类建议：

（1）谷类、薯类及杂豆类食物　平均每天3种以上，每周5种以上。

（2）蔬菜、菌藻及水果类食物　平均每天4种以上，每周10种以上。

（3）鱼、蛋、畜肉及禽肉类食物　平均每天3种以上，每周5种以上。

（4）奶、大豆及坚果类食物　平均每天有2种，每周5种以上。

按照餐次建议：早餐4~5种，午餐5~6种，晚餐4~5种，加餐1~2种（表6-3）。

表 6-3　　学龄前儿童每日各类食物建议摄入量

食物	3~4 岁	5~6 岁
谷类/g	75~125	100~150
薯类/g	适量	适量
蔬菜/g	100~200	150~300
水果/g	100~200	150~250
畜禽鱼肉/g	50~75	50~75
蛋类/g	50	50
奶类/g	350~500	350~500
大豆（适当加工）/g	5~15	15~20
坚果（适当加工）/g	—	适量
烹调油/g	10~20	20~25
食盐/g	<2	<3
饮水量/g	600~700	700~800

（二）学龄儿童阶段的饮食结构

1. 学龄儿童生长发育特点

学龄儿童指 6~12 岁进入小学阶段的儿童。除生殖系统外的其他器官和系统，包括脑的形态发育已逐渐接近成人水平，而且独立活动能力逐步加强，可以接受成人的大部分饮食。处于学龄期的儿童生长迅速、代谢旺盛，每年体重增加 2~3kg，身高增高 4~7cm。但各系统器官的发育快慢不同，神经系统发育较早，生殖系统发育较晚，皮下脂肪年幼时较发达，肌肉组织到学龄期才发育加速。

2. 学龄儿童的合理膳食

儿童的生长发育仍然十分旺盛，进入学校学习后，对于外界的认识和知识的探究进一步活跃，活动的能力和活动量也不断增大。学龄儿童应该保持食物多样化，平衡膳食。应摄入粗细搭配的多种食物，保证鱼、禽、蛋、肉、奶类及豆类等食物的供应，早餐和午餐的营养素供给应分别达到全日推荐供给量的 30%、40%，每日供给至少 300mL 牛奶，提供优质蛋白质、维生素 A 及钙质；每日供给 1~2 个鸡蛋及其他动物性食物（如鱼、禽或瘦肉）100~150g，提供优质蛋白质、丰富的磷脂酰胆碱、维生素 A、B 族维生素及铁等矿物质；谷类及豆类食物的供给为 300~500g/d，提供足够的能量及较多的 B 族维生素。充足的能量及丰富营养素的供给除满足儿童生长发育的需要外，也可提高其学习训练的效率、发展智力并保证大脑活动的特殊消耗。

三、青少年阶段的饮食结构

青少年阶段一般指 12~18 岁，包括青春发育期及少年期，相当于初中和高中阶段。根据 WHO 的界定，10~20 岁属于青春期，这是一个儿童到成年的转变时期，以身体、心理和社会角色的转变为特征。

1. 青少年阶段生长发育特点

青少年快速的生长发育和较高的体力和智力活动使营养需要较高。此阶段人群体格发育速度加快，以 10 岁少儿与 18 岁青少年相比，其身高平均增加 28~30cm，体重平均增加 20~30kg。青春期性腺发育逐渐成熟，性激素促使生殖器官发育，出现第二性征。青少年的抽象思维能力加强、思维活跃、记忆力强、心理发育成熟、追求独立愿望强烈。心理改变可导致饮食行为改变，如盲目节食等。此外，充足的营养是此期体格及性征迅速生长发育、增强体魄、获得知识的物质基础。有研究表明，青春期前营养不足的儿童，在青春期供给充足的营养，可使其赶上正常发育的青年，而青春期营养不良，可使青春期推迟 1~2 年。

2. 青少年阶段的膳食结构

生长发育中的青少年能量、蛋白质均处于正态平衡状态，对能量、蛋白质的需要量与生长发育速率相一致，蛋白质提供的能量占总能量的 12%~14%，脂肪提供的能量占总能量的 25%~30%，碳水化合物提供的能量占总能量的 55%~65%。青少年期骨的增加量占成年期的 45%左右。青少年期的钙营养状况决定成年后的峰值骨量，每天钙摄入量高的青少年的骨量和骨密度均高于钙摄入量低者，进入老年期后骨质疏松性骨折的发病危险性降低。因此，11~18 岁青少年钙的适宜摄入量（AI）从儿童期的 800mg/d 增加到 1000mg/d。

谷类是青少年膳食中的主食，谷类是我国膳食中主要的能量和蛋白质来源，青少年的能量需要量大，每日需要 400~500g 谷类食物，可因活动量大小而有所不同。宜选用加工较为粗糙、保留大部分 B 族维生素的谷类，条件允许时应适当选择杂粮及豆类。每日摄入优质蛋白质应达 50%以上，鱼、禽、肉、蛋每日供给量 200~250g，奶不低于 300mL。每日蔬菜和水果的总供给量约为 500g，其中绿色蔬菜类不低于 300g，尽量选用小颗有色蔬菜。鼓励多吃谷物，保证能量供给；保证足量的鱼、禽、蛋、奶、豆类和新鲜蔬菜水果的摄入，以满足对蛋白质、钙、铁的需要，维生素 C 有利于铁的吸收。鼓励参加体育活动，避免盲目节食。

四、成人阶段的饮食结构

成人阶段一般指 18~60 岁，按照成年人的心理和生理特点，可分为青年晚期（25~35 岁）、成年前期（30~40 岁）以及成年中期（40~60 岁）。在这个阶段，人的身体发育成熟，各种生理活动相对稳定，饮食习惯和膳食模式也逐步趋于稳定。

1. 成人阶段生理特点

成人阶段既是生理功能的全盛期，又是人体各器官系统功能开始走向衰老的过渡期。一般情况下，在 18~30 岁，人的各种生理状态达到发展的最高水平，体力和精力均处于人生的鼎盛期，心血输出量和肺活量等处于最佳状态，胃肠道消化及吸收功能增强，营养物质吸收良好，内分泌及代谢功能旺盛，之后达到一个相对稳定的平台期。随着年龄的增长，成年人身心压力增大，基础代谢逐渐下降，脂肪组织逐渐增多，且成年中期的女性也将进入更年期，生理上表现为排卵停止，行经停止，有时伴有阵热和出汗，心理上表现为情绪不稳定等，易出现各种营养健康问题，如高血压、高血脂、高血糖、心脑血管疾病和骨质疏松等。

2. 成人阶段饮食结构

根据《中国居民膳食指南（2022)》，成人（18~60 岁）平衡膳食准则有以下八条。

（1）食物多样、合理搭配　多样的食物应包括谷薯类、蔬菜水果类、畜禽鱼蛋奶类、大豆坚果类等。建议平均每天摄入谷类食物 200~300g，其中全谷物和杂豆类 50~150g，薯类 50~100g。每天的膳食应合理组合和搭配，平衡膳食模式中碳水化合物、蛋白质、脂肪占膳食总能量的比例，如表 6-4 所示。

表 6-4 中国成年人膳食宏量营养素供能比适宜范围

宏量营养素	供能比/%
碳水化合物	50~65
脂肪	20~30
蛋白质	10~15

（2）吃动平衡、健康体重 体重是评价人体营养和健康状况的重要指标，运动和膳食平衡是保持健康体重的关键，体重过低和过高均易增加疾病的发生风险。推荐每周应至少进行 5d 中等强度身体活动，累计 150min 以上；坚持日常身体活动，主动身体活动最好每天 6000 步；注意减少久坐时间，每小时起来动一动，动则有益。体重越大，进行同等强度运动时消耗的能量越多，如表 6-5 所示。

表 6-5 成年人每天活动量相当于快走 6000 步的活动时间

活动名称	时间/min
太极拳	50
骑自行车、乒乓球、跳舞	40
健身操、高尔夫球	30~35
网球、篮球、羽毛球	30
慢跑、游泳	25

（3）多吃蔬果、奶类、全谷、大豆 蔬菜和水果是维生素、矿物质、膳食纤维和植物化学物的重要来源，对提高膳食微量营养素和植物化学物的摄入量起到关键作用。全谷物食物是膳食纤维和 B 族维生素的重要来源，适量摄入可降低 2 型糖尿病的发病风险，也可保证肠道健康。奶类富含钙和优质蛋白质，增加奶制品摄入对增加儿童骨密度有一定作用，酸奶可以改善便秘和乳糖不耐症。大豆、坚果富含优质蛋白质、必需脂肪酸及多种植物化学物质，多吃大豆及其制品可以降低绝经后女性骨质疏松、乳腺癌等发病风险。适量食用坚果有助于降低血脂水平和全因死亡的发生风险。

（4）适量吃鱼、禽、蛋、瘦肉 鱼、禽、蛋和瘦肉均属于动物性食物，富含优质蛋白质、脂类、脂溶性维生素、B 族维生素和矿物质等，是平衡膳食的重要组成部分。该类食物蛋白质的含量普遍较高，其氨基酸组成更适合人体需要，利用率高，但有些含有较多的饱和脂肪酸和胆固醇，摄入过多可增加肥胖和心血管疾病等发病风险，应当适量摄入。建议成年人平均每天摄入动物性食物总量 120~200g，相当于每周吃鱼 2 次或 300~500g，蛋类 300~350g，畜禽肉类 300~500g。

（5）少盐少油、控糖限酒 我国多数居民食盐、烹调油和脂肪摄入过多，是目前肥胖、心脑血管疾病等慢性病发病率居高不下的重要因素，因此应当培养清淡饮食习惯，推荐成年人每天摄入食盐不超过5g、烹调油25~30g，避免过多动物性油脂和饱和脂肪酸的摄入。过多摄入添加糖可增加龋齿和超重的发生风险，建议不喝或少喝含糖饮料，推荐每天摄入糖不超过50g，最好控制在25g以下。儿童青少年、孕妇、乳母不应饮酒，成年人如饮酒，一天饮酒的酒精量不超过15g。

（6）规律进餐、足量饮水　规律进餐是实现合理膳食的前提，应合理安排一日三餐，定时定量、饮食有度，不暴饮暴食。早餐提供的能量应占全天总能量的25%~30%，午餐占30%~40%，晚餐占30%~35%。水是构成人体成分的重要物质并发挥着多种生理作用。水摄入和排出的平衡可以维护机体适宜水合状态和健康。建议低身体活动水平的成年人每天饮7~8杯水，相当于男性每天喝水1700mL，女性每天喝水1500mL。每天主动、足量饮水，推荐喝白水或茶水，不喝或少喝含糖饮料。

（7）会烹会选、会看标签　不同类别食物中含有的营养素及有益成分的种类和数量不同，每人或每个家庭均应有每天的膳食设计和规划，学会通过食品营养标签的比较，按需选购备餐，按类挑选优质蛋白质来源和营养密度高的食物；优选当地、当季新鲜食物，按照营养和美味搭配组合。烹调是膳食计划的重要组成部分，学习烹饪，做好一日三餐，既可最大化地保留食物营养价值、控制食品安全风险，又可尽享食物天然风味，实践平衡膳食。

（8）公筷分餐、杜绝浪费　日常饮食卫生应首先注意选择当地的、新鲜卫生的食物，不食用野生动物。食物制备生熟分开，储存得当。多人同桌，应使用公筷公勺、采用分餐或份餐等卫生措施。勤俭节约是中华民族的文化传统，人人都应尊重和珍惜食物，在家在外按需备餐，不铺张不浪费。从每个家庭做起，传承健康生活方式，树饮食文明新风。社会餐饮应多措并举，倡导文明用餐方式，促进公众健康和食物系统可持续发展。

五、老年阶段的饮食结构

老年阶段一般指60岁以上，进入老年阶段，人的生活环境、社会交往范围出现了较大的变化，特别是身心功能出现不同程度的衰退。良好的膳食营养有助于维护老年人身体功能，保持身心健康状态。因此，有必要全面、深入认识老年期的各种变化，为老年人提出有针对性的膳食营养指导和建议。

1. 老年阶段的生理特点

生理上的变化主要体现在合成代谢能力下降、分解代谢增高、失去平衡、细胞功能下降。体成分改变，细胞数量减少，肌肉组织的重量减少导致肌肉萎缩，身体水分减少，体现在细胞内液减少，骨矿物质减少、骨质疏松，尤其是女性更加明显，40~50岁发生率为15%~30%，60岁以上可达60%。呼吸功能衰退，心脑功能衰退，视觉和听觉及味觉等感官反应迟钝，肌肉衰减。体内氧化损伤加重人体组织的氧化反应可产生自由基，自由基对细胞的损害主要表现为对细胞膜的损害，尤其损伤亚细胞器如线粒体、微粒体及溶酶体膜等。免疫功能下降，老年人胸腺萎缩、重量减轻，T细胞数目明显减少。这些变化会影响老年人摄取、消化食物和吸收营养物质的能力，使他们容易出现蛋白质、微量营养素摄入不足，产生消瘦、贫血等问题，身体的抵抗能力降低，罹患疾病的风险增加。

2. 老年阶段的膳食结构

中国居民膳食指南中关于老年人的膳食建议有4条：①食物品种丰富，动物性食物充足，常吃大豆制品。②鼓励共同进餐，保持良好食欲，享受食物美味。③积极户外活动，延缓肌肉衰减，保持适宜体重。④预防营养缺乏，定期健康体检，测评营养状况。

维持能量摄入与消耗的平衡，饮食饥饱适中，保持理想体重，防止肥胖，BMI 宜在 18.5~23.9。控制脂肪摄入，脂肪产能占总能量的 20%~30%。蛋白质要以优质蛋白质为主，荤素合理搭配，提倡多摄入奶类、豆类和鱼类，每日宜摄入 200mL 牛奶，大豆或其制品 25~50g。碳水化合物以淀粉为主，重视膳食纤维和多糖类物质的摄入。保证充足的新鲜蔬菜和水果摄入，补充老年人机体所需的抗氧化营养素（β-胡萝卜素、维生素 E、维生素 C 和硒等），新鲜蔬菜每天摄入量 400~500g，水果 100~200g。重视钙、铁、锌等的补充。食物要粗细搭配，易于消化。烹调要注重色香味和柔软，不吃油炸、烟熏、腌制的食物。少食多餐，不暴饮暴食，饮食清淡少盐，不吸烟，不过量饮酒。

第二节 植物性食物营养与健康

植物性食物是人类摄取营养物质的重要来源。植物性食物种类繁多，按照膳食指南的分类，植物性食物占据了其中三类，谷薯类、蔬菜水果类、大豆坚果类。我国古代医书《黄帝内经·素问》一书中就提出："五谷为养，五果为助，五畜为益，五菜为充"的食物营养学概念。我国明朝著名的科学家李时珍（1518—1593 年）在《本草纲目》一书中对植物性食物的营养意义又做了进一步阐述："五谷为养，五菜为充，所以辅佐谷气，疏通壅滞也……"，提出了植物性食物对人体多方面的营养作用。本节叙述植物性食物中的蛋白质、多糖、多酚、黄酮以及甾醇等功能性分子的主要食物来源及其生理功能。

一、植物性食物中的蛋白质与健康

蛋白质是由氨基酸通过肽键连接起来的生物大分子，相对分子质量可达到数万甚至百万，并具有复杂的立体结构，它是生物体细胞和组织的基本成分，是各种生命活动中起关键作用的物质，如蛋白质在遗传信息的控制、高等动物的记忆及识别等方面都具有十分重要的作用。现已证实，生命的产生、存在和消亡都与蛋白质有关，蛋白质是生命的物质基础，没有蛋白质就没有生命。

蛋白质是组成一切器官和细胞的重要成分之一，是机体组织的生长修复和更新的主要原料；为生命生长或维持提供必需的营养物质；部分蛋白质还属于生理物质（如激素和酶）；控制机体生长、消化、代谢等过程。

1. 构成和修复组织器官

蛋白质是构成机体组织、器官的重要成分，人体各组织、器官无一不含蛋白质。在人体的肌肉组织和心、肝、肾等器官中均含有大量蛋白质；骨骼、牙齿乃至指、趾都含有大量蛋白质；细胞中除水分外，蛋白质约占细胞内物质的 80%。因此，构成机体组织、器官是蛋白质最重要的生理功能。身体的生长发育可视为蛋白质的不断积累过程，这对生长发育期的儿童尤为重要。皮肤和其他器官受伤，伤口愈合也需要蛋白质。

2. 合成生理物质

机体新陈代谢必不可少的许多激素，如胰岛素、肾上腺素、甲状腺素等都是蛋白质。酶的本质也是蛋白质；一些维生素是由氨基酸转变而来的，如色氨酸可转化成尼克酸；运输氧气的血红蛋白的本质为蛋白质。

3. 调节体液和维持酸碱平衡

机体细胞内、外体液的渗透压必须保持平衡，这种平衡是由电解质和蛋白质的调节而达到的。当摄入蛋白质不足时，血浆蛋白浓度降低，渗透压下降，水无法全部返回血液循环系统而积蓄在细胞间隙内，出现水肿。同时，蛋白质是两性物质，能与酸或碱进行化学反应，维持血液酸碱平衡。蛋白质内的氨基和羧基大部分结合成肽键，代谢过程肽键断裂分解成多肽和氨基酸，并发生脱氨基和羧基反应，氨基成碱性，羧基成酸性。

4. 提供能量

当碳水化合物或脂肪供热能不足或蛋白质摄入量超过体内蛋白质的更新的需要时，蛋白质先水解成氨基酸，再分解成糖和嘌呤类提供能量。每克蛋白质可提供 17.1kJ（4kcal）的热能，但蛋白质在体内的主要功能不是供能，且利用蛋白质供能是非常不经济的，会使膳食蛋白质不能有效地发挥作用，甚至不能维持平衡状态。

5. 增强机体免疫力

蛋白质是构成机体的基本成分，其含量高低影响免疫系统能否正常发挥作用，是构成免疫器官的重要组成部分，参与淋巴细胞等免疫细胞活动和免疫因子白血球和干扰素的合成及分泌过程。因此，补充足量蛋白质利于增强机体免疫力。

二、植物性食物中的多糖与健康

现代研究表明，多糖并不仅仅是一种结构材料或能量物质，还具有特殊的生理功能。现已从天然产物中分离出 300 余种多糖类化合物。

最常见的植物多糖为纤维素和淀粉，纤维素是食物中最为丰富的有机化合物，它是细胞壁的纤维原料，与木质素一同形成坚硬的细胞壁结构。在化学组成上，纤维素是一种β-葡聚糖，由β-1,4-糖苷键连接的葡萄糖单位的长链组成，相对分子质量 100000~200000。淀粉则是以α-1,4-糖苷键连接，也具有一些支链。事实上，淀粉由两类可分离的成分组成，即直链淀粉和支链淀粉，支链淀粉除主要的α-1,4-糖苷键连接之外，还含有一定量的α-1,6-糖苷键连接。

根据在水中的溶解性，植物多糖可大致分为两类：可溶多糖和不可溶多糖，前者包括淀粉、菊粉、果胶等植物胶或黏液，后者是构成细胞壁的结构原料，与木质素紧密相连。除纤维素之外，大多半纤维素也属不可溶多糖，它包含大量多糖成分，主要有三类：木聚糖、葡甘露聚糖和阿拉伯半乳聚糖。

不同植物含有的多糖类型是不同的，在不同植物的细胞壁多糖中也可以看出这种差异性。蕨草及裸子植物的细胞壁多糖通常含有较高的甘露糖含量，有些细胞壁多糖则含有较高含量的阿拉伯糖和半乳糖。不同藻类（海藻）之间的多糖组成也存在显著差异，如褐藻、红藻以及绿藻的多糖类型不同，典型的藻类多糖有琼脂、岩藻多糖（Fucoidan）以及海带多糖（Laminaran）。

（一）植物多糖的主要食物来源

多糖在自然界分布广泛，人类所需的多糖主要由植物性食品提供，如米面、杂粮等。其中，粮谷类中淀粉占 60%~80%，薯类含淀粉 15%~29%，豆类含多糖类物质 40%~60%。

（二）植物多糖的生理功能

一些植物多糖通常可作为食品增稠剂或乳化剂，特别是藻类来源的多糖，如琼脂、褐藻酸、卡拉胶、岩藻依聚糖等。人体不消化的植物多糖，都属于膳食纤维（Dietary Fiber）。20 世纪 70 年代，研究人员对膳食纤维给予了极大的关注，并认识到其对人体健康的不可或缺性，甚至将其称为“第七大营养素”。至今，已成功上市各种来源的膳食纤维，包括大豆膳食纤维、苹果膳食纤维、香菇膳食纤维等。不过，近 20 年来最能引起研究人员兴趣的是一些多糖的生理活性，包括降胆固醇、抗癌或抑制肿瘤、抗凝血以及调节免疫等。多糖主要通过减缓食物在消化道中的运动，从而降低血液中的胆固醇水平。多糖的抗肿瘤机制主要通过三个方面：诱导肿瘤细胞凋亡或抑制细胞癌基因表达，直接杀伤肿瘤；改善宿主的免疫功能；与传统化疗药物协同作用。据报道，抗凝血活性是硫酸化多糖的重要生物活性。多糖可抑制脂质过氧化，并具有清除自由基的能力，因此具有一定的抗氧化和抗衰老活性，阿拉伯半乳聚糖、半乳甘露聚糖和果胶多糖等均被证明具有抗氧化和免疫调节活性。植物多糖的免疫调节功能机制主要包括两方面，一方面，植物多糖可以直接激活巨噬细胞、T 或 B 细胞、自然杀伤细胞和补体的免疫功能；另一方面，它可以促进细胞因子的产生，从而实现免疫系统的多通道、多层次的调节。

燕麦（Oat）是研究最为透彻的一种膳食植物，它富含具有显著降低胆固醇效果的可溶纤维 β-葡聚糖。目前，越来越多的科学证据证实摄入此类植物性食物可降低 LDL-C 水平，从而降低患冠心病的风险。正因如此，美国食品药品管理局（FDA）于 1997 年 1 月把第一个“特定食品的健康声名”授予它。1998 年，亚麻纤维也获得了类似的声名。一般来讲，3g 的 β-葡聚糖，可以降低 5% 血清胆固醇水平，相当于摄食 60g 粗燕麦，或者 40g 燕麦麸。岩藻依聚糖也是一种引人关注的植物多糖，很多研究显示，该活性多糖具有显著的抑制肿瘤效果，其作用机制可能与它含有的硫酸基团相关。

三、植物性食物中的多酚类物质与健康

多酚类或酚类化合物（Phenolic Compounds）是一个或多个芳香环与一个或多个羟基结合而成的一类化合物，其苯环上的羟基极易失去氢电子，故酚类化合物能够作为良好的电子供体发挥抗氧化功能。可食植物中的酚类化合物一般是酚酸、类黄酮、木酚素、香豆素与单宁。常见的酚酸是羟基肉桂酸和咖啡酸，水果中的柑橘类和菠萝是香豆酸。近些年的研究表明，酚类化合物具有抗氧化、抗炎、降低心血管疾病发病风险的作用，同时还具有一定的药物学特性。与人体健康相关的植物性食物中的酚类化合物主要有大豆异黄酮、儿茶素、姜黄素、白藜芦醇等。多酚类或酚类化合物的作用机制可归纳如下：①抗氧化。多酚类或酚类化合物可通过清除活性氧自由基、抑制脂质过氧化反应、整合金属离子、激活细胞内抗氧化防御系统达到抗氧化效果。②抗炎。多酚类或酚类化合物可通过清除氧自由基、改变细胞氧化还原状态、抗脂质过氧化、抑制中性粒细胞的外渗、减少炎症因子生成等多个方面达到抗炎效果。③降低心血管疾病发病风险。酚类化合物可通过保护内皮细胞免受氧化应激、自由基和其他应激因素的影响，同时促进 NO 的产生，激活血管平滑肌细胞中的环磷酸鸟苷，松弛血管，从而降低心血管疾病发病风险。④酚类化合物具备药物学特性。酚类化合物可以缓解活性氧（诱导体内氧化应激和炎症），从而减少内皮细胞的损伤，加剧血管平滑肌的收缩，改善高血压；来自不同水果、蔬

菜或坚果的酚类化合物含有降血糖活性成分（如槲皮素、白藜芦醇、姜黄素、花青素）。

1. 大豆异黄酮

大豆异黄酮（Soy Isoflavones）是一种多酚类化合物，具有苯并吡喃的化学结构，主要存在于豆科植物中。20 世纪初，研究人员发现了大豆等植物中存在大豆异黄酮，20 世纪 50 年代，研究人员开始对大豆异黄酮进行提取或人工合成，发现了大豆异黄酮的雌激素效应。流行病学研究资料表明，长期食用大豆的人群，癌症和心血管疾病的发病率明显低于其他人群。

（1）主要食物来源　大豆和以大豆为基础的食品是大豆异黄酮的主要来源，富含染料木黄酮、大豆苷元和少量的黄豆素。各种豆制品中大豆异黄酮含量和种类分布不同。腐竹、豆粉、豆腐和加工提取的大豆蛋白等都是大豆异黄酮含量很高的食物，鹰嘴豆芽素 A 和芒柄花素则主要存在于红车轴草和苜蓿属芽菜中。

（2）生理功能　大豆异黄酮具有许多生理功能。①类雌激素活性：大豆异黄酮可以与不同组织器官的雌激素受体结合，发挥类雌激素或拮抗内源性雌激素的作用。Meta 分析表明，绝经后女性每日补充大豆、大豆提取物、染料木黄酮或大豆苷元三个月及以上，可以有效减少潮热的发作频率，明显改善围绝经期症状。②抗氧化作用：细胞和动物实验表明，大豆异黄酮的抗氧化作用主要表现在抑制活性氧自由基产生、抑制过氧化氢产生、减少 DNA 氧化损伤以及抑制脂质过氧化。③对心血管系统的影响：大豆异黄酮可以通过类雌激素和抗氧化作用防治心血管疾病。④改善绝经后骨质疏松：大豆异黄酮或代谢产物在绝经后妇女体内表现为弱雌激素作用，与成骨细胞内的雌激素受体结合，加强成骨细胞的活性，促进骨基质的产生、分泌和骨矿化过程，从而改善骨质疏松。⑤降低乳腺癌的发病风险：可通过增加雌激素代谢向抗癌产物 2-羟雌酮转化，从而发挥降低乳腺癌发病风险的作用。

2. 儿茶素

儿茶素（Catechin）又称茶单宁、儿茶酚，是茶叶中黄烷醇类物质的总称。儿茶素是茶多酚中最重要的一种，占茶多酚含量的 75%～80%。随着对儿茶素的研究日益增多，内容涉及儿茶素的抗氧化、降血脂、降血压、降血糖、抗菌以及预防肿瘤等作用。

（1）主要食物来源　儿茶素主要来自茶叶。根据发酵程度的不同，茶叶分为不发酵茶（绿茶）、半发酵茶（乌龙茶）和全发酵茶（红茶）。鲜叶中的儿茶素大部分得以保留，加工过程使氧化儿茶素的酶类如多酚氧化酶、过氧化物酶等失活。绿茶中的儿茶素类化合物种类较全、含量最高，占干重的 30%～40%，乌龙茶和红茶加工过程使儿茶素总量减少约 75%。

（2）生理功能　研究显示，儿茶素具有许多生理功能。①抗氧化作用：儿茶素具有较强的抗氧化作用，其抗氧化能力来自酚羟基。同时，儿茶素可增强机体多种抗氧化酶活性，如谷胱甘肽过氧化酶、超氧化物歧化酶等。②降低肿瘤发生风险：流行病学研究显示，饮茶可以降低结肠癌、乳腺癌、卵巢癌、前列腺癌以及肺癌等癌症的发病风险，但也有不一致的结果，其原因与饮茶种类、茶制备以及摄入量有关。③降低心血管疾病的风险：流行病学和人群干预试验研究显示，儿茶素可降低血 TC、LDL-C、血压、血糖等，减轻体重，从而降低冠心病、心肌梗死等心血管事件的风险。④抗菌作用：体内外研究显示，儿茶素对革兰氏阴性、革兰氏阳性菌都有明显的抑制作用，且与多种抗生素具有良好的协同抗菌作用。

3. 姜黄素

姜黄素（Curcumin）是从姜科姜黄属植物姜黄、莪术、郁金等的根茎中提取的一种多酚类物质，现已分离并鉴定出 20 多种姜黄素类化合物，其中，姜黄素为主要成分，去甲氧基姜黄素和双去甲氧基姜黄素含量较少。近年的研究表明，姜黄素具有抗氧化、抑制肿瘤细胞生长、抗炎等作用，但姜黄素的作用机制复杂，有待进一步深入研究。

（1）主要食物来源　姜、芥末、咖喱富含姜黄素，是姜黄素的主要食物来源。姜黄中姜黄素含量约为3100mg/100g，咖喱粉中姜黄素含量为50~580mg/100g。不同产地姜黄中姜黄素的含量有所差异，一般占比为1%~6%。姜黄素作为调味品和着色剂，用于咖喱粉、调味料等，是家庭使用的普通调味料，产品中姜黄素含量尚不明确。

（2）生理功能　姜黄素具有抗氧化、抗炎以及抑制肿瘤细胞生长等作用。①抗氧化作用：姜黄素具有抑制脂质过氧化、抑制细胞氧化、修饰LDL和保护DNA免受过氧化脂质损伤等作用。②抗炎作用：姜黄素对急性、亚急性和慢性炎症具有抗炎作用。姜黄素可以通过减少中性粒细胞的浸润，抑制脂质过氧化反应，降低丝氨酸活性抑制结肠细胞的炎症反应。同时，姜黄素可下调健康人群、肥胖者、糖尿病患者体内炎性细胞因子、抵抗素、瘦素水平，上调脂联素及相关蛋白质水平。③对肿瘤的影响：姜黄素或姜黄素联用化疗药物在肿瘤患者中的临床试验，涉及胰腺癌、结直肠癌等，结果表明，姜黄素在部分患者中具有生物活性作用。

4. 白藜芦醇

白藜芦醇（Resveratrol）是含有芪类结构的非黄酮类多酚化合物，广泛存在于葡萄、松树、虎杖以及花生等天然植物及果实中，是许多植物受到生物或非生物胁迫（如真菌感染、紫外照射等）时产生的一种植物抗毒素，迄今为止，至少已在21科31属的72种植物中发现此物质。近年研究发现，白藜芦醇是治疗炎症、脂类代谢紊乱及心脏疾病的有效成分。

（1）主要食物来源　白藜芦醇在葡萄、桑葚、菠萝、花生、可可粉、冬笋、白花菜等植物或果实中含量较高。葡萄中白藜芦醇的含量差异很大，主要与葡萄品种、土壤环境、栽培方法以及病虫害等因素有关。

（2）生理功能　白藜芦醇的生物学作用主要表现在抗氧化和降低心血管疾病的风险。①抗氧化作用：白藜芦醇是一种天然抗氧化剂，可抑制LDL的氧化。白藜芦醇通过螯合金属离子抑制金属离子促进LDL的氧化，也可通过清除自由基来抑制LDL的氧化。②对心血管系统风险因子的影响：研究显示，白藜芦醇可抑制血小板凝集、调节血脂代谢、引起血管舒张、对慢性缺血心肌起保护作用、减轻梗死面积，对心脏疾病起到保护作用。③其他生理功能：对糖尿病、肥胖等人群进行的小样本临床试验显示，白藜芦醇能够显著降低肥胖志愿者血浆TNF-α浓度和白细胞数，并显著降低肥胖志愿者胰岛素抵抗指数。此外，白藜芦醇对癌症的起始、增殖、发展三个主要阶段均有抑制乃至逆转作用。

5. 黄酮

黄酮类化合物（Flavonoids）是广泛存在于植物界的一大类多酚类化合物，多以苷类形式存在，也有一部分以游离形式存在。黄酮类化合物主要种类有黄酮醇、黄酮、黄烷酮等，是药用植物中主要活性成分之一，具有抗氧化、抗炎、抗菌、保护心脑血管系统和抗癌等广泛的生理活性。

（1）主要食物来源　动物不能合成黄酮类化合物。黄酮类化合物广泛存在于蔬菜、水果、谷物等植物中，多分布于植物的外皮器官，即接受阳光多的部位。其含量随植物种类不同而异，一般叶菜类、果实中含量较高，根茎类含量较低，水果中的柑橘、柠檬、杏、樱桃、木瓜、李子、越橘、葡萄、葡萄柚，蔬菜中的西蓝花、青椒、莴苣、洋葱、番茄及饮料植物中的茶叶、咖啡、可可等含量较高。果酒和啤酒也是人们获取黄酮类化合物的重要来源。

黄酮类化合物的吸收、储留及排泄与维生素C相似，约50%可经肠道吸收进入人体内，未被吸收的部分在肠道被微生物分解随粪便排出，过量的黄酮类化合物则主要由尿排出。黄酮类化合物的缺乏症状与维生素C缺乏密切相关，如与维生素C同时服用，极为有益。

（2）生理功能

①抗氧化作用：黄酮类化合物具有良好的抗氧化活性和清除自由基的能力。脂质过氧化是一个复杂的过程，黄酮类化合物可通过两种机制来影响该过程。

a. 直接清除自由基。多种理化因素都可引发自由基连锁反应，黄酮类化合物可阻断自由基的传递过程，中断连锁反应。黄酮类化合物可阻止不饱和脂肪酸、花生四烯酸的过氧化，从而减少对生物膜的破坏。另外，黄酮类化合物还可经单电子转移方式直接清除单线态氧、羟自由基等。

b. 间接清除体内自由基。黄酮类化合物可与蛋白质产生沉淀，作用于与自由基有关的酶，如槲皮素可抑制黄嘌呤氧化酶的活性，槲皮素、桑色素（Morin）对细胞色素P450也有抑制作用，从而抑制体内的脂质过氧化过程。黄酮类化合物可与具有诱导氧化作用的金属离子络合。另外，黄酮类化学物与其他营养素合用时可具有协同作用，明显增加其抗氧化能力。

②抗肿瘤作用：黄酮类化合物具有抗肿瘤作用的经典例证就是茶的抗肿瘤作用。茶叶的抗癌作用机制主要包括阻断亚硝胺类致癌物的合成、干扰致癌物在体内活化、清除自由基、抗突变、直接抑制肿瘤细胞、增强机体的免疫功能等。但也有一些相反的报道，美国研究人员发现茶可增加患膀胱癌的危险；还有学者认为过度饮茶是食管癌高发的一个原因，研究显示食管癌发病率高的地区，人们饮茶量大于发病率低的地区。

红茶提取物红茶多酚，也称茶色素，对急性早幼粒白血病细胞有较强的细胞毒性作用。茶色素有别于绿茶多酚的化学结构，其与癌症关系的基础研究还有待于深入。

③保护心血管作用：对茶多酚和茶色素的基础研究表明，它们在预防心血管疾病中具有重要意义。通过实验室研究和大量样本临床观察均证实，茶多酚和茶色素在调节血脂、抗脂质过氧化、清除自由基、抗凝和促纤溶、抑制主动脉脂质斑块形成等多方面发挥作用。

其他黄酮类化合物对心脑血管也具有保护作用。高血压及冠心病患者静脉注射葛根素后大脑半球血流量明显增加，血浆儿茶酚胺的含量明显降低、血压下降。葛根素还能通过扩张冠状动脉、降低外侧支冠状动脉的阻力而增加氧的供给，并因对抗冠状动脉的痉挛而有明显缓解心绞痛的作用。银杏叶的提取物有解痉、降低血清胆固醇及治疗心绞痛等功效，目前，已有以银杏叶为主要原料加工制成的饮品（茶）。原花青素保护心血管和预防高血压的作用机制是提高血管弹性、降低毛细血管渗透压。动物实验和临床研究表明，原花青素还可通过降低胆固醇水平、减少血管壁上的胆固醇沉积和抑制血管紧张素酶的活性来降低血压。

④抗突变作用：茶提取物可明显抑制烤牛肉中二甲基亚砜提取物的致突变性，对其他诱变剂，如2-氨基芴和4-硝基喹啉-*N*-氧化物的致突变性也有明显抑制作用。绿茶中的茶多酚和红茶中的茶色素在肝微粒体酶存在时，可抑制由甲基胆蒽诱导及紫外线处理所引起的姐妹染色体互换。此外，两者还可抑制由甲基胆蒽诱导的小鼠骨髓细胞染色体畸变。

⑤其他生理功能：葛根素对细胞免疫功能和非特异性免疫功能均有提高作用。此外，在病毒性或细菌性腹泻患者粪便中，早期肠道分泌型免疫球蛋白sIgA较正常人普遍下降，患者服用葛根提取物后检测粪便发现sIgA明显升高。

用链脲霉素（Streptozocin，STZ）诱导大鼠糖尿病，喂饲茶提取物后可使血糖明显降低，且红茶提取物的效果优于绿茶，红茶提取物可能具有保护胰岛 β 细胞免受 STZ 毒性的作用。葛根素可明显降低四氧嘧啶诱导的糖尿病小鼠的血糖，如与阿司匹林合用降糖效果更为明显和持久，并能改善四氧嘧啶糖尿病小鼠的糖耐量，明显对抗肾上腺素的升血糖作用。

原花青素的抗氧化活性使其可抑制诸如组胺、5-HT、前列腺素、白三烯等炎症因子的合成与释放，抑制嗜碱细胞和肥大细胞释放过敏颗粒，从而有效地改善皮肤过敏症状及过敏性哮喘。此外，它还可抑制组胺脱羧酶及透明脂酸酶的活性，对各种关节炎、胃及十二指肠溃疡等疾病有明显改善作用。

此外，原花青素具有改善视疲劳和抗辐射作用，葛根素有明显的解酒作用并与抗胆碱、解痉、增加脑血流量、改善学习记忆等作用有关。

四、植物性食物中的甾醇与健康

植物甾醇（Plant Sterol，Phytosterol）广泛地存在于不同植物以及水生生物中，至今已分离鉴定达 250 多种。其中，最具代表性的有谷甾醇（Sitosterol）、豆甾醇（Stigmasterol）、菜油甾醇（Campesterol）以及 4-脱甲基甾醇（4-Desmethyl Sterol）。植物性原料中最主要的甾醇化合物为谷甾醇，其次为 22-脱氢类似物豆甾醇以及菜油甾醇。有的还含在芸苔甾醇（Brassicasterol）以及燕麦甾醇（Avenasterol）。

植物性原料（特别是植物油）不仅含有游离型和酯化型的甾醇（Steryl），还含有相应的甾醇基糖苷，这些化合物可进一步酯化形成酰化甾醇基糖苷。游离甾醇，有时还包括甾烷醇糖苷以及酰化甾醇基糖苷，可嵌入细胞膜。正如哺乳动物细胞的胆固醇，植物甾醇化合物也对细胞结构及相关功能起着重要的作用。植物甾醇基酯位于植物细胞内，与哺乳动物中的胆甾基酯相似。植物油富含植物甾醇基酯化合物，除维持植物细胞膜的功能之外，植物甾醇化合物还是大量植物生长因子的前体物质。

目前，人们膳食的植物甾醇水平约为 200~300mg/d。从膳食中摄取的植物甾醇量越高，胆固醇的吸收就更低，血清胆固醇水平也越低。事实上，自 20 世纪 50 年代早期至今，膳食植物甾醇（难溶的晶体形式）已被用于高胆固醇血症的临床治疗，以降低患者血清胆固醇水平。

（一）主要食物来源

通常，植物油及相关油制品的甾醇含量最为丰富，其次为谷物制品以及坚果类。一项研究指出，英国人群的每日植物甾醇总摄食量为 146~405mg。当然，不同人群之间的每日摄取量相差甚大，素食人群的每日甾醇的摄取量几乎可达 1g，而非素食人群的植物甾醇摄取量要比素食人群少得多。

1. 植物油

早期研究表明，大部分粗植物油含有 1~5g/kg 的植物甾醇，玉米油、菜籽油、米糠油以及小麦胚芽油的甾醇含量更高。研究显示，13 种商用粗制油的植物甾醇含量为 0. 49~15. 57g/kg，包括无甲基、单甲基以及双甲基甾醇化合物。其中，玉米油的总甾醇含量为 8. 09~15. 57g/kg，菜籽油为 5. 13~9. 79g/kg，米糠油总甾醇含量可高达 32. 25g/kg，小麦胚芽油总甾醇含量为 19. 70g/kg。表 6-6 列出了粗制植物油或精制植物油中植物甾醇的含量。

表 6-6　　食用植物油的植物甾醇含量　　单位：g/kg

食品品种		总甾醇	谷甾醇	菜油甾醇	豆甾醇	Δ^5-燕麦甾醇	Δ^7-燕麦甾醇
玉米油	粗制	8.09~15.57	9.89	2.59	0.98	0.36	微量
	精制	7.15~9.52	6.9	1.58	0.76	0.22	微量
棉籽油	粗制	4.31~5.39	4.00	0.26	微量	0.05	微量
	精制	3.27~3.97	3.03~3.43	0.20~0.31	微量~0.04	0.04~0.09	微量
橄榄油	粗制	1.44~1.50	1.18~1.21	0.05	0.01	0.17~0.18	—
	精制	2.61~2.82	2.21~2.36	0.09~0.10	0.05~0.06	0.08	0.01
棕榈油	粗制	0.71~1.17	0.72	0.23	0.04	0.02	微量
	精制	0.49~0.61	0.30~0.35	0.10~0.18	0.06~0.07	微量	微量
菜籽油	粗制	5.13~9.79	2.84~3.58	1.56~2.48	0.02~0.04	0.13~0.19	0.55~0.73
	精制	2.50~2.73	1.38~3.73	0.76~2.70	—	0.06~0.23	0.27~0.54
大豆油	粗制	2.29~4.59	1.22~2.31	0.62~0.76	0.45~0.76	—	—
	精制	2.21~3.28	1.23~1.73	0.47~0.82	0.47~0.52	0.01~0.02	—
葵花油	粗制	3.74~7.25	4.65	0.69	0.75	0.28	—

2. 谷物制品

谷物中植物甾醇的存在形式，包括游离型甾醇、脂肪酸甾基酯以及酚酸糖苷。糖苷型甾醇在分析样品制备过程中会发生完全降解，因此，许多相关的甾醇含量报道通常不涉及此类化合物。尽管如此，不同类型甾醇的比例仍然相差很大。不同谷物之间甾醇含量以及甾醇组成存在较大的差异。

一项谷麦的研究显示，黑麦是甾醇的最佳来源，而燕麦含量最低，具体如表 6-7 所示。黑麦、小麦、大麦以及燕麦谷物的总甾醇含量分别为 910mg/kg、603~690mg/kg、586~830mg/kg 和 329~520mg/kg。

3. 蔬菜及水果

由于蔬菜及水果的水分含量较高，通常认为它们不是甾醇的较好来源。尽管如此，此类制品中的甾醇含量也存在较大差异。一项分析芬兰蔬菜的研究指出，它们的总甾醇含量为 50~370mg/kg 湿重，干基含量达 250~4100mg/kg。其中，花椰菜的甾醇含量最高。水果中的相应含量为 60~750mg/kg，而绝大多数制品的干基浓度都超过 1000mg/kg，表 6-7 也列出了一些水果的甾醇含量。

表 6-7　　谷物以及果蔬中的植物甾醇含量　　单位：mg/kg 湿重

食品	总甾醇	谷甾醇	菜油甾醇	豆甾醇	Δ^5-燕麦甾醇	Δ^7-燕麦甾醇
黑麦	910	421	159	17	46	24
小麦	603~690	309	88	15	23	14

续表

食品	总甾醇	谷甾醇	菜油甾醇	豆甾醇	Δ^5-燕麦甾醇	Δ^7-燕麦甾醇
燕麦	329~520	167~282	24~40	12~15	32~91	24
大麦	586~830	289	111	150	145	17
玉米	1780	1200	320	210	—	—
结球甘蓝	430	340	80	308	—	—
甘蓝	390	310	69	11	—	—
花椰菜	400	260	95	37	—	—
胡萝卜	160	110	22	28	—	—
马铃薯	38	27	2.3	3.8	—	—
黄刀豆	170	89	13	51	—	—
苹果	130	130	3.6	1.0	—	—
橙子	240	200	30	10	—	—

4. 其他食品

坚果通常被认为是植物甾醇的较好来源，然而至今对坚果中的甾醇含量仍知之甚少。不同坚果的总甾醇含量为290~2200mg/kg，美国农业部的营养数据库显示，花生、腰果以及杏仁的甾醇含量分别为2.20g/kg、1.58g/kg、1.43g/kg。

（二）甾醇的生理功能

植物甾醇对人体健康有许多益处。研究发现，植物甾醇除具有显著的降血清胆固醇效果之外，还具有许多其他的生理功能，如抑制癌细胞增殖、抗动脉粥样硬化、抑制血小板凝集等。甾醇的作用机制可归纳如下：①降低血清胆固醇。植物甾醇比胆固醇分子更具有憎水性，甾醇发生取代反应从混合分子团中取代胆固醇，从而导致胆固醇分子团浓度的降低；植物甾醇可以降低肠道细胞胆固醇的酯化速率，从而使胆固醇以乳糜微滴的形式排出体外以降低血清胆固醇。②抑制癌细胞增殖。植物甾醇对细胞膜的结构、细胞膜流动相和细胞结合酶的影响可以诱导肿瘤细胞凋亡；可以影响细胞信号转导途径，从而影响肿瘤细胞的物质代谢、生长和凋亡过程；可以影响免疫系统和对性激素的调节作用等。③抗动脉粥样硬化。食入植物甾醇后抑制了动脉硬化斑的形成则主要得益于导致动脉硬化的极低密度脂蛋白（VLDL）微粒浓度的降低，从而降低了泡沫细胞（在动脉硬化中的脂质膨大细胞）的形成。④抑制血小板凝集。血管平滑肌细胞（VSMC）中释放的环前列腺素与植物甾醇添加量成正比，它能使血管舒张并降低血小板的凝集。

1. 调节血清脂质效果

植物甾醇具有调节血清脂质的效果。总体来讲，植物甾醇或甾烷醇对血液胆固醇的影响包括以下三个方面：①对总胆固醇的影响；②对脂蛋白以及阿朴脂蛋白（Apolipoproteins）的影响；③对磷脂酰胆碱的影响：胆固醇酰基转移酶（Lecithin：Cholesterol Acyltransferase，LCAT）

的影响。

2. 抗动脉粥样硬化效果

FDA 准许含植物甾醇制品标有健康声明“降低心血管疾病风险”，这意味着，植物甾醇在预防心血管疾病方面具有潜在的广阔前景，即适量摄食这些物质可能会降低心脏病的风险。

动脉粥样硬化的形成过程中，LDL 的氧化是至关重要的过程，而 LDL 的氧化又与 LDL 中的胆固醇密切相关。可见，植物甾醇的抗动脉粥样硬化效果归根到底仍是其降血清或血浆胆固醇效果的表现。

3. 抗癌症效果

很多研究显示，一些癌症的发生与胆固醇的摄食相关，如结肠癌、肺癌、前列腺癌等。植物甾醇通过抑制胆固醇吸收的途径，起到一定的抗癌效果。

β-谷甾醇对主要通过促进细胞周期阻滞、诱导细胞凋亡、抑制癌细胞的迁移与侵袭、介导免疫应答、调节氧化应激及抑制癌细胞的多药耐药性等多方面发挥抗肿瘤效果。β-谷甾醇可以通过调控细胞周期蛋白 D1 与 CDC25B 等周期相关蛋白的表达水平，促使细胞周期阻滞和加速活性氧积累使 DNA 出现损伤，进而抑制癌细胞的增殖。此外，β-谷甾醇还能诱导癌细胞发生凋亡，机制主要是通过降低细胞线粒体膜电位，促使细胞线粒体释放细胞色素 C 到细胞质中与 caspase9 形成凋亡小体，激活死亡受体途径；也可以促进 Bax 蛋白表达上调，降低 Bcl-2 蛋白表达水平并活化 *Bid* 基因，激活线粒体凋亡途径。

研究人员在乌拉圭开展了一项病例对照（Case-Control）流行病学研究，为了明确植物甾醇在肺癌中是否存在保护作用。该项研究历时 4 年（1993—1996 年），涉及 463 位肺癌患者和 465 位对照组成员，结果显示总植物甾醇摄食量与肺癌风险率的下降有关。特别是对于肺腺瘤，植物甾醇的保护效果最为明显。不过，该项研究也存在一定局限性，仍需进一步的研究。研究发现β-谷甾醇和豆甾醇可将 A549 细胞周期阻滞在 G2/M 期，抑制细胞的增殖；并通过 Bax/Bcl-2 启动细胞色素 C 介导的细胞凋亡。此外，研究表明β-谷甾醇能够显著抑制肝癌细胞的增殖及胰腺癌的病发率。β-谷甾醇联用吉西他滨能够通过调控细胞关键信号通路来实现抵抗胰腺癌的目的。β-谷甾醇联用吉西他滨通过下调丝氨酸苏氨酸蛋白激酶磷酸化的表达，使细胞周期阻滞在 G0/G1 期，从而抑制胰腺癌细胞增殖。

4. 其他生理效果

除上述的降血清胆固醇、抗动脉粥样硬化以及抗癌症效果之外，植物甾醇还具有许多其他生理效果，包括抗炎症、抑制血小板凝集、抗细菌以及抗霉菌等作用。抗血小板凝集效果，如减少血小板数、减弱组织血浆酶原的激活以及减少血浆纤维蛋白原浓度，同时也是植物甾醇抗动脉粥样硬化的一个原因。还有研究显示，植物甾醇可调节角化细胞（Human Keratinocyte）的流动性。

五、植物性食物中的营养物质对疾病作用的分子机制

（一）预防心血管疾病

心血管疾病是全球流行的一种慢性病，死亡率排在所有疾病死亡率的前三位，占死亡率总数的 30%~50%。美国 60 岁以上的人约 20%患有心血管疾病，我国心血管疾病占死亡总数的比例已由 20 世纪 50 年代的 20%上升到现在的 50%以上。已有研究表明，植物中的营养物质如多

肽、多糖、多酚、黄酮、甾醇有预防心血管疾病发生的功效，主要作用机制如下所述。

1. 多肽

植物源性肽在预防和控制高胆固醇血症中的作用包括一系列机制。它们的抗高脂血症作用由多种机制介导，总结如下。

（1）抑制胆固醇的合成　植物源性肽可以抑制 3-羟基-3-甲基戊二酰辅酶 A 还原酶（HMGR）的活性和基因表达水平，如大豆肽、麻籽肽和豇豆肽，从而抑制胆固醇合成。

（2）抑制胆固醇的吸收　黑豆的三种肽（YAAAT、FATGT、ERAF）和一种豇豆二肽（KD）对 NPC1L1 的 N 端结构域具有高结合亲和力，这破坏了 NPC1L1 与胆固醇吸收的膜蛋白之间的相互作用，从而抑制胆固醇的吸收。

（3）促进胆固醇的转化　大豆水解产物通过肝受体依赖性通路中纤维细胞生长因子 19（FGF19）的表达下调肝细胞色素 CYP7A1 和细胞色素 P450 中 CYP8B1 的表达促进胆固醇的转化。

（4）调节肠道菌群组成　植物源性肽可能通过增加拟杆菌门与厚壁菌门的比例和乳酸杆菌的含量来缓解高脂血症，如螺旋藻肽、藜麦肽。

2. 多糖

植物多糖降低心血管疾病的发生主要通过降低血脂和胆固醇，机制主要为影响血清总胆固醇（TC）和甘油三酯（TG）在体内的吸收、分布、代谢、排泄等过程。

（1）抑制外源性脂质吸收或促进胆固醇排泄　植物多糖中含有的羟基、羧基等吸脂性基团吸收过程可阻止对脂类的吸收，同时又能与胆汁酸结合，促进胆汁酸排出，阻断肝肠循环，从而降低血脂；并且还可以促进胆固醇转化为胆汁酸，增强胆固醇排出体外。

（2）影响脂质的转运或分布　一些植物多糖如南瓜多糖、茶叶多糖可与载脂蛋白结合后改变载脂蛋白的构象，使其更容易与脂类结合，加快血脂运回肝脏，加速胆固醇清除。

（3）抑制内源性胆固醇合成　植物多糖可竞争性抑制肝脏 HMG-CoA 还原酶，限制内源性胆固醇合成；可以通过降低脂肪酸合成酶（FAS）的 mRNA 表达，减少 TG 合成。

（4）通过调控脂质代谢过程的转录因子和脂肪因子调控　植物多糖通过抑制 3T3-L1 前脂肪细胞分化为脂肪细胞，使 3T3-L1 前脂肪细胞的 PPARγ、C/EBPα 表达下降，抑制 3T3 脂肪细胞参与脂质合成基因表达及细胞内脂滴形成来降低血脂。

（5）通过抗氧化降血脂　一些植物多糖能通过提高超氧化物歧化酶（SOD）、谷胱甘肽过氧化物酶（GSH-Px）、过氧化氢酶（CAT）等抗氧化酶活性，提高机体抗氧化能力，减少自由基产生，减少丙二醛（MDA）生成，通过清除体内多余的自由基来减少细胞膜脂质过氧化从而达到降血脂目的，如枸杞多糖、黄芪多糖、青钱柳多糖、南瓜多糖、仙人掌多糖等。

3. 多酚

多酚类物质预防心血管疾病的机制如下。羟基酪醇（HT）是酚类化合物的主要生物活性成分。酚类化合物在胃肠道中水解，产生大量的游离 HT 和酪醇。胃肠道内的糖基化的环烯醚萜类化合物（如橄榄苦苷）伴随着大量的 HT 和酪醇到达肠道在人肠细胞膜中发生的被动双向运输。所有未被小肠吸收的酚类分子都会进入结肠，并被肠道微生物降解成各种代谢产物，最终被吸收或排出体外。此外，这些代谢物到达大肠，发挥益生元作用，促进肠道稳态，影响微生物群组成，抑制有害细菌的生长。多酚经过第一阶段和第二阶段代谢后，它们被水解和偶联，导致多样化的葡萄糖醛酸化、甲基化和硫酸化。

4. 黄酮

黄酮类化合物具有清除自由基、抗病毒、抗氧化、降低心血管疾病的发生等功效。植物黄酮抗动脉粥样硬化机制为：黄酮类化合物通过抑制相关炎症因子的合成和分泌，抑制血管内皮损伤和心肌炎症，促进血管活性因子如 NO 和 eNOS 的合成和释放，促进自噬，抑制血小板聚集和血栓形成。对高血压、冠状动脉粥样硬化性心脏病、心肌炎等疾病的炎症损伤有治疗作用。此外，黄酮类化合物参与离子通道的调节，以维持心肌中 Na^{+} 和 Ca^{2+} 的血浆浓度稳定。黄酮类化合物通过离子和相关肌丝的调控，参与心肌收缩活动的调节，可以改善扩张型心肌病（DCM）、肥厚型心肌病（HCM）等限制性疾病，影响血管平滑肌的收缩功能和舒张功能。此外，黄酮类化合物对高脂血症有显著的治疗作用。它们通过调节肝脂质的反向转运、抑制脂质转运蛋白（如 LDL 和 VLDL）的合成、促进巨噬细胞脂肪流出以及抑制以高血脂为危险因素的疾病（如高血压和冠心病）的进展来发挥作用。

5. 甾醇

植物甾醇是植物中一种具有多种生理功能的营养物质，它最重要的作用之一是通过降低体内血清中的胆固醇含量从而降低心血管疾病的危害。植物甾醇降低胆固醇的机制还存在一定争议，目前比较认可的机制有如下两种。一是竞争机制：胆固醇主要是通过溶于微胶束运至肠道纤毛的位置而被吸收。植物甾醇结构与胆固醇形似，主要通过与胆固醇竞争在肠道微胶束中的结合位置，从而降低胆固醇的吸收率。而且，植物甾醇不易溶于水，对微胶束更具亲和力。二是共沉作用，当胆固醇与其他脂肪酸共存于肠液时，一些吸收性较差的物质浓度如甾醇浓度上升时，当其浓度达到临界水平与之相似的物质会从溶液中析出。因此，可通过提高植物甾醇浓度，使胆固醇结晶析出，结晶析出的胆固醇几乎不被人体吸收，从而达到预防心血管疾病的效果。

（二）降低肿瘤发生率

肿瘤作为当今世界人类的主要死因之一，对人类的生活造成了难以估量的影响。已有研究表明，植物中的营养物质如多肽、多糖、多酚、黄酮、甾醇有预防癌症（肿瘤）发生的作用，主要作用机制如下。

1. 多肽

抗癌肽是一种具有抗癌活性的多肽，因其具有结构简单、作用方式多样、毒副作用小等特点而在癌症治疗上具有极大的应用潜力。植物多肽的抗癌机制如下：

（1）促进细胞坏死　抗癌肽通过静电作用靶向带负电荷的癌细胞膜，然后通过疏水作用破坏细胞膜的稳定性引起细胞膜的破裂导致癌细胞坏死。

（2）抑制肿瘤细胞血管生成　许多肽可以通过抑制与肿瘤血管生成有关的各种生长因子与受体之间的相互作用来发挥抗血管生成的作用。如通过竞争内皮细胞上肝素样结合位点来抑制碱性成纤维细胞生长因子和血管内皮生长因子诱导的内皮细胞的增殖、迁移和血管的生成。

（3）抑制 DNA 的合成　抗癌肽通过直接与癌细胞染色体 DNA 结合或者与 DNA 复制有关的酶相互作用，进而抑制癌细胞 DNA 的复制。如单细胞绿藻分离得到的多肽可通过膜皱缩、染色质凝集、抑制 DNA 的复制等来诱导肝癌细胞的凋亡和坏死。

2. 多糖

植物多糖是一类结构复杂、绿色无毒的天然大分子化合物，由多种单糖组成。目前已证明植物多糖对多种疾病有一定的治疗效果，如高血糖、高血压、高血脂等，其在抗肿瘤方面的效果也较为显著。植物多糖抗肿瘤的机制主要有两个方面。一方面是植物多糖的直接抗肿瘤作用，主要包括直接诱导肿瘤细胞凋亡和阻碍细胞周期。植物多糖不仅能够通过重组肿瘤细胞的信号传递系统，引发肿瘤细胞凋亡，还可以通过与细胞上的特异性受体结合，改变肿瘤细胞内DNA、RNA 等的表达，促使肿瘤细胞凋亡；植物多糖还可以通过阻滞肿瘤细胞的细胞周期，从而抑制细胞增殖，以起到抗肿瘤作用，如红芪多糖通过在 G2/M 期阻滞 MGC-803 细胞（人胃癌细胞）增殖、诱导细胞凋亡、降低 Bcl-2 蛋白水平等作用机制发挥抗肿瘤作用。另一方面植物多糖通过调控免疫细胞抗肿瘤。活化的巨噬细胞是细胞免疫和体液免疫的桥梁，多糖通过与巨噬细胞膜表面的特异性受体结合，如分化簇 14（CD14）、补体受体 3（CR3）、TLR2 和 TLR4等，从而激活巨噬细胞活性，提高吞噬能力，促进巨噬细胞细胞因子产生，以强化机体对于肿瘤细胞的灭杀能力；植物多糖的抗肿瘤作用还可通过调控 $CD4^+$T 细胞的增殖分化，从而起到对肿瘤细胞的抑制作用。

3. 多酚

多酚化合物主要包括黄酮类、木质素类和花色苷等。植物多酚的抗肿瘤机制主要包括以下两个方面。一方面通过诱导肿瘤细胞凋亡。如茶多酚可使 Bax、caspase9、caspase3 等蛋白表达水平上调，并让 Bcl-2 等蛋白表达水平受到抑制，进而促进肿瘤细胞凋亡；山柰酚可以破坏线粒体膜电位促进细胞色素 C 的释放，随后激活 caspase3，从而促进细胞骨架收缩，卵胞浆内囊泡的产生以及 DNA 裂解以促进细胞凋亡。另一方面多酚通过阻遏信号转导通路、抑制肿瘤细胞 DNA 的复制、阻滞肿瘤细胞的周期、抑制端粒酶活性、抑制肿瘤血管的形成来发挥抗癌效果。多酚可通过下调 AP-1 的反式激活活性，抑制与 AP-1 信号转导通路有关的基因转录，促使细胞周期素的蛋白表达下调；或通过抑制细胞物质的磷酸化抑制 AP-1 活化；或通过抑制AP-1 信号转导通路，使细胞存在严重的增殖缺陷；多酚抑制血管内皮生长因子及其受体在细胞中的表达，进而抑制肿瘤生长和血管形成，这可能与趋化因子配体中巨噬细胞的迁移和分化受到多酚的限制，还可能与 PI3K/AKT 信号通路受到抑制，使血管内皮生长因子蛋白表达降低有关。

4. 黄酮

黄酮类化合物是一种广泛分布于植物中的天然产物，是最大的一个亚类多酚。黄酮的抗肿瘤机制主要包括以下 4 个方面。

（1）对酪氨酸蛋白激酶（PTK）活性的抑制效应　生长因子与生长因子受体结合后，激活生长因子受体 PTK，进而诱发一系列复杂的细胞质和细胞核反应，如蛋白质磷酸化、第二信使产生和早期基因的转录等，将促有丝分裂信号转导到核内，调控细胞增殖，大豆异黄酮对 PTK活性的抑制作用是其抗癌效应的重要分子机制。

（2）抑制血管中内皮细胞增殖　大豆黄酮有抑制 CYP1A1 酶活性作用，而此酶与血管生成有关，因此推测大豆异黄酮有助于防止血管生成。

（3）抑制拓扑异构酶 Ⅰ 活性　黄酮类化合物不仅在体外抑制纯化的拓扑异构酶 Ⅰ 活性，也能使细胞内与蛋白质结合的完整 DNA 链断裂，进而引起细胞生长抑制或死亡。

（4）抗氧化作用　活性氧在癌变的发生过程中起着重要作用，由于促癌剂的作用使细胞产生大量的活性氧自由基，从而引起细胞的DNA、RNA、蛋白质等生物大分子的氧化应激损伤，导致细胞突变和癌变发生，而黄酮类化合物可减少活性氧自由基对DNA的损伤且对生物膜的氧化破坏也具有保护作用从而产生抗癌效果。

5. 甾醇

植物甾醇的抗癌机制主要包括对细胞膜的作用、诱导肿瘤细胞凋亡、影响细胞信号转导途径等。

（1）对细胞膜的作用　植物甾醇通过抑制前列腺5α-还原酶和前列腺芳香酶活性，降低体内雌激素和雄激素水平，从而降低前列腺癌的发生几率。

（2）诱导肿瘤细胞凋亡　β-谷甾醇可以抑制甲羟戊酸途径，激活MAPK途径，这两种途径都参与调节MDA-MB-231生长和凋亡过程；β-谷甾醇可诱导激活HT116中的caspase3和caspase9，促进凋亡促进基因*Bax*的表达和细胞色素C从线粒体向细胞质中的释放，抑制凋亡抑制基因*Bcl-2*的表达和*CIAP-1*（细胞凋亡抑制蛋白家族成员）的表达。

（3）改变肿瘤细胞的信号转导途径　β-谷甾醇可以降低HT-29和LNCaP细胞膜中鞘磷脂的含量，促进细胞内鞘磷脂循环的进行，鞘磷脂经鞘磷脂酶作用后，生成第二信使神经酰胺，激活蛋白磷酸酶2A（PP2A），启动细胞凋亡过程。

（三）降血糖、防治糖尿病

糖尿病是一种十分常见的，由遗传因素和环境因素相互作用而导致的一种代谢紊乱临床综合征，具有发病率高、并发症多及致残率高等特点。目前，糖尿病已成为许多国家的常见病和多发病，其死亡率在肿瘤、心血管病之后居第三位。已有研究表明，植物中的营养物质如蛋白质、多糖、多酚、黄酮、甾醇有降血糖、防止糖尿病发生的功效，主要作用机制如下所述。

1. 蛋白质/肽

目前，植物来源的肽降血糖的机制主要有三个方面：①抑制α-葡萄糖苷酶活性，延迟肠道对葡萄糖的吸收、减缓葡萄糖转化为血糖，即α-葡萄糖苷酶抑制剂。②抑制体内胰岛β细胞的凋亡，促进磺酰脲类、格列奈类、GLP-1类似物等药物的作用，从而增加胰岛素分泌，控制血糖稳定。③通过加强葡萄糖转运蛋白的表达来促进外周组织细胞对葡萄糖的消化、吸收。

2. 多糖

植物多糖降血糖防治糖尿病的作用机制复杂，主要有以下两种。

（1）促进胰岛素分泌　植物多糖通过抑制JNK信号通路，降低胰岛细胞凋亡，增加胰岛细胞数量，从而促进胰岛细胞分泌胰岛素。如桑叶多糖能抑制STZ诱导的糖尿病大鼠的胰岛细胞凋亡，增加胰岛细胞胰岛素分泌，上调抗凋亡的Bcl-2相关的蛋白和mRNA的表达，抑制促凋亡蛋白caspase3的活化，提高糖尿病大鼠胰岛素分泌量。

（2）改善胰岛素抵抗　植物多糖可以改善机体脂肪组织的胰岛素抵抗，抑制脂肪组织细胞的增殖分化，通过PI3K信号途径增加葡萄糖转运体在脂肪细胞膜上的转位，从而增加葡萄糖的吸收利用；改善肝脏细胞的胰岛素抵抗，降低肝脏中脂质的沉积，促进肝细胞对葡萄糖的吸收，改善骨骼肌肉的胰岛素抵抗从而达到降血糖的效果。

3. 多酚

多酚降血糖机制主要有以下几个方面。

（1）对碳水化合物消化和肠道葡萄糖吸收的影响　在体外证实了多酚对参与膳食碳水化

合物消化的关键酶 α-淀粉酶和 α-葡萄糖苷酶活性有抑制作用。

(2) 改善胰岛素敏感性　多酚和胰岛素之间具有协同作用，并且通过 GLUT4 在肌肉细胞中的转运增加了葡萄糖的摄取。如山楂多酚与没食子酸儿茶素协同改善糖尿病模型小鼠胰岛素抵抗，降低空腹血糖和肝脏糖异生，通过下调 PI3K/AKT/FOXO1 介导的 PEPCK 和 G6Pase 以及上调 PI3K/AKT/GSK3 介导的肝脏糖原合成酶（GS）激活，增加肝糖原合成和储存。

(3) 调节肠道菌群　多酚的摄入也会在一定程度上影响肠道微生物的组成和功能。通过富集有益菌，减少有害菌的丰度，降低其相关代谢物的水平，它们进一步在调节糖脂代谢中发挥作用。

(4) 调节胰岛 β 细胞功能　槲皮素、芹菜素和木犀草素通过抑制 RINmF5 细胞中 NF-κB 的激活来抑制细胞因子诱导的胰岛 β 细胞损伤。通过降低氧化应激和保持胰岛 β 细胞完整性从而降低糖尿病发生率。

(5) 抑制促炎免疫细胞和氧化应激　一些多酚可通过刺激 SIRT1（sirtuin1）表达和恢复 AMP 激活的激酶蛋白 α 活性，抑制氧化应激，降低葡萄糖和胰岛素水平，从而达到降血糖的效果，如茶多酚。

(6) 维持肝脏葡萄糖稳态　柑橘类黄酮（橙皮苷和柚皮苷）也被发现通过 PPARγ 上调肝脏 GK 和上调脂肪细胞 GLUT4 来降低葡萄糖水平。

4. 甾醇

甾醇降血糖机制主要有以下几个方面。

(1) 甾醇对消化酶的影响　碳水化合物消化酶，尤其是 α-淀粉酶和 α-葡萄糖苷酶，在消化系统环境下催化淀粉水解成葡萄糖，进入血液循环，导致 2 型糖尿病患者餐后高血糖，而甾醇对 α-淀粉酶和 α-葡萄糖苷酶有抑制作用。

(2) 甾醇对葡萄糖吸收与转运的调控作用　植物甾醇可以降低小鼠和人的餐后高血糖，添加环阿屯醇（植物甾醇组分）后转运到大鼠外翻肠囊和转染了 SGLT1 的人 HuTu80 细胞的葡萄糖明显减少，肠道葡萄糖转运呈剂量依赖性下降，尤其是靠近幽门的区域，该区域对葡萄糖的吸收最为活跃。

(3) 甾醇对肝糖代谢的调控作用　芦荟中提取的 4,4-二甲基甾醇可降低糖尿病脂肪大鼠空腹血糖，抑制糖异生关键酶葡萄糖-6-磷酸酶（G6Pase）和磷酸烯醇式丙酮酸羧激酶（PEPCK）mRNA 水平，提高肝脏中编码糖酵解酶关键酶之一的葡萄糖激酶（GK）的基因表达水平。

第三节　动物性食物营养与健康

一、动物性食物分类

动物性食物包括畜禽肉、蛋类、乳制品及水产品等，主要为人体提供蛋白质、脂肪、矿物质、维生素 A 和 B 族维生素。不同类型的动物性食物的营养价值相差较大，给人体提供蛋白质方面十分接近。

（一）四种动物性食物

1. 畜禽肉

肉类可分为畜肉和禽肉两种，前者包括猪肉、牛肉、羊肉等，后者包括鸡肉、鸭肉、鹅肉等。肉类食物中含有丰富的脂肪、蛋白质、矿物质和维生素，碳水化合物较植物性食物少，不含植物纤维素。肉的组分变化不仅取决于肥肉与瘦肉的相对数量，也因动物种类、年龄、育肥程度及所取部位等不同而呈显著差异。

2. 蛋类

常见的蛋类有鸡蛋、鸭蛋、鹅蛋等，各种禽蛋的营养物质大致相同。鸡蛋蛋清中的蛋白质含量为11%~13%，水分含量为85%~89%；蛋黄仅含有50%的水分，其余大部分是蛋白质和脂肪，二者的比例为1∶2。此外，鸡蛋还含有碳水化合物、矿物质、维生素、色素等。

3. 乳制品

奶类是一种营养丰富、容易消化吸收、食用价值很高的食物，含有蛋白质、脂肪、乳糖、维生素和无机盐等。鲜奶一般含水分87%~89%，蛋白质3%~4%，脂肪3%~5%，乳糖4%~5%，矿物质0.6%~0.78%，还含有少量的维生素。牛奶是人类最普遍食用的奶类，与母乳相比，牛奶含蛋白质较多，而所含乳糖不及母乳，故以牛奶替代母乳时应适当调配，使其化学成分接近母乳。

4. 水产品

包括各种鱼类、虾、蟹、贝类和海藻类（海带、紫菜）等，鱼类的蛋白质含量最高。鱼类的营养物质因鱼的种类、年龄、大小、肥瘦程度、捕捞季节、生产地区以及取样部位的不同而有所差异。总的来讲，鱼肉的固形物中蛋白质为主要成分；脂肪含量较低，其中不饱和脂肪酸较多；鱼肉还含有维生素、矿物质等成分，特别是海产咸水鱼含有一定量的碘盐和钾盐等，对人体健康有重要意义。

（二）动物性食物营养特点

肉禽鱼蛋奶均属于动物性食物，从营养的角度看，它们不仅含有丰富的蛋白质、脂肪、无机盐和维生素，而且蛋白质的质量高，属优质蛋白。肉禽鱼蛋奶等食物在营养上主要具有如下几个特点。

1. 蛋白质量多质好

肉类的蛋白质主要存在于肌肉中，骨骼肌中除去水分（约含75%），基本上都是蛋白质，其含量达20%左右，其他成分（包括脂肪、碳水化合物、无机盐等）约占5%。鸡肉蛋白质的含量在20%~25%，鸭肉为13%~17%，鹅肉为11%左右。鱼及其他水产动物种类极多，蛋白质含量相差较大，但大多数在15%~22%。全蛋（可食部分）蛋白质的含量也与蛋的种类、品种、产地等因素有关，鸡蛋为11%~15%，鸭蛋为9%~14%，鹅蛋为12%~13%。鲜奶的主要成分是水，在85%以上，牛奶蛋白质含量在3%~4%，羊奶约为4%，马奶2%，水牛奶4.7%，牦牛奶0.5%。肉禽鱼蛋奶蛋白质的氨基酸组成基本相同，含有人体8种必需氨基酸，含量都比较充足，比例也接近人体的需要，都具有很高的生物价（每100g食物来源的蛋白质转化为人体蛋白质的质量），肉、禽、鱼为80左右，奶约为85，蛋最高达94。一般认为，蛋中蛋白质几乎能全部被人体消化吸收和利用，为天然食物中最理想的优质蛋白质，所以在进行各种食物蛋白质的营养质量评价时，一般以全蛋蛋白质作为参考蛋白质。各种肉类和奶类的蛋白质消化吸收率也很高，达85%~90%。奶中的蛋白质含有丰富的赖氨酸，是谷类食物良好的天然互补食物。

肉类的结缔组织中主要组成为胶原蛋白和弹性蛋白。胶原蛋白含有大量的甘氨酸、脯氨酸和羟脯氨酸，缺乏色氨酸、酪氨酸和甲硫氨酸，因此属于不完全蛋白质，营养价值较差。

2. 脂类物质含量较高

肉禽鱼蛋奶所含的脂类物质不完全相同，饱和脂肪酸和胆固醇的含量都比较高。

畜肉的脂肪含量依其肥瘦有很大的差异，其组成以饱和脂肪酸为主，多数是硬脂酸、软脂酸、油酸及少量其他脂肪酸。羊脂中的脂肪酸含有辛酸、壬酸等饱和脂肪酸，一般认为羊肉的特殊膻味与这些低级饱和脂肪酸有关。禽肉脂肪熔点较低，为33~44℃，所含亚油酸占脂肪酸总量的20%，鸡肉脂肪含量约为2%，水禽类为7%~11%。鱼类脂肪含量较低，一般为1%~3%，主要分布在皮下和脏器周围，肌肉中含量很低。鱼脂肪主要由不饱和脂肪酸组成，熔点较低，通常呈液态，人体的消化吸收率为95%左右。海水鱼中不饱和脂肪酸的含量高达70%~80%，在防治动脉粥样硬化和冠心病中具有一定的效果。

蛋的脂肪含量与蛋的种类有关，去壳的鸡蛋约为10.5%，鸭蛋和鹅蛋约为14.5%。不管是哪种蛋，脂肪主要集中在蛋黄，鸡蛋蛋黄的脂肪含量高达33.3%，鸭蛋和鹅蛋蛋黄脂肪含量更高，达36.2%；蛋白的脂肪含量很低，鸭蛋蛋白中脂肪含量为0.03%，鸡蛋和鹅蛋为0.02%。蛋中的脂肪主要由不饱和脂肪酸组成，在常温下为液体，容易被人体吸收。蛋黄中含有大量的磷脂酰胆碱、磷脂酰乙醇胺和神经鞘磷脂，这些成分都是人脑及神经组织发育生长所必需的营养物质。

奶中脂肪的含量也与来源有关，为4.0%左右。奶中的脂肪以很小的微滴分散在乳浆中，所以很容易被人体所消化吸收。脂肪的组成以棕榈酸和硬脂酸为主，约占40%；短链脂肪酸丁酸和己酸约占9%；油酸占30%，亚油酸和亚麻酸仅占3%；其余为月桂酸和肉豆蔻酸等。

3. 碳水化合物含量低

肉禽鱼蛋奶中碳水化合物的含量都很低，在各种肉类中主要是以糖原的形式存在于肌肉和肝脏，其含量与动物的营养及健壮情况有关。瘦猪肉的碳水化合物含量为1%~2%，瘦牛肉为2%~6%，羊肉为0.5%~0.8%，兔肉为0.2%左右。

各种禽肉碳水化合物的含量都不足1%，北京鸡为0.7%，北京鸭为0.5%，江苏鸡和江苏鸭仅为0.1%。各种鱼类碳水化合物含量相差较大，低的不足0.1%，如海蟹、比目鱼等；高的超过7%，如福建的鲳鱼。蛋品中所含的碳水化合物很少，主要是葡萄糖。由于蛋的容积有限，营养物质以脂肪和蛋白质为主，所以糖的含量低，鸡蛋为1%~2%，鸭蛋为0.3%~2%，鹅蛋较高，为3%~4%。奶中所含的碳水化合物为乳糖，不同动物的奶中碳水化合物含量有所差别，牛奶为5%，羊奶4.3%，马奶5.8%，水牛奶4.8%。乳糖的甜度仅为蔗糖的1/6，具有调节胃酸、促进胃肠蠕动和消化腺分泌的作用。乳糖在乳糖酶的作用下可分解为葡萄糖和半乳糖，以供人体吸收。

4. 无机盐含量比较齐全

肉类中无机盐的含量与种类及成熟度有关，肥猪肉和瘦猪肉分别含有0.70%和1.10%；肥牛肉和中等肥度的牛肉分别含有0.97%和1.20%；马肉、羊肉、兔肉约含1.00%。肉类是铁和磷的良好来源，并含有少量铜，肌肉中所含的铁和铜没有肝脏多，钙在肉中的含量比较低，为

7~11mg/100g。铁在肉类中主要以血红素铁的形式存在，消化吸收率较高，不易受食物中的其他成分干扰。

各种禽类无机盐的含量均在1%左右，其内脏的含量稍高，为1.1%~1.5%。鱼类中无机盐的含量略高于畜禽类，为1%~2%，且是钙的良好来源，海产鱼类还含有丰富的碘。蛋类所含无机盐主要为铁和磷，大部分集中在蛋黄里，蛋白中的含量为0.6%~0.8%，蛋黄中的含量较高，鸡蛋黄约为1.10%，鸭蛋黄为1.20%，鹅蛋黄为1.30%，但蛋中铁的吸收率低。奶类中含有丰富的无机盐，牛奶中含量为0.7%，羊奶中含量为0.9%，除含有钙、磷、镁、钾、钠、硫等外，还含有铜、锌、锰等微量元素，它们在奶中大部分与酸类物质结合成盐类。

5. 维生素含量丰富

肉禽鱼蛋奶均含有丰富的维生素，畜、禽肉及其内脏所含的B族维生素比较多，肝脏是多种维生素的丰富来源，如100g羊肝中约含硫胺素0.42mg，核黄素3.57mg，抗坏血酸17mg。鱼类也是B族维生素的良好来源，如鳝鱼、海蟹和河蟹中核黄素的含量分别达到0.95mg/100g、0.5mg/100g和0.7mg/100g。海产鱼类的肝脏所含的维生素A和维生素D极为丰富，是其他食物无法相比的。蛋中含有丰富的维生素，主要集中在蛋黄，其种类有维生素A、维生素D、硫胺素、核黄素，蛋清中也含有较多的核黄素。牛奶含有人体所需的各种维生素，其含量随着奶牛的饲养条件、加工方式和季节变化而有所不同。青饲料较多的放牧期与冬季相比，牛奶中含有较多的维生素A、胡萝卜素和维生素C。牛奶中所含的维生素D不多，因此以牛奶为主要食物的婴幼儿要注意维生素D的补充。

二、畜禽肉类食物的营养与健康

畜禽肉是指畜类和禽类的肉，前者指猪、牛、羊、兔、马、骡、驴、犬、鹿、骆驼等牲畜的肌肉、内脏及其制品，后者包括鸡、鸭、鹅、火鸡、鹌鹑、鸵鸟、鸽等的肌肉及其制品，禽肉所含营养物质与大牲畜接近，是人体需要的优质蛋白质、脂肪、矿物质和维生素的主要来源。畜禽肉的营养价值较高，饱腹作用强，可加工烹制成各种美味佳肴，是一种食用价值很高的食物。畜禽肉类食物中营养物质健康作用机制可归纳如下：①蛋白质，畜禽肉中含有人体需要的必需氨基酸，在种类和比例上接近人体需要，可被人体较好的吸收利用；人体由于半胱氨酸亚磺酸脱羧酶水平低导致产生牛磺酸的能力较弱，只能通过饮食补充，牛磺酸几乎只存在畜禽肉类食物中。②脂肪，肉类脂肪中的硬脂酸可被人体转化为油酸，利于降低心血管疾病风险。③矿物质和维生素，畜禽肉类中含有丰富的矿物质和维生素，红肉每100g提供约25%的核黄素、烟酸、维生素B_6等，满足人体营养所需；血红素铁只存在于动物食物中，并且很容易被机体吸收，因此食用畜禽肉类食物有助于维持机体铁平衡、修复生物学功能、促进儿童生长发育；维生素B_{12}主要来源于动物食品，叶酸主要存在于牛肝中，叶酸与维生素B_{12}都是重要的甲基供体，有利于胎儿生长发育。

1. 蛋白质

畜肉中的蛋白质含量为10%~20%，主要为肌肉蛋白质、肌浆蛋白质和结缔组织蛋白质，含量因动物的种类、年龄、肥瘦程度以及部位而异，通常牛、羊肉的蛋白质含量高于猪肉，禽肉一般含蛋白质16%~20%。在畜肉中，猪通脊肉蛋白质含量约为21%，后臀尖约为15%，肋条肉约为10%；牛通脊肉的蛋白质含量为22%左右，后腿肉约为20%，腹肋肉约为18%。在禽肉中，鸡胸肉的蛋白质含量约为20%，鸡翅约为17%。一般禽肉较畜肉有较多的柔软结缔组织，且均匀地分布于肌肉组织中，故禽肉较畜肉更细嫩，容易消化。

一般来讲，心、肝、肾等内脏器官的蛋白质含量较高，而脂肪含量较少。不同内脏的蛋白质含量也存在差异。家畜不同的内脏中，肝脏含蛋白质较高，心、肾含蛋白质 14%~17%；禽类的内脏中，肫（家禽的胃）的蛋白质含量较高，肝和心含蛋白质 13%~17%。

畜禽肉的蛋白质为完全蛋白质，含有人体必需的各种氨基酸，并且必需氨基酸的构成比例接近人体需要，易被人体充分利用，营养价值高，属于优质蛋白质。畜禽的皮肤和筋腱主要由结缔组织构成，结缔组织的蛋白质含量为 35%~40%，其中绝大部分为胶原蛋白和弹性蛋白。由于胶原蛋白和弹性蛋白缺乏色氨酸和甲硫氨酸等人体必需氨基酸，为不完全蛋白质，因此以猪皮和筋腱为主要原料的食品（如膨化猪皮、猪皮冻、蹄筋等）的营养价值较低，需要和其他食品配合，补充必需氨基酸。骨中的蛋白质含量约为 20%，骨胶原蛋白比重高，为不完全蛋白质。畜禽血液中的蛋白质含量分别为：猪血约 12%、牛血约 13%、羊血约 7%、鸡血约 8%，鸭血约 8%，畜血血浆蛋白质含有 8 种人体必需氨基酸和组氨酸，营养价值高。

2. 脂肪

脂肪含量因动物的品种、年龄、肥瘦程度、部位等不同有较大差异，低者为 2%，高者可达 89%以上，如猪脊肉含脂肪 7.9%，而猪小排为 23.1%。在畜肉中，猪肉的脂肪含量最高，羊肉次之，牛肉最低。畜肉脂肪组成以饱和脂肪酸为主，主要由硬脂酸、软脂酸和油酸等组成。禽肉中脂肪含量不一，鸡肉脂肪含量不高，如鸡脯肉仅含脂肪 3%，而肥的鸭肉、鹅肉脂肪量可高达 40%，如北京填鸭脂肪含量为 41%。禽肉脂肪含有较多的亚油酸，熔点低，易于消化吸收，禽肉脂肪的营养价值高于畜肉脂肪。胆固醇含量在瘦肉中较低，约为 70mg/100g，肥肉比瘦肉高 90%左右，脑中胆固醇含量最高，达 2000mg/100g，因此高脂血症患者不宜过量摄取肥肉、内脏和脑组织。必需脂肪酸的含量与组成是衡量食物油脂营养价值的重要方面，动物脂肪含有的必需脂肪酸明显低于植物油脂，因此其营养价值低于植物油脂。

3. 矿物质

畜禽肉中矿物质的含量一般为 0.8%~1.2%，瘦肉中的含量高于肥肉，内脏高于瘦肉。铁的含量为 5mg/100g 左右，以猪肝最丰富。畜禽肉中的铁主要以血红素形式存在，人体对肉类（尤其是内脏）所含铁的吸收率高，因此，动物肉和内脏是人体铁的主要来源。在内脏中还含有丰富的锌和硒，牛肾和猪肾的硒含量是其他一般食品的数十倍。禽肉中钙、磷、铁等的含量均高于畜肉，微量元素铁、锌等略高于畜肉，硒含量明显高于畜肉。此外，畜禽肉还含有较多的磷、硫、钾、钠、铜等，人体对肉类中各种矿物质消化吸收都高于植物性食品，钙的含量虽然不高，但吸利用率很高。

4. 维生素

畜禽肉可提供多种维生素，主要以 B 族维生素和维生素 A 为主。内脏中含量比肌肉中高，其中肝脏中维生素最为丰富，是动物组织中维生素最丰富的器官，富含维生素 A 和维生素 B_2，维生素 A 的含量以牛肝和羊肝为最高，维生素 B_2 含量以猪肝中最丰富。心、肾除含蛋白质外也含有多种维生素。在禽肉中还含有较多的维生素 E，食用禽肉对中老年人的健康有益。

5. 碳水化合物

肉中碳水化合物含量很低，一般为 0.3%~0.9%，以糖原形式存在。动物宰杀后在保存过程中由于酶的分解作用，糖原量下降，乳酸含量上升，pH 逐渐下降，对畜肉的风味和贮存有利。

三、蛋类食物的营养与健康

蛋类包括鸡蛋、鸭蛋、鹅蛋、鹌鹑蛋、鸽蛋、鸵鸟蛋、火鸡蛋、海鸥蛋及其加工制成的咸蛋、松花蛋等。蛋类的营养素含量不仅丰富，而且质量很高，是一类营养价值较高的食品，也是不耐热、不耐冻而易破损的天然食物。

各种蛋类营养物质大致相同。蛋壳不能食用，蛋壳的95%为碳酸钙，其次为少量的角蛋白、碳酸镁、磷酸钙、磷酸镁等，蛋壳经洗涤、消毒、烘干、粉碎后可作为钙粉的原料。蛋的可食部分为蛋清和蛋黄，全蛋蛋白质几乎能被人体全部吸收利用，是食物中最理想的优质蛋白质。在进行各种食物蛋白质营养评价时，常以全蛋蛋白质作为参考蛋白，全蛋中甲硫氨酸、色氨酸和赖氨酸含量都很丰富，可弥补普通食物中这些氨基酸的不足。由于蛋清和蛋黄在组成上存在一定区别，因此其营养价值也有差异。蛋类食物中营养物质健康功效分子机制可归纳如下：①蛋白质，蛋类食物蛋清蛋白质中含有丰富的亮氨酸（15g蛋清蛋白质含有约1300mg亮氨酸），可刺激人骨骼肌合成并减少肌肉蛋白分解和分解相关的细胞信号转导和mRNA表达，从而诱导人体骨骼肌生长发育；蛋类食物中一些卵蛋白具有免疫调节活性，如卵转铁蛋白和蛋黄卵黄素水解物在被消化蛋白酶部分降解后会产生免疫调节活性；蛋类食物中的一些蛋白质还具备抗菌活性和抗氧化活性，如溶菌酶、卵黏蛋白。②脂肪，蛋黄脂质和磷脂具有抗氧化作用；蛋黄卵磷脂可降低肠道对胆固醇的吸收，并有着促进大脑发育、保护肝功能和预防癌症的功效。③矿物质，蛋类食物中的矿物质（如Zn、Mg和Se）有缓解抑郁和疲劳的功效。④维生素，蛋类食物中的类胡萝卜素在视网膜中具有吸收光和过滤蓝光的光学功能，以及抗氧化和抗炎功能。⑤碳水化合物，蛋类食物中的碳水化合物主要以游离和共轭形式附着在蛋白质和脂质上。

1. 蛋白质

蛋清蛋白质含量为12.7%，种类超过40种，主要蛋白质成分为卵清蛋白、黏蛋白及卵胶黏蛋白。蛋清各种必需氨基酸种类齐全、构成合理，属完全蛋白，其消化吸收率和生物利用率都较高外，还含组氨酸，是婴儿生长所必需的氨基酸。此外，蛋清中还有蛋白酶、二肽酶、淀粉酶、氧化酶、溶菌酶等多种酶类。蛋黄蛋白质含量为15.7%，主要蛋白质是与脂类结合的脂蛋白和磷蛋白，属完全蛋白，且含胱氨酸。鸭蛋的蛋白质含量与鸡蛋类似，蛋白质氨基酸组成与人体需要最接近，因此生物价也最高，达94%，是其他食物蛋白质的1.4倍左右。鸭蛋蛋白质中赖氨酸和甲硫氨酸含量较高，和谷类和豆类食物混合食用，可弥补其赖氨酸或甲硫氨酸的不足。

2. 脂肪

蛋清中含脂肪极少，仅为0.3%。蛋黄中脂肪含量为30%~33%，其中中性脂肪约占脂肪总量的62%~65%，以油酸最为丰富，约占50%，亚油酸约占10%，其余为硬脂酸、棕榈酸等，还含有微量花生四烯酸和DHA。磷脂占脂肪总量的30%~33%，是磷脂的极好来源，所含卵磷脂具有降低胆固醇的效果，并能促进脂溶性维生素的吸收，对脑组织和其他神经组织的发育有极其重要的作用。蛋黄中的脂肪几乎全部以与蛋白质结合的良好乳化形式存在，消化吸收率高。各种禽蛋的蛋黄中总磷脂含量相似，使蛋黄具有良好的乳化性能，但因含较多不饱和脂肪酸，容易受到氧化；蛋黄中的固醇占脂肪总量的4%~5%，其中90%以上为胆固醇，少量为植物性固醇。加工成咸蛋或松花蛋后，胆固醇含量无明显变化。

3. 矿物质

蛋清中的矿物质为0.6%，主要为钠、钾、磷、铁等。蛋中的矿物质主要存在于蛋黄部分，蛋清部分含量较低。蛋黄中含矿物质1.0%~1.5%，其中磷最为丰富，为240mg/100g，钙为112mg/100g。蛋黄是多种微量元素的良好来源，包括铁、硫、镁、钾、钠等。蛋中所含铁元素数量较高，但以非血红素铁形式存在，由于卵黄高磷蛋白对铁的吸收具有干扰作用，蛋黄中铁的生物利用率较低，仅为3%左右。

4. 维生素

蛋中维生素含量十分丰富，且品种较为完全，包括所有的B族维生素、维生素A、维生素D、维生素E、维生素K和微量的维生素C。其中，绝大部分的维生素A、维生素D、维生素E和大部分维生素B_1都存在于蛋黄当中。蛋清中的维生素主要是水溶性的B族维生素，维生素B_2含量丰富，维生素B_1相对较少。鸭蛋和鹅蛋的维生素含量高于鸡蛋。此外，蛋中的维生素含量受到品种、季节和饲料组成的影响。

5. 碳水化合物

蛋清与蛋黄中的碳水化合物为0.4%左右，以两种状态存在：一部分与蛋白质结合，主要是甘露糖和半乳糖；另一部分以游离形式存在，主要为葡萄糖，其余为微量的果糖、甘露糖、阿拉伯糖和木糖。葡萄糖是蛋粉制作中发生美拉德反应的原因之一，因此生产上在干燥工艺之前采用葡萄糖氧化酶除去蛋中的葡萄糖，确保在加工贮藏过程中不发生褐变。

四、乳制品类食物的营养与健康

奶类为各种哺乳动物哺育其幼仔最理想的天然食物，所含营养物质齐全、组成比例适宜，容易消化吸收，能适应和满足初生幼仔迅速生长发育的需要。奶类食品对婴幼儿、儿童和孕妇等生理状态下的人群有十分重要的作用，也适合于病人和老年人。乳与乳制品是人们膳食结构中重要的一部分，也是钙及维生素A、维生素D、维生素B_2等营养素的主要来源。现代乳品工业已成为食品工业的重要支柱，其原料主要为牛奶，其次为羊奶。各种动物奶的营养物质有一定差别。乳制品类食物中营养物质健康功效分子机制可归纳如下。①脂肪：乳脂肪可为人体提供能量、脂溶性维生素和维持细胞结构。②蛋白质：乳蛋白中含有等多种人体必需的氨基酸和免疫活性肽段，为机体提供营养并提高免疫力。③碳水化合物：乳糖在肠道内分解为葡萄糖和半乳糖，利于肠道内益生菌生长，从而促进机体消化吸收。④矿物质：乳制品中的铁、钙和锌等矿物质可起到补充人体营养的作用；乳制品中钙、镁和钾元素还具有降血压作用。⑤维生素：乳制品中的维生素A有助于维护视力和增强免疫功能。维生素D可调控对人体的钙稳态。维生素B_{12}有助于红细胞的形成以及神经系统健康。

1. 脂肪

奶中脂肪含量一般为3.0%~5.0%，主要为甘油三酯，少量磷脂和胆固醇。牛奶脂肪中已鉴定出数百种不同的脂肪酸及其衍生物，其中含较高比例的短链脂肪酸，它们可以在小肠内被迅速吸收参与体内代谢。脂肪酸中有2/3为饱和脂肪酸，其中以肉豆蔻酸、棕榈酸、硬脂酸等为主，不饱和脂肪酸有油酸、亚油酸、亚麻酸和少量的花生四烯酸，此外还含有一定量的磷脂和胆固醇。乳脂的熔点为28.4~33.3℃，脂肪呈小球形，表面有一层蛋白质被膜，呈高度分散的稳定状态，消化率和吸收率可高达98%。

2. 蛋白质

牛奶中蛋白质含量为2.8%~3.3%，主要由酪蛋白（79.6%）、乳清蛋白（11.5%）和乳球蛋白（3.3%）组成。酪蛋白是一种含磷的复合蛋白质，乳清蛋白含9%的α-乳白蛋白、3%的β-乳球蛋白及少量的血清蛋白、免疫球蛋白等，其中，免疫球蛋白作为新生儿被动免疫的来源可增强婴儿对疾病的抵抗力。牛奶蛋白质的氨基酸构成稍逊于鸡蛋蛋白质，生物价为85，仍属完全蛋白。母乳蛋白质含量为1.5%左右，适合婴儿消化，且分娩后第1天初乳蛋白质含量在5%以上。母乳中蛋白质组成与牛奶有极大差异，母乳中酪蛋白与清蛋白比例为0.3：1，而牛奶中为4：1，乳清蛋白容易被机体消化吸收，对婴幼儿而言，母乳是最佳的奶类。奶类蛋白质消化吸收率为87%~89%，属优质蛋白。利用乳清蛋白改变牛奶中酪蛋白与乳清蛋白的构成比，使之接近母乳的蛋白质构成，可生产适合婴幼儿生长发育需要的配方奶粉。

3. 碳水化合物

奶中碳水化合物含量为3.4%~7.4%，主要形式为乳糖。母奶中碳水化合物含量高于牛奶，为7%。乳糖可以在人体小肠中经二糖酶的作用水解为1分子葡萄糖和1分子半乳糖。乳糖对婴儿的消化道具有重要意义，它不仅可以调节胃酸促进肠胃蠕动和消化液分泌，而且还有益于乳酸菌的繁殖，抑制腐败菌生长，因而可改善婴幼儿肠道菌群的分布。此外，乳糖能在肠道中产生乳酸，使pH降低，有利于人体对钙、磷、锌的吸收。

4. 矿物质

奶中矿物质含量丰富，富含钙、磷、钾、镁、钠、硫、锌、锰等。牛奶矿物质平均含量为7.3g/L，比母乳高4倍以上，牛奶中含钙104mg/100mL，且其生物利用率高，是人类膳食钙的最佳来源之一。奶中铁含量很低，用奶喂养婴儿时应注意铁的补充。

5. 维生素

奶类中含有全部的脂溶性和水溶性维生素，其他食品很少如此齐全，脂溶性维生素A、维生素D、维生素E、维生素K主要在乳脂中，维生素A的含量与奶牛的饲料有关，夏日青饲料多，牛奶中维生素A含量高，冬季含量相应较少，鲜牛奶仅含少量的维生素D和微量的维生素E、维生素K，但夏季日照多时，维生素D含量有一定的增加。水溶性维生素存在于非脂部分，牛奶是膳食维生素B_2的重要来源，每日一杯牛奶（250mL）即可提供成人维生素B_2日推荐摄入量的30%，维生素B_1相对稍低，仅为维生素B_2含量的1/3。此外，牛奶中还含有生物素、叶酸、泛酸、维生素B_6、维生素B_{12}等，烟酸含量很少，仅为0.08mg/100g，但其利用率高，且牛奶蛋白质中的色氨酸在体内可转化为烟酸。

五、水产品类食物的营养与健康

水产类食品主要是指各种鱼类、虾、蟹、贝类等水产品。鱼类、贝类营养成分与家禽肉基本相似，鱼类中蛋白质和脂肪含量视鱼的种类、年龄、肥瘦程度及捕获季节等而有较大的区别。水产品类食物中营养物质健康功效分子机制可归纳如下。①蛋白质：水产品蛋白中富含多种人体所需的必需氨基酸，消化率达90%，易被人体吸收利用。②脂肪：鱼类脂质中存在高的n-3 PUFAs（如二十碳五烯酸和二十二碳六烯酸），可降低心血管疾病、炎症和神经系统疾病的发病率。③无机盐：鱼类中的含钙量比乳制品要丰富；钙磷比接近人体骨骼，易被吸收利用。④维生素：维生素A、维生素D、维生素E、维生素B_{12}有助于改善婴儿和儿童的视觉、认知功能和神经发育。

1. 蛋白质

大多数鱼类蛋白质含量为18%~20%，利用率可达85%~90%，其甲硫氨酸、苏氨酸和赖氨酸含量较丰富，是优质蛋白质的良好来源，特别适合儿童和老人食用。鱼类的肌肉组织纤维细短，间质较少，水分含量高，故组织柔软细嫩，比畜禽肉更易消化。鱼汤中含氮浸出物较多，味道鲜美，能刺激胃液分泌，促进食欲。

虾、蟹、贝类等的蛋白质含量与鱼类相似，其蛋白质为15%~20%，鱼肌肉中的红肌含有丰富的氨基乙磺酸，它是一种含硫氨基酸，有利胎儿和新生儿的大脑和眼睛发育，同时在维持成人血压正常值、防止动脉粥样硬化及保护视力等方面都有重要作用。

有些海产品如乌贼、对虾、章鱼胆固醇含量较高，也含有较多降低胆固醇的氨基乙磺酸。对氨基乙磺酸和胆固醇进行的研究表明，食品中氨基乙磺酸含量是胆固醇的8倍，对降低胆固醇十分有效，如果是4倍，也有较显著作用，如果是2倍，则需要较长时间摄取才有效。

2. 脂肪

鱼类脂肪的含量一般为1%~3%，鱼脂肪多由不饱和脂肪酸组成。海鱼中不饱和脂肪酸高达70%~80%，熔点低，消化吸收率达95%左右。鱼中的不饱和脂肪酸对防治动脉粥样硬化和冠心病有较明显的效果。鱼类胆固醇含量一般为60~114mg/100g，鱼籽、虾籽和蟹黄中胆固醇含量高达354~940mg/100g。

3. 无机盐

鱼类无机盐含量为1.1~2.6g/100g，略高于畜禽肉，鱼肉中钾、钙、磷、镁、铁、锌、碘、硒等都较丰富，其中钙、硒含量明显高于畜、禽肉类，海鱼还含有钴。鱼虾类的钙含量丰富，例如，虾皮含钙达1000mg/100g。牡蛎是锌、铜含量最高的海产品。

4. 维生素

鱼油和鱼肝油是维生素A和维生素D的重要来源，也是维生素E的一般来源。鱼类中维生素B_1、维生素B_2、烟酸等的含量也较高，而维生素C的含量则很低。一些生鱼中含有硫胺素酶，会使鱼中的维生素B_1被破坏，可通过加热来破坏硫胺素酶的活性，因此，鲜鱼应尽快加工烹制或冷藏以减少硫胺素的损失。有些贝类还含有维生素B_{12}。

六、动物性食物中的营养物质对疾病及健康作用的分子机制

（一）乳制品

乳制品包括奶油、黄油、酪乳、奶酪、酸奶和牛奶等，其主要成分有蛋白质、脂肪、矿物质、糖类、乳脂球膜及多种维生素和生长因子，已被证明能够影响人类健康。乳制品基质对骨骼健康的机制可概括为以下几个方面。

1. 矿物质元素及维生素D

矿物质元素是人体肌肉收缩和骨骼结构组成所必需的营养素。乳制品中含有丰富的矿物质微量元素，包括钙、磷、钾、钠、镁及锌、铁、铜和锰等。羟基磷灰石是骨骼系统中的矿物质组成成分，提供骨的机械强度。与谷类产品相比，人体对乳制品中的矿物质吸收更快，尤其在钙吸收方面。生物活性维生素D不仅可以促进骨钙素的生成，提高碱性磷酸酶（alkaline phosphatase，ALP）的活性，还可以通过调节小肠中的钙转运蛋白来促进钙吸收，刺激骨骼生长。

2. 乳蛋白

（1）提供必要的氨基酸　乳蛋白含有丰富的必需氨基酸，如赖氨酸、亮氨酸和缬氨酸，这些氨基酸是骨骼蛋白质合成的基础。充足的蛋白质供应能够促进骨基质的形成和修复。

（2）钙吸收和利用　乳清蛋白和酪蛋白有助于钙的吸收和代谢。乳蛋白中的一些肽类，如乳清蛋白中的磷酸肽，可以与钙结合，增加钙的溶解度和生物利用度，从而促进钙在骨骼中的沉积。

（3）激活骨代谢相关信号通路，增强成骨细胞功能　乳蛋白中的生物活性肽可以通过激活特定的信号通路，如 Wnt 和骨形成蛋白（BMP）/转化生长因子-β（TGF-β）信号通路，发挥成骨活性。这些信号通路在骨细胞的分化和功能中起着关键作用。乳铁蛋白能够直接与成骨细胞表面的 TGF-β 受体结合，激活 TGF-β 信号转导通路，从而促进成骨细胞的增殖和分化。

（4）调节激素水平　蛋白质摄入可以影响一些与骨骼健康相关的激素水平，如胰岛素样生长因子-1（IGF-1）。IGF-1 是一种强有力的骨形成激素，能够促进成骨细胞的生长和活性。

（5）抗炎和抗氧化作用　乳蛋白中的一些成分，如乳清蛋白中的谷胱甘肽和酪蛋白中的酪蛋白肽，具有抗炎和抗氧化作用。这些作用可以减少骨骼中的氧化应激和炎症反应，保护骨细胞免受损伤。

（6）免疫调节　乳蛋白可以通过调节免疫系统，减轻炎症和增强免疫反应，从而间接保护骨骼健康。炎症是骨质疏松和其他骨骼疾病的一个重要因素，降低炎症有助于维护骨密度。

3. 乳脂

（1）*n*-3 多不饱和脂肪酸的摄入不仅促进了骨细胞功能还改善了骨密度，研究表明，*n*-3 多不饱和脂肪酸可以促进成骨细胞的增殖和分化，增强骨形成。同时，*n*-3 多不饱和脂肪酸可以抑制破骨细胞的活性，减少骨吸收，从而保持骨代谢的平衡。*n*-3 多不饱和脂肪酸可以通过多种途径，包括抗炎和促进成骨细胞功能，直接影响骨密度。

（2）*n*-3 多不饱和脂肪酸具有抗氧化作用，可以减少氧化应激对骨细胞的损伤，保护骨细胞的健康和功能。

（3）组成乳脂的 SCFAs 具有抗炎作用，可以通过抑制炎症因子的产生和减少炎症反应，间接保护骨骼健康。慢性炎症是导致骨质疏松的重要因素，减少炎症可以降低骨质流失。此外，SCFAs 能够调节成骨细胞（骨形成细胞）和破骨细胞（骨吸收细胞）的活性。研究表明，丁酸可以促进成骨细胞的增殖和分化，同时抑制破骨细胞的形成和活性，保持骨代谢的平衡。

（4）多不饱和脂肪酸可以影响与骨骼健康相关的激素，如维生素 D 和甲状旁腺激素（PTH）的水平。这些激素在钙的代谢和骨骼健康中起关键作用。

4. 乳糖

乳糖可能通过影响钙的吸收影响骨骼健康。乳糖吸收不良和或不耐受与骨质丢失和骨折有关，普遍认为乳糖可以延长钙在肠道中的滞留时间，使机体有更多的时间吸收钙，增加钙的被动吸收。

（1）促进钙吸收　乳制品中的低聚半乳糖和反式低聚半乳糖在肠道内双歧杆菌乳糖-*N*-糖苷酶作用下产生 SCFAs，乳糖经乳糖酶作用后形成有机酸，从而降低 pH，促进 Ca^{2+} 在肠道中的转运和吸收。乳糖分解后形成的葡萄糖也有促进钙吸收的作用。

（2）促进骨矿化　通过提高钙和其他矿物质的吸收，乳糖有助于骨矿化过程。钙是骨骼的主要成分之一，其有效吸收和利用对于骨密度和骨强度的维持至关重要。

（3）辅助预防骨质疏松症　乳糖能够与维生素 D 协同作用，进一步促进钙的吸收和利用，从而增强骨骼健康。长期摄入含乳糖的乳制品能够有效预防骨质疏松症的发生。研究表明，乳糖能够增加骨密度，降低骨折风险，这对于老年人和骨质疏松症高风险人群尤为重要。

（二）水产品

水产品中富含优质蛋白质、不饱和脂肪酸、维生素及矿物质等营养素，对人体健康发挥着重要的作用。

1. 抗氧化作用机制

水产品中的多肽类物质，如鱼皮胶原蛋白肽具有清除自由基、螯合金属离子和抑制脂质过氧化的作用。它们可以增强机体的抗氧化酶系统，如超氧化物歧化酶（SOD）、过氧化氢酶（CAT）和谷胱甘肽过氧化物酶（GSH-Px）等，提高机体的抗氧化能力。蛋白质和肽可以通过调节细胞内的信号通路，如 MAPK 和 NF-κB 信号通路，来减少氧化应激和炎症反应，从而保护细胞免受损伤；虾青素是一种强效的类胡萝卜素抗氧化剂，能够通过清除自由基、减少氧化应激和增强细胞抗氧化酶活性来保护细胞膜和 DNA 免受氧化损伤；硒是一种重要的微量元素，具有抗氧化作用。它是 GSH-Px 的重要组成部分，能够清除过氧化氢和脂质过氧化物，保护细胞免受氧化损伤；维生素 E 是一种脂溶性抗氧化剂，能够通过捕获和中和自由基来保护细胞膜脂质免受氧化损伤。维生素 E 有助于预防动脉粥样硬化，保护皮肤健康，增强免疫功能，并具有抗炎作用。

2. 健脑益智作用机制

水产品中的蛋白质含有所有人体必需的氨基酸，这些氨基酸是构成神经细胞和大脑组织的基本成分。例如，色氨酸是合成神经递质 5-HT 的前体，而 5-HT 与情绪调节和认知功能紧密相关。以下是蛋白质和肽类在健脑益智方面的作用：

①促进神经发育：蛋白质和肽类通过调节神经营养因子的表达，促进神经细胞的生长、分化和存活，从而对学习和记忆过程产生积极影响。

②提供神经保护：蛋白质和肽类具有抗氧化和抗炎作用，能够保护神经细胞免受氧化应激和炎症损伤，这对于预防神经退行性疾病具有潜在价值。

③参与神经信号传递：蛋白质和肽类可能参与神经信号的传递过程。例如，某些肽类可以模拟神经递质的作用，影响神经细胞间的通信，进而影响认知功能。

④促进血液循环：水产品中的优质蛋白质有助于维持血管健康，促进血液循环，确保大脑获得充足的氧气和营养物质供应，这对于大脑的正常功能至关重要。

⑤影响基因表达：水产品中的生物活性肽可能通过与特定受体结合，影响基因的表达，从而影响神经细胞的功能和神经系统的健康。

水产品中 n-3 多不饱和脂肪酸（如 DHA 和 EPA）具有保护人体神经系统、传递信号及促进脑部发育的功能，可以调节脂质代谢、降低血脂水平，减少动脉粥样硬化的风险，从而保护脑血管健康。DHA（Docosahexaenoic Acid）是脑细胞膜的重要组成部分，有助于维持神经细胞的结构和功能，研究表明，DHA 可以促进海马 CA1 区和海马神经元 Nrf2 核转位及 HO-1 和 NQO-1 的表达水平，有效保护创伤性脑损伤。EPA 具有抗炎作用，可以减少脑部炎症。n-3

多不饱和脂肪酸能够增强神经元之间的信号传递，提高认知功能和记忆力。在胎儿和婴儿期，DHA 对于脑部发育至关重要，足够的 DHA 摄入有助于提高儿童的认知能力和视力发育。

铁、锌、碘等矿物质对大脑发育有重要作用。铁是血红蛋白的组成部分，负责将氧气输送到脑部，维持脑部的正常功能。缺铁会导致认知功能下降和注意力不集中。锌在神经传导和神经元信号传递中起重要作用。锌不足与认知功能下降有关。碘是甲状腺激素的组成部分，这些激素对于脑部发育和代谢调节至关重要。

3. 防治心脑血管疾病作用机制

水产品中的蛋白质含有人体所需的所有必需氨基酸，易于消化吸收，有助于维持机体的氮平衡，促进受损组织的修复和更新。通过调节血管内皮细胞的功能，促进 NO 的产生，增强血管壁的弹性，从而改善血管舒张功能，降低血压，减少心血管疾病的风险。

研究证明，海带中含有较多的钾，可形成调节钾钠平衡的褐藻酸钾。当人体摄入过多的食盐而导致血压升高时，海带中的褐藻酸钠能在胃酸的作用下分离为褐藻酸和 K^+，褐藻酸在经过十二指肠的碱性环境下与 Na^+结合而生成褐藻酸盐，将多余的 Na^+经粪便排出体外，而 K^+则被人体吸收进入血液内，通过 K^+，Na^+-ATP 泵促进 Na^+的排出，从而使血压降低。海藻中的褐藻氨酸可通过刺激 M-胆碱受体，抑制心肌收缩，从而减慢心率，达到降压的效果。鱼油中的 n-3 多不饱和脂肪酸，通过抑制血小板聚集和减少血液黏度，有助于预防血栓形成，降低心脏病和中风的风险；海洋多糖（褐藻多糖、壳聚糖等）能够降低血清胆固醇和甘油三酯水平，提高 HDL 水平，通过抑制血小板聚集和促进纤维蛋白溶解，有助于预防血栓形成。此外，其具有抗炎和免疫调节作用，能够减少血管炎症和损伤。

第四节　微生物食物营养与健康

一、微生物食物

微生物食物包括可食用真菌和通过有益的微生物发酵生产出可食用的食品。微生物在食品加工中的应用分为针对传统发酵食品和现代食品加工两种形式。微生物食物主要分为食用菌类食物和微生物发酵类食物。

（一）食用菌

食用菌是一类可供人类食用的大型真菌，不仅种类繁多，而且营养丰富，具有多种健康益处。以下是一些常见的食用菌种类及其营养特点。

①双孢蘑菇：这是最常见的蘑菇之一，味道温和，适用于多种烹饪方式，如煮汤、拌沙拉、制作披萨等。

②鸡油菌：色泽金黄，肉质紧实，带有杏子般的香气，常用于欧洲菜肴。

③咖啡菇/栗子菇：作为口蘑的成熟形态，其颜色更深，味道更为浓郁，适合炒食或煮汤。

④金针菇：特有的口感和清淡味道，适合生食，常见于火锅和拉面中。

⑤杏鲍菇：肉质丰满，带有泥土的香气，适合烤制或烹饪成酱汁配菜。

⑥猴头菇：外形毛茸茸，味道让人联想到龙虾或虾，质地坚硬，适合烤制。

⑦羊肚菌：具有独特的海绵状外观和木香、坚果的味道，通常晒干后使用。

⑧香菇：富含蛋白质、糖类、多种维生素和矿物质，以及30多种酶和7种人体必需氨基酸。香菇中的多糖能增强细胞免疫和体液免疫，提升机体的抗癌能力。

⑨银耳：含有丰富的蛋白质、脂肪、钙，以及多糖、粗纤维等，具有补肾、健脑、强精滋阴等功效，其多糖成分具有抑制肿瘤生长的作用。

⑩木耳：含有大量的铁元素，对于养血驻颜、预防缺铁性贫血有良好的效果。

食用菌的营养价值主要体现在其高蛋白、低糖、低脂肪的特性，以及富含多种氨基酸、维生素和矿质元素。它们是极佳的保健食品，具有增强免疫力、抗肿瘤、降低胆固醇等多种健康益处。

（二）微生物发酵类食物

发酵食品是指经过微生物（细菌、酵母和霉菌等）的发酵作用或经过生物酶的作用，使加工原料发生重要的生物化学变化及物理变化后制成的食品。根据原料的不同，中国传统发酵食品分为酒类食品、发酵面食、发酵豆类食品、发酵水果类食品、发酵肉类食品。

1. 发酵酒类食品

（1）白酒　白酒是以曲类、酒母等为糖化发酵剂，利用粮谷或代用原料，经蒸煮、糖化发酵、蒸馏、贮存、勾调而成的蒸馏酒。白酒富含多种微量化合物，约有138种化合物被证实对人体健康有益，被称作健康因子，包括酚类、酸类、酯类、矿物质和维生素等。

（2）黄酒　黄酒是一种酒精度较低的酒，拥有醇厚的口感，具备丰富的营养价值。黄酒中已检出的无机盐达18种，包括钙、镁、钾、磷、铁、锌等。黄酒中的B族维生素、维生素E的含量也很丰富。黄酒中含有多种营养物质，如氨基酸和麦芽糖等，具有促进食欲等功效。

（3）啤酒　啤酒属于低度酒之一，啤酒中含有维生素C，可以软化血管，啤酒中的α树脂和β树脂成分有很强的防腐杀菌作用，可以杀灭葡萄球菌、结核杆菌。

（4）葡萄酒　葡萄酒是以压榨或浸渍得到的葡萄汁为原料，由酵母菌（有时也有乳酸菌参与）发酵而得到的一种酒精含量为8%～22%的低度饮料酒。天然葡萄酒完全以葡萄为原料发酵而成，不添加糖分、酒精及香料。

2. 发酵肉类食品

发酵肉制品以肉类为原料，通过有益微生物或酶的发酵制得，具有特殊风味、色泽和质地且能长期保存。肉类蛋白在有益微生物的作用下变性和降解，提高了蛋白质的吸收率，且发酵体系产生乳酸、菌素等代谢物质，抑制腐败菌等有害菌的繁殖生长。发酵肉制品主要分为发酵灌肠制品和发酵火腿。

3. 发酵乳类食品

发酵乳类食品主要包括酸奶、奶酪和酸奶油。酸奶中的乳酸菌在肠道内繁殖产生乳酸能抑制其他有害微生物的繁殖，避免毒素的产生。酸奶中的乳酸促进人体消化、增强食欲并加强机体物质代谢。奶酪利用乳酸菌发酵能显著提升奶酪中的叶酸含量并降低奶酪等食品的胆固醇含量。

4. 发酵果蔬制品

果蔬发酵即利用一种或多种新鲜水果、蔬菜、食用菌等，在单一或复合乳酸菌作用下进行一定时间发酵而得到的汁类饮品或菜品，如泡菜、发酵果蔬汁等。泡菜是采用乳酸菌发酵制成的蔬菜制品，食用后可摄入乳酸菌及乳酸等代谢产物，有助于调节肠道微生态平衡。发酵果蔬汁中的微生物利用原料中的营养物质进行自身物质代谢，促进有机酸、胞外多糖、蛋白酶等生物活性物质生成。混菌发酵的果蔬汁含有维生素、酶类、氨基酸和矿物质等成分，这些成分有助于提高机体免疫、抵抗衰老、抗炎抑菌等。

5. 发酵豆类食品

发酵豆类食品主要以豆类为原料，经有益微生物发酵而成，如豆豉、腐乳、酱油和纳豆等，具有特殊风味。豆豉是以黄豆或黑豆为原料，采用毛霉、米曲霉或细菌蛋白酶发酵而成；豆腐乳接种的主要是毛霉和根霉，其次是微环球菌和枯草杆菌；酱油是以豆类为原料，加入水、食盐经自然发霉制曲而成的液体调味品；纳豆由熟制的大豆等原料接种枯草芽孢杆菌发酵而成。

6. 菌类蛋白肉

菌类蛋白是一种采用连续流动发酵技术发酵链孢霉菌得到的菌丝体发酵产物，该菌丝体发酵产物中蛋白质和纤维含量较高，脂肪含量低，可用作人造肉生产的原料。菌类蛋白经搅拌、成型、冷却结晶、加工包装得到菌类蛋白肉。使用真菌或其他微生物作为替代蛋白质不仅提高了资源利用效率，其完整的氨基酸结构和其他营养效益均能满足人体营养所需。

二、微生物食物的营养与健康

（一）食用菌的营养价值

食用菌味道鲜美、营养价值高，能补充人体所需的营养物质，主要包含蛋白质、碳水化合物、脂质、维生素及矿质元素。

1. 蛋白质

食用菌中含有丰富的蛋白质，新鲜食用菌子实体中蛋白质含量约为3%，去除水分后，蛋白质含量高达40%，介于肉类和蔬菜之间，且脂肪、胆固醇的含量较低，有助于人体快速消化吸收，被认定为高消化的蛋白质食品。据测算，1kg干菇所含蛋白质相当于2kg瘦肉或3kg鸡蛋或12kg牛奶，食用菌生产蛋白质的能力远远超过大多数动植物。表6-8显示了几种食用菌氨基酸的组成，食用菌含有17~18种氨基酸，几乎所有食用菌都含有人体必需氨基酸，这些氨基酸在植物性蛋白食品中不齐全或比例不适或数量偏少，但在各类食用菌中含量较高。食用菌不仅可以提供蛋白质等营养物质，还能有效平衡营养物质，充分发挥其自身价值与功能。研究表明，大豆和平菇同食比单独食用大豆提升了蛋白质利用率约40%，利于人体快速吸收蛋白质。不同的食用菌氨基酸含量有差异，牛肝菌中谷氨酸含量较高，食用味道鲜美；金针菇中含有丰富的亮氨酸和赖氨酸，利于儿童成长及智力发育。

表6-8 几种食用菌氨基酸组成的比较 单位：%

氨基酸种类		蘑菇	香菇	草菇	平菇
必需氨基酸	异亮氨酸	4.3	4.4	4.2	4.9
	亮氨酸	7.2	7.0	5.5	7.6
	赖氨酸	10.0	3.5	9.8	5.0
	甲硫氨酸	痕量	1.8	1.6	1.7

续表

氨基酸种类		蘑菇	香菇	草菇	平菇
必需氨基酸	苯丙氨酸	4.4	5.3	4.1	4.2
	苏氨酸	4.9	5.2	4.7	5.1
	缬氨酸	5.3	5.2	6.0	5.9
	组氨酸	2.2	1.8	4.1	1.8
	色氨酸	—	—	1.8	1.4
	总计	38.3	35.9	43.9	39.3
非必需氨基酸	丙氨酸	9.6	6.1	6.3	8.0
	精氨酸	5.5	7.0	5.3	6.0
	天冬氨酸	10.7	7.9	8.5	10.5
	胱氨酸	痕量	—	—	0.6
	谷氨酸	17.2	27.2	17.6	18.0
	甘氨酸	5.1	4.4	4.5	5.2
	酪氨酸	2.2	3.5	5.7	3.5
	脯氨酸	6.1	4.4	5.5	5.2
	丝氨酸	5.2	5.2	4.3	5.4
	总计	61.6	64.0	56.1	60.7

2. 碳水化合物

碳水化合物在生命活动中起着重要的作用，是维持生命活动所需能量的主要来源。单糖和双糖易被人体吸收利用，但摄入过多可能诱发肥胖、龋齿、糖尿病和心血管等疾病，多糖具有生物反应调节物的特征，可作为免疫增强剂和免疫激活剂。食用菌多糖是从食用菌子实体、菌丝体或发酵液中分离出来的一种活性多糖，是一类由 10 个以上单糖以糖苷键连接而成的结构复杂的高分子化合物。食用菌多糖具有较高的生物活性，能提升人体免疫能力，并抑制肿瘤细胞进一步扩散，此外，食用菌多糖能通过调控消化酶活性降低血糖。研究表明，高分子质量和高密度的冬菇多糖具有杂多糖和蛋白结构，比纯多糖具有更强的免疫活性；姬松茸多糖、黑木耳多糖具有降血糖的作用；猴头菇多糖能够通过提高糖尿病小鼠体内的抗氧化酶活性，降低丙二醛含量，从而减轻对肝脏、肾脏和胰腺的氧化损伤和炎症；褐黄牛肝菌多糖具有较强的抗氧化活性，可作为一种天然抗氧化剂。

3. 矿质元素

矿质元素能维持体内酸碱平衡和渗透压，是生物催化剂酶的重要辅助因子，参与人体代谢，促进人体组织形成、骨骼发育等。食用菌是一种优质的矿质来源，含有磷、硫、钙、铁、钾、镁、锰、锌、硼、铜、钴等矿质元素。矿质元素占食用菌干重的比重为 2.37%~4.5%，矿质元素含量随着食用菌种类不同而有所差异。香菇中脂溶性维生素 D 含量较高，在烹饪菜肴时适量加入食用油能够促进维生素 D 快速溶解，促进人体吸收；双孢蘑菇中含有丰富的钙、磷等微量元素，是良好的钙源食用菌；平菇中叶酸和维生素 D 含量丰富，可预防肠炎和皮炎，改善贫血症状。

（二）微生物发酵类食物营养与健康

1. 发酵酒类

白酒的主要成分为乙醇和水，有机酸不仅影响白酒的香味和滋味，还具有杀菌、保肝护胃、软化血管等生理功效。白酒中脂肪酸如油酸、亚油酸、己酸、辛酸、月桂酸、豆蔻酸等能抑制胆固醇的合成，具有降低血管张力、降低血液黏稠度、改善血液循环等功效。葡萄酒中具有丰富的营养物质，如多种无机盐、维生素、碳水化合物等，不仅能补充人体能量，还能促进身体恢复、防止细胞氧化、防止眼角膜病变和老年性白内障、提高蛋白质消化吸收等。黄酒含有 8 种人体必需氨基酸，镁含量丰富（200～300mg/L），比葡萄酒高 5～10 倍，人体摄入充足的镁能够预防高血压、心脏病和糖尿病等；此外，与葡萄酒和啤酒相比，B 族维生素在黄酒中含量最高，对葡萄糖、蛋白质的利用和维护消化系统等方面具有重要作用；黄酒中多糖的抗氧化和体内免疫活性，能够抑制肿瘤细胞的生长。研究表明，过度饮酒会对人体健康带来危害。过度饮酒会导致乙醇对胃肠道等产生刺激并麻醉中枢神经，乙醇代谢产生的乙醛在体内积累导致末梢血管扩张，引起脸部血液肿胀而脸红，或使中枢血管收缩，导致血压升高，头昏脑涨。此外，过量摄入白酒会导致白酒中酒精的代谢产物在体内大量累积，从而引发酯类代谢紊乱、增加氨基酸分解代谢、抑制柠檬酸循环、增加组织纤维等多种生理改变，诱发身体不良症状出现。

2. 发酵肉类

发酵肉类的主要特点为营养丰富、风味独特、保存期长等。肉类在发酵剂（主要为乳酸菌和酵母菌）和酶的作用下，蛋白质被分解成游离氨基酸，进一步生成小分子羧酸、醇类、酯类等，促进风味物质的形成。脂肪赋予产品多汁的口感，研究表明，添加 15%脂肪的发酵香肠风味最佳，发酵过程中伴随的脂肪氧化有助于挥发性小分子的形成，提供产品的独特风味。在发酵香肠的制作过程中添加适量的淀粉能使产品保水性增加，添加还原糖促进发酵香肠中的氨基酸及羰基化合物发生美拉德反应，促进产品色泽和风味物质的形成。由于发酵肉制品常采用自然发酵，其安全性主要来源于发酵剂种类、致病菌的繁殖、生物胺和亚硝胺的危害、霉菌和霉菌毒素的危害等，由此可见，发酵剂的优化、发酵环境的改良及抗菌性菌株的筛选在控制发酵肉制品的品质安全等方面尤为重要。发酵肉制品中的蛋白质具有极好的生理价值。在发酵过程中，乳酸菌产生的蛋白酶使原料肉中的部分蛋白质水解，形成更多的多肽和丰富的、比例更合理的各种氨基酸。这使得发酵肉制品中的蛋白质更易被人体消化吸收，具有更好的生化可利用性。发酵肉制品能抑制肠道内有害微生物的活动，恢复有益菌群的优势地位，有助于增进人体的健康。此外，发酵肉制品能促进食欲，增加肠胃蠕动和机体的新陈代谢，增强消化机能。同时，它还能促进人体对钙和磷的吸收。然而，虽然发酵肉制品具有上述的营养和健康益处，但在食用时仍需注意以下几方面的危害。①微生物危害：发酵肉制品在发酵过程中容易受到单核细胞增生性李斯特菌、沙门氏菌、致泻性大肠杆菌等细菌污染并产生肠毒素，严重危害食用安全性。因此，在食用前要确保其来源可靠，并遵循正确的储存和烹饪方法。②化学性危害：不同国家和地区对发酵肉制品中的生物胺限量标准可能有所不同。③盐分摄入：发酵肉制品的盐分相对较低，但对于需要限制盐摄入的人，仍需适度控制食用量。④饱和脂肪摄入：过多食用发酵肉制品可能导致过多的饱和脂肪摄入，对心脏健康不利。因此，在食用时应注意适量搭配其他食物，保持均衡饮食。总之，发酵肉制品具有丰富的营养价值和健康益处，但在食用时仍需注意摄入量和合理搭配其他食物。

3. 发酵乳类

牛奶在发酵过程中，乳酸菌发酵产生的蛋白酶水解部分蛋白质，使得发酵乳与一般牛奶相比含有更多的小分子肽和氨基酸，促进蛋白质吸收，提高蛋白利用率。发酵过程提高了牛奶中维生素 B_1、维生素 B_2、维生素 B_6、烟酸和叶酸等含量。此外，牛奶经发酵，部分乳糖分解为葡萄糖和半乳糖，降低了产品中乳糖含量，有效缓解乳糖不耐症。乳酸菌的存在维持了肠道菌群平衡，抑制有害菌繁殖，具有降低胆固醇、抗衰老和抗肿瘤等功效。近些年，市场针对不同人群推出了功能性发酵乳制品，如营养强化型酸奶，通过添加藜麦、蔓越莓、石榴汁和玫瑰花提取物等物质，分别在营养、风味、口感、抗氧化性等方面提升酸奶品质。此外，还可添加中药成分以增加酸奶中氨基酸含量和提升酸奶功能特性，目前，国内已研发含有枸杞、决明子、葛根、南瓜、山楂、魔芋、灵芝和银杏等成分的功能性酸奶，此类酸奶在降低血脂、降低血糖、抗疲劳以及抗氧化方面有一定的辅助作用。

4. 发酵果蔬类

发酵果蔬类含有比一般果蔬更丰富的营养物质和更高的功能特性。发酵果蔬汁不仅含有人体代谢的必需营养物质，还为人体构成新生组织和修复组织损伤及肌体内部氧化还原提供了必需的酶与激素等生命重要物质。通过双歧杆菌发酵的果蔬汁含有 18 种氨基酸，包括 8 种必需氨基酸，且氨基酸含量高于未发酵果蔬，此外，果蔬汁含有钙、铁、锌、铜等微量元素。发酵果蔬汁不仅可以调节肠道菌群，促进肠道蠕动，还能维持骨骼发育、促进生长发育和组织再生能力，增强机体免疫能力、抵抗氧化衰老等。泡菜中富含维生素 C、维生素 B_1、维生素 B_2 等多种维生素及钙、铁、锌等多种微量元素，在调节人体肠道微生态平衡，促进营养物质吸收等方面具有显著功效。

5. 发酵豆类

大豆富含丰富的营养物质，植酸和胰蛋白酶抑制剂、凝集素和抗原蛋白等抗营养因子等抑制人体对营养物质的消化、吸收和利用。不溶性高分子物质在微生物发酵的作用下被分解成可溶性低分子化合物，不仅保留大豆异黄酮和低聚糖等原有功能性物质，还产生了大豆原本不具有的营养成分和生物活性物质，如维生素 B_{12}、核苷、核苷酸、蛋白黑素和芳香族化合物，提升了发酵豆类食品的营养价值和功能特性。豆腐乳富含蛋白质，研究表明，100g 豆腐乳中蛋白质含量与 100g 烤鸭中蛋白质含量相当，且豆腐乳中氨基酸种类齐全，钙、铁、锌等含量高于一般食品。豆豉在发酵过程中，在一定程度上破坏了胰蛋白酶抑制物，使蛋白酶更方便地与蛋白质作用，促进消化吸收。相较于蒸煮大豆，纳豆具有更高的营养价值，纳豆蛋白含量较高，特有枯草芽孢杆菌、蛋白酶和淀粉酶等，有助于预防骨质疏松、高血压、抗菌消毒、促进消化等。

6. 菌类蛋白食品

菌类蛋白肉的蛋白质、脂肪和膳食纤维等营养物质含量较高，满足人体能量代谢所需。菌类蛋白肉产品素鸡块蛋白质含量为 11.80g/100g，和普通鸡块蛋白含量相当（15.90g/ 100g）。普通鸡块碳水化合物含量为 14.90g/100g，素鸡块的碳水化合物含量为普通鸡块含量的 2 倍。菌类蛋白是由链孢霉菌发酵生产所得，在生产中已去除 RNA 和毒素，且进行了 12 年的安全性评估，但是仍有研究表明一些人群在食用菌类蛋白素肉产品后出现严重的胃肠道症状和过敏反应。研究人员调查结果表明 1752 人食用菌类蛋白食品后均出现过敏、呕吐、腹泻等胃肠道症状，因此，由链孢霉菌生产的菌类蛋白的食用安全性仍需进一步的评估验证。

（三）微生物发酵类食物的健康功效分子机制

1. 发酵酒类影响高血压的分子机制

白酒基本上是纯能量食物，不含其他营养素。较多的研究显示饮酒与血压之间呈一种“J”形关系。一方面，轻度饮酒者（每天 1~2 杯）比绝对戒酒者血压低；另一方面，与不饮酒者相比，每天饮 3 杯或者更多者血压明显升高，提示过量饮酒是高血压的危险因素。每一标准杯约含酒精 14g。有研究报道酒精每周摄取超过 100g，则致死性高血压疾病风险上升 24%。当每日酒精摄入量超过 100g 时，男性高血压患病风险会升高 147%，女性会升高 181%。酒精摄入量对血压危害的可能机制是：少量饮酒时，虽然心输出量会轻微增加，但外周血管会舒张，血压由此出现暂时性下降。但长期大量饮酒，可能导致血液中 Ca^{2+} 内流入外周血管平滑肌细胞，而 Mg^{2+} 则外流，导致血管平滑肌收缩，血压升高。

2. 发酵酒类影响血脂的分子机制

许多研究证明，适量饮酒可升高血清高密度脂蛋白胆固醇（HDL-C）水平，可能与酒精促进 HDL-C 在肝脏合成并增加脂蛋白酶、脂肪酶的活性有关。但过量饮酒则会对机体的血脂代谢产生不利影响。酒精作为能量物质，可刺激肝脏合成甘油三酯（TG），升高血清中 TG、低密度脂蛋白胆固醇（LDL-C）、极低密度脂蛋白胆固醇（VLDL-C）的水平。

酒精也可刺激脂肪细胞内的脂肪分解，释放出游离脂肪酸，进一步促进肝脏合成 TG。此外，酒精可使 VLDL-C 及乳糜微粒从血中清除减慢，导致血清 TG 升高。

3. 发酵乳类影响糖尿病的分子机制

糖尿病是以高血糖为特征的代谢性疾病，益生菌发酵乳干预在糖尿病治疗中显示出良好的效果。有研究显示益生菌发酵乳干预能显著降低患者的同型半胱氨酸和胰岛素抵抗水平。在随机人体临床试验中，嗜酸乳杆菌 LA-5 和乳双歧杆菌 BB-12 发酵乳通过显著降低糖尿病患者的 TNF-α、抵抗素和果糖胺水平而显示出抗糖尿病潜力。血糖效应主要由免疫调节效应控制，随后调节葡萄糖的脂联素的产生。2 型糖尿病患者会出现身体逐渐不能吸收和使用胰腺产生胰岛素的情况。2 型糖尿病与肠道失调、氧化应激、神经和行为障碍有关，而益生菌能够与益生元和合生元互作，通过调节肠道微生物群来缓解或者治疗糖尿病。益生菌乳制品的降血糖作用也可能是由于益生菌培养物的直接作用或产品中生物活性肽的存在对消化酶的间接作用。

4. 发酵果蔬抑菌的分子机制

已有研究表明，益生菌发酵果蔬汁具有抑菌功能，这种功能多归因于益生菌的胞外代谢产物。细菌素是某些细菌在生长代谢过程中通过核糖体合成机制产生的一类具有抑菌活性的多肽或前体多肽。部分乳酸菌在代谢过程中所产生的细菌素，又称抗菌肽，是一种生物活性多肽，能在靶细菌细胞膜上形成通道或直接抑制某些细胞功能而发挥高效抑菌或杀菌作用。

抑菌功能可能也与酚类、有机酸等化合物的产生有关。酚类化合物多具氧化能力，通过破坏细胞膜、蛋白质沉淀、氧化作用、阻断酶活性、干扰细胞分裂等方式破坏微生物的细胞膜和代谢过程，最终导致细菌死亡。益生菌代谢产生的乙酸、乳酸、苯乳酸等有机酸可通过竞争作用、增加细菌外膜通透性、改变胞内渗透压以及抑制大分子等方式来抑制有害微生物生长。

5. 发酵豆类影响糖尿病的分子机制

大豆原料经过微生物发酵后，通过微生物体内的酶系作用，可以生成活性更高的营养物质，使得大豆本身不容易吸收利用的成分也变得易于吸收。大豆经乳酸菌发酵后可以产生生物活性更高的小分子易吸收的营养物质，更具营养价值。有研究显示，大豆蛋白在大豆发酵过程中，经过乳酸菌分泌的系列蛋白酶和肽催化反应后可以降解生成多种氨基酸和肽类，其中包括各种大豆营养肽及苏氨酸、亮氨酸、甘氨酸等，其中亮氨酸对糖尿病缓解有一定的作用。同时，经生物酶系的代谢活动后，大豆多肽、大豆异黄酮苷元、大豆多酚等生理活性物质都有较强的抗氧化活性，而强化后的抗氧化活性物质有助于糖尿病的缓解。

6. 发酵豆类降低血脂的分子机制

（1）通过改善肠内菌群以及促进小肠上皮细胞代谢等途径降低血脂　传统大豆发酵食品中的大豆多肽可以促进肠道内诸如乳酸菌、双歧杆菌等益生菌的生长，从而有效地降低血脂。有文献证实，双歧杆菌、乳酸菌及其发酵乳制品均能通过提高血清中 HDL-C，抑制 3-羟基-3-甲基戊二酰辅酶 A（HMG-CoA）还原酶的作用而降低血清胆固醇；另外亦可通过共沉淀作用及菌体对胆固醇的同化作用达到降低胆固醇的目的。而双歧杆菌在代谢时所产生的烟酸在一定程度上也有降低血清胆固醇的作用。此外，传统大豆发酵食品中的类黑精素（Melanoidin）以及低聚糖也能通过促进肠道益生菌的生长而起到降低血清胆固醇的作用。经动物实验证实，类黑精素具有降低血清胆固醇、促进小肠上皮细胞的代谢以及改善肠内菌群等功能。

（2）通过抗氧化物质的生理活性作用降低血脂　传统大豆发酵食品中的大豆皂苷、大豆异黄酮和大豆低聚糖等生理活性物质能通过抗氧化作用来降低血清胆固醇。研究发现，大豆皂苷具有增加超氧化物歧化酶（SOD），减轻自由基损害的作用；它可以通过抑制过氧化脂质（LPO）生成及 LDL 氧化修饰等作用而达到降低血清胆固醇和甘油三酯的效果。此外，大豆皂苷还能通过降低体内转氨酶含量，抑制不饱和脂肪酸的过氧化和因肾上腺素作用造成的脂类分解等作用而降低血清胆固醇和甘油三酯的含量。

（3）通过促进脂质代谢降低血脂　有文献报道，大豆异黄酮能通过增加胆汁酸分泌、胆固醇的肝代谢以及调节 LDL-C 受体活性等作用实现降血脂的功效；另外，大豆异黄酮还能通过提高 HDL-C 的水平，促进脂质排泄和胆固醇的逆向转运（Reverse Cholesterol Transport，RCT）等达到降脂的作用。大豆多肽和大豆低聚糖也有类似的生理功能，它们能通过增加 HDL-C，减少 LDL-C 的作用降血脂。此外，大豆多肽还能通过刺激甲状腺激素分泌促进胆固醇代谢产生胆汁酸的作用降低血清胆固醇。日本学者小松卡夫等在治疗儿童肥胖症过程中证实，大豆多肽能提高基础代谢率、减少脂肪沉积。

必需脂肪酸（即不饱和脂肪酸）是促进胆固醇代谢的另一重要因素，因为人体内的胆固醇与必需脂肪酸结合后才能在体内正常转运及代谢，否则血清胆固醇就会明显上升，引发一系列心脑血管疾病。传统大豆发酵食品中存在大量经微生物发酵衍生而得到的一类不饱和脂肪酸——共轭亚油酸（Conjugated Linoleic Acid，CLA），它能与血清胆固醇结合从而促进胆固醇氧化分解。除共轭亚油酸外，传统大豆发酵食品中的不饱和卵磷酯在卵磷酯胆固醇酰基转移酶的作用下使胆固醇酯化，然后转入血浆，排出体外。

第五节 未来食品与健康

一、未来食品概述

中国工程院院士曾解读对未来食品的定义，将食品的时间段分为传统、现代和未来三部分，以此为刻度，会发现同一种食品出现在不同的历史阶段。如，人们经常吃的米饭、饺子既是传统食品，也是现代食品；当下流行的辣条属于现代食品，它有两个学名，调味面制品和指压面制品。很多现代食品，未来还会吃，就会成为未来食品，如最近比较热的人造肉属于未来食品。未来食品是未来生产方法和生活方式改变的代表性物质，其以解决全球食物供给、资源环境、质量安全、营养健康、饮食方式和精神享受等为目标，利用合成生物学、感知科学、物联网、人工智能、增材制造等颠覆性前沿理论和技术，为全球食物供给和质量、食品安全和营养、饮食方式和精神享受等问题提供更加有效的解决途径，将引领食品产业的发展方向。未来食品内涵深远、外延广阔，不但涵盖食物的生产、收获、贮藏、加工、包装、分销、消费等各个环节的理论与技术，而且与农业系统、生态资源、地球环境、动物福利、人类精神文明等密不可分。根据国内外的大量讨论，未来食品的意义和价值主要表现在三个方面：

一是未来食品可能变革传统食品工业制造模式。主要是通过食品和生物技术的结合，改变传统的种植养殖方式，以车间生产模式制造肉、蛋、奶、油等。典型的代表是人造肉，采用大豆等植物蛋白为原料、经过高湿/低湿挤压和组织化得到植物蛋白肉，或从动物提取成肌干细胞、扩增培养成肌肉细胞、分化成肌肉纤维的细胞培养肉。

二是未来食品将使人更健康、使地球更健康。使人更健康是因为现在全球由于饮食方式产生慢性病，年增500万死亡人口；大量的医学研究表明，在动物蛋白中加入一定的植物蛋白，可以显著降低死亡的风险。使地球更健康是因为全球食品产业产生温室气体总量的25%，需要耕地40%，现在畜禽养殖方式获取动物蛋白比植物、微生物等方式获取蛋白，在资源占用和对环境影响等方面，均高出许多。

三是未来食品能应对人类面临的挑战。据联合国数据，到2050年全球蛋白质的增量还需要30%~50%。我国农业部数据表明，2021年我国饲料蛋白的进口接近50%。因此，替代蛋白成为未来食品的一个重要内容。不仅具有上述的资源和环境效益，在蛋白质的生产效率方面，微生物培养、植物培育也比传统畜禽养殖有明显优势。

未来食品的主要任务是解决食物供给和质量、食品安全和营养、饮食方式和精神享受等问题；其技术基础包括不同学科领域的前沿技术，如合成生物学、物联网、人工智能、增材制造、纳米技术等；其产品标签为更安全、更营养、更美味、更可持续。特别要指出的是，未来食品的发展路径将是3T（BT生物技术、IT信息技术、FT食品技术）融合，实现高技术产业。

二、未来食品的核心关注

未来食品的核心内容包括植物基食品、食品感知科学、食品智能制造、食品生物技术、精准营养和食品安全等方面。面向世界科技前沿，要以未来食品为契机抢占前沿食品科技制高点。“未来我们肯定还要吃饺子，还要吃面条”。中国工程院院士表示，“未来食品是在传统食品、现代食品基础上发展起来的，在形态上并不会有大的改变，而是在用料、加工技术等方面进步。”例如，北京冬奥会向全世界展示了中国食品产业现代化、未来化的发展方向：许多食品由机器加工而成，口感不逊于人工制作，很多国外参会人员纷纷拍照分享在社交媒体上。未来食品会在满足各类人群精确需求的同时做到环境友好，未来食品的发展将突出6个“新”：食品营养健康的突破将成为食品发展的新引擎，食品物性科学的进展将成为食品制造的新源泉，食品危害物发现与控制的成果将成为安全主动保障的新支撑，绿色制造技术的创新将成为食品产业可持续发展的新驱动，食品加工智能化装备的革命将成为食品工业升级的新动能，食品全链条技术的融合将成为食品产业的新模式。

1. 植物基食品

植物基食品是以植物蛋白替代动物蛋白制成的一类食品，如植物基肉制品纤维状结构的形成与保持，赋予产品与动物肉相似的外观及口感。作为未来食品的代表，植物蛋白肉在健康、安全、环保等方面均较传统养殖肉类具有显著优势，目前已成为消费者追求个人健康及关注全球生态的一种生活方式，也是未来食品科学发展的重要方向。

2. 食品感知科学

食品感知科学是未来食品研究的重要领域之一，主要针对食品复杂的物理、化学特性以及生理、心理特征开展研究，包括食物感官刺激的物质基础、感觉形成的生理途径以及客观刺激感受与消费者情感反馈的关系等研究内容。在多元刺激与感知交互中，食物刺激与消费者情绪认知的影响是双向的、相互的。一方面，情绪影响着人们的摄食欲望以及对食物刺激的反馈；另一方面，食物摄入产生的刺激也会影响人的心情，这种情绪认知会进一步影响消费者对食物的感知。

3. 食品智能制造

充分利用互联网技术、数据库技术、嵌入式技术、无线传感器网络、机器学习等多种技术融合，实现制造业智能化、远程化测控，通过人、设备与产品实现实时连通、相互识别和有效交流，构建高度灵活的个性化和数字化的智能制造模式，保障食品加工的高效、低碳和优质。以现代信息技术为标志的第四次工业革命正影响食品制造业，其突出特点是“互联网+智能制造”。食品智能制造系统的核心在于柔性加工、数字集成、感知物联和智能控制，通过在一般信息系统中增加感知、认知以及学习功能，可以掌握人工难以感知的动态变化运行工况，认知人工难以及时处理的多类信息，决策人工难以实现的全局优化。在新一代信息技术与制造业深度融合的发展主线下，食品装备智能化和食品智能生产将引领食品制造业不断创新发展，智能制造可能成为食品工业转型升级的关键途径。

4. 食品生物技术

食品生物技术是食品工业的重要分支，既包括了现代生物技术在食品原辅料制备、食品加工中的应用，也囊括了食品发酵和酿造等传统生物转化过程。生物反应工程、合成生物学、蛋白质工程、细胞工程等诸多前沿生物技术的发展，也对现代食品生物技术的快速发展起到了极大的推动作用。食品生物技术的根本目的是基于生物独特的生命代谢方式，控制适当的反应条件，实现食品的高效生物制造。针对未来食品高效生物制造的新需求，基于合成生物学、基因编辑、细胞工程、生物反应工程、蛋白质工程等新兴生物技术，构建以资源充分综合利用为特色的食品生物工程关键技术体系，实现食物资源和新资源的人工生物合成制造，食品生物技术可能成为食品工业健康发展的主要支撑。

5. 精准营养和食品安全

食品组学作为综合了食品安全与营养、先进分析技术和系统生物学的交叉学科，对人类健康的研究将更加细致、全面。随着食品营养与安全理论的日益完善，高通量、高精度的先进分析技术将逐渐突破食品成分的复杂性和自然变异性限制，提升成分分析检测能力。此外，由于计算机技术特别是人工智能的迅猛发展，设备计算能力显著增强，可为食品组学的发展提供有力保障。基于食品组学分析食品营养组成、活性成分及其进入机体后的代谢规律，并以此评估某种食品对人体健康和疾病的影响更为直接有效。针对我国不同地区、不同民族、不同生命周期的人群体质和代谢特征，围绕食品营养与健康关系，采用以宏基因组学、转录组学、蛋白质组学和代谢组学等技术为基础的分子营养学研究方法，探讨食物营养物质、功能因子对人体靶基因表达的影响，阐明食品成分、功能因子之间的协同作用及其健康效应，建立适于不同人群和个体的食品精准营养设计智能化模型，最终实现对不同人群更精准、更有效、更安全的营养支持。

三、未来食品与人类健康及美好生活

未来食品的蓬勃发展，将对食品科学基础研究的深化、食品领域创新技术的开发、食品新兴业态的创构以及食品产业的结构优化和健康持续发展起到巨大助推作用，也将为人类提供更安全、更营养、更美味、更可持续的食品。

针对我国食品科技发展愿景和重大战略需求，围绕制约未来食品产业高质量发展的基础和技术瓶颈问题，面对未来食品科技创新发展所面临的新挑战和新需求，有必要聚焦“成为全球食品科技创新中心，率先进入创新型国家前列”这一战略目标，围绕全力打赢关键核心技术攻坚战和实现高水平自立自强两个着力点，加快推进加工制造、营养健康、食品生物工程、智能装备、质量安全、包装物流六大战略任务布局，着力突破植物基食品、食品智能制造等食品领域颠覆性创新技术和装备，实现食品安全、人类健康、美好需求的保障，催生食品细胞工厂、食品智能制造、智慧厨房、精准营养等未来食品产业新业态，形成具有中国人自身消费习惯和膳食模式的未来食品加工制造体系，助推我国食品产业结构优化和健康持续发展。

未来食品和未来的食品科学，正伴随着健康中国的大战略发展，也带来很多的遐想和机遇。虽然无法准确预测未来食品是什么样子，也无法准确预测未来食品科学研究该如何进行，但是可以确定的是，未来食品科学研究必须遵循满足人类健康和美好生活的需要的原则，未来食品工业的发展必须沿着可持续的道路，材料科学、生命科学将会是未来食品科学的学科基础，多学科交叉将会是未来食品科学研究的必然手段。

思政要素解读

能力拓展

1. 探究式学习，提高分析及研究问题能力

能够基于科学原理并采用科学方法对食品营养中的复杂问题进行研究，包括营养物质的探究、食物的合理搭配、健康食谱的定制。

2. 能够熟练运用营养知识，树立社会责任感

能够基于膳食营养与健康的相关知识合理分析中国居民的营养状态，并理解应承担的责任和义务。

3. 了解并践行大食物观

能够理解从更广的维度把握粮食安全，构建多元化食物供给体系的需要，发挥主观能动性，着眼大局，深入了解并践行大食物观。

素养提升

1. 结合中国居民营养现状，认识专业使命，提高社会责任感

通过对中国居民营养现状的分析和探究，明确作为食品人肩上的责任，勇于担当。

2. 勤学拓展，深入理解贯彻党政方针

通过对国家相关标准的学习，明确其制定的意义、从标准内容到制订过程。了解党和国家为维护人民生命财产健康所付出的努力，塑造正确的价值观。

3. 联系理论和实践，提升素养和解决复杂问题的能力

以实际需求为导向，通过理论与案例的结合分析，在膳食设计和营养分析过程中实事求是、脚踏实地、勇攀高峰，培养良好的素养，提高解决复杂问题的能力。

思考题

1. 请写出孕妇时期膳食主要营养素需要量。
2. 学龄儿童及青少年时期的膳食指南是什么？
3. 如何合理安排老年人的膳食，预防营养缺乏？
4. 请简述微生物来源食品对人体健康的影响。
5. 未来食品的核心关注有哪些方面？
6. 怎么实现未来食品的创新？

第七章

07

分子营养学的研究技术

本章学习目标

1. 了解动物模型在分子营养学中的应用;
2. 了解细胞模型在分子营养学中的应用;
3. 掌握分子相关研究技术的基本原理及操作;
4. 了解生物信息学概念及应用。

第一节　营养学研究中的动物模型

一、实验动物与动物模型

(一) 实验动物

实验动物 (Laboratory Animals) 作为“活的试剂”与“活的度量器”,是现代生命科学研究的重要组成部分。实验动物是指经人工饲育,对其携带的微生物实行控制,遗传背景明确或来源清楚,用于科学研究、教学、生产、检定以及其他科学实验的动物。实验动物一般具有如下特点:

1. 遗传背景明确

实验动物具有明确的遗传学要求,必须是人工培育、来源清楚、遗传背景明确的动物。目前,按遗传学控制方法,根据基因纯合的程度,常把实验动物划分为近交系 (Inbred Strain)、突变系 (Maiant Strain)、杂交群 (Hybrids)、封闭群或远交群 (Closed Colony or Outbred Stock) 四类。

2. 微生物和寄生虫的控制

在实验动物繁育的全过程中,必须严格监控其所携带的微生物和寄生虫。据此,也可以将实验动物分为四个等级,包括普通级动物 (Conventional Animals, CV)、清洁级动物 (Clean Animal, CL)、无特定病原体级动物 (Specific Pathogen Free Animals, SPF)、无菌级动物 (Germ Free Animal, GF)。其中,SPF 动物必须饲养在屏障系统中,实行严格的微生物学控制,适用于所有科研实验,是目前国际标准级别的实验动物。

3. 应用要求

在物理或化学实验中，根据不同的实验目的，应用精密度不同的仪器或纯度不同的试剂，如化学纯（Chemically Pure，CP）、分析纯（Analytial Reagent，AR）试剂等。同样的，生命科学研究更加需要敏感性强、反应一致、适合各种实验目的要求的健康的品系动物。因此，要求实验动物对实验因素敏感性强，反应高度一致，使研究结果具有可靠性、精确性、可比性、可重复性和科学性。

（二）动物模型

随着现代生命科学的不断发展，研究人员对实验动物的应用要求也不仅限于遗传性状稳定、纯合性好。如何发现和保留具有不同生物学特性的品种、品系并培育出与人类疾病有关的动物模型，为生命科学及医药研究提供符合要求的标准化模型实验动物是当前相关研究领域的热点之一。人类疾病的动物模型（Animal Model of Human Diseases）是生物医学研究中，为阐明人类疾病的发生机制或建立治疗方法所建立的，具有人类疾病相似性表现的动物实验对象和材料。使用动物模型是现代生物医学研究中的一个极为重要的实验方法和手段，有助于更方便、更有效地认识人类疾病的发生、发展规律和研究防治措施。

（三）动物模型设计原则

一个好的疾病动物模型应该具有以下基本特征：①重现性好，应再现所需要研究的人类疾病；②动物模型的遗传背景完整，生命周期能够满足实验设计的要求；③复制率高、专一性好，即一种方法只能复制出一种疾病模型。因此，生命科学相关研究人员在实验设计中常要考虑如何建立动物模型的问题，在设计动物疾病模型时需要遵循：①相似性原则，即动物模型应尽可能接近于人类疾病的实际情况；②重复性原则，作为重要研究对象的动物模型应该是可重复的，甚至是可标准化的；③可靠性原则，即所建立的动物模型应该具备该种疾病的主要症状和体征，能够特异地、可靠地反映某种疾病；④适用性和可控性原则，即尽可能考虑到今后动物模型在临床上的实际应用；⑤易行性和经济性原则，指研究中所采用的构建动物模型的方法应尽量做到容易执行和合乎经济原则。实验动物作为人类的“替身”被用于实验研究，为人类医学研究做出了巨大牺牲与贡献。因此，我们要加深对于动物模型设计原则的理解，强化实验动物伦理理念，遵守实验动物相关管理法律、法规及国标标准，树立法治意识与职业道德。

二、常见的动物模型

随着科学技术的不断进步，人类疾病动物模型在生物医学研究中越来越显示出它的巨大作用，发展至今，动物模型已经具有比较完善的理论和方法。常用于构建动物模型的方法有：①通过人工培育建立自发动物模型；②通过化学、生物、物理或复合因素处理诱发建立动物模型；③通过基因工程方法进行遗传修饰建立基因工程动物模型。

根据疾病产生的原理、系统范围、模型种类、中医药体系等差异，通常可以将动物模型分为：①诱发性疾病动物模型；②自发性疾病动物模型；③中医证候动物模型；④基本病理过程动物模型；⑤各系统疾病动物模型等。

三、动物模型在生命科学研究中的应用

在现代生命科学研究中，人类的健康和福利都离不开实验动物的应用。据统计，现代生命

科学与生物医学领域的科研课题有60%以上需要用实验动物，有许多课题的研究离开了实验动物就寸步难行。动物模型在生命科学研究中应用较广的有如下几个领域。

1. 在免疫学研究中的应用

现代免疫学的发展离不开实验动物科学的兴起，免疫学上的大量知识都是通过动物实验获得的。特别是各种近交系和突变系动物、无菌动物、悉生动物及无特定病原体动物的培育，为免疫学研究提供了重要手段。

举例如下：①研究感染与自身免疫病的关系，常用自身免疫性溶血性贫血的 NZB 小鼠；②研究自身免疫性疾病与遗传的关系，常用自发性自身免疫病的（NZB×NZW）F1 小鼠；③研究红斑狼疮疾病，常用自发类似狼疮性肾炎疾病的 B/WF1（NZB×NZWF1）小鼠；④研究高（低）免疫球蛋白血症，通常采用易患 IgM 巨球蛋白血症的 C3H/He 小鼠；⑤研究各种免疫缺陷病，常用易发生先天性补体功能缺乏症 AKR/N 和 BIO、DZ/DSnN 品系小鼠；⑥研究过敏症，AS 大鼠和 AUG 大鼠常用于过敏性脑脊髓炎、自身免疫性肾小球炎和自身免疫性甲状腺炎的研究。

2. 在单克隆抗体技术研究中的应用

1975 年首创的基于杂交瘤（Hybidoma）合成单克隆抗体（Monoclonal Antibodies，McAb）技术是近年来生物医学领域的一项重大突破，它从根本上解决了免疫学中长期存在的特异性和重复性问题。BALB/C 系小鼠是此技术中最常用的动物，目前用于细胞融合的小鼠骨髓瘤细胞几乎都来源于 BALB/C 系小鼠。其杂交瘤可接种于 BALB/C 系小鼠或它的杂交第一代小鼠，从带瘤动物取血清或腹水制备单克隆抗体。

3. 在肿瘤学研究中的应用

肿瘤尤其是恶性肿瘤是目前危害人类生命健康最严重的疾病之一。研究肿瘤的病因学、发病学、肿瘤细胞的生物学特性、肿瘤和宿主的相互关系、肿瘤的诊断预防和治疗等有关肿瘤的一切知识都离不开实验动物和实验动物科学的各项开发研究成果。例如，应用 AKR 自发白血病小鼠作为研究人体白血病和淋巴瘤的模型，它对药物的治疗反应类似儿童急性淋巴性白血病。此外，在抗肿瘤药物研究中应用最多的是自发乳癌动物模型，常用高自发率的 C3H 小鼠或 BALB/C 雌鼠与 DBA/2 雄鼠杂交的第一代 CD2F1 小鼠（自发乳腺癌），其自发瘤可高达 70%。

4. 在病毒学研究中的应用

动物模型在病毒学研究中有着广泛的应用，例如，研究虫媒病毒常选用小白鼠乳鼠及刚断乳的幼鼠，因为许多柯萨基病毒 A 型直到目前仍然不能在 1 月龄小白鼠以外的任何非人的宿主中培养，而乳鼠对柯萨基病毒、呼吸道肠道病毒和虫媒病毒有高度易感性，常被用于分离病毒或用感染乳鼠脑制备补体结合抗原，其抗原滴度高且非特异性较小。

5. 在老年病学研究中的应用

目前，用于老年医学研究的实验动物以哺乳类动物为主，有小鼠、大鼠、豚鼠、兔、狗、猪、猴等，大鼠用量最多，并广泛用于各种项目的研究，以细胞生物化学、消化器、激素、酶等研究为主。此外，还有一些非哺乳类动物模型在老年医学研究中也常被选用，如果蝇、线虫、斑马鱼等。国内天津医学院老年实验室研究人员认为，用果蝇作为老年学实验动物模型比较合适，果蝇的生存期短、繁殖快、高度纯种、饲养管理简便，常用果蝇进行筛选抗衰老药物的相关研究。

四、营养学研究中常见的动物模型

随着人们对于饮食与健康的日益重视，人类对营养的认识由感性上升到理性，产生了现代营养科学并不断发展与进步。围绕现代营养学研究关注的几个方向，动物模型在其中得到了广泛的应用。下文具体介绍营养学研究中常见动物模型的建立方法、特点与应用。

（一）常见糖尿病动物模型

1985 年，世界卫生组织将糖尿病分为胰岛素依赖型（Insulin Dependent Diabetes Mellitus，IDDM）和非胰岛素依赖型（Non Insulin Dependent Diabetes Mellitus，NIDDM）。因此，目前营养学研究中常用的糖尿病动物模型主要分为自发性糖尿病模型和诱发性糖尿病模型（图 7-1）。

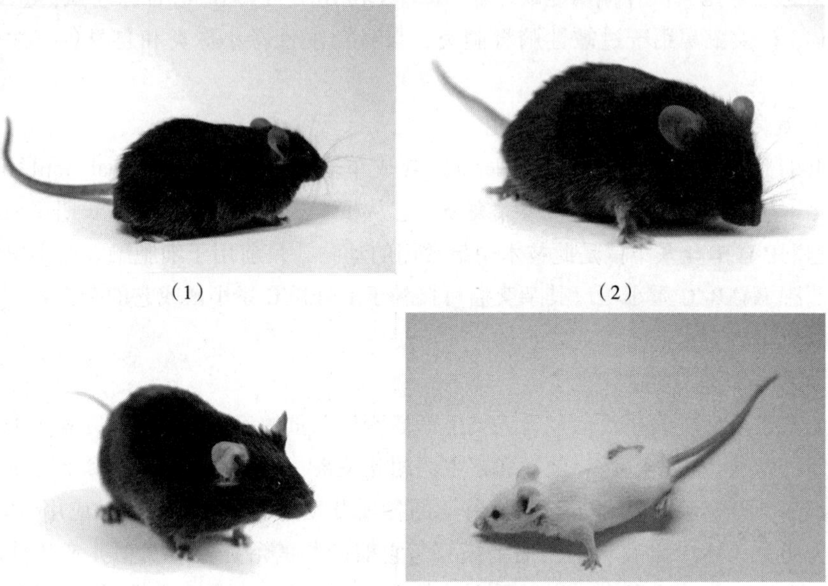

（1）　（2）　（3）　（4）

图 7-1　几种常见的糖尿病和肥胖模型动物

（1）ob/ob 小鼠　（2）db/db 小鼠　（3）DIO 小鼠　（4）NOD 小鼠

1. 自发性糖尿病模型

（1）NOD 小鼠　一种常见的非肥胖型糖尿病小鼠。NOD 小鼠的糖尿病病程特征是胰岛炎，症状表现为白细胞逐渐渗透到胰腺的胰岛，大量的白细胞进一步积聚在胰岛外围。NOD 小鼠约 12 周大小可以检测到明显的胰岛素水平的降低，并进一步以中度糖尿和高于 250mg/dL 的非禁食血浆血糖浓度为标志，证实糖尿病的发生，这期间出现体重减少、易渴、多尿的症状，但不出现酮酸症。

（2）LETF 大鼠　一种胰岛素依赖型疾病模型动物，通常在 8~20 周龄发生糖尿病，其主要症状为骤发多尿、多食、多饮、高血糖和体重减轻，发病后较为显著的特征是血糖升高、血浆胰岛素显著降低，在糖尿病发生后几天就能检测到尿酮。其病理特征主要是淋巴细胞浸润到胰岛内，随后发生胰岛 β 细胞的破坏与淋巴细胞的消失，无明显的 T 细胞减少症。

（3）Wistar 大鼠　BB Wistar 大鼠属自发性胰岛素依赖型模型，是当前自身免疫性 1 型糖尿病常用的实验动物模型。BB Wistar 大鼠经随机交配生产的子代，多于 8～12 周龄发生糖尿病，其糖尿病发生率达 90%。从临床症状上来看 BB Wistar 大鼠表现为高血糖、高血酮、多尿和糖尿、酮体尿、肝糖原过多、胰岛 β 细胞受损、血浆低胰岛素血症等，这些表现非常类似于人类青少年糖尿病。

（4）Goto-Kakizaki 大鼠　又称 GK 大鼠，是一种非肥胖型 2 型糖尿病（T2DM）早期的模型大鼠。GK 大鼠的代谢和各项糖尿病指标与人类 T2DM 非常相似。因此，也是常用于与 T2DM 相关研究的动物模型。

2. 诱发性糖尿病模型

目前，诱发性糖尿病动物模型可用化学药物如链脲佐菌素、四氧嘧啶、二苯基硫代卡巴肼、2-脱氧葡萄糖、甘露庚酮糖等破坏胰岛 β 细胞，或通过手术切除胰腺以及使用致高血糖因子等手段复制。

（二）常见肥胖动物模型

饮食诱导的肥胖（Diet-Induced Obesity，DIO），是当前研究的热点。DIO 模型，属于西方饮食模型之一，是基于高热量、高脂肪饮食建立的模型。目前用于复制肥胖模型的动物分为两类：一类是一般实验动物，另一类是具有肥胖遗传背景的动物（图 7-1）。

1. Zucker 大鼠

在基因性肥胖的实验动物中，Zucker 大鼠是最有名的、最广泛使用的大鼠模型。它在 1961 年首次发现，属于 *Fa* 基因突变而成的隐性基因 *fa* 所致肥胖动物模型，显性基因 *Fa* 基因实际上是瘦素受体的基因，而隐性基因 *fa* 是 *Fa* 基因发生突变，成为失去了与瘦素受体结合能力的突变基因。因此，Zucker 大鼠包括瘦型和肥胖型两个亚系，瘦型 Zucker 大鼠的基因型为 *Fa/Fa* 或 *Fa/fa*，能够正常表达瘦素受体（Leptin Receptor），而肥胖型 Zucker 大鼠的基因型为 *fa/fa*，不能表达瘦素受体。肥胖型 Zucker 大鼠是研究肥胖基因的常用实验动物，瘦型 Zucker 大鼠作为肥胖型 Zucker 大鼠的对照动物使用时，可以进行肥胖机制的对比性研究。肥胖型 Zucker 大鼠非常类似于人类肥胖和 2 型糖尿病早期阶段，包括胰岛素抵抗、糖耐量试验异常、空腹血糖正常。此外，还表现为高血脂、生殖能力降低等一系列肥胖并发症。

2. C57BL/6J 小鼠

对高脂饲料敏感，经高脂饲料喂养后肥胖速度比较快，也被称为 DIO 小鼠。此外，C57BL/6J 小鼠经高脂饲料喂养后还形成胰岛素抵抗和高胰岛素血症，是代谢综合征敏感动物，用于代谢综合征的研究或者用于代谢综合征造模。由于胰岛素抵抗，还会刺激脂肪肝形成，因此，该品系小鼠也常用于脂肪肝模型的造模。

3. db/db 肥胖小鼠

该品系小鼠出生 10d 后即表现多食、肥胖及血糖升高，同时胰岛素分泌增加至正常值的数倍，但组织中的胰岛素受体明显少于正常水平，并且受体的结合力也低于正常水平。此种模型类似于人类中年肥胖并发的糖尿病，胰岛素分泌过多，并且变异较大，大多数鼠不能存活到 8 个月以上，但若在早期节制饮食则可延长生命。

4. ob/ob 小鼠

一种肥胖自发突变的纯合子小鼠。纯合子突变小鼠体重迅速增加，可达野生型对照鼠体重的 3 倍。除了肥胖以外，突变鼠还表现出摄食过量、糖尿病样高血糖综合征、糖耐量不良、血浆胰岛素升高、生殖力降低、创伤愈合能力受损以及垂体和肾上腺激素水平升高。该种小鼠还表现出代谢减退和体温降低。它们的肥胖特征表现为脂肪细胞的数量和体积均增加。尽管摄食过量是肥胖的原因之一，但在按照维持瘦鼠正常体重的饮食水平进行限制饮食的条件下，纯合子还是会出现体重过剩和脂肪沉积的现象。

第二节 营养学研究中的细胞模型

一、细胞模型概述

细胞模型就是模拟生理或病理特征的细胞，用于体内生理或病理机制的研究，例如，用肠细胞研究食物的消化和吸收、癌细胞研究癌症、神经细胞研究帕金森病等。细胞模型因其能模拟体内的生理和病理变化，越来越受到研究者的关注，在营养、生物制药和化妆品领域被广泛应用。相对于模式动物的高成本和有限的筛选通量，低成本的细胞培养模型，通过现代小型化和自动化技术，可用于大规模食品和药物功效评价筛选。细胞模型还可将复杂的生物系统简化为更易操控的研究平台。

二、细胞模型与营养学研究

（一）细胞模型与肥胖

肥胖是指体重明显超重，脂肪层过厚，体内脂肪，尤其是甘油三酯积聚过多而导致的一种状态。脂肪组织主要由脂肪细胞、巨噬细胞、成纤维细胞、周细胞、血细胞、内皮细胞、平滑肌细胞、间充质干细胞和脂肪前体细胞组成。脂肪细胞来源于间充质干细胞。脂肪细胞分化是一个复杂的多步骤过程，涉及多种转录因子级联反应，这些转录因子调节基因表达并诱导脂肪细胞的形成。在脂肪形成过程中，初级前脂肪细胞是成纤维细胞，在适当的条件下，可以分化为成熟脂肪细胞。3T3-L1、3T3-F442A 和 C3H10T1/2 为初级前脂肪细胞。3T3-L1 细胞是从小鼠 Swiss 3T3 细胞改造而来的前脂肪细胞系。3T3-L1 细胞在适当的条件下可诱导成脂肪细胞，用于脂肪生成和肥胖相关特征的研究。另一种源自小鼠的 Swiss 3T3 细胞是 3T3-F442A 细胞，该细胞转化成脂肪细胞的效率比 3T3-L1 更高，因此，3T3-F442A 能积累比 3T3-L1 细胞更多的脂肪。3T3-F442A 细胞也被用于研究化合物在分化过程中的作用。OP9 小鼠基质细胞是一种新的研究脂肪生成的模式细胞，该细胞系从新生小鼠的颅骨中获得，为巨噬细胞集落刺激因子基因缺陷的细胞，经诱导刺激后，仅 72h 就可生成脂肪，可用作高通量鉴定化合物或营养物质对脂肪生成的影响。血清、胰岛素处理或油酸盐法和鸡尾酒疗法（cocktail）可诱导 OP9 小鼠基质细胞系分化为脂肪细胞。人类原代前脂肪细胞是研究化合物或营养物质对脂肪生成和肥胖的影响机制的理想细胞模型。哺乳动物有两种不同的脂肪，白色脂肪和棕色脂肪。白色脂肪负责储存多余的热能，棕色脂肪细胞会分解脂肪将其转变为热量。白色脂肪以甘油三酯的形式储存能量，对人体健康有害，大量堆积可能会导致胰岛素抵抗、代谢综合征和 2 型糖尿病发生。棕色脂肪细胞与白色脂肪在形态和功能上有区别，它能分解脂肪和葡萄糖为人体供能。米色脂肪细胞也能分解脂肪产生能量。胰岛素、地塞米松、罗格列酮和三碘甲状腺原氨酸可诱导原代前脂肪细胞分化为棕色和米色脂肪细胞。近年，研究者以动物和人的棕色/米色前脂肪细胞和脂肪细胞作为脂肪细胞模型，以探究不同细胞器在棕色脂肪生成中的作用，肥胖和褐化机制。HIB-1B 是源自转基因小鼠的棕色脂肪瘤的细胞系，能表达棕色脂肪特异性蛋白 UCP-1。脂肪细胞与其他类型的细胞如内皮细胞、巨噬细胞和肌肉细胞共培养是探究脂肪与其他组织之间的代谢联系的关键工具，可为评估新的药物或营养物质对肥胖干预效果、探究其作用机制提供新的研究方法和手段。

（二）细胞模型与肠吸收

1. 肠道组成及功能

小肠上皮是指小肠黏膜上皮细胞，可调节食物在小肠中吸收和运输。肠上皮由肠上皮细胞、杯状细胞、M 细胞、潘氏细胞和其他如内分泌和免疫细胞等细胞组成，不同细胞之间的协作有效地保证了黏膜完整性。近年，肠道炎性疾病的发病率和患病率逐年上升。肠道炎性疾病通常与其他疾病有关联，如传染性疾病、代谢综合征和一些非传染性疾病。此外，肠炎也会使人营养不良。植物中有效功能成分，如多酚或类胡萝卜素，具有抗炎和抗氧化作用，还具有预防其他慢性病发生的功效。

2. 肠道体外细胞培养模型

细胞培养技术的进步使人们对肠道疾病和上皮屏障的作用机制有了更深入了解。细胞培养技术已成为毒理学和营养学研究的重要工具。将多种细胞共培养后，能构建出模拟体内环境的 2D 细胞培养模型。

建立不同种类细胞的共培养系统能研究细胞与细胞间通信，并可探究其相互作用对生长、分化和免疫应答的影响。尽管体外模型不能完全模拟体内的复杂性，但这些模型有助于研究物质对细胞接触和细胞因子释放的影响机制。现今，肠细胞与免疫细胞的共培养模型最为常见，有的研究者将肠道细胞和免疫细胞共培养于同一隔室，有的则是将肠道细胞和免疫细胞共培养于不同的隔室。肠道由不同种类、不同功能的细胞组成，其吸收功能需要多种细胞协作完成。因此，将不同特性的细胞共培养能模拟体内肠道环境。肠道细胞共培养模型以 Caco-2 为基础细胞，将其与免疫细胞进行共培养。目前应用较多的模型为 Caco-2/HT29-MTX 共培养模型和 Caco-2/靶细胞共培养模型两大类。

然而，2D 细胞培养模型具有局限性，如细胞与细胞相互通信较少、细胞与基质之间无联系、无完整的组织结构等缺陷。尽管有其局限性，2D 体外模型是研究食物成分与肠道细胞之间相互作用的有力工具。肠道细胞模型已经从单一细胞的培养，发展为 3D 培养。研究人员发现，Caco-2 细胞的 2D 和 3D 肠道体外培养模型的生理功能有差异。3D 模型可以更省时，更接近肠道。同时，膜受体对细胞外基质的锚定能调节细胞对环境信号的反应，3D 模型中细胞外基质的存在有利于细胞间的通讯。肠道干细胞位于肠道细胞隐窝，能分化成隐窝绒毛结构，具有自我更新和自我组织能力。同时，它还可诱导分化形成多种肠道细胞。研究人员首次报道了肠隐窝细胞的分离方法及其自我更新能力，将肠隐窝细胞包埋在凝胶内，在含生长分化因子的培养基或与分泌细胞共培养时，能形成一个封闭的球型单层，最终分化成肠道类器官。

3D 细胞模型是嫁接 2D 细胞培养模型与动物模型之间的桥梁，它不仅克服了 2D 细胞模型的局限性，如细胞异质性、营养物浓度的使用较低以及细胞与细胞外基质缺少相互联系等，而且弥补了动物模型的一些缺陷，如动物模型成本高、实验周期长以及人与动物之间存在差异等。3D 细胞模型可模拟肠道组织中细胞与细胞、细胞与细胞外基质的相互作用，以及人体肠道的功能。肠道类器官由多种干细胞经诱导分化而来，根据细胞来源不同可分为由胚胎干细胞和隐窝肠干细胞分化而来的两种肠道类器官。3D 模型中，位于干细胞聚集体或类器官中心的细胞，不能直接与信号分子和营养物质接触，可更好地模拟肠道微环境，可利用此模型研究营养物质与肠上皮屏障和微生物群相互作用的分子机制。

（三）细胞模型与糖尿病

糖尿病分为 1 型、2 型、妊娠期和其他类型糖尿病。2 型糖尿病是一种慢性代谢疾病，指各种原因造成的以胰岛素抵抗为主，同时伴有胰岛素分泌不足的一种糖尿病的类型。患者特征为高血糖、胰岛素相对缺乏、胰岛素抵抗等。胰岛素抵抗是指各种原因使胰岛素促进葡萄糖摄取和利用的效率下降，机体代偿性的分泌过多胰岛素，产生高胰岛素血症，以维持血糖的稳定。由于胰岛素抵抗，胰岛 β 细胞必须分泌更多的胰岛素，最终导致胰岛 β 细胞功能衰竭。1 型糖尿病发生于自身免疫过程介导的胰岛 β 细胞损伤。

小鼠胰岛 β 细胞 MIN-6、大鼠胰岛 β 细胞 RIN-m5F 和 INS-1 为糖尿病研究的模型细胞。自噬是一种保守的细胞内自我保护机制。自噬可以在各种生理条件下被激活，并参与能量代谢、应激反应、病原体清除以及肿瘤发生和发展的调节。例如，它帮助宿主细胞降解积累的蛋白质、受损的线粒体和其他老化或紊乱的细胞器，从而促进细胞生长和存活。上调自噬可预防和治疗糖尿病。研究者以上述细胞为研究对象，通过建立高糖细胞模型，证实食品和植物中功能成分通过调节胰岛 β 细胞的自噬，抑制细胞凋亡保护胰岛 β 细胞，并通过促进胰岛素分泌，调节血糖。

胰岛素抵抗发生的主要靶器官和靶组织是肝脏、肌肉和脂肪组织，因此，胰岛素抵抗体外常用的细胞模型为人肝癌细胞 HepG2、3T3-L1 前脂肪细胞和骨骼肌细胞 C2C12（表 7-1）。建立胰岛素抵抗细胞模型常用方法有高浓度胰岛素、高浓度葡萄糖、游离脂肪酸、地塞米松、肿瘤坏死因子等诱导。较为成熟的胰岛素抵抗体外细胞模型主要有地塞米松诱导模型、游离脂肪酸诱导模型、肿瘤坏死因子诱导模型等。利用胰岛素抵抗的细胞模型，可以高通量快速筛选出改善胰岛素抵抗的活性物质，然后从分子水平上探讨其作用机制，并为开发更多具有改善胰岛素抵抗活性的天然产物提供参考。

表 7-1 营养学研究中常用的细胞模型

细胞名称	来源	研究用途
NRK	大鼠的肾组织	细胞信号通路、细胞器形成和功能
Hela	人宫颈癌细胞	癌症
Caco-2	人结肠腺癌细胞	物质吸收、癌症和毒理学
HepG2	人肝癌组织	肝脏代谢、胰岛素抵抗、癌症和毒理学
RAW264.7	小鼠单核细胞/巨噬细胞	细胞吞噬、细胞分子免疫、分子免疫
L929	细胞系 L	细胞毒性
A549	人肺癌组织	癌症、高通量筛选、毒理和免疫肿瘤学

续表

细胞名称	来源	研究用途
3T3-L1	Swiss 小白鼠	成脂分化，糖尿病、肥胖等
3T3-F442A	小鼠脂肪前体细胞	成脂分化，糖尿病、肥胖等
C3H10T1/2	小鼠胚胎	细胞分化，糖尿病、肥胖
C2C12	小鼠成肌细胞	肌管形成，成骨细胞形成，胰岛素抵抗
RIN-m5F	大鼠胰岛 β 细胞瘤细胞	糖尿病，胰岛素调节与释放
MIN-6	小鼠胰岛 β 细胞	糖尿病，胰岛素调节与释放
INS-1	大鼠胰岛 β 细胞瘤细胞	糖尿病，胰岛素调节与释放
HT-29	人结肠癌细胞	物质吸收、癌症和毒理学
PC12	大鼠嗜铬细胞瘤	神经科学和毒理学
SH-SY5Y	人骨肿瘤	神经科学
Jurkat	白血病患者的外周血	免疫系统疾病、免疫学和免疫肿瘤学
H9C2	大鼠心脏组织	心血管疾病

第三节 细胞周期及细胞凋亡检测技术在营养学研究中的应用

一、细胞周期及细胞凋亡概述

（一）细胞周期

细胞周期是一个由物质准备到细胞分裂高度受控、周而复始的连续过程。细胞只有经过各种必要的物质准备，才能进行细胞分裂。同样，经过分裂产生的子代细胞，再经过物质准备，才能进行下一轮的细胞分裂。因此，物质准备和细胞分裂是细胞周期中不可或缺的过程。而基于物质准备工作的不同，研究人员又将细胞周期细分，将分裂间期分为 DNA 合成前期（G1 期）、DNA 合成期（S 期）和 DNA 合成后期（G2 期），分裂期为细胞分裂期（M 期）。虽然细胞周期时间长短不同，但绝大多数真核细胞的细胞周期都包含这 4 个时期，因此，通常将含有这 4 个不同时期的细胞周期称为标准的细胞周期（Standard Cell Cycle）。

自然界细胞繁多，同种细胞之间细胞周期时间长短并无明显差异，而不同细胞之间，细胞周期时间长短差别很大。有的细胞每增殖一次仅需几十分钟（如细菌），有的需要十几小时或几十小时（如小肠上皮细胞），有的长达一年至数年（如人的卵细胞）。就高等生物体的细胞而言，细胞周期时间长短主要差别取决于 G1 期，而 S 期、G2 期和 M 期的总时间相对恒定，尤其是 M 期持续的时间更为恒定。目前，生命科学的研究普遍关注细胞周期内两个重要的阶段即 G1 到 S 和 G2 到 M，因为细胞在这两个阶段正处在复杂活跃的分子水平变化的时期，容易受到多种因素的影响。对细胞周期在这两个阶段进行人为调控，有助于了解生物的生长发育、肿瘤的生长和控制。

（二）细胞凋亡

细胞凋亡又称程序性细胞死亡（Programmed Cell Death，PCD），是指细胞在一定的生理或病理条件下，为维持内环境稳定，主动受基因精细调控的细胞生理性死亡方式。细胞凋亡与细胞坏死不同，细胞凋亡不是被动的过程，而是主动过程，它涉及一系列基因的激活、表达以及调控。细胞凋亡不是病理条件下自体损伤的现象，而是为了更好地适应生存环境而主动争取的一种死亡过程。细胞凋亡过程伴随着一系列的形态学变化，细胞变圆并与周围细胞脱离，线粒体膜电位消失、通透性改变、细胞质及胞浆浓缩、核染色质密度增高，凝聚在核膜周边断裂为大小不等的片段并与某些细胞器（如线粒体）聚集在一起，细胞膜突出产生许多芽状或泡状质膜小泡，膜内侧磷脂酰丝氨酸外翻到膜表面，脱落后形成单个的凋亡小体，最后凋亡小体被邻近的细胞吞噬并消化。在凋亡过程中，细胞膜始终保持完整，无细胞内容物的泄露，因而不会引起任何炎症反应，这也是细胞凋亡区别于细胞坏死的一个最主要的特征。

从过程机制来看，细胞凋亡是一个需要一系列酶参与的级联反应，涉及不同基因的表达及调控、信号转导，其过程大致可以分为以下几个阶段：①接受凋亡信号；②凋亡调控分子间的相互作用；③蛋白水解酶的活化；④进入连续反应过程。

二、细胞周期检测方法及原理

在细胞周期进程的整套监督体系中，细胞周期检测点发挥着核心作用。当细胞的 DNA 遭受损伤时，细胞周期检测点通过一系列信号转导路径被激活，从而引起相应细胞周期的阻滞。通过对细胞周期的研究，可以从基础生物学的角度阐明疾病的发生机制，进行疾病的早期分子诊断和治疗。目前常用于测定细胞周期的方法如下。

1. 同位素标记法

标记有丝分裂百分率法（Percent Labelled Mitosis，PLM）是经典的测定细胞周期的方法，其原理是通过对测定细胞进行脉冲标记，再定时取材，最后利用放射自显影技术显示被标记的细胞，通过统计标记有丝分裂细胞百分数的办法来测定细胞周期。

2. 流式细胞术

流式细胞术（Flow Cytometry）是利用流式细胞仪进行单细胞定量分析及分选的技术，通过对荧光抗体或其他荧光物质标记的单细胞群体进行逐个分析，得到分析结果。应用流式细胞术分析细胞周期是目前应用最广的细胞周期分析实验技术。常规流式细胞术检测细胞周期的原理是依据细胞周期各时期的 DNA 含量不同。通常，正常细胞的 G1/G0 期具有二倍体细胞的 DNA 含量（$2N$），S 期的 DNA 含量介于二倍体和四倍体之间，而 G2/M 期具有四倍体细胞的 DNA 含量（$4N$），碘化丙啶（Propidium Iodide，PI）可以与 DNA 结合并显示出荧光，其荧光强度直接反映了细胞内 DNA 含量。因此，通过流式细胞仪 PI 染色法对细胞内 DNA 含量进行检测，可以将细胞周期各时相区分为 G1/G0 期，S 期和 G2/M 期，获得的流式直方图对应各细胞周期，再通过软件计算各时期的细胞百分率对细胞周期进行检测。

3. 基于成像的荧光检测法

荧光泛素化细胞周期指示系统（Fluorescent Ubiquitination－Based Cell－Cycle Indicator,

FUCCI）是将细胞周期特异性蛋白与荧光蛋白融合，通过荧光颜色标记细胞周期，实时观察活体细胞周期，在肿瘤细胞生物学中应用广泛。FUCCI 技术主要建立在鉴定两种调节细胞周期的蛋白质，即 Geminin 和 Cdt1 的过表达水平上，其中 Geminin 融合绿色荧光基团，而 Cdt1 融合红色荧光基团。Cdt1 和 Geminin 的表达水平随着细胞周期的变化而不断波动，Cdt1 蛋白水平在 G1 阶段达到峰值，而 Geminin 蛋白水平在 S、G2 和 M 期不断升高。因此，FUCCI 细胞核在 G1 期为红色，在 S、G2 和 M 期则呈现绿色。

三、细胞凋亡检测方法及原理

细胞凋亡在许多生理和病理调节过程中发挥着重要作用，其定性定量检测无论对于基础理论还是临床研究，都具有重要指导意义。其检测技术核心主要集中在三个方面：一是形态学显微镜结合免疫荧光或免疫细胞化学染色对凋亡小体和染色质的初步观察；二是凝胶电泳、原位末端转移酶标记法（TUNEL 法）、流式细胞仪定量分析检测 DNA 梯状条带（DNA ladder）和 DNA 片段化末端；三是基于分子生物学、免疫学、形态学方法结合荧光酶免疫法检测细胞凋亡相关信号通路靶点。

（一）形态学观察法

细胞凋亡时会发生独特的形态变化，目前认为凋亡细胞特异性的形态学改变是判定细胞凋亡最可靠的指标。将细胞涂片或组织切片经苏木精-伊红（H&E）染色后即可直接在光学显微镜下观察，该方法简便易行但分辨率较低，不易检出早期的凋亡细胞，可用于凋亡检测的初步判断。应用荧光素染色法观察凋亡细胞的形态学特征，可以提高光镜检测的准确性，并且还能与不同阶段的特征进行比较。如 4,6-二脒基-2-苯基吲哚（4,6-Diamidino-2-Phenylindole，DAPI）可以通过与 DNA 结合使细胞核着色，再借助荧光显微镜，观察细胞核的形态变化。Hoechst/PI 双染色法，其原理也是依据细胞膜完整性的改变来鉴定凋亡细胞，正常细胞对染料有抗拒性因而荧光染色很弱，凋亡细胞由于细胞膜通透性的变化，染料可进入细胞使细胞核着染。赫斯特（Hoechst）染色使核内凝聚的染色质呈现很强的蓝色荧光，PI 则使其呈现很强的红色荧光。

（二）DNA 片段化检测

细胞凋亡时 DNA 被核酸酶剪切导致核内 DNA 发生断裂，其显著的生化变化，为高分子质量 DNA 减少，小分子质量 DNA 片段增多并且出现在胞质内。凋亡细胞 DNA 断裂点通常有规律地分布在核小体之间，形成长度为 180~200bp 或其整数倍的 DNA 片段，琼脂糖凝胶电泳检测时呈现阶梯状条带。坏死细胞的 DNA 断裂点无规律性，其产生的杂乱片段在电泳时呈现弥散的连续性条带。利用此特征可以确定细胞的凋亡，并可与坏死细胞相区别。DNA 片段化的检测简便易行，因而应用较普遍，是鉴定细胞凋亡最为简便可靠的方法之一。

（三）DNA 断裂的原位末端标记法

此技术是指将细胞（或组织）固定后，应用标记的脱氧尿苷三磷酸（Deoxyuridinetriphosphate，dUTP）在原位检测 DNA 裂解点的技术。DNA 片段原位末端检测技术可分为两种：脱氧核糖核苷酸末端转移酶介导的 TUNEL 法和原位切口平移（ISNT）技术。TUNEL 法的检测原理是：细胞凋亡期间细胞核 DNA 断裂后产生 3-OH 末端，而正常或正在增殖的细胞几乎没有 DNA 的断裂，因而没有 3-OH 形成。在脱氧核糖核苷酸末端转移酶的作用下，将脱氧核糖核苷酸与荧光素、过氧化物酶、碱性磷酸酶或生物素形成的衍生物标记到 DNA 的 3-OH 端，并通过酶联显色或荧光检测定量分析结果。TUNEL 法是一种将分子生物学与形态学相结合的研究方法，这一方法能对 DNA 分子断裂缺口中的 3-OH 进行原位标记染色，用荧光显微镜进行观察。该方法不仅可用于体外培养细胞和鉴定从组织中分离的凋亡细胞的形态，还可用于石蜡包埋组织切片、冰冻组织切片等。TUNEL 法可检测出极少量的凋亡细胞，因而在细胞凋亡的研究中被广泛采用。ISNT 则是在 DNA 聚合酶Ⅰ的作用下，将生物素等标记的核苷酸连接到 DNA 的 3-OH 端，利用流式细胞仪或荧光分析仪，通过对荧光强度的分析来定量测定 DNA 的断裂程度，但由于该方法采用 DNA 聚合酶Ⅰ，反应特异性和灵敏度较差。

（四）线粒体膜电位的检测

细胞在发生凋亡时，线粒体起关键作用，因为线粒体也是细胞凋亡信号通路之一，其上游信号分子作用于线粒体膜，会导致凋亡活性物质的释放而引起 caspase 家族蛋白活化或直接引起细胞凋亡。在凋亡早期线粒体尚未发生明显的形态变化时，线粒体内膜通透性会增加从而导致线粒体膜电位下降。线粒体膜电位的下降被认为是细胞凋亡过程中最早发生的变化，一旦线粒体膜势能耗散，细胞凋亡将不可逆转。线粒体膜电位变化的检测属于电化学方法，线粒体膜电位的存在，使一些亲脂性阳离子荧光染料如罗丹明 123（Rhodamine123，Rh123）、5,5′,6,6′-四氯-1,1′,3,3′-四乙基苯并咪唑羰花菁碘化物（JC-1）、碘代 3,3′-二己氧基羰花青[DiOC6（3）]、四甲基罗丹明甲酯（TMRM）等进入线粒体基质，其荧光的增强或减弱反映了线粒体内膜电负性的增高或降低。

（五）流式细胞术

流式细胞术检测细胞凋亡的方法主要有两种：

1. 利用荧光染料标记 DNA

当凋亡细胞 DNA 发生断裂和丢失时，其 DNA 会呈亚二倍体状态，因此凋亡的细胞经 PI 染色后在细胞周期的 G1 期的峰前可以观察到一个特征性的亚二倍体峰，称为凋亡峰。流式细胞术检测细胞凋亡的特异性不高，凋亡峰的细胞数目只代表了核碎片的数目，并不代表凋亡细胞的数目，非整倍体细胞、机械损伤的细胞也可出现凋亡峰。

2. 流式细胞仪分析

基于膜联蛋白Ⅴ（Annexin Ⅴ）的流式细胞仪分析是识别和定量检测细胞凋亡的最可靠的方法之一。当细胞处于正常活性状态时，磷脂酰丝氨酸（Phosphatidylserine，PS）存在于细胞膜内侧，而当细胞处于凋亡初期状态时 PS 向外翻折至细胞外侧，利用这一现象研究者能有效检测细胞凋亡情况。Annexin Ⅴ则是一种能与 PS 高亲和、特异性结合的钙离子依赖性磷脂结合蛋白，使用 Annexin Ⅴ/PI 双染时，健康细胞不着色或呈现 Annexin Ⅴ、PI 低染色；早期凋亡的细胞出现 Annexin Ⅴ着色明显，而 PI 染色不明显；晚期凋亡的细胞或坏死的细胞会呈现出 Annexin Ⅴ和 PI 均染色明显。

四、细胞周期及凋亡检测与营养学研究

细胞周期与细胞凋亡普遍存在于生物界，既发生于生理状态下，也发生于病理状态下。一

方面通过对细胞周期的研究，可以从基础生物学的角度深入发掘疾病的本质，了解疾病的演化过程，阐明疾病的发生机制，进而更准确地进行疾病的早期分子诊断和治疗。另一方面通过对细胞凋亡的研究，从胚胎发育及形态发生、组织内正常细胞群的稳定、机体的防御和免疫反应等角度，了解细胞损伤、老化、特别是肿瘤的发生机制。此外，细胞周期及凋亡检测也开始逐步应用于现代营养学研究领域，对一些慢性营养不良或营养素缺乏引起的疾病诊断、药物筛选与保健品开发方面发挥了一定的作用。

1. 用于患病个体营养状况预测

临床上，外科患者普遍存在蛋白质热量缺乏性营养不良，进行有效的营养治疗关键在于能否早期准确的判断患者所处的营养状况并进行及时监控，对于患者术后恢复至关重要。长期以来，临床上多应用一些生理学指标，如体重、BMI、皮褶厚度等，或者生化指标如血清白蛋白、转铁蛋白、视黄醇结合蛋白等来评定患者的营养状况，这些方法具有一定的局限性，不能准确客观地反映患者的营养状况。

2. 保健功能研究与保健品开发

人类饮食中广泛存在黄酮类化合物，研究人员利用流式细胞术分析了 23 种常见植物黄酮对乳腺癌细胞、结肠直肠癌细胞和前列腺癌细胞的毒性发现，它们诱导细胞凋亡的能力存在差异，其中，3,6-二羟基黄酮具有较强的抗肿瘤活性，并推测其可以作为保健食品来开发。还有研究人员通过流式细胞术分析了海带多糖诱导肿瘤细胞凋亡的机制，发现海带多糖通过增强机体的免疫功能而间接抑制或杀死肿瘤细胞。它不仅能激活巨噬细胞和 T 细胞等免疫细胞，还能促进白细胞介素、肿瘤坏死因子等细胞因子的生成，从多个方面抑制肿瘤细胞的生长扩散。此外，利用 FUCCI 系统实时定量报告活体细胞周期，也可应用于基于细胞周期的天然化合物的高通量筛选，为抗肿瘤药物的发现提供新的技术手段。研究人员利用 FUCCI 实时监测细胞周期，通过荧光比例的变化，表征不同的细胞周期，筛选了 10 余种黄酮类化合物，发现芹菜素和木犀草素具有细胞毒性，山柰酚能够诱导肿瘤细胞 G2 期阻滞从而发挥抗癌活性，并确定了黄酮类化合物的抗癌活性与其结构之间的关系。

第四节　蛋白质表达检测技术在营养学中的应用

一、蛋白质表达检测技术概述

在 20 世纪初，蛋白质的检测技术大致分为氮元素法与结构比色法两类，目前常用的 4 种经典方法包括凯氏定氮法、双缩脲法（Biuret 法）、福林酚试剂法（Lowry 法）和紫外吸收法。20 世纪中后期，依赖于电泳、酶联免疫吸附、质谱和电化学传感器等的蛋白质检测方法迅速发展。但这些检测方法往往较复杂，无法满足医学中临床检测的需求，因此各种蛋白质定性及定量检测方法不断涌现。有基于传统技术改进的方法，如分子印迹聚合物（Molecularly Imprinted Polymers，MIPs）已经成为抗体的替代物用于免疫亲和分析；表面增强拉曼散射（Surface-Enhanced Raman Scattering，SERS）具有灵敏度高、操作简便等优点可用于蛋白质的高灵敏检测。还有微流控和人工智能等一些新技术的应用，极大地推进了蛋白质即时检测技术的发展。

二、蛋白质表达检测技术方法及原理

1. 免疫组化法（Immunohistochemistry）

免疫组化法是应用免疫学中抗原与抗体特异性结合的基本原理，使带显色剂标记的特异性抗体在组织细胞原位通过抗原抗体反应和组织化学的呈色反应，对相应抗原进行定性、定位、定量测定的一项技术。其特点是融合了免疫学原理和组织学技术，通过化学反应使标记抗体的显色剂显色，对组织内抗原进行定位、定性及定量的研究。样本通常是细胞或组织，在显微镜下可清晰观察细胞内发生的抗原抗体反应产物，从而能够在细胞或组织原位确定某些化学成分的分布、含量。

2. 免疫印迹法（Western Blot）

Western Blot 原理是蛋白质样品经过电泳分离后，转移并固定于膜上，然后应用抗原抗体反应进行特异性检测的方法，这是一种检测蛋白质混合溶液中某种特定蛋白的定性或半定量方法。Western Blot 采用的是聚丙烯酰胺凝胶电泳，被检测物是蛋白质，探针是抗体，显色用标记的二抗。十二烷基硫酸钠聚丙烯酰胺凝胶电泳（SDS-PAGE）可对蛋白质样品进行分离，转移到固相载体膜上。固相载体可以吸附蛋白质，并保持电泳分离的多肽类型及其生物学活性不变。转移后的膜称为一个印迹，用蛋白质溶液处理，封闭膜上的疏水结合位点，再用目标蛋白质的抗体（一抗）处理膜，只有待研究的蛋白质才能与一抗特异结合形成抗原抗体复合物，这样清洗除去未结合的一抗后，只有目标蛋白质的位置结合着一抗。再用标记的二抗处理用一抗处理过的膜，二抗是指一抗的抗体，如一抗从鼠中获得，则二抗就是抗鼠 IgG 的抗体。处理后，带有标记的二抗与一抗结合形成抗体复合物指示一抗的位置，即待研究的蛋白质的位置。该方法的特点是先要进行电泳分离，然后将分离开的蛋白质样品用电转仪转移到固相载体上，最后利用抗原-抗体-标记物显色来检测样品（图 7-2）。

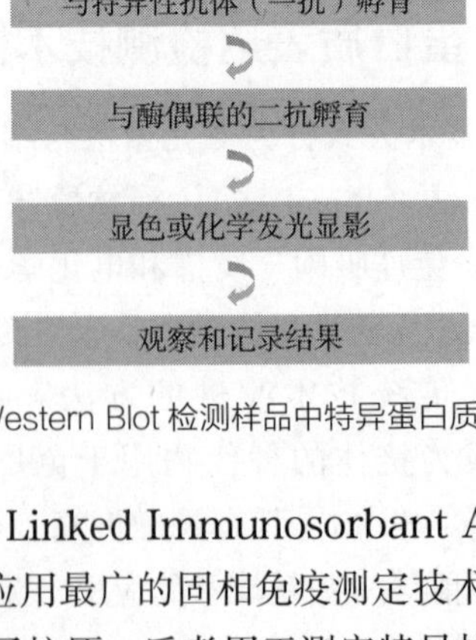

图 7-2　Western Blot 检测样品中特异蛋白质的基本流程

3. 酶联免疫吸附（Enzyme Linked Immunosorbant Assay， ELISA）

ELISA 是酶免疫测定技术中应用最广的固相免疫测定技术，常用的 ELISA 法有双抗体夹心法和间接法，前者用于检测大分子抗原，后者用于测定特异抗体。

其基本原理是：先将已知的抗原或抗体包被到某种固相载体表面，使抗原或抗体与某种酶连接成酶标抗原或抗体，这种酶标抗原或抗体既保留其免疫活性，又保留酶的活性。测定时，将待检样本和酶标抗原或抗体按不同步骤与固相载体表面吸附的抗原或抗体发生特异性反应。用洗涤的方法使固相载体上形成的抗原抗体复合物与其他物质分开，最后结合在固相载体上的酶量与标本中受检物质的量成一定的比例。加入酶反应的底物后，底物被酶催化变为有色产物，产物的量与标本中受检物质的量直接相关，故可根据底物被酶催化产生的颜色及其光密度（Optical Density，OD）的大小进行定性或定量分析。由于酶的催化频率很高，故可放大反应效果，使测定方法达到很高的敏感度。该方法常用于血清、血浆、尿液、细胞或组织培养上清液等样本的检测。

4. 邻位连接技术（Proximity Ligation Assay， PLA）

PLA 是近几年建立的一种新的研究蛋白质定量、定位、相互作用、修饰以及功能的体外分析方法。该方法是通过一对标记有一段单链 DNA 的单克隆或者多克隆抗体的 PLA 探针，当这两个探针识别同一个蛋白时，两个探针之间的距离靠近，产生了所谓的邻近效应，即对目的分子双识别，进而产生可以扩增的检测信号。采用定量实时荧光 PCR 对复合物中的单链 DNA 部分扩增，对连接复合物进行定量，使对蛋白质的检测转变为对 DNA 的检测，实现痕量蛋白质的分析，具有极高的检测灵敏度和特异性。

5. 核酸适配体技术

核酸适配体（Aptamer）是一段寡核苷酸序列（DNA 或 RNA），通常利用体外筛选技术-指数富集的配体系统进化技术（Systematic Evolution of Ligands by Exponential Enrichment，SELEX），从核酸分子文库中得到寡核苷酸片段。它是一种新型的分子识别元件，具有与单克隆抗体相媲美的亲和力与特异性，同时又具有抗体无法媲美优点，在蛋白质研究中显示出了良好的应用潜力。然而，核酸适配体本身不具有显示信号的功能，须通过其他手段如荧光标记等产生信号。

表 7-2 中列出了几种常见蛋白质的分子生物学检测方法比较。

表 7-2　　几种常见蛋白质的分子生物学检测方法比较

蛋白检测方式	免疫组化法	免疫印迹法	酶联免疫吸附法
原理		抗原-抗体结合反应	
样品类型	组织或细胞	组织或细胞	血清、血浆、尿液、细胞或组织培养上清液
分析方式	定位、定性及定量研究（主要是定位研究）	可用于定性和半定量，定量结果较免疫组化法更准确	多用于定量分析，其灵敏度很高
观察方式	免疫组化图	电泳图	蛋白质浓度
优点	特异性强、敏感性高、定位准确、形态与功能相结合	分析容量大、敏感度高、特异性强	灵敏、特异、简单、快速、稳定、易于自动化操作

三、蛋白质表达检测技术的应用

生命体内的蛋白质参与调节和控制几乎所有生命活动，当人体患病时体液中的一些标志性蛋白质含量发生变化，因此，蛋白质的表达检测技术手段在生命科学诸多领域有着广泛的应用，尤其是在临床医学上发挥了关键作用，例如，液体活检中蛋白质表达的检测已经成为癌症早期诊断的有效工具。

1. 免疫组化技术的应用

作为临床病理诊断中应用广泛的手段，免疫组化技术现阶段主要应用于肿瘤的治疗和预后以及传染疾病的检测，其应用主要分为以下几点：①用于判断肿瘤来源，如肺部原发性腺癌与乳腺癌、胰腺癌、前列腺癌等转移到肺部而形成的疑似肿瘤，可以通过尾型同源盒转录因子-2（CDX-2）、细胞角蛋白 7（CK7）、细胞角蛋白 20（CK20）等指标进行鉴别；②肿瘤分期的确定，如检测肿瘤组织中的磷酸化丝裂原细胞外激酶 5（p-MEK5）表达情况，可用来辅助结直肠癌的病理分期；③良性恶性肿瘤的鉴别；④应用于肿瘤治疗和预后；⑤传染疾病的检出；⑥免疫性疾病的辅助诊断。

2. 酶联免疫吸附技术的应用

酶联免疫吸附技术在医学诊断、畜牧业、食品检测、环境监测等领域具有广泛的应用，尤其是对农药、兽药等小分子物质残留检测，如检测瘦肉精的残留。

3. 电化学免疫传感器的应用

目前，许多免疫传感器都可应用于肿瘤标志物检测、临床检验、传染病检测、实验诊断等，可根据抗体与抗原之间的特异性反应形成免疫复合物阻碍电化学活性探针与电极之间的电子传输，利用这种电流的变化实现定量检测蛋白型肿瘤标志物，具有高灵敏度、消耗样品少、低费用、易于微型化等优点。

4. 邻位连接技术的应用

该技术最早用于细胞因子的检测，如检测凝血酶等。近年来，该技术在肿瘤标志物早期检测方面发挥了重要作用，应用该技术能够检测糖抗原 125（CA125）、糖抗原 19-9（CA19-9）、癌胚抗原（CEA）等多种肿瘤标志物，并且与这些标志物的前体或类似物没有交叉反应，能够为肿瘤的早期诊断治疗提供依据。

5. 蛋白质芯片技术的应用

蛋白质芯片的出现提供了一种高通量的蛋白质分析技术，该技术可以应用于多肿瘤标志物联合检测，相对于传统临床单一的指标分析，此技术更能满足临床所需，常见于肿瘤类疾病的早期诊断。蛋白质芯片还可以为临床诊断治疗及预后判断提供依据。此外，蛋白芯片还能用于药物开发早期阶段的毒理学检测，大大地加快新药研制过程中一些化合物的筛选速度。

四、蛋白质表达检测技术与营养学

随着生命科学、生物技术和医疗保健等众多领域的研究需求提升，蛋白质表达的定性定量检测、监测技术也在不断发展进步，在生命科学诸多领域特别是疾病预防、诊断和治疗中发挥了关键作用，但在营养学领域的相关应用还处于起步阶段。营养蛋白质组学是近些年新兴的分支学科，它将蛋白质组学技术应用于营养与预防医学的研究，围绕食品蛋白质活性成分分析、人类对营养物质代谢与调控分子机制、营养评价新手段、营养相关疾病的生物学标记、个性化精准营养等方面开展研究。

1. 食品蛋白质活性成分分析

食品中蛋白质组成和活性成分的研究主要是为了探究其营养价值和潜在的危害，现阶段的研究与应用主要集中在富含蛋白质的豆类、乳类或乳制品类食物。例如，通过蛋白质组学技术表征牛奶蛋白，发现了2000余种多肽，这远超原先研究的认知，比人们想象的成分还要复杂，还鉴定出15种与机体免疫功能相关的蛋白。蛋白质组技术还可以用于婴幼儿配方奶粉的临床前评估，采用蛋白质组学方法可以对奶粉中的新成分、代谢及潜在的毒性、对器官发育的影响等进行临床前安全评估。

蛋白质组学技术在鉴定食品基质中蛋白质成分的基础上，还可以进一步研究食品在加工贮藏中蛋白质含量的变化及食品中蛋白质与其他食品组分的相互作用。研究人员采用分析转移解离串联质谱（LC-ESI）分析了牛奶脂肪球在加工过程中的乳糖化修饰，鉴定出157个非冗余修饰位点和35个未报道的乳糖化修饰的牛奶脂肪球蛋白。新鉴定出的MFG蛋白质分别参与了营养输送、病原体防御和细胞增殖/分化等过程。

2. 营养物质代谢与调控机制的揭示

人类为了维持正常的代谢和生长必须摄入足量的营养物质，但过量摄入营养物质或营养物质缺乏将导致人体代谢的紊乱。因此，应用蛋白质组学揭示人类对于营养物质代谢与调控的作用机制具有重要的意义。

目前，研究普遍认为，膳食中补充富含多酚、黄酮、花青素等生物活性物质的葡萄籽提取物有益健康，与这些物质的抗氧化活性有关，但详细作用机制还不明确。利用蛋白质组学技术研究葡萄籽提取物对正常大鼠脑组织蛋白质的影响，结果表明，葡萄籽提取物可影响脑中13种蛋白质表达。其中，表达增加的有蛋白质折叠、装配和分泌的分子伴侣，控制细胞凋亡通路的热休克蛋白HSP-60、HSC-70和HSC-71等，脑肌酸激酶p链和神经微丝蛋白等。表达降低的有胶质纤维酸性蛋白、肌动蛋白、弹性蛋白等。基于蛋白质组学的研究结果与之前阿尔茨海默病和实验动物神经退行性病变模型的变化相反，目标蛋白质可能与葡萄籽提取物的神经损伤保护作用有关。

3. 营养评价新手段

蛋白质组学技术有助于从分子水平揭示人体的营养状况，发现评价营养状况的新生物标志物，是一种全新的评价手段。例如，长期微量元素摄入不足（铜、铁等）的大鼠肠道蛋白质组成显著改变，这些蛋白质的变化与糖脂代谢、维生素吸收转运等有关，研究结果为微量元素缺乏的临床评价提供了新的依据。

4. 营养相关疾病的生物学标记

蛋白质组学技术还能够应用于研究营养失调、营养过剩等造成慢性病的机制与病理生理学，确定用于诊断疾病的生物标志物。例如，妊娠期高血压是一种妊娠期特有的疾病，是导致产妇及新生儿死亡的主要原因之一，严重危害母婴健康。该疾病以高血压、蛋白尿、水肿为主要表现，通过检测尿蛋白含量，及时进行适宜的营养搭配，能够很好地预防妊娠期高血压的发生。

5. 个性化精准营养

蛋白质表达检测相关技术还能应用于个性化精准营养定制领域。个性化营养，即精准营养是当前营养学领域的一个新兴分支学科，也是营养学领域研究的热点问题。利用机器学习和以蛋白质组学为主的多组学技术来分析不同人群（如运动员、老年人、慢性病患者、青少年等）所需营养，以及营养物摄入后机体相应的变化，以确定饮食及生活方式干预措施对不同人群的影响，通过深入的营养蛋白质组学研究，将有助于个性化食谱的制定及营养蛋白质组数据库的构建。

总之，随着各种蛋白质表达检测技术手段的进一步发展和完善，相应的数据库及软件技术的进一步开发充实，以蛋白质组学为代表的技术手段在营养学的应用前景将更加广阔。

第五节 PCR 技术在营养学中的应用

一、PCR 技术概述

PCR（Polymerase Chain Reaction）即聚合酶链式反应，是一种体外快速扩增特定 DNA 片段的分子生物学技术。由变性、退火和延伸等步骤循环组成，该反应目的基因片段成指数增加，每完成一个循环需要 2~4min，2~3h 就可将目的基因从极微量扩增到数百万倍，具有特异性强、扩增能力强、灵敏度高、操作简单、省时快速等特点。

PCR 技术的发明对生物学的基础研究和基因诊断产生巨大影响，广泛应用于生命科学的各个领域，尤其是细胞学、病毒学、肿瘤学、遗传病学、法医学、动植物免疫学等，是分子生物学发展史上的一个重要里程碑，发明者因此获得了 1993 年的诺贝尔化学奖。

二、PCR 技术原理及方法

（一）PCR 原理

在高温条件下（95℃左右），待扩增 DNA 双链间的氢键因受热变性而断裂形成两条单链 DNA 模板，该过程称为变性。此后，反应体系温度降低至 55℃左右时，两条人工合成的寡核苷酸引物按照碱基互补配对的原则分别与互补的单链 DNA 模板结合，该步骤称为退火（复性）。最后，在 72℃左右（Taq DNA 聚合酶的最适温度），DNA 模板-引物结合物在 Taq DNA 聚合酶的作用下，以单链 DNA 为模板，以结合的引物为引导，以反应体系中加入的 4 种脱氧核糖核苷三磷酸（dNTP）为反应原料，按照碱基互补配对原则和半保留复制原理合成一条新的与模板 DNA 链互补的复制链，此过程称为延伸。变性-退火-延伸为一个循环，新合成的 DNA 双链又成为下次循环的模板，每完成一个循环需 2~4min，30~35 个循环即可将目的基因扩增几百万倍（图 7-3）。

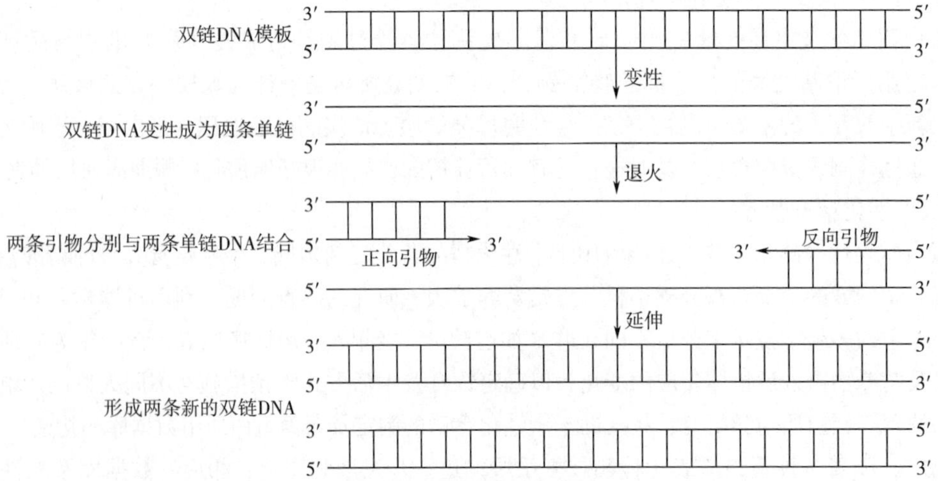

图 7-3 PCR 原理示意图

（二）PCR 方法

PCR 反应主要考虑反应体系和反应程序，即加入的反应物成分及体积、反应步骤和时间等。反应体系的总体积根据实验需要而定，通常为 50μL（表 7-3）。

表 7-3 PCR 反应体系（50μL）

反应成分	反应体积/μL	反应成分	反应体积/μL
10×PCR 扩增缓冲液（不含 Mg^{2+}）	5	10μmol/L 反向引物	1
25mmol/L $MgCl_2$	4	DNA 模板	1
2.5mmol/L dNTP 混合物	4	Taq DNA 聚合酶	0.25
10μmol/L 正向引物	1	ddH_2O	33.75

将表 7-3 各成分按顺序加入到 200μL 灭菌 PCR 管中，用移液器或振荡混匀后，短暂离心，然后在反应液上层加入 30~50μL 甘油，防止样品在 PCR 过程中蒸发。然后将 PCR 管放入到 PCR 仪中并按表 7-4 程序进行 PCR 扩增。

表 7-4 PCR 反应程序

步骤	温度/℃	时间/min	循环数
预变性	94	3	1
变性	94	0.75	—
退火	55~65	0.75	30~35
延伸	72	1	—
终延伸	72	10	1

PCR 反应温度和时间根据扩增片段大小、引物长度和浓度及组成等条件不同而略有差异，例如，实际退火温度要比引物 T_m 低 5℃，扩增片段每增加 1000bp 延伸时间增加 1min 等。因此，在实际操作中需要根据具体情况以及 PCR 结果进行优化和调整。

（三）PCR 反应成分的作用

①PCR 扩增缓冲液：为 Taq DNA 聚合酶提供一个最适酶促反应条件。常用的缓冲体系为 10~50mmol/L Tris-HCl（pH 8.3~8.8，20℃）。Tris 缓冲液是一种双极性离子缓冲液，20℃时其 pK_a 为 8.3，温度每升高 1℃，pH 下降 0.02，因此在实际 PCR 中 pH 为 6.8~7.8。

②Mg^{2+}：几乎所有热稳定 DNA 聚合酶都需要游离的二价阳离子激活，通常使用 Mg^{2+}。Mg^{2+}浓度对 PCR 的扩增效率影响很大，浓度过高会降低扩增产物的特异性以及生成引物二聚体，浓度过低则会影响扩增产量甚至扩增失败。一般情况下，PCR 反应液中 Mg^{2+}的最佳浓度为 1.5mmol/L，对于一种新的 PCR 反应可以按照 0.5mmol/L 的增幅在 0.5~2.5mmol/L 内进行预实验以确定最适浓度。

③dNTP：既为 PCR 扩增提供原料又为 DNA 合成链的延长提供能量。dNTP 共有 4 种，即

dATP、dTTP、dCTP 和 dGTP。4 种 dNTP 的浓度必须相同以减少错配。在使用 Taq DNA 聚合酶和 1.5mmol/L $MgCl_2$ 的 50μL 反应体系中，通常使用 200~250μmol/L 的 dNTP，能够合成 6μg 左右的靶基因 DNA。扩增长度在 1000bp 左右时，每种 dNTP 的浓度为 20μmol/L 即可得到满意的扩增效率，提高扩增特异性。

④引物：通过碱基互补配对与 DNA 单链的靶区域结合，为核苷酸聚合提供起始点和引导作用，通常是人工合成的两段寡核苷酸序列。引物的浓度至关重要，一般控制在 20~200pmol/L 即可保证进行 30 循环以上的扩增。引物浓度过高会导致错配和非特异性产物的扩增以及增加引物二聚体的生成几率。相反，引物不足则会降低 PCR 扩增效率。引物设计用 Primer 5.0、Oligo 6.57 等专业引物设计软件，设计原则遵循提高特异性扩增的效率，同时降低非特异性扩增。通常情况下，好的引物在结构和组成上要满足以下条件：引物长度 20~30 个碱基，T_m 接近 72℃；G+C 含量在 45%~55%，均匀随机分布，避免产生二级结构；两条引物之间连续互补碱基数要小于 4 个，避免产生引物二聚体。

⑤DNA 模板：单链、双链、线状或环状分子中的任意一种，但线状模板的扩增效率高于环状。DNA 模板的数量是影响 PCR 扩增效果的主要因素之一，一般控制在 10^2~10^5 个拷贝数。用哺乳动物基因组 DNA 作为模板时，加入的模板数约为 1μg，相当于常染色体单拷贝基因 3×10^5 拷贝数的 DNA 量。酵母、细菌、质粒 DNA 作为模板时，模板数量分别约 10ng、1ng、1pg，模板数量过多则会增加非特异性产物。

⑥DNA 聚合酶Ⅰ：该酶对热敏感，在 DNA 链高温变性过程中易被破坏，因此在 PCR 过程中需要不断人工补充，不仅费时烦琐而且增加成本。此外，该酶的最佳聚合温度较低，仅为 37℃，容易造成非特异性结合。1988 年研究人员将热稳定的 Taq DNA 聚合酶应用于 PCR，提高了反应的特异性和灵敏度。Taq DNA 聚合酶从栖热水生菌中分离纯化得到，最适酶活温度为 75℃，接近 72℃的延伸温度，且该酶在较宽的温度范围内保持催化 DNA 合成的能力，在 PCR 过程中一次性添加即可满足反应需要，极大提高了 PCR 的自动化程度。Taq DNA 聚合酶具有 5′→3′聚合酶活性，可按 5′→3′方向合成 DNA 模板的互补链。该酶还有一个特点就是在聚合链 3′末端在不依赖模板的情况下多聚合出一个 A，根据这个特性，科研人员设计出了一种线性克隆载体——T 载体，该载体的 5′末端有一个突出的 T，恰好能与 PCR 产物 3′末端突出的 A 互补，可方便地将扩增的目的基因片段直接连接到克隆载体上以便于后续操作。在 50μL 的 PCR 反应体系中，Taq DNA 聚合酶的用量在 1~2.5U，实际操作中要根据引物、DNA 模板以及酶的不同生产厂家或批次对其用量进行调整和优化，酶用量偏高会增加非特异性扩增产物，酶用量偏低则合成产物较少。Taq DNA 聚合酶没有 3′→5′方向的校正活性，因此在反应过程中可能会造成碱基的错误掺入，高保真 DNA 聚合酶的发现解决了碱基错误掺入的问题，该酶具有 3′→5′方向的校正活性，能够提高 PCR 反应的精确性。

三、 PCR 技术与营养学

PCR 技术的快速发展为从分子、细胞到个体水平研究营养现象提供了大量帮助。2000 年，随着人类基因组计划（HGP）的完成，标志着基因组学从结构基因组学进入功能基因组学（后基因组学时代）。在此基础上又诞生了一门新的学科——营养基因组学。2002 年初，第一届国际营养基因组学会议在荷兰召开，突出地显示了基因因素已经成为营养学研究中不可忽略的一个重要组成部分。营养基因组学是研究营养素和植物化学物质对人体基因的转录、翻译表达以及代谢机制的影响的一门学科。它以 PCR 技术等分子生物学技术为基础，应用 DNA 芯片、蛋白质组学技术等来阐明营养素与基因的相互作用。目前，主要研究营养素和食物化学物质在人体中的分子生物学过程以及产生的效应，对人体基因的转录、翻译表达以及代谢机制的影响，其应用范围包括营养素作用的分子机制、营养素的人体需要量、个体食谱的制定以及食品安全等。PCR 技术在营养学研究中的应用主要有：

1. 明确营养素直接调控的基因，发现与营养相关的新基因

营养素作为一种调控元素可通过激素、细胞因子、生长因子等第二信使或信号转导系统与特定转录因子相互作用，激活或抑制基因表达。研究表明，尿素循环中酶转录所需的 mRNA 分子的稳定水平与膳食蛋白质的摄入量成正比；脂肪酶调控基因转录是膳食脂肪引起多种疾病的主要因素；微量元素锌调控金属硫蛋白基因的表达，微量元素钴对促红细胞生成素基因具有调节作用。以上研究都是利用 PCR 技术取得的成果，PCR 技术在营养学上的一个重要作用就是明确营养物质直接调控的特殊基因。此外，PCR 技术还能够探索和发现与营养相关的新基因。利用 PCR 技术证实了下丘脑神经肽（黑色素浓缩激素）具有抑制食欲的作用。

2. 研究营养相关基因的功能，从分子水平上揭示基因-膳食-健康的关系

人类基因组测序完成之后，基因组功能及其与人类健康之间的关系成为今后的主要研究内容。随着功能基因组学的发展以及营养基因组学的建立，了解基因、膳食和健康三者之间的交互作用与影响成为可能。

3. 阐明营养相关疾病的分子机制，诊断和治疗营养相关疾病

人类的许多疾病如肥胖、肿瘤、新生儿代谢缺陷、动脉粥样硬化等，与营养物质缺乏或摄入过量密切相关。维生素 D 和钙缺乏会导致佝偻病，锌、铁等微量元素缺乏会引起发育不良等。阐明这些疾病的分子机制是营养学研究的重点和难点，因为有些疾病的发生和发展涉及多个基因表达的改变，而差异显示 PCR 技术对研究多基因疾病具有诸多优势，它可以通过对比营养物质缺乏疾病模型与正常组织的 mRNA，并对表达差异的 cDNA 克隆和测序，然后对这些基因在营养物质缺乏引发疾病过程中的功能进行深入研究，从而揭示营养物质缺乏或过量的分子机制。

4. 建立营养素需要量，趋向精准营养和个体营养

目前，膳食中各营养素的推荐量很少是根据基因表达来制定的，传统方法（如平衡实验、因子分析）估测营养素需要量并不完全适用于所有营养素，尤其是一些受复杂分子调控且具有较强稳态作用的营养素。因此，利用 PCR 等分子生物学技术结合基因表达和蛋白质表达并与代谢联系，将有助于从分子水平反映营养素的准确需要量，并以此为基础，合理设计膳食，做到不缺乏、不过剩。

此外，营养素的膳食推荐量大都基于群体实验得出，但对营养素的吸收、代谢存在个体差异，从这一点来讲，膳食推荐量意义有限。而个体营养是基于基因组学技术研究饮食对个体基因和蛋白的表达以及代谢调节的影响，侧重于个体差异的分子机制，对于建立个体化的膳食指南以及营养素补充剂的使用更具有指导意义。因此，未来营养学研究将逐渐趋向个体化，通过对基因构成以及代谢水平的鉴定，列出个人的最佳食谱。

5. 检测食品质量，保障食品安全

PCR 技术可用于食物中有害物质的检测，如毒素（黄曲霉毒素）、过敏物质（异种蛋白质）、抗营养因子（胰蛋白酶抑制因子），确保食品安全。此外，PCR 技术还可为食物中大肠

杆菌、沙门氏菌等病原菌检测，肉类掺杂掺假等食品质量及安全检测提供方法，为保健食品开发利用提供帮助。

第六节 表达质粒构建

基因工程研究的操作流程基本如下：提取组织样本的基因组 DNA，根据目的基因序列设计引物并通过 PCR 扩增目的基因。通过琼脂糖凝胶电泳和切胶回收的方法分离纯化目的基因，目的基因与克隆载体连接并转化感受态细胞，进一步扩增数量。酶切，即用限制性内切酶将目的基因与载体切割。DNA 连接酶将酶切的 DNA 片段连接到表达载体上形成重组 DNA，然后转染细胞。培养、筛选和鉴定转化细胞，使目的基因在细胞中转录和翻译成蛋白质并研究基因和蛋白质的功能。

由此可见，通过 PCR 扩增的目的基因片段最终实现基因表达并研究其功能需要用到载体。载体是携带外源目的基因进入受体细胞的运载工具，其本质是能在宿主细胞内进行独立和稳定自我复制的 DNA 复制子。载体分为克隆载体（只复制目的基因但不表达）和表达载体（含有目的基因表达的各种元件，例如启动子、终止子等能使外源基因表达并翻译成蛋白质）。载体根据来源和性质又分为质粒载体、噬菌体载体、病毒载体等。表达质粒是一种能使外源目的基因在宿主细胞内扩增和表达的载体。

一、表达质粒概述

质粒是染色体外能自我复制的闭合环状双链 DNA 分子，少数质粒为线状，此外，酵母中的杀伤质粒为 RNA 分子。质粒广泛存在于细菌、霉菌、蓝藻、酵母及少数动植物细胞和线粒体中，大小为 1~200kb，通常携带编码某些酶类的基因从而赋予宿主特定生物特性，如产生抗生素、大肠杆菌素、肠毒素、限制性内切酶和修饰酶，以及降解复杂的有机化合物等。

质粒载体是基因工程最常用的载体，主要以细菌质粒的各种原件构建而成，包含三部分：复制必须区、选择标记基因和限制性内切酶的酶切位点（多克隆位点）。复制必须区是插入外源基因后不影响质粒 DNA 的复制功能。选择标记基因是为了使用相应的抗生素鉴定和筛选正确插入外源基因的阳性克隆细胞，易于检测表型性状。限制性内切酶位点有两个作用，一是帮助克隆，二是有助于在克隆之后把插入的 DNA 片段酶切下来并回收，然后再连接到表达载体上进行目的基因的高表达。目前使用的载体通常具有一个多克隆位点，所谓多克隆位点是指载体上人工合成的一段包含多种限制性内切酶切位点的 DNA 短片段。图 7-4 中 pCMV-C-EGFP 质粒的 MCS 区含有 *Xma* Ⅰ、*Sma* Ⅰ等 11 种限制性内切酶的酶切位点。此外，理想的质粒载体还应具备：①较小的分子质量和较高的拷贝数。小分子质量的质粒易于操作，加入外源基因片段后总长度不超过 15kb，依然可以有效地转化到受体细胞内，且小分子质量的质粒易于酶切图谱的测序鉴定。较高的拷贝数不仅有利于质粒 DNA 的制备，而且能增加细胞中克隆基因的数量和扩增后的回收率。②插入外源基因的重组质粒要易于导入宿主细胞并复制和表达。③缺失 *mob* 基因。*mob* 基因编码移动相关蛋白，使质粒具有迁移性，该基因缺失后，质粒不会从一个细胞转移到另一个细胞中，减少了扩散的风险。

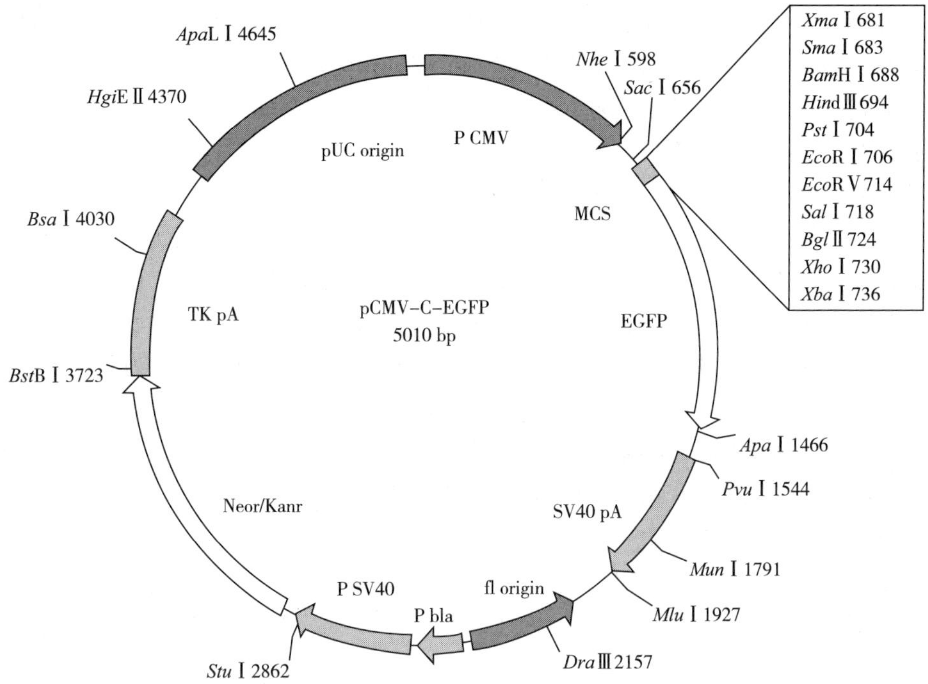

图 7-4　pCMV-C-EGFP 质粒图谱

二、表达质粒构建方法及步骤

表达质粒是在宿主细胞中高水平表达外源蛋白质的质粒载体，在科学研究中，人们关注的往往并非基因本身，而是其编码的蛋白质的功能，因此，需要通过表达质粒将目的基因表达成相应蛋白质。根据所用受体细胞类型分为原核表达质粒和真核表达质粒，根据目的蛋白是否分泌到胞外又分为分泌型表达质粒和非分泌型表达质粒。通常情况下，原核基因只能在原核质粒中表达，真核基因只能在真核质粒中表达，因为真核生物很多蛋白质需要经过翻译后修饰才能发挥生物学功能，而原核表达系统没有这项功能。

一个合格的表达质粒需要具备以下要素：①控制复制起始的位点。原核生物 DNA 只有一个复制起始点，而真核生物 DNA 有多个复制起始位点。②抗生素抗性基因，如氨苄青霉素抗性基因、卡那霉素抗性基因等，便于检测和筛选表达质粒。③多克隆位点，便于外源目的基因片段的插入。④启动子和增强子，启动和增强外源基因的高效转录。⑤终止子，终止转录。

表达质粒的构建步骤如下：用相应的限制性内切酶切割质粒，使质粒出现缺口，露出黏性末端。用同一种限制性内切酶切断目的基因，使其产生相同的黏性末端。将切下的目的基因片段插入质粒的切口处，使碱基互补配对结合，两个黏性末端吻合在一起，碱基之间形成氢键。加入适量的 DNA 连接酶，催化两条 DNA 链之间形成磷酸二酯键，从而将相邻的脱氧核糖核酸连接起来，形成一个重组质粒。

三、表达质粒构建在营养学中的应用

饮食和营养素调节基因表达所产生的代谢性疾病（糖尿病、高血钙症、尿毒症等）是最常见的疾病。通过构建表达质粒，使外源目的基因表达，分离纯化目的蛋白后研究其功能，对于阐明代谢性疾病的发病机制和治疗改善代谢性疾病具有指导意义。例如，有研究成功构建了鸡降钙素真核表达质粒 pCEP4-CT 并肌肉注射使其在蛋鸡体内表达，研究其对老龄蛋鸡血钙、钙骨素、骨密度等的影响。结果表明，肌注重组质粒提高了老龄蛋鸡对钙的利用率，促进骨钙沉积，提高骨密度，降低骨质疏松症发病风险。此外，构建甲状旁腺激素真核表达质粒并注射到鸡体内也具有调节钙、磷平衡的作用，为预防骨质疏松提供了一种基因疗法。

在研究蛋白质功能和人类疾病治疗中，表达质粒也应用广泛。表达质粒转染细胞，使重组蛋白质在培养的细胞中表达，为研究正常和异常蛋白质的功能提供工具。例如，将胰岛素受体、IGF 受体或低密度脂蛋白受体转染到培养的哺乳动物细胞中，使其表达相应蛋白质，有助于了解它们对细胞代谢的影响。用载有先天性代谢异常疾病患者突变基因的表达质粒转染细胞，可用于研究突变对蛋白质功能的影响，阐明某些先天性疾病或营养异常（肥胖、脂质异常、消化异常）相关疾病的遗传基础。

将表达质粒转染基因工程菌，使目的基因高效表达，可生产用于治疗人类营养相关疾病的蛋白质，如用基因工程菌生产胰岛素、生长激素、白细胞介素、IGF-1、表皮生长因子、肿瘤坏死因子、集落刺激因子等。目前，已经生产出人重组胰岛素用于治疗糖尿病，重组生长激素治疗生长激素缺乏的儿童。此外，其他激素如 IGF-1 和巨噬细胞集落因子等，也具有重要的临床使用价值。

第七节　生物信息学在营养学中的应用

一、生物信息学概述

生物信息学（Bioinformatics）是研究生物信息的采集、处理、存储、传播、分析和解释等各方面的学科，是 20 世纪生命科学、信息科学、统计学等多学科交叉形成的一门新学科。自人类基因组计划以来，数据促使该学科突飞猛进，一方面，海量的实验数据驱动数据的表示、管理和分析方法的发展，另一方面，及时、有效和充分地利用海量的生物信息资源来进行生物机制的理解和生物功能的发现已经成为现代生物、医学、药学等领域研究的必备方法。随着越来越先进的生物技术的开发与运用，越来越多的高通量组学数据被测定并保存，已将生命科学推进到大数据时代，生物信息学的作用也越发重要。

二、生物信息学基础

生物信息学主要是利用计算机信息处理工具和软件对分子生物学实验数据进行加工和分析，从中发现有价值的信息。它是生命科学的前沿学科，其数据信息主要来自于人类及各种模式生物基因组的分子数据，包括 DNA、RNA 和蛋白质片断的序列数据，也有蛋白质的结构数据和经过计算机处理的分子数据。

（一）NCBI 主页

美国国家生物技术信息中心（National Center for Biotechnology Information，NCBI）的主页主

要包括 PubMed、Entrez、BLAST、OMIM、Books、Taxonomy 和 Structure。

PubMed 是美国国家医学图书馆提供的搜索服务，它提供医学文献在线分析，获得系统和其他相关数据库的超过 1100 万条的文献记录，同时还提供许多在线期刊的链接。Entrez 将科学文献、DNA 和蛋白质序列数据库、蛋白质三维结构数据、种群研究数据以及全基因组数据组装整合成一个高度集成的系统。PubMed 是 Entrez 中专门针对文献的部分。BLAST 是为了分析核酸和蛋白质数据库而设计的序列相似性搜索工具。BLAST 由一套相似性搜索工具组成，这套搜索工具可以搜索所有序列数据库，包括蛋白质和 DNA 序列。在线人类孟德尔遗传数据库（OMIM）是一个人类基因和遗传异常的索引，还有与 PubMed 文章和序列信息的链接。Books 是 NCBI 提供的在线参考书籍，包含了与 PubMed 的链接。Taxonomy 是一个囊括了主要的生物类别的分类信息浏览器的网站，该网站还提供了一系列分类信息，如遗传编码和分类资源以及其他附加的信息。Structure 是一个提供分子建模数据库的结构网站，记录了大分子三维结构以及这些结构可视化和进行比较分析的工具。

（二）数据库

随着测序技术的不断发展，公共数据库中积累了大量的核苷酸和蛋白质序列数据。熟悉并了解这些数据有助于更好地开展生物信息学相关的研究与应用。

1. GenBank、 DDBJ 和 EMBL-Bank 数据库

世界上有三个大型的公共数据库存储着大量的核酸和蛋白质序列数据：GenBank、DNA Data Bank of Japan（DDBJ）和 EMBL Nucleotide Sequence Database（又称 EMBL-Bank）。这三个数据库虽分属不同的机构，但是通过国际序列数据库合作协议实现了信息资源的及时共享以及序列数据的交换。因此，可以认为这三个数据库所拥有的 DNA 序列数据是完全相同的，用户可以选择任一数据库。以 NCBI 的 GenBank 为例。

GenBank 位于美国国家生物技术信息中心，收录了目前绝大部分已知的公开的 DNA 和蛋白质序列。研究者可免费地从中获取相应的参考文献以及生物学注释。GenBank 数据库非常庞大，其数据量增长非常迅速。GenBank（第 135.0 版）收录了 2400 万条序列，总长度超过 310 亿个碱基。从 1982 年到现在，GenBank 序列的长度大概每 14 个月就翻一番。GenBank 中收录了超过 10 万个不同物种的数据，其中每 1 个月就会增加超过 1000 个新的物种。目前，GenBank 几乎所有的序列由实验室直接提交，提交者包括个体研究者、各实验室/机构、基因组测序工程、专利应用等。

由于 GenBank 收集的序列数量增长太快，为了方便管理，GenBank 主要分为两个分支：一是传统的 GenBank 分支，指依据种属来源分类的分支，如哺乳类、啮齿类和病毒类；二是基于特定测序策略的分支，依据序列来源分为专利、人工合成、表达序列标签、高通量基因组测序、序列标签位点以及基因组概览序列分支等。

2. RefSeq 数据库

参考序列数据（The Reference Sequence，RefSeq）是美国国家生物技术信息中心建立的一个收集了基因组 DNA、转录物 RNA 和蛋白质产物等的数据库，是全面的、整合的、非冗余的序列集合。RefSeq 具有以下特征：①RefSeq 是一个非冗余的 DNA、RNA 和蛋白质的数据集合，这一点明显不同于 GenBank。②RefSeq 明确地将核酸序列和蛋白质序列关联起来，并以转录物为单位组织相关 mRNA 和蛋白质的序列和注释等重要信息。③维持更新以反映最新的序列数据

和生物学知识。④数据经过校验，特别是标记为“REVIEWED”或“VALIDATED”的 RefSeq mRNA 序列已经过人工审查，序列质量相对可靠。

RefSeq 的原始序列和注释信息虽然来源于 GenBank，但经过与协作者合作、人工处理、计算、抽取以及自动和人工校验等处理步骤，使得一些 RefSeq 记录中包含了原始 GenBank 中没有的特征注释和数据库的交叉引用信息。

3. EPD 数据库

真核生物启动子（EPD）数据库是由以色列的魏茨曼（Weizmann）科学研究所创办，目前由瑞士生物信息学研究所和瑞士实验肿瘤研究所共同管理。EPD 数据库中启动子序列的质量很可靠，常用于分析基因启动子区域序列的特征，以及启动子预测软件的研制。

（三）获取 DNA 和蛋白质序列的方法

为了能在众多数据库中找到需要的 DNA 和蛋白质序列，简要介绍 5 个工具：LocusLink、UniGene、Entrez、Expasy 和 Ensembl。

LocusLink 是一个辅助的数据库，它提供了有关遗传基因库的描述性信息。可以从 LocusLink 提供的信息中找到物种的官方命名、别名、序列索引、表现型、EC 编号、MIM 编号、UniGene 簇、同源基因、图谱定位和相关网站等。UniGene 为每一个基因给出了一组序列，有具体的表达信息，对应基因的表达序列标签（EST）列表，允许使用者对它们进行深入的研究。Entrez 是一个查询、提取和显示系统。在 NCBI 主页点击 Entrez 进入，输入想要搜索的蛋白质，同时可以设置“Retinol-Binding Protein”“Human Retinol-Binding Protein”“Retinol-Binding Protein Human Interstitial”，最终得到真正需要的数据。Expasy 是用于获取蛋白质序列和相关数据的蛋白质专家分析系统。其中，每一条输出结果包含一条 SwissProt 记录，该记录提供了有用、有条理的信息，包括别名和索引号码、文献链接、功能数据、有关细胞定位的信息、链接到 GenBank 条码和其他数据记录的链接。Ensembl 是一个用于对人类基因组进行生物信息学分析的非常完备的网站，能得到相关指向蛋白的属性信息，包括序列名称、DNA 序列以及与其他许多数据库资源的交互链接。

三、生物信息学方法

针对不同的生物学数据分析需求，研究人员发展出了各种工具和方法。这些方法通常是基于不同的编程语言和平台开发的，难以对接和互相借鉴。实际上，生物信息学中使用最频繁的数据处理方法是矩阵计算、统计学、分析和可视化方法，而要实现这些方法，通用的数据处理平台 MATLAB 具有一定优势。

1. 序列分析

序列分析是指对基因或蛋白质序列的分析，包括单个序列的特征分析和多个序列间的比较分析。其中，序列比对是生物信息学的基本组成和重要基础。进行序列比对的目的之一是判断两个序列之间是否具有足够的相似性，从而判定二者是否具有同源性。序列比对的基本算法主要有两种，一个是用于全局比对的尼德曼-翁施（Needleman-Wunsch）算法，另一个是用于局部比对的史密斯-沃特曼序列比对（Smith-Waterman）算法，后者是在前者的基础上发展起来的。在 MATLAB 生物信息工具箱中，主要基于这两种算法进行序列比对，并提供了专门的函数。

2. 高通量测序

二代测序技术又称下一代测序技术，是相对于以 Sanger 测序法为代表的第一代测序技术而得名的。第二代测序中的三种主流的测序技术为依次出现的 Roche/454 焦磷酸测序（2005 年）、Illumina/Solexa 聚合酶合成测序（2006 年）和 ABI/SOLiD 连接酶测序（2007 年）。与 Sanger 测序相比，下一代测序技术的突出特征是单次运行产出序列数据量大，故而又称为高通量测序技术。

3. 芯片数据分析

基因芯片技术，也称核酸微阵列芯片技术，产生于 2000—2009 年，近十几年得到了规模化和产业化，已经成为转录组研究的重要支撑技术。基因芯片技术可以测量某一条件下成千上万基因的转录表达情况，产生较大的数据量和数据分析需求。芯片数据分析的基本流程是：对芯片的高密度杂交点阵进行图像处理，从中提取杂交点的荧光强度信号进行定量分析；通过有效数据的筛选和相关基因表达谱的聚类，提取表达显著差异的基因或共表达基因，最终整合杂交点的生物学信息，发现基因的表达谱与功能可能存在的联系。

4. 质谱数据分析

质谱分析本是一种物理方法，其基本原理是使试样中各组分在离子源中发生电离，生成不同荷质比的带正电荷的离子，经加速电场的作用，形成离子束，进入质量分析器。在质量分析器中，再利用电场和磁场使发生相反的速度色散，将它们分别聚焦而得到质谱图，从而确定其质量。

5. 可视化工具

可视化工具是生物学数据分析结果呈现的主要方式，包括聚类分析、分子三维结构显示、相互作用数据可视化。

6. 外部数据库和程序调用

在利用 MATLAB 分析生物数据的过程中，经常涉及大量数据的输入输出操作，而原始的生物学数据大多储存在各个在线的网络数据库中。因此，如果能够直接从网络数据库中读入所需数据将会使数据分析操作非常方便。同时，在生物信息学领域中存在着多种现成的数据分析与处理软件，这些软件可能采用 MATLAB 以外的其他语言开发，与 MATLAB 生物信息学工具箱形成了很好的互补关系。为此，MATLAB 提供了多个接口可以方便地调用外部数据库和程序，扩展 MATLAB 处理生物学数据的范围。

四、生物信息学与人类疾病

多组学技术已经成为探索细胞中各种分子间联系或调控关系的强有力工具。全基因组测序不仅显著加深了对健康和疾病分子生物学的基本理解，还有助于新的商业诊断和预后检测以及个性化治疗的选择和开发。生物信息学已广泛应用于疾病研究。

1. 在线人类孟德尔遗传数据库

在线人类孟德尔遗传数据库（OMIM）是一个收集人类基因和遗传疾病相关研究成果的综合性的权威知识库，以帮助人类基因组学和临床遗传学的教学与研究，由 NCBI 提供并维持更新。OMIM 的资料源于各种生物医学文献，由一组科学家与编辑经过鉴定、讨论及编写，收入数据库成为相关的条目。OMIM 的每一个条目都记录着表型与（或）遗传基因信息的文本，同时提供与其他各种遗传相关数据的链接，如 DNA 与蛋白质序列数据、PubMed 文献数据、高精细图谱以及突变数据等。可以通过在线版本，用 MIM 号、疾病名称、基因名或者描述表型的一些词汇为关键词进行查询，通过点击每个查询结果第一行的 MIM 号，查看相应条目的详细注释信息。研究人员可以通过 OMIM 进行基因诊断，应用于优生优育、感染性疾病和肿瘤的诊断、器官移植、法医学鉴定等。

2. 遗传关联数据库

遗传关联数据库（Genetic Association Database，GAD）是收集人类复杂性疾病的遗传关联研究的资料库。可以从大量的突变数据和多态性数据中快速找到医学相关的信息。GAD 每个条目都具有标准化的格式，包括基因的正式命名、研究的基本信息（疾病表型、样本量、置信分值、人种信息以及等位基因）和其他数据库的链接。因此，人们可以通过在线版本，按照疾病名称、基因名称、染色体和突变信息、环境因素和文献进行查询。GAD 不仅收录了高置信度的实验结果，还收录了置信度较低甚至阴性的结果，覆盖面较 OMIM 数据库更广。

3. 人类基因突变数据库

人类基因突变数据库（Human Genome Mutation Database，HGMD）提供了遗传病基因突变数据信息，其数据来源于医学文献，包括已发表的与疾病相关的碱基替换、缺失、复制、插入及重排等突变。人们可以通过在线版本，按照基因名、基因表描述等搜索，查看与特定疾病（表型）相关的突变。

4. 癌症数据库

目前，出现了一些专门收集癌症相关信息的数据库，包括桑格（Sanger）研究所开发和维护的癌症基因普查库（CGC）、美国 MSKCC 计算生物中心开发的 CancerGenes、美国国家癌症生物信息研究中心（NCICB）开发的 CGDCP、NCBI 开发的 CGAP。

5. 单核苷酸多态性数据库

人与人之间的基因差异非常小，而这种基因序列上的差别 90%都为 DNA 序列中的单个碱基置换，称为单核苷酸多态性（Single Nucleotide Polymorphism，SNP）。目前，已经有一些 SNP 公共数据资源供研究者查询。其中，单核苷酸多态性数据库（dbSNP）由 NCBI 与美国国家人类基因组研究所合作建立，收录了与疾病相关的突变和中性突变，主要是单核苷酸替换、短的缺失和插入多态，目前已经扩展收录微卫星重复和插入缺失多态。通过检索 dbSNP 数据库，可以查看突变位点的等位基因位点、邻近的 DNA 序列信息、检测该突变点的实验条件、出现该突变的群体的特征描述以及群体或个人基因分型得到的频率信息。此外，还可以通过 dbSNP 检索并下载研究者感兴趣的基因相关的所有 SNPs。

五、生物信息学在营养学中的应用

随着人类基因组测序工作的完成以及相应的功能基因组学研究手段的建立，目前生物信息学在营养学研究中的应用主要有以下几个方面：

1. 利用生物信息学进行营养相关疾病的诊断

DNA 芯片可以快速地检测基因突变。从正常人基因组中分离出 DNA 并与 DNA 芯片进行杂交，即可获得标准图谱，从受检者基因组中分离出 DNA 并与 DNA 芯片进行杂交，即可获得病变图谱。通过对这两种图谱的比较、分析，就可以获得病变的 DNA 信息。它不仅可以准确地确定突变位点和突变类型，而且可以快速高效地监测人群中营养相关基因的差异表达，以达到早期诊断、早期治疗营养相关疾病的目的。

2. 加深对植物化学物质的认识，促进保健食品的开发和应用

应用DNA芯片、蛋白质组学技术以及代谢组学技术可以筛选和鉴定具有生物活性的植物化学物质并应用于慢性病（如肿瘤、心血管疾病、糖尿病等）以及衰老的预防。应用植物基因组学技术，可以阐明营养素和生物活性物质的生物合成途径，并能生产出富含营养素和生物活性植物化学物质的“超级营养食品”。针对个体基因片段的差异，也可确定或预见某些人群对某种疾病的患病风险。

3. 趋向个体营养学研究，社会营养与个体营养并重

社会营养面向整个人群，它研究的是对人群有较大影响的营养学问题。个体营养则是基于基因组学技术来研究饮食对个体基因表达、蛋白表达以及代谢的影响，侧重于个体差异的分子机制，其研究结果可指导农业食品生产，并能为大规模人群试验、疾病防治提出理论依据。

营养素的推荐膳食供给量或膳食参考摄入量都是对群体而言的，然而人的基因是有差异的，人的基因组有140万~200万个SNPs，其中6万多个存在于外显子中，这可能是人体对营养素需求及响应差异的重要分子基础。应用基因组学技术将阐明与营养相关的SNPs，并用来研究人体对某些疾病的易感性和对营养素（食物）需求的个体间差异。个体基因组差异对营养素吸收、代谢、储存等的影响已逐渐为人们所认知。基因组营养的研究成果对于建立个体化的膳食指南、营养素补充剂的使用具有重要指导意义。

思政要素解读

能力拓展

1. 培养跨学科知识融合能力

分子营养学是一个有趣的跨学科领域，它把遗传学、生物学、化学、医学等学科的知识都融合在一起，可以把这些不同的知识块拼在一起，解决复杂的问题。

2. 培养创新精神，拓宽国际视野及团队协作能力

旨在培养未来的科学家，探索分子营养学的深奥领域。学生将学习一系列先进技术，包括基因测序，这赋予同学们解读基因密码的能力。此外，蛋白质组学、代谢组学等技术也是科学家们通过创新精神和持续努力获得的成果。学生们应当学习科学家的精神，保持好奇心，勇于创新，并与同伴协作，共同揭示科学的奥秘。同时，学生们还应提升国际视野，与世界各地的同行进行研究和交流，共享研究成果。

素养提升

1. 深入了解我国实验动物、分子技术发展历程及前沿进展

在分子营养学领域，中国取得了显著成就。尽管中国实验动物研究起步较晚，但在各级组织的支持下，实验动物行业实现了快速发展。在短短数十年间，中国成功建立了以小鼠、大鼠、鱼类、兔、犬、禽类和非人灵长类等为主的实验动物种子中心和种质资源基地，形成了实验动物资源的保存、开发及共享体系，这是值得骄傲的成就。通过学习这些领域的先进人物和事迹，同学们可以培养正确的价值观，激发对国家成就的自豪感。

2. 深入了解实验伦理与法律法规，确立学术道德与法治精神的基本原则

在分子营养学的学习过程中，掌握专业知识的同时，还应当深入理解相关的实验伦理和法律法规。这是学术生涯中不可或缺的一部分，对于建立正确的学术道德观念和法治精神至关重要。首先，必须认识到，科学研究应当遵循的法律法规、行业标准和实验伦理是科学研究的基础，这些规范保障了研究的合法性、合理性和正当性。例如，了解实验动物福利规定是确保实验过程中尊重和保护动物权益的前提。其次，通过探讨社会争议或热点问题，可以更深入地理解科学研究背后的伦理学意义。例如，耶鲁大学研究人员在实验猪身上恢复脑循环的实验案例引发了广泛的伦理学讨论。分析这些案例有助于思考科学研究的界限以及如何平衡科学探索与伦理道德的关系。最后，从这些案例中吸取教训，恪守学术道德规范，树立法治意识，意味着在学习和研究中应诚实守信，避免抄袭和造假，尊重他人的知识产权。同时，应强化法治思维，理解科学研究在追求知识和真理的同时，也应对社会和公众负责。综上所述，将学术道德和法治精神内化于心、外化于行，是成为具备专业素养和社会责任感的科研工作者的必要条件。

思考题

1. 分析实验动物福利对科研数据质量的影响，提出改善动物福利的具体措施，并讨论这些措施如何能促进科学研究的可靠性和有效性。

2. 实验动物标准化的意义何在？请详细阐述实验动物标准化的四大主要内容（遗传学控制、微生物学和寄生虫学控制、设施环境控制、饲料营养控制）及其各自的重要性。

3. 为何在营养学研究中选择特定类型的细胞系（如 Caco-2 细胞用于肠道吸收研究）是重要的？讨论选择细胞模型时应考虑的关键因素，并举例说明。

4. 讨论细胞模型在模拟整体生物体营养代谢复杂性方面的局限性，以及如何通过组合使用多种模型（如共培养、器官芯片技术）来克服这些限制。

5. 免疫印迹（Western Blot）与酶联免疫吸附（ELISA）等方法在蛋白质定量检测中的优缺点，包括灵敏度、特异性和应用范围。

6. 如何利用实时荧光定量 PCR（qRT-PCR）来研究特定营养素（如 n-3 多不饱和脂肪酸）对基因表达的影响，包括实验设计、数据标准化方法及结果解读。

7. 分析数字 PCR（dPCR）相比传统 PCR 在精确度和敏感性方面的优势，并讨论在营养学研究中应用 dPCR 可能面临的挑战和限制。

8. 基于分子营养学的最新发现，设计一套基于个人遗传信息和生理状态的精准营养指导原则，并讨论实施这些个性化饮食建议时可能遇到的挑战和伦理考量。

附录

中国居民营养现状分析

一、中国居民营养现状概述

我国居民膳食能量和蛋白质摄入充足，膳食质量显著提高。大多数人群膳食结构仍保持植物性为主，谷类食物仍是能量的主要食物来源，蔬菜供应品种丰富，季节性差异明显缩小，居民蔬菜摄入量稳定在人均270g/d左右，处于较好的水平。居民动物性食物摄入量增加，优质蛋白摄入量增加，全国城乡居民来源于动物性食物蛋白的比例从1992年的18.9%增加到2015年的35.2%。特别是农村居民的膳食结构得到较大的改善，碳水化合物的供能比从1992年的70.1%下降到2015年的55.3%，动物性食物提供的蛋白质从1992年的12.4%提高到2015年的31.4%，城乡差距逐渐缩小。居民的膳食结构正处于变迁时期。不同人群的研究显示，遵循平衡膳食原则，即维持以植物性食物为主，多吃蔬菜水果、水产品和奶类，适量的肉禽蛋类，清淡少油膳食模式的人群，显示更好的健康收益。中国不同人群的研究显示，保持平衡膳食模式可以降低2型糖尿病、妊娠糖尿病、代谢综合征、乳腺癌、冠心病和非酒精性脂肪肝等疾病的发病风险，并降低人群的全因死亡风险。

（一）中国居民膳食营养现状

1. 中国居民食物摄入量

中国居民平均每标准人日摄入量为：粮谷类食物305.8g，其中米及其制品168.5g，面及其制品121.0g，其他谷类16.3g；薯类41.9g；杂豆类4.0g；大豆及其制品10.3g；新鲜蔬菜265.9g；新鲜水果38.1g；坚果3.6g；畜肉类72.0g；禽肉类13.0g；动物内脏2.9g；鱼虾类24.3g；蛋类23.4g；乳及乳制品25.9g；糕点类6.5g；烹调油43.2g；烹调盐9.3g；酒精（折合）2.3g；糖及糖果2.5g。

与2015年发布结果相比，中国居民粮谷类食物摄入总量略有减少，蔬菜摄入量总体变化不大，水果、畜禽肉类、大豆及其制品摄入量变化不大，乳及乳制品摄入量有所增加，烹调盐摄入量有所下降，平均烹调油摄入量略有增加，糖及糖果摄入量略有上升（附图1，附图2）。

2. 不同年龄人群食物摄入量

不同年龄人群平均每人每天食物摄入量如附表1所示。

3. 不同年龄人群主要维生素及矿物质摄入量

不同年龄人群平均每人每天主要微生物与矿物质摄入量如附表2所示。

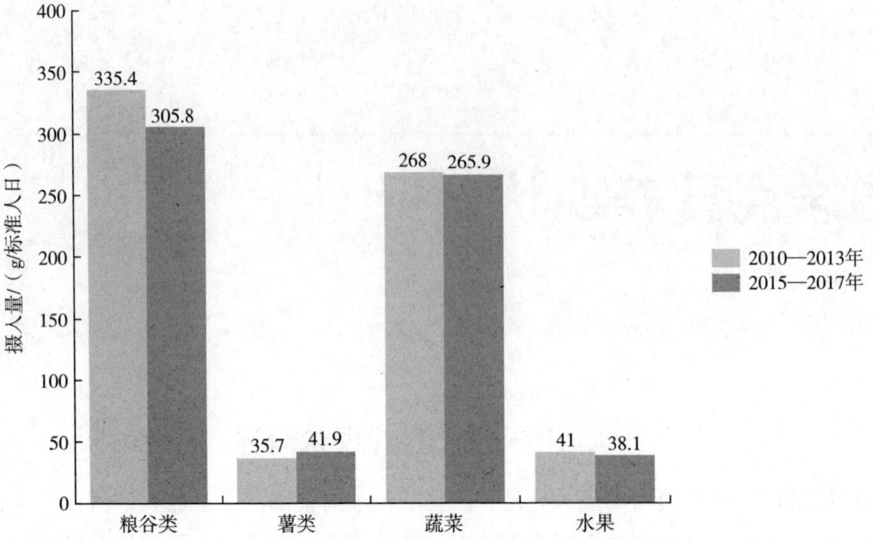

附图 1 中国居民粮谷类、薯类、蔬菜和水果类摄入量变化

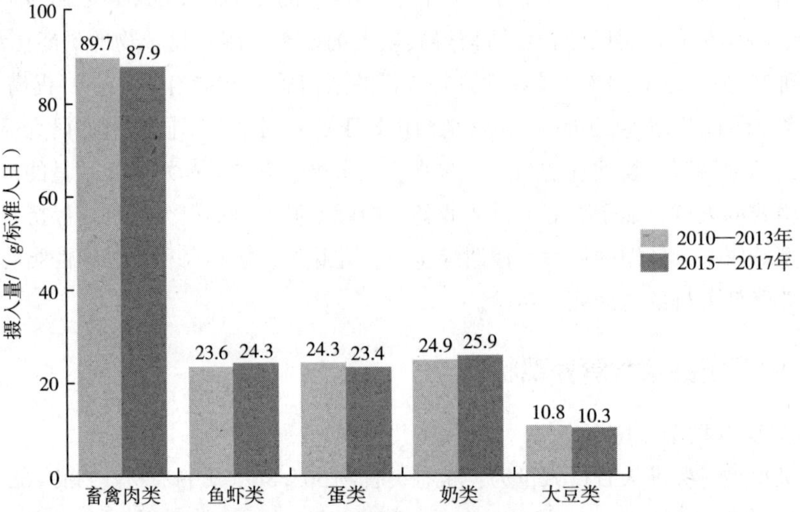

附图 2 中国居民畜禽鱼虾蛋奶等食物摄入量变化

附表 1　　不同年龄人群平均每人每天食物摄入量　　单位：g

食物	3~5 岁	6~11 岁	12~17 岁	18~59 岁	≥60 岁
米及其制品	136.7	111.7	145.5	155.0	156.5
面及其制品	55.4	86.6	117.8	123.3	102.1
其他谷类	6.1	8.8	8.0	15.0	17.3
薯类	17.7	29.6	37.9	39.3	41.3
杂豆类	1.7	3.3	4.1	3.6	4.2
大豆及其制品	4.4	7.9	11.0	9.7	9.9

续表

食物	3~5岁	6~11岁	12~17岁	18~59岁	≥60岁
新鲜蔬菜	97.3	153.6	176.6	254.4	255.9
新鲜水果	34.8	49.4	46.0	34.8	30.9
坚果	1.6	1.9	2.4	3.4	3.5
畜肉类	40.8	75.3	88.6	73.5	57.0
禽肉类	7.6	17.0	24.5	13.3	9.5
动物内脏	1.1	1.7	1.7	3.3	2.2
鱼虾类	8.7	15.2	15.8	23.8	22.1
蛋类	22.6	33.8	32.6	21.5	19.1
乳及乳制品	56.1	70.9	75.1	16.7	23.2
糕点类	11.3	19.1	27.1	5.1	5.0
烹调油	25.7	33.2	40.0	42.7	37.4
烹调盐	7.8	9.0	9.0	9.0	8.4
酒精	0.0	0.0	0.0	2.5	2.8
糖及糖果	2.6	1.3	2.5	2.1	2.3

注：酒精摄入量来自3d 24h膳食回顾调查结果，即把各种酒类按照其酒精度换算成酒精量。

附表2　　不同年龄人群平均每人每天主要微生物与矿物质摄入量

	3~5岁	6~11岁	12~17岁	18~59岁	≥60岁
视黄醇当量/μg	244.8	336.4	356.8	406.8	396.6
维生素E/mg	21.1	29.0	37.6	36.7	32.4
硫胺素/mg	0.5	0.7	0.8	0.8	0.7
核黄素/mg	0.5	0.7	0.8	0.7	0.6
烟酸/mg	8.7	11.4	14.2	13.9	12.6
维生素C/mg	34.4	51.5	60.5	75.5	76.1
钙/mg	216.7	293.9	342.8	328.3	333.2
铁/mg	11.9	15.5	19.2	20.2	18.7
锌/mg	6.3	8.0	9.8	9.9	9.0
钾/mg	854.7	1257.7	1521.8	1474.1	1392.6
硒/μg	23.1	34.8	41.0	40.7	35.8
镁/mg	146.4	192.9	236.4	251.8	242.5
钠/mg	3832.0	4337.1	5230.4	5681.4	5412.1
膳食纤维/g	5.0	7.4	9.2	9.9	9.6

（二）中国居民体格状况与营养不良

身高是反映长期膳食营养质量的指标，也是整体国民体质提升的重要表现。近 30 年来，我国儿童青少年生长发育水平持续改善，6～17 岁男孩和女孩各年龄组身高均有增加，平均每 10 年身高增加 3cm。农村儿童身高增长幅度为男生 4cm、女生 3cm，大于城市儿童男生 3cm、女生 2cm 的身高增长幅度。例如，1982 年 17 岁农村男生身高平均值是 159. 8cm，到 2017 年为 170. 3cm。成人平均身高继续增长，2015 年我国 18～44 岁男性和女性的平均身高分别为 169. 7cm 和 158. 0cm，比 2002 年分别增加了 2. 2cm 和 1. 6cm，提示从 20 世纪 70 年代开始，我国居民膳食质量和人群体质明显提高。儿童营养不良特别是农村地区儿童生长迟缓的问题一直是政府和家庭都关心的问题，营养不良多由膳食能量供应不足、蛋白质缺乏或继发性疾病导致，主要表现为消瘦、生长迟缓、浮肿等。从监测数据来看，我国 5 岁以下儿童生长迟缓率、低体重率分别为 4. 8%和 1. 9%，已实现 2020 年规划预设目标。无论是儿童还是成年人，营养不良发生率明显降低，特别是能量供应不足已经得到根本改善。儿童青少年、孕妇贫血率、维生素 A 缺乏率均有显著下降，营养状况得到明显改善。

1. 体格状况

中国 18 岁及以上男女平均身高分别为 167. 8cm 和 156. 3cm。18～44 岁男女平均身高分别为 169. 7cm 和 158. 0cm，与 2015 年发布结果相比分别增加 1. 2cm、0. 8cm。中国 18 岁及以上男女平均体重分别为 69. 6kg 和 59. 0kg，与 2015 年发布结果相比男性平均体重增加 3. 4kg，女性平均体重增加 1. 7kg。男性 18～44 岁年龄组平均体重最重，为 71. 3kg，女性 45～59 岁年龄组平均体重最重，为 60. 8kg。

中国城乡 6～17 岁儿童青少年各年龄组身高总体均有增长，与 2015 年发布结果相比，6～17 岁男童和女童各年龄组身高平均分别增加 1. 6cm 和 1. 0cm。城乡 6～17 岁儿童青少年各年龄组体重，总体均有增长，与 2015 年发布结果相比，6～17 岁的男童和女童各年龄组体重平均分别增加 1. 4kg 和 0. 6kg。

中国城乡 6 岁以下儿童各月龄组的身高均有增长，农村增长幅度高于城市。6 岁以下城市男童、女童和农村男童、女童各月龄组的体重均有增长，农村儿童体重增长幅度高于城市。

2. 营养不良

中国 18 岁区以上居民低体重营养不良率为 4. 2%，与 2015 年发布结果相比下降 18%。

6～17 岁儿童育少年生长迟缓率为 1. 7%，与 2015 年发布结果相比下降 1. 5%；6～17 岁儿童青少年消瘦率为 8. 7%，与 2015 年发布结果相比无明显变化。

6 岁以下儿童的生长迟缓率为 4. 8%，与 2015 年发布结果相比下降 3. 3%；6 岁以下儿童低体重率为 2. 0%，与 2015 年发布结果相比下降 0. 5%；6 岁以下儿童消瘦率为 2. 0%，与 2015 年发布结果相比无明显变化。

3. 贫血及微量营养素缺乏

中国 18 岁及以上居民贫血患病率为 8. 7%，与 2015 年发布结果相比下降 1. 7%；12～17 岁儿童青少年贫血率为 6. 6%，与 2015 年发布结果相比下降 1. 4%：6～11 岁儿童贫血率为 4. 4%，与 2015 年发布结果相比下降 0. 6%；6 岁以下（不包含 6 月龄以下）儿童贫血率为 21. 2%。孕妇贫血率为 13. 6%，与 2015 年发布结果相比下降 3. 6%；乳母贫血率为 17. 2%，与 2015 年发布结果相比增加 6. 7%。

中国 18 岁及以上居民血清维生素 A 缺乏率为 0.5%，边缘缺乏率为 4.1%；6~17 岁儿童青少年维生素 A 缺乏率为 1.0%，边缘缺乏率为 14.7%；孕妇维生素 A 缺乏率 0.9%，边缘缺乏率为 8.7%。18 岁及以上居民低血清铁蛋白率为 13.3%；6~17 岁儿童青少年低血清铁蛋白率为 11.2%；孕妇低血清铁蛋白率为 54.4%。

4. 超重肥胖

中国 18 岁及以上居民超重率为 34.3%，与 2015 年发布结果相比上升 4.2%；18 岁及以上居民肥胖率为 16.4%，与 2015 年发布结果相比上升 4.6%。18 岁及以上居民近 1 个月内体重测量率为 59.2%。

中国 6~17 岁儿童青少年超重率为 11.1%，与 2015 年发布结果相比上升 0.4%；6~17 岁儿童青少年肥胖率为 7.9%，与 2015 年发布结果相比上升 0.3%。

中国 6 岁以下儿童超重率为 6.8%，与 2015 年发布结果相比下降 1.6%；6 岁以下儿童肥胖率为 3.6%，与 2015 年发布结果相比上升 0.5%。

二、现代居民营养存在的主要问题

居民生活方式改变，身体活动水平显著下降。高油高盐摄入普遍存在，含糖饮料消费逐年上升。全谷物、深色蔬菜、水果、奶类、鱼虾类和大豆类摄入不足。饮酒行为较为普遍，一半以上的男性饮酒者过量饮酒。孕妇、婴幼儿和老年人的营养问题仍需特别关注。城乡发展不平衡，农村地区膳食结构亟待改善。食物浪费问题严重，营养素养有待提高。

2019 年全国居民健康素养监测结果显示，我国居民健康素养总体水平继续稳步提升，2019 年达到 19.2%，比 2018 年提升 2.1%。健康素养水平在城乡、地区、人群间的分布不均衡依然存在，农村居民、中西部地区居民、老年人群等的健康素养水平仍相对较低。营养素养是健康素养的重要组成部分，营养素养是连接个体、食物和环境的桥梁，三者相互作用共同影响饮食行为和膳食营养的摄入，最终影响个体的健康与发展。营养知识和素养的提高是健康促进的重要路径，当前我国居民存在营养知识缺乏、不健康的生活方式较为普遍等问题，对于科学选择食物、合理搭配膳食的能力不足，居民的营养素养有待提高。我国营养专业工作队伍不完整、岗位设置不足、专业人员严重缺乏，全国疾控机构中除 22 家省级疾控中心具有独立的营养科室外，87.7%地市级和 97.5%县级疾控中心均没有专门的营养工作机构或人员，全国疾控机构中省市县机构中的营养工作人员占总工作人员数的 3.8%，而营养工作专职人员比例仅为 0.3%；全国三级医院中设立营养科室的比例为 61.4%，能力差别大；二级医院中设立营养科室的比例仅为 5%。全国省级和地市级妇幼保健机构中，仅有 49.3%的机构开设孕期营养门诊或提供营养服务，开设儿童营养与喂养科或提供儿童营养服务的比例仅占 53.3%。基层医疗卫生机构几乎未配置营养专业人员，距离《健康中国行动（2019—2030 年）》中每 1 万人配备 1 名营养指导员的行动目标有很大差距。

三、未来居民营养状况发展

我国居民营养状况极大改善，但各种营养不良问题（包括营养不足、微量营养素缺乏、超重和肥胖症）在我国仍同时存在并将长期存在，膳食结构不合理、饮酒甚至过量饮酒、食物过于精细化导致的浪费等现象普遍存在。根据这些问题，未来居民营养状况发展具体如下。

（一）强调植物性食物为主，优化动物性食物

增加全谷物的消费，减少精白米面的摄入；在保证充足蔬菜摄入的前提下，强调增加深色蔬菜的消费比例；增加新鲜水果的摄入；增加富含优质蛋白质的豆类及其制品摄入。改变较为单一的以猪肉为主的消费结构，增加富含多不饱和脂肪酸的水产品类、低脂乳类及其制品的摄入。适量摄入蛋类及其制品。

（二）保证膳食能量来源和营养素充足

综合考虑生理阶段、营养需要、身体活动水平、基础代谢率等因素，将膳食碳水化合物、蛋白质、脂肪供能比，能量和微量营养素摄入保持在合理的水平，从而维持健康体重，预防相关膳食慢性病。

（三）进一步控制油、盐、糖摄入

我国居民食用盐的摄入量已经呈现下降的趋势，但食盐和烹调油的摄入量过高仍严重影响我国居民的健康。在中国成年人膳食因素与估计的心血管代谢性疾病死亡数量有关的归因中居第一位是高钠（盐）摄入，因此应继续把减盐控油作为优化膳食结构的重要部分。国际对糖摄入及其与健康关系的关注日益提升，很多国家发布的膳食指南中限制糖摄入都跃居前位。虽然我国居民添加糖摄入水平不高，但作为添加糖的主要来源，含糖饮料消费人群比例及其消费量均呈快速上升趋势，高糖摄入已成为青少年肥胖、糖尿病高发的主要危险因素，控制青少年糖的摄入是促进青少年健康成长的关键。

（四）杜绝食物浪费，促进可持续发展

充分利用营养学和食品加工学依据，减少食物生产、贮存、运输、加工等环节的损耗现象。倡导全民减少餐饮环节的浪费，提倡饮食文明，将保持食物的可持续发展作为引导居民合理膳食的重要方针和实施策略。

参考文献

[1] 陈剑霞，张婷，贺晓燕，姚新生．HBV 疫苗接种后机体 T 细胞应答和 TCR CDR3 受体库特征的研究进展［J］．现代免疫学，2022，42（3）：259-263.

[2] 丁明孝，王喜忠，张传茂，等．细胞生物学［M］．5 版．北京：高等教育出版社，2020.

[3] 戈哲，丁树哲．运动介导细胞自噬调控先天性免疫的研究现状及展望［J］．体育科学，2019，39（11）：67-74.

[4] 关阳，李惠子，王磊．微量营养素对免疫功能影响的研究进展［J］．北京医学，2021，43（2）：147-150.

[5] 江凤林．高血压的防治［M］．长沙：湖南科学技术出版社，2019.

[6] 蓝玲，胡薇．B 淋巴细胞的发育过程及调控机理概述［J］．生物学教学，2022，47（7）：6-8.

[7] 李刚，昌增益．国际生物化学与分子生物学联盟增设第七大类酶：易位酶［J］．中国生物化学与分子生物学报，2018，34（12）：1367-1368.

[8] 李慧林，伏茂霞．心脏彩超与心电图对高血压性心脏病的应用效果比较［J］．影像研究与医学应用，2022，6（14）：143-5.

[9] 李腾飞，郭志全，王晔．β-淀粉样蛋白代谢异常与阿尔茨海默病［J］．神经疾病与精神卫生，2022，22（12）：904-908.

[10] 林风，吴丽云．微生物健康产品及其产业［J］．食品与发酵科技，2022，58（4）：4.

[11] 刘素芳，赵阳，贾彬，李俊芳．类风湿关节炎患者血清 DKK-1，CCL21 水平与体液免疫指标的相关性研究［J］．现代检验医学杂志，2022，37（3）：33-36+52.

[12] 刘渝，王浩，梁逍，et al. 轻中度饮酒与老年冠心病患者心绞痛发作的相关性研究［J］．中华老年心脑血管病杂志，2020，22（11）：1170-3.

[13] 施新猷，顾为望．人类疾病动物模型［M］．北京：人民卫生出版社，2018.

[14] 史蒂文．R. 萨瓦特．阿尔茨海默病［M］．武汉：华中科技大学出版社，2021.

[15] 孙长颢．营养与食品卫生学［M］．8 版．北京：人民卫生出版社，2017.

[16] 王金雨，王晓华．分子营养学的研究进展［J］．当代化工研究，2017，(2)：96-7.

[17] 闫衡．微生物发酵工程对食品营养及保健功能的影响［J］．中国食品，2021（1）：122-122.

[18] 姚粟，王鹏辉，白飞荣，等．中国传统发酵食品用微生物菌种名单研究（第二版）［J］．食品与发酵工业，2022，48（1）：275-278.

[19] 于思慧，单朝萌，文雪霞，张莹．cGAS-STING 信号通路在先天性免疫中的作用研究进展［J］．动物医学进展，2022，43（4）：87-92.

[20] 张帮林，郑琳，罗婷．系统性红斑狼疮患者血清 IL-1 家族多种细胞因子、拮抗剂及可溶性受体水平表达与疾病活动度的相关性研究［J］．现代检验医学杂志，2022，37（2）：88-92.

[21] 张麟，罗英等．高血压与相关疾病［M］．长沙：苏州大学出版社，2019

[22] 赵珂．“营养基因组学”在食品科学专业的课程设置与教学［J］．农产品加工，2018，(19)：99-100.

[23] 中国营养学会．中国居民膳食指南（2022）［M］．北京：人民卫生出版社，2022.

[24] 中华医学会糖尿病学分会，国家基层糖尿病防治管理办公室．国家基层糖尿病防治管理指南（2022）［J］．中华内科杂志，2022，61（7）：32.

[25] 周月，杜珊，陈斌．肠道微生态失衡理论的研究现状［J］．中国病原生物学杂志，2019，14（7）：867-70.

[26] Ahlawat S，Asha，Sharma K K. Gut - organ axis：a microbial outreach and networking［J］．Letters in applied microbiology，2021，72（6）：636-668.

[27] Baral J，Karki K B，Thapa P，et al. Adherence to Dietary Recommendation and Its Associated Factors among People with Type 2 Diabetes：A Cross-Sectional Study in Nepal［J］．Journal of Diabetes Research，2022：6136059.

[28] Bhupathiraju S N，Sawicki C M，Goon S，et al. A healthy plant-based diet is favorably associated with cardiometabolic

risk factors among participants of South Asian ancestry [J]. The American Journal of Clinical Nutrition, 2022, 116 (4): 1078-1090.

[29] Buja, L. M, The cell theory and cellular pathology: Discovery, refinements and applications fundamental to advances in biology and medicine [J]. Experimental and molecular pathology, 2021, 121, 104660.

[30] Cigarran Guldris S, Gonzalez Parra E, Cases Amenos A. Gut microbiota in chronic kidney disease [J]. Nefrologia, 2017, 37 (1): 9-19.

[31] Da Silva AA, Do Carmo JM, Li X, et al. Role of Hyperinsulinemia and Insulin Resistance in Hypertension: Metabolic Syndrome Revisited [J]. Can J Cardiol, 2020, 36 (5): 671-82.

[32] Duca FA, Waise TMZ, Peppler WT, et al. The metabolic impact of small intestinal nutrient sensing [J]. Nat Commun. 2021, 12 (1): 903.

[33] Fan Y, Pedersen O. Gut microbiota in human metabolic health and disease [J]. Nature reviews. Microbiology, 2021, 19 (1), 55-71.

[34] Fassarella M, Blaak EE, Penders J, et al. Gut microbiome stability and resilience: elucidating the response to perturbations in order to modulate gut health [J]. Gut, 2021, 70 (3), 595-605.

[35] Gopinath B, Harris DC, Flood VM, et a1. Carbohydrate Nutrition IS Associated with the 5-Year Incidence of ChroniC Kidney Disease [J]. Journal of Nutrition, 2011, 141 (3): 433-439.

[36] Han XC, Ye ZH, Hu HJ, et al. Hydrogen exerts neuroprotective effects by inhibiting oxidative stress in experimental diabetic peripheral neuropathy rats [J]. Medical Gas Research, 2023, 13 (2): 72-77.

[37] Hopkins JL, Lan L, Zou L. DNA repair defects in cancer and therapeutic opportunities [J]. Genes Dev, 2022, 36 (5-6): 278-93.

[38] Kaysen GA. Lipid and lipoprotein metabolism in chronic kidney disease [J]. J RenNutre, 2009, 19 (1): 73-77.

[39] Kim EJ, Ramachandran R, Wierzbicki AS. Lipidomics in diabetes. Curr Opin Endocrinol Diabetes Obes. 2022, 29 (2): 124-130.

[40] Klinis S, Symvoulakis E K, Stefanidou M, et al. Self-efficacy, stress levels and daily style of living among older patients with type 2 diabetes in a rural primary care setting: a cross-sectional study [J]. Medicine and Pharmacy Reports, 2022, 95 (3): 267-274.

[41] Kolodziejczyk AA, Zheng D, Elinav E . Diet-microbiota interactions and personalized nutrition [J]. Nature Reviews Microbiology, 2019, 17 (12): 742-753.

[42] Kopin L, Lowenstein C J. Dyslipidemia [J]. Annals of Internal Medicine, 2017, 167 (11): ITC81-ITC96.

[43] Lal MK, Singh B, Sharma S, et al. (2021). Glycemic index of starchy crops and factors affecting its digestibility: A review [J]. Trends in Food Science Technology, 2021, 111 (1) .

[44] Lee J Y, Renée M. Tsolis, Bumler A J . The microbiome and gut homeostasis [J]. Science (New York, N. Y.), 2022, 377 (6601): eabp9960.

[45] Li Z, Zhang Z, Ke L, et al. Resveratrol promotes white adipocytes browning and improves metabolic disorders in Sirt1-dependent manner in mice [J]. FASEB J, 2020, 34 (3): 4527-39.

[46] Liu LB, Chen XQ, Hao LL, et al. Traditional fermented soybean products: processing, flavor formation, nutritional and biological activities. 2020, 67 (7): 1971-1989.

[47] Playford M, Dey A, Zierold C, et al. Active 1, 25 (OH), but not Inactive (25-OH) Vitamin D levels are inversely associated with aortic Vascular Inflammation, Non-calcified Coronary Plaque Burden and Visceral Adiposity in Psoriasis [J]. Arteriosclerosis, Thrombosis, and Vascular Biology, 2018, 38.

[48] Santana ACF, Magalhaes GJP. Resveratrol in Alzheimer's disease: a review of pathophysiology and therapeutic potential [J]. Arquivos de Neuro-Psiquiatria, 2020, 78: 501-511.

[49] Seravalle G, Grassi G. Sympathetic nervous system and hypertension: New evidences [J]. Autonomic Neuroscience, 2022, 238: 102954.

[50] Shaito A, Posadino AM, Younes N, et al. Potential adverse effects of resveratrol: A literature review [J]. International

journal of molecular sciences, 2020, 21 (6): 2084.

[51] Siddiqui M A, Mittal P K, Little B P, et al. Secondary Hypertension and Complications: Diagnosis and Role of Imaging [J]. Radiographics, 2019, 39 (4): 1036-1055.

[52] Yang AJT, Bagit A, MacPherson REK. Resveratrol, metabolic dysregulation, and Alzheimer's disease: Considerations for neurogenerative disease [J]. International Journal of Molecular Sciences, 2021, 22 (9): 4628.

[53] Yu J, Zhu H, Lape R, et al. Mechanism of gating and partial agonist action in the glycine receptor [J]. Cell, 2021 Feb 18; 184 (4): 957-968. e21.

[54] Zha Y, Qian Q. Protein Nutrition and Malnutrition in CKD and ESRD [J]. Nutrients, 2017, 9 (3): 208.